DG 电工成才三部曲

电工技能现场全能通

杨清德　吴荣祥　主　编
程时鹏　高　杰　副主编

化学工业出版社
·北京·

图书在版编目（CIP）数据

电工技能现场全能通（提高篇）/杨清德，吴荣祥主编. —北京：化学工业出版社，2017.1
（电工成才三部曲）
ISBN 978-7-122-28615-4

Ⅰ.①电… Ⅱ.①杨… ②吴… Ⅲ.①电工技术 Ⅳ.①TM

中国版本图书馆 CIP 数据核字（2016）第 298084 号

责任编辑：高墨荣　　文字编辑：孙凤英
责任校对：宋　夏　　装帧设计：刘丽华

出版发行：化学工业出版社（北京市东城区青年湖南街 13 号　邮政编码 100011）
印　　装：大厂聚鑫印刷有限责任公司
787mm×1092mm　1/16　印张 17¾　字数 438 千字　2017 年 2 月北京第 1 版第 1 次印刷

购书咨询：010-64518888（传真：010-64519686）　售后服务：010-64518899
网　　址：http://www.cip.com.cn
凡购买本书，如有缺损质量问题，本社销售中心负责调换。

定　　价：58.00 元
版权所有　违者必究

FOREWORD 前言

近年来，随着电工技术的进步，新技术、新材料、新设备、新工艺层出不穷，电气系统的先进性、稳定性、可靠性、灵敏性、安全性越来越高，这就要求电气工作人员必须具有熟练的专业技能。技术全面、强（电）弱（电）精通、懂得管理的电气工作人员已成为用人单位的第一需求，为此，我们组织编写了“电工成才三部曲”丛书。

编写本丛书的目的，主要在于帮助读者能够在较短时间内基本掌握电气工程现场施工的各项实际工作技术、技能，能够解决工程实际安装、调试、运行、维护、维修，以及施工组织、工程质量管理与监督、成本控制、安全生产等技术问题，即：看（能识别各种电工元器件，能看懂图纸，会分析线路的基本功能及原理）；算（能根据用户和图纸的要求，计算或估算器件、线路的各种电气参数，为现场施工提供参考数据）；选（合理且科学地选择电工元器件，以满足施工的实际需要）；干（能实际动手操作接线、调试，并能排除电路故障）；管（能够协助工程负责人参与电气设备管理、生产管理、质量管理、运行管理等工作）。

本丛书根据读者身心发展的特点，遵循由浅入深、循序渐进、由易到难的原则，强化方法指导，注重总结规律，激发读者的主动意识和进取精神。在编写过程中，我们特别注重牢固夯实基础，对内容进行合理编排，使读者分层次掌握必备的基本知识和操作技能，能够正确地在现场进行操作，提高对设备故障诊断和维修的技术水平，减少相应的维修时间。

本丛书共分三个分册，即：《电工技能现场全能通（入门篇）》、《电工技能现场全能通（提高篇）》和《电工技能现场全能通（精通篇）》。

本书为《电工技能现场全能通（提高篇）》，主要讲述电气工程现场识图基本方法及技巧，常用高低压电器及其应用，常用直流、交流电动机及其应用，变频器、PLC 和软启动器在工程中的应用，常用电气设备运行与检修，电气工程材料及其应用等内容。

本书由杨清德、吴荣祥担任主编，程时鹏、高杰担任副主编，第 1 章由李小琼、周永革、顾怀平编写，第 2 章由高杰、程时鹏、杨伟编写，第 3 章由郑汉声、徐海涛、张强编写，第 4 章由丁秀艳、张良编写，第 5 章由林兰、孙红霞、葛争光编写，第 6 章由吴荣祥、陈海容、冷汶洪编写，全书由杨清德统稿。

本书内容丰富、深入浅出，具有很强的实用性，便于读者学习和解决工程现场的实际问题，以达到立竿见影的良好效果。本书适合于职业院校电类专业师生阅读，也适合于电气工程施工的技术人员、管理人员、维修电工阅读。本书既适合初学者使用，又适合有一定经验的读者使用。

由于编者水平有限，书中不妥之处在所难免，敬请广大读者批评指正。信函请发至主编的电子邮箱：yqd611@163.com，来信必复。

编　者

CONTENTS 目录

第1章　电工现场识图

第2章　高低压电器及应用

第3章　常用电动机及应用

第4章 变频器、PLC和软启动器及应用

第5章 常用电气设备运行与检修

第6章 电气工程材料及其应用

参考文献

第1章 电工现场识图

1.1 电气图识读基础

电路图是沟通电气设计人员、安装人员、操作人员的工程语言，是进行技术交流不可缺少的重要手段。电工初学者只有完成对电路图的认识，才能进一步深入研究电路。看不懂电路图，在电气工程施工时犹如“文盲”。要做到会看图和看懂图，必须从电路图的基础知识入手，为看图打下基础。

1.1.1 电气工程图的基本规定

(1) 图纸的格式

一张图纸的完整图面是由边框线、图框线、标题栏、会签栏组成的，其格式如图 1-1 所示。

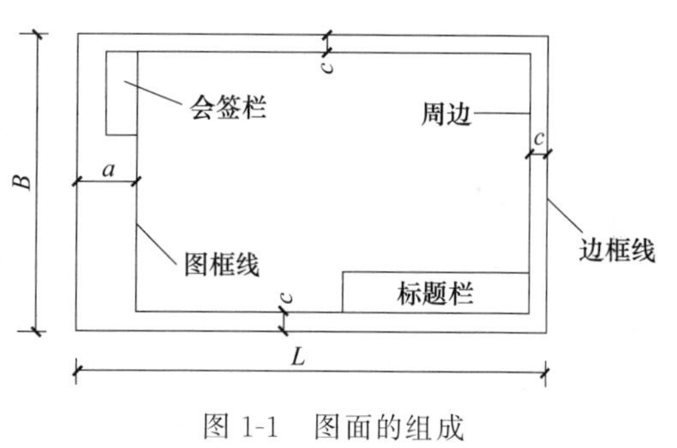

图 1-1 图面的组成

(2) 幅面尺寸

由边框线所围成的图面，称为图纸的幅面。幅面尺寸共分五类：A0～A4，其尺寸见表 1-1。A0～A2 号图纸一般不可以加长，A3、A4 号图纸可根据需要加长，加长号图纸幅面尺寸见表 1-2。

表 1-1 基本幅面尺寸　　mm

幅面代号	A0	A1	A2	A3	A4
宽×长(B×L)	841×1189	594×841	420×594	297×420	210×297
边宽(c)	10			5	
装订侧边宽(a)	25				

表 1-2 加长幅面尺寸　　mm

代号	尺寸	代号	尺寸
A3×3	420×891	A4×4	297×841
A3×4	420×1189	A4×5	297×1051
A4×3	297×630		

(3) 标题栏

用来确定图纸的名称、图号、张次、更改和有关人员签署等内容的栏目，称为标题栏。

标题栏又名图标，它的方位一般在图纸的下方或右下方。标题栏中的文字方向为看图方向，即图中的说明、符号均应以标题栏的文字方向为准，这样有助于读图。

标题栏的格式，目前我国尚没有统一规定，各设计部门标题栏格式都不一样。通常采用的标题栏格式应有：设计单位、工程名称、项目名称、图名、图别、图号等，如图 1-2 所示。

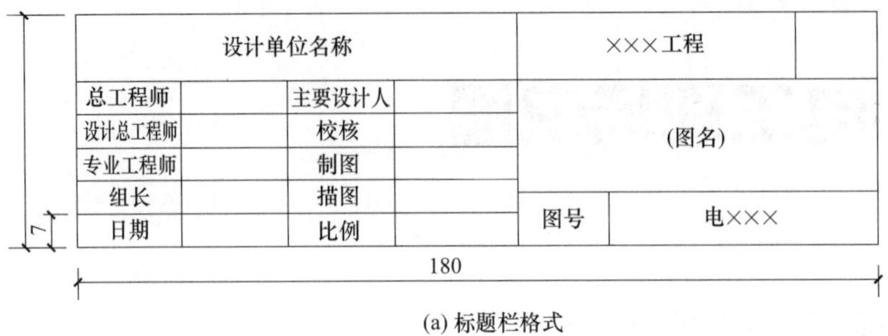

(a) 标题栏格式

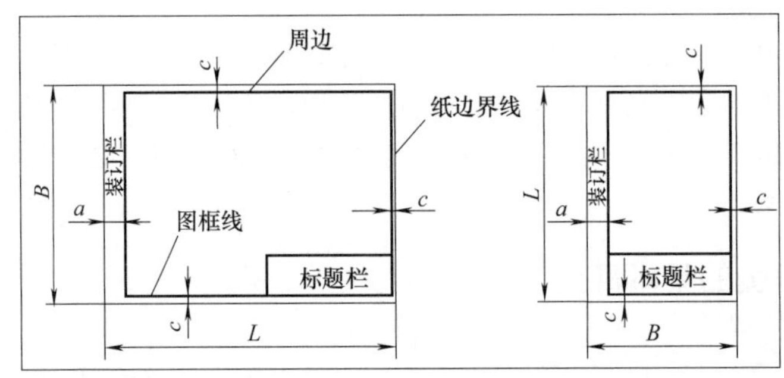

(b) 标题栏的位置

图 1-2 标题栏的设置

(4) 图幅分区

当电气图上的内容很多时，需要进行分区，以便于在读图或更改图的过程中，能迅速找到相应的部分。

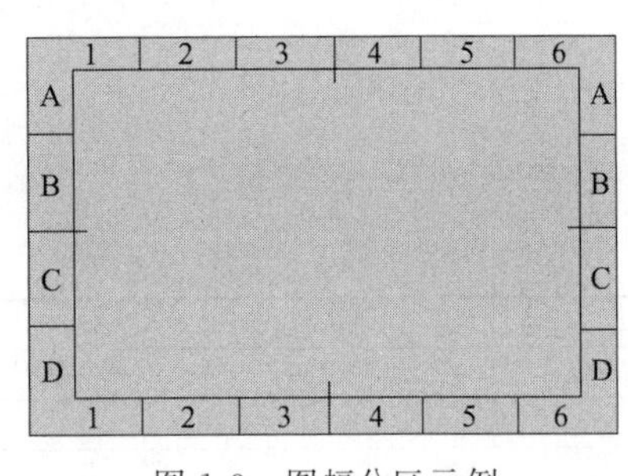

图 1-3 图幅分区示例

图幅分区的方法是将图纸相互垂直的两边各自加以等分。分区的数目视图的复杂程度而定，但要求每边必须为偶数。每一分区的长度一般不小于 25mm，不大于 75mm。竖边方向分区代号用大写拉丁字母从上到下编号，横边方向用阿拉伯数字从左到右编号，如图 1-3 所示。分区代号用字母和数字表示，字母在前，数字在后，如 B2、C3 等。

(5) 图线

绘制电气图所用各种线条称为图线，常用的图线见表 1-3。

表 1-3 图线形式及应用

图形名称	图线形式	图线应用	图形名称	图线形式	图线应用
粗实线	———	电气线路，一次线路	点画线	—·—·—	控制线，信号线，图框线
细实线	———	二次线路，一般线路			
虚线	– – – –	屏蔽线，机械连线	双点画线	—··—··—	辅助图框线，36V 以下线路

(6) 方位

电气平面图一般按上北下南、左西右东来表示建筑物和设备的位置和朝向，但在外电总平面图中都用方位标记（指北针方向）来表示朝向。方位标记如图 1-4 所示。

(7) 比例

图形和实际物体线性尺寸的比值称为比例。大部分电气工程图是不按比例绘制的，某些位置图则按比例绘制或部分按比例绘制。

所采用的比例一般有 1∶10，1∶20，1∶50，1∶100，1∶200，1∶500。例如，图纸比例为 1∶200，量得某段线路为 20cm，则实际长度为 20×200＝4000cm。

图 1-4 方位标记

(8) 字体

图面上的汉字、字母和数字是图的重要组成部分，因此图中的字体必须符合标准。一般汉字用长仿宋体，字母、数字用直体。图面上字体的大小，应视图幅大小而定，字体的最小高度见表 1-4。

表 1-4 字体的最小高度 mm

基本图纸幅面	A0	A1	A2	A3	A4
字体最小高度	5	3.5	2.5		

(9) 安装标高

在电气平面图中，电气设备和线路的安装高度是用标高来表示的。标高有绝对标高和相对标高两种表示方法。绝对标高是我国的一种高度表示方法，又称为海拔，相对标高是选定某一参考面为零点而确定的高度尺寸。建筑工程图上采用的相对标高，一般是选定建筑物室外地平面为±0.00m，一般称为敷设标高。图 1-5（a）用于室内平面图上，标注出的数字表示高出室内平面某一确定的参考点 2.50m，图 1-5（b）用于总平面图的室外地面，其数字表示高出地面 6.10m。

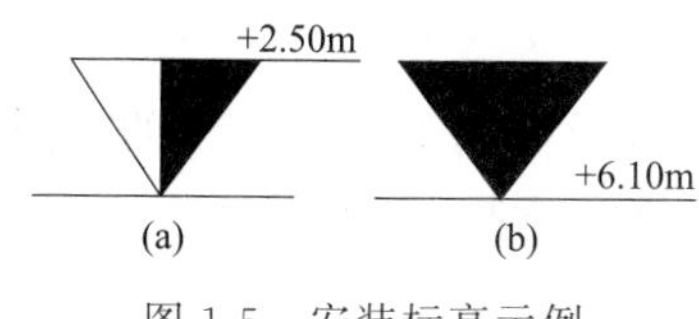

图 1-5 安装标高示例

(10) 定位轴线

电力、照明等平面布置图通常是在建筑物平断面上完成的。在建筑平面图中，建筑物都标有定位轴线，一般是在剪力墙、柱、梁等主要承重构件的位置画出轴线，并编上轴线号。定位轴线编号的原则是：在水平方向采用阿拉伯数字，由左向右编号；在垂直方向采用拉丁字母（其中 I、O、Z 不用），由上往下编号，数字和字母分别用点画线引出。通过定位轴线可以帮助人们了解电气设备和其他设备的具体安装位置，部分图纸的修改、设计变更用定位轴线可以很容易找到位置。

(11) 详图

为了详细表明电气设备中某些零部件、连接点等的结构、做法、安装工艺要求，有时需要将这部分单独放大，详细表示，这种图称为详图。

电气设备的某一部分的详图可以画在一张图纸上，也可以画在另一张图纸上，这就需要用一个统一的标记将它们联系起来。标注在总图某位置上的标记称详图索引标志；标注在详图位置上的标记称详图标志。图 1-6（a）是详图索引标志，其中“$\frac{2}{—}$”表示 2 号详图在总图上；“2/3”表示 2 号详图在 3 号图上。图 1-6（b）是详图标志，其中“5”表示 5 号详图，被索引的详图就在本张图上；“5/2”表示5号详图，被索引的详图在2号图上。

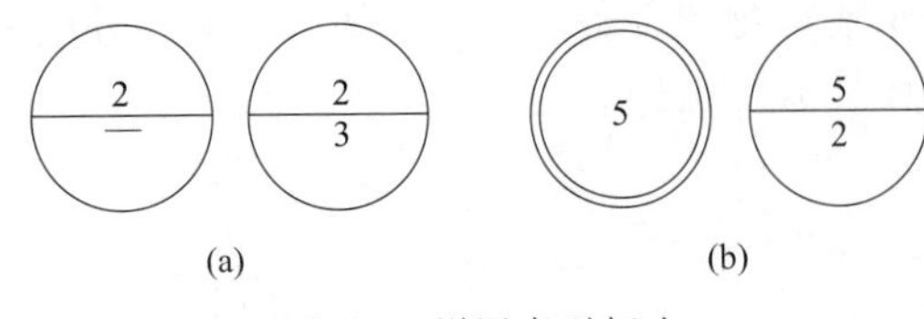

图1-6 详图索引标志

1.1.2 电气图中的配电线路表示

照明线路在平面图中采用线条和文字标注相结合的方法，表示出线路的走向、用途、编号，导线的型号、根数、规格及线路的敷设方式和敷设部位。

(1) 配线方式的表示

导线敷设的方式也叫配线方式。不同敷设方式其差异主要是由于导线在建筑物上的固定方法不同，所使用的材料、器件及导线种类也随之不同。

按导线固定材料的不同，常用的室内导线敷设方式有夹板配线、瓷瓶配线、线槽配线、卡钉护套配线、钢索配线、线管配线和封闭式母线槽配线等。家庭装修主要采用的是线管配线方式。

照明线路配线方式及代号（斜线后为英文字母代码）分为明敷（M）和暗敷（A），见表1-5。

表1-5 照明线路配线方式及代号

配线方式		代号
夹板配线	塑料夹配线	VJ/PCL
	瓷夹配线	CJ/PL
槽板配线	金属线槽配线	GC/MR
	塑料线槽配线	VC/PR
线管配线	钢管配线	DG/SC(A)
	硬塑料管配线	VG/PC
	软管配线	RA
瓷瓶配线		CP/K
钢索配线		S/M
电缆桥架配线		QJ/CT

(2) 线路敷设的表示

① 线路敷设部位表示法 线路的敷设方法有许多种，按在建筑结构上敷设位置的不同，分为沿墙、沿柱、沿梁、沿顶棚和沿地面敷设。线路敷设部位及代号表示法见表1-6。

表1-6 照明线路敷设部位及代号表示法

部位	代号	部位	代号
地面（板）	D	柱	Z
墙	Q	梁	L
顶棚	P		

按线路在建筑物内敷设位置的不同，分为明敷设和暗敷设。

导线明敷设，是指线路敷设在建筑物表面可以看得见的部位。导线明敷设在建筑物全部完工以后进行，一般用于简易建筑或新增加的线路。

导线暗敷设，是指导线敷设在建筑物内的管道中。导线暗敷设与建筑结构施工同步进行，在施工过程中首先把各种导管和预埋件置于建筑结构中，建筑完工后再完成导线敷设工作。暗敷设是目前家庭室内导线敷设的主要方式。

② 导线及敷设方式在工程图上的表示法 内线敷设所使用的导线主要有BV型和BLV型塑料绝缘导线；BX型和BLX型橡胶绝缘导线；BVV型塑料护套硬导线，型号中第二个V表示在塑料线外面又加一层塑料护套；RVV型塑料护套软线，护套线大多是多芯的，有

二芯、三芯、四芯等多种；RVB 型和 RVS 型塑料软导线，型号中 R 表示软线，B 表示两根线粘在一起的并行线，S 表示双绞线。

电气工程图中导线的敷设方式及敷设部位一般用文字符号标注，见表 1-7。表中代号 E 表示明敷设，C 表示暗敷设。

表 1-7 导线敷设方式及敷设部位文字符号

序号	导线敷设方式和部位	文字符号	序号	导线敷设方式和部位	文字符号
1	用瓷瓶或瓷柱敷设	K	14	沿钢索敷设	SR
2	用塑料线槽敷设	PR	15	沿屋架或跨屋架敷设	BE
3	用钢线槽敷设	SR	16	沿柱或跨柱敷设	CLE
4	穿水煤气管敷设	RC	17	沿墙面敷设	WE
5	穿焊接钢管敷设	SC	18	沿顶棚面或顶板面敷设	CE
6	穿电线管敷设	TC	19	在能进入的吊顶内敷设	ACE
7	穿聚氯乙烯硬质管敷设	PC	20	暗敷设在梁内	BE
8	穿聚氯乙烯半硬质管敷设	FPC	21	暗敷设在柱内	CLC
9	穿聚氯乙烯波纹管敷设	KPC	22	暗敷设在墙内	WC
10	用电缆桥架敷设	CT	23	暗敷设在地面内	FC
11	用瓷夹敷设	PL	24	暗敷设在顶板内	CC
12	用塑料夹敷设	PCL	25	暗敷设在不能进入的吊顶内	ACC
13	穿金属软管敷设	CP			

(3) 导线的型号及代号的表示

电气装备用电线电缆及电力电缆的型号主要由七个部分组成，导线型号中字母的含义见表 1-8。

表 1-8 导线型号及代号表示法

序号	组成部分	代号
1	类别、用途	A—安装线；B—绝缘线；C—船用电缆；K—控制电缆；N—农用电缆；R—软线；U—矿用电缆；Y—移动电缆；JK—绝缘架空电缆；M—煤矿用；ZR—阻燃型；NH—耐火型；ZA—A 级阻燃；ZB—B 级阻燃；ZC—C 级阻燃；WD—低烟无卤型
2	导体	T—铜导线(可以省略)；L—铝芯
3	绝缘层	V—PVC 塑料；YJ—XLPE 绝缘；X—橡胶；Y—聚乙烯料；F—聚四氟乙烯
4	护层	V—PVC 套；Y—聚乙烯料；N—尼龙护套；P—铜丝编织屏蔽；P2—铜带屏蔽；L—棉纱编织涂蜡；Q—铅包
5	特征	B—扁平型；R—柔软；C—重型；Q—轻型；G—高压
6	铠装层	2—双钢带；3—细圆钢丝；4—粗圆钢丝
7	外护层	1—纤维层；2—PVC 套；3—PE 套

(4) 导线代号的表示

常用导线代号表示法见表 1-9。

表 1-9 常用导线代号表示法

导线	代号	导线	代号
氯丁橡胶绝缘铜(铝)芯线	BXF(BLXF)	橡胶绝缘铜(铝)芯线	BX(BLX)
铜芯橡胶软线	BXR	聚氯乙烯绝缘铜(铝)芯线	BV(BLV)
聚氯乙烯绝缘铜(铝)芯软线	BVR	铜(铝)芯聚氯乙烯绝缘和护套线	BVV(BLVV)
铜芯聚氯乙烯绝缘平行软线	RVB	铜芯聚氯乙烯绝缘绞型软线	RVS
铜芯、橡胶棉纱编织软线	RX、RXS	铜芯聚氯乙烯绝缘软线	RV

(5) 导线根数的表示

在照明线路平面图中，只要走向相同，无论导线的根数是多少，均可用一根线条表示，其根数用短斜线表示。一般分支干线均有导线根数表示和线径标志，而分支线则没有，这就需要施工人员根据电气设备要求和线路安装标准确定导线的根数和线径。

在施工时，各灯具的开关必须接在相线上，无论是几联开关，只送入开关一根相线。插座支路的导线根数由 n 联中极数最多的插座决定，如二三孔双联插座是三根线，若是四联三极插座也是三根线。

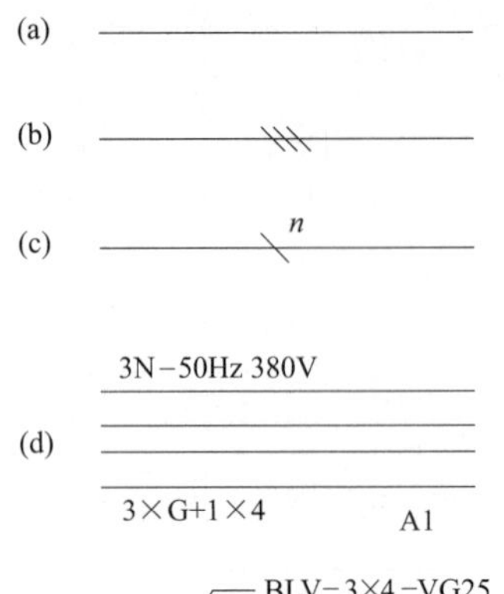

图 1-7 导线的表示方法

一根导线、电缆用一条直线表示，根据具体情况，直线可予以适当加粗、延长或者缩短，如图 1-7（a）所示；4 根以下导线用短斜线数目代表根数，如图 1-7（b）所示；数量较多时，可用一小斜线标注数字来表示，如图 1-7（c）所示；需要表示导线的特征（如导线的材料、截面积、电压、频率等）时，可在导线上方、下方或中断处采用符号标注，如图 1-7（d）、（e）所示；如果需要表示电路相序的变更、极性的反向、导线的交换等，可采用图 1-7（f）所示的方法标注，表示图中 L_1 和 L_3 两相需要换位。

(6) 线路标注格式

配电线路的标注用于表示线路的敷设方式、敷设部位、导线的根数及截面积等，采用英文字母表示。配电线路标注的一般格式为

$$a\text{-}d(e\times f)\text{-}g\text{-}h$$

式中，a 为线路编号或功能符号；d 为导线型号；e 为导线根数；f 为导线截面积，mm^2；g 为导线敷设方式的符号；h 为导线敷设部位的符号。

例如：某配电线路的标注为 N1-BV(2×2.5)＋PE(1×2.5)-DG20-QA，其含义见表 1-10。

表 1-10 配电线路标注 N1-BV(2×2.5)＋PE(1×2.5)-DG20-QA 的含义

标　注	含　义
N1	导线的回路编号
BV	导线为聚氯乙烯绝缘铜芯线
2	导线的根数为 2
2.5	导线的截面积为 $2.5mm^2$
PE(1×2.5)	1 根接零保护线，截面积为 $2.5mm^2$
DG20	穿管为直径 20mm 的钢管
QA	线路沿墙敷设、暗埋

如图 1-8 所示为线路标注格式的示例。

图 1-8（a）中，线路标注“1MFG-BLV(3×6＋1×2.5)-K-WE”的含义是：第一号照明分干线（1MFG）；铝芯塑料绝缘导线（BLV）；共有 4 根线，其中 3 根截面积为 $6mm^2$，1 根截面积为 $2.5mm^2$（3×6＋1×2.5）；配线方式为瓷瓶配线（K）；敷设部位为沿墙明敷（WE）。

图 1-8（b）中，线路标注“2LFG-BLX(3×4)-PC20-WC”的含义是：2 号动力分干线（2LFG）；铝芯橡胶绝缘线（BLX）；3 根导线截面积均为 $4mm^2$（3×4）；穿直径为 20mm 的硬塑料管（PC20）；沿墙暗敷（WC）。

1.1.3 电气图中的照明电器

照明电器主要包括光源和灯具。

(1) 灯具的图形符号

灯具在平面图中采用图形符号表示。在图形符号旁标注文字，说明灯具的名称和功能。

表 1-11 列出了常用照明电器的图形符号。照明电器的标注符号主要用在平面图上，有时也用在系统图上。在电气平面图上，还要标出配电箱。

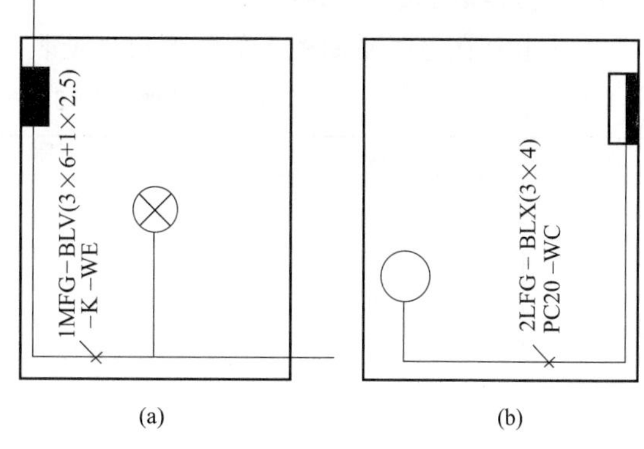

图 1-8 线路标注格式示例

表 1-11 常用照明灯具在电气平面图上的图形符号

序号	名 称	图形符号	备注
1	灯具一般符号	⊗	
2	深照型灯		
3	广照型灯(配照型灯)		
4	防水防尘灯	⊗	
5	安全灯		
6	隔爆灯		
7	顶棚灯		
8	球形灯	●	
9	花灯		
10	弯灯		
11	壁灯		
12	投光灯一般符号		
13	聚光灯		
14	泛光灯		
15	荧光灯具一般符号		
16	三管荧光灯		
17	五管荧光灯	5	
18	防爆荧光灯		
19	在专用电路上的应急照明灯	×	
20	自带电源的应急照明装置(应急灯)	⊠	
21	气体放电灯的辅助设备		用于辅助设备与光源不在一起时
22	疏散灯		箭头表示疏散方向
23	安全出口标志灯		
24	导轨灯导轨		
25	在墙上的照明引出线，示出来自左边的配线		
26	照明引出线位置，示出配线		

(2) 其他电器的图形符号

其他电器在电气平面图上的图形符号见表 1-12。

表 1-12 其他电器在电气平面图上的图形符号

序号	名称	图形符号	备注
1	电风扇		若不引起混淆，方框可不画
2	空调器		未示出引线
3	电铃		
4	电钟		
5	电阻加热装置		

(3) 电光源的类型及代号

电光源的类型及代号表示法见表 1-13。

表 1-13 电光源的类型及代号表示法

光源类型	拼音代号	英文代号
白炽灯	B	IN
荧光灯	Y	FL
卤(碘)钨灯	L	IN
汞灯	G	Hg
钠灯	N	Na
氖灯		Ne
电弧灯		ARC
红外线灯		IR
紫外线灯		UV
LED 灯		LED

(4) 灯具的类型及文字符号

灯具的类型及文字符号的表示法见表 1-14。

表 1-14 灯具的类型及文字符号

灯具类型	文字符号	灯具类型	文字符号
普通吊灯	P	壁灯	B
花灯	H	吸顶灯	D
柱灯	Z	卤钨探照灯	L
投光灯	T	防水、防尘灯	F
工厂灯	G	陶瓷伞罩灯	S

(5) 灯具的标注法

在电气工程图中，照明灯具标注的一般方法如下。

$$a\text{-}b\,\frac{c\times d\times L}{e}f$$

式中，a 为灯具数；b 为型号或编号；c 为每盏灯的灯泡数或灯管数；d 为灯泡容量，W；L 为光源种类；e 为安装高度，m；f 为安装方式。

例如：某灯具的标注为 4-YG-2 $\frac{2\times 40}{2.5}$L，其含义见表 1-15。

表 1-15 灯具的标注为 4-YG-2 $\frac{2\times 40}{2.5}$L 的含义

标 注	含 义
4	灯具数量
YG-2	灯具型号
2	每盏灯具内的灯泡(灯管)数量
40	每个灯泡(灯管)的功率
2.5	灯具安装高度 2.5m
L	吊链安装方式

(6) 照明电器安装方式及代号

照明电器安装方式及代号表示法见表 1-16。

表 1-16 照明电器安装方式及代号表示法

安装方式	拼音代号	英文代号
线吊式	X	CP
管吊式	G	P
链吊式	L	CH
壁吊式	B	W
吸顶式	D	C
吸顶嵌入式	DR	CR
嵌入式	BR	WR

1.1.4 电气图中的开关与插座

(1) 照明开关的图形符号

照明开关在电气平面图上的图形符号见表 1-17。

表 1-17 照明开关在电气平面图上的图形符号

序号	名称		图形符号	备 注
1	开关,一般符号			
2	带指示灯的开关			
3	单极开关	明装		除图上注明外,选用 250V 10A 的,面板底距地面 1.3m
		暗装		
		密闭(防水)		
		防爆		
4	双极开关	明装		
		暗装		
		密闭(防水)		
		防爆		

续表

序号	名称		图形符号	备注
5	三极开关	明装		除图上注明外，选用 250V 10A 的，面板底距地面 1.3m
		暗装		
		密闭（防水）		
		防爆		
6	单极拉线开关			①暗装时，圆内涂黑 ②除图上注明外，选用 250V 10A 的；室内净高低于 3m 时，面板底距顶 0.3m；高于 3m 时，距地面 3m
7	双极拉线开关（单极三线）			
8	单极限时开关			
9	双控开关（单极三线）			①暗装时，圆内涂黑 ②除图上注明外，选用 250V 10A 的，面板底距地面 1.3m
10	多拉开关（如用于不同照度）			
11	中间开关			中间开关等效电路图
12	调光器			①暗装时，圆下半部分涂黑 ②除图上注明外，面板底距地面 1.3m
13	钥匙开关			
14	“请勿打扰”门铃开关			
15	风扇调速开关			
16	风机盘管控制开关			
17	按钮			
18	带有指示灯的按钮			
19	防止无意操作的按钮（例如防止打碎玻璃罩等）			
20	限时设备定时器			
21	定时开关			

续表

序号	名称	图形符号	备注
22	刀开关(单极)	QS	
23	刀开关(双极)	QS	
24	刀开关(三极)	QS	

(2) 插座的图形符号

插座在电气平面图上的图形符号见表1-18。

表1-18 插座在电气平面图上的图形符号

序号	名称		图形符号	备注
1	单相插座	明装		①除图上注明外，选用250V 10A的 ②明装时，面板底距地面1.8m；暗装时，面板底距地面0.3m ③除具有保护板的插座外，儿童活动场所的明暗装插座距地面均为1.8m ④插座在平面图上的画法为 隔墙
		暗装		
		密闭(防水)		
		防爆		
2	带接地插孔的单相插座	明装		
		暗装		
		密闭(防水)		
		防爆		
3	带接地插孔的三相插座	明装		①除图上注明外，选用380V 15A的 ②明装时，面板底距地面1.8m；暗装时，面板底距地面0.3m
		暗装		
		密闭(防水)		
		防爆		
4	带中性线和接地插孔的三相插座	明装		
		暗装		
		密闭(防水)		
		防爆		
5	多个插座(示出三个)		3	①除图上注明外，选用250V 10A的 ②明装时，面板底距地面1.8m；暗装时，面板底距地面0.3m ③除具有保护板的插座外，儿童活动场所的明暗装插座距地面均为1.8m
6	具有保护板的插座			

续表

序号	名称	图形符号	备注
7	具有单极开关的插座		① 除图上注明外，选用 250V、10A 的 ②明装时，面板底距地面 1.8m；暗装时，面板底距地面 0.3m ③除具有保护板的插座外，儿童活动场所的明暗装插座距地面均为 1.8m
8	具有联锁开关的插座		
9	具有隔离变压器的插座（如电动剃须刀插座）		除图上注明外，选用 220/110V、20V·A 的，面板底距地面 1.8m 或距台面上 0.3m
10	带熔断器的单相插座		①除图上注明外，选用 250V 10A 的 ②明装时，面板底距地面 1.8m；暗装时，面板底距地面 0.3m

1.1.5 照明灯具控制方式的标注

(1) 用一个开关控制灯具

① 一个开关控制一盏灯的表示法，如图 1-9 所示。

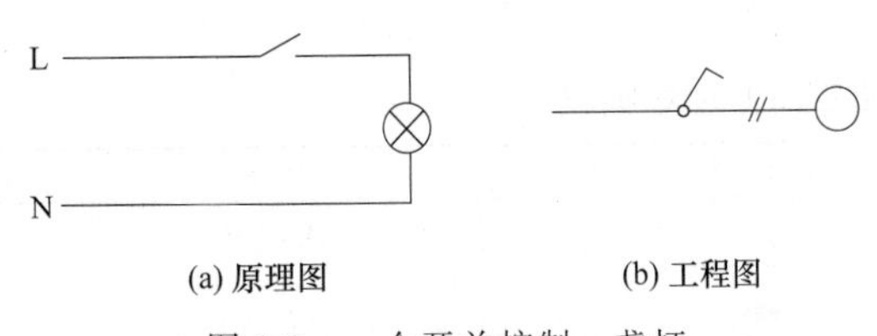

(a) 原理图 (b) 工程图

图 1-9 一个开关控制一盏灯

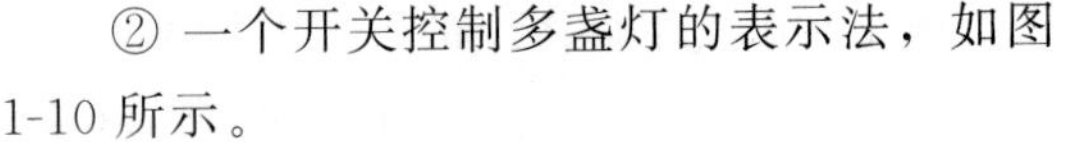

② 一个开关控制多盏灯的表示法，如图 1-10 所示。

(2) 用多个开关控制灯具

① 多个开关控制多盏灯方式 多个开关控制多盏灯方式如图 1-11 所示，从原理图中可以看出从开关发出的导线数为灯数加 1，以后逐级减少，最末端的灯剩 2 根导线。

多个开关控制多盏灯方式，一般零线可以公用，但开关则需要分开控制，进线用一根火线分开后，则有几个开关再加几根线，因此开关回路是开关数加 1。如图 1-12 所示为多个开关控制多盏灯的工程实例，图中虚线所示即为图中描述的导线根数。

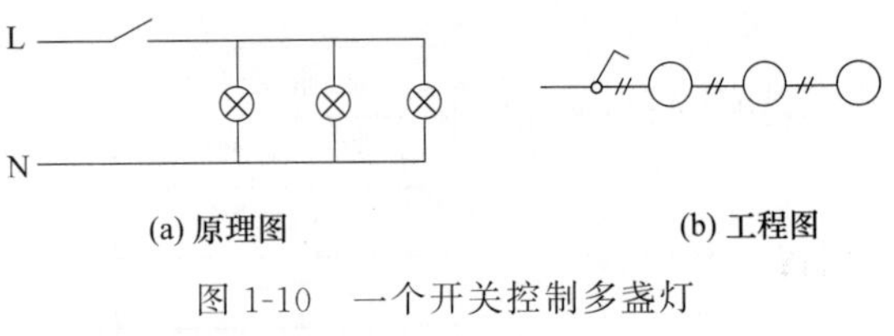

(a) 原理图 (b) 工程图

图 1-10 一个开关控制多盏灯

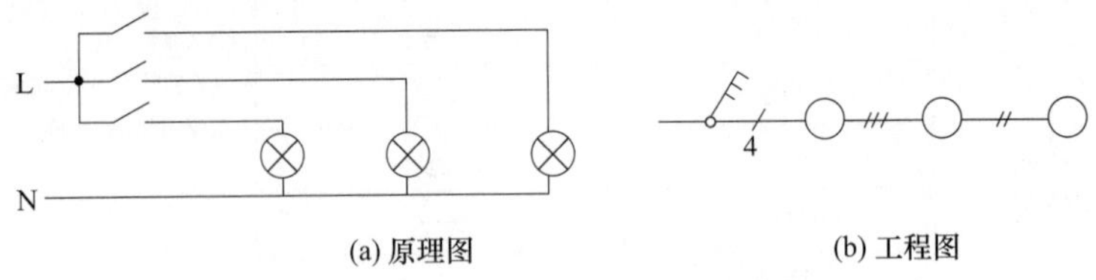

(a) 原理图 (b) 工程图

图 1-11 多个开关控制多盏灯方式

② 两个双控开关控制一盏灯 两地控制常见楼上楼下或较长的走廊，采用两地控制，使控制比较方便，避免上楼后再下楼关闭照明灯，或在长廊反复来回关闭所造成的不方便或电能的浪费。电路中要使用双控开关，开关电路应接在相线上，当开关同时接在上或下时即接通电路，只要开关位置不同即使电路断开。两个双控开关控制一盏灯如图 1-13 所示。

③ 三个双控开关控制一盏灯 在房间的不同角落里面装三个开关控制同一盏灯，就需

要采用三地控制线路。三地控制线路与两地控制的区别是比两地控制又增加了一个双控开关，通过位置 0 和 1 的转换（相当于使两线交换）实现三地控制，如图 1-14 所示。

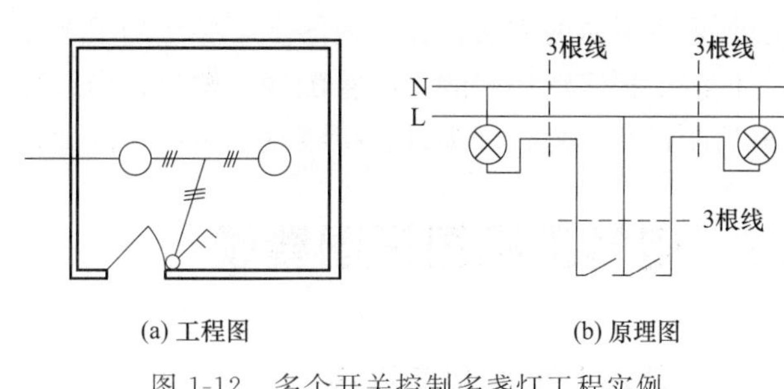

(a) 工程图　　(b) 原理图

图 1-12　多个开关控制多盏灯工程实例

(3) 照明配电箱的表示

照明配电箱是在低压供电系统末端负责完成电能控制、保护、转换和分配的设备，主要由电线、元器件（包括隔离开关、断路器等）及箱体等组成。在电气工程图中，照明配电箱型号用 XM 表示，具体还可以加入其他特征文字符号。

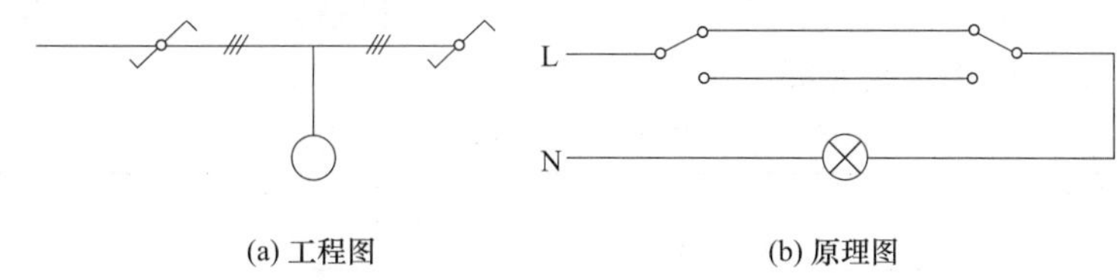

(a) 工程图　　(b) 原理图

图 1-13　两个双控开关控制一盏灯

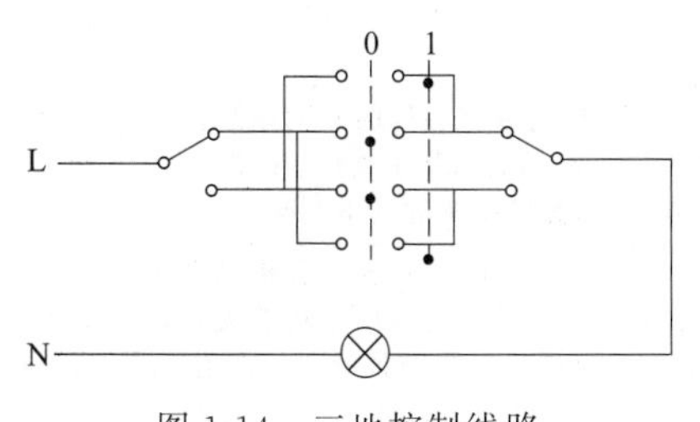

图 1-14　三地控制线路

1.1.6　线路接线方式的表示

在一个建筑物内，灯具、开关、插座的线路有很多，它们通常采用直接接线法或共头接线法两种方法连接。

(1) 直接接线法

直接接线法就是各设备从线路上直接引接，导线中间允许有接头的接线方法，如图 1-15 (a)所示。

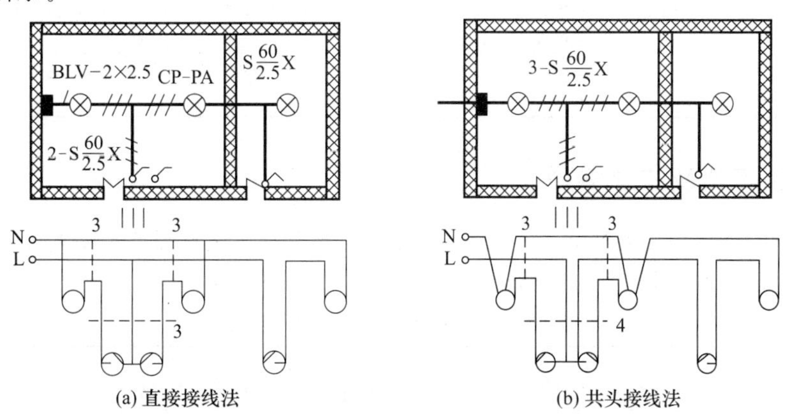

(a) 直接接线法　　(b) 共头接线法

图 1-15　直接接线法和共头接线法

例如部分开关、灯具、插座直接从电源干线上引接，导线中间允许有接头，这种接线方法在明敷设线路中较常用。

(2) 共头接线法

共头接线法就是导线的连接只能通过设备接线端子引接，导线中间不允许有接头的接线方法。采用不同的方法，在平面图上，导线的根数是不同的，如图 1-15（b）所示。

目前工程广泛使用的是线管配线、塑料护套线配线，管线内不允许有接头，导线的分路接头只能在开关盒、灯头盒、接线盒中引出，因此常采用共头接线法。

1.2 电气工程图识图要领

1.2.1 电气工程图阅读程序

一套电气工程图所包含的内容比较多，图纸往往有很多张，一般应按表 1-19 所示的顺序依次阅读和必要的相互对照参阅。

表 1-19 建筑电气工程图阅读程序

序号	要点	说　明
1	看标题栏和图纸目录	了解工程名称、项目内容、设计日期等信息
2	看总说明	了解工程总体概况及设计依据，了解图纸中未能表达清楚的有关事项。如供电电源的来源、电压等级、线路敷设方式、设备安装高度及安装方式，补充使用的非国标图形符号，施工时应注意的事项等。有些分项局部问题是在各分项工程的图纸上说明的，看分项工程图纸时，也要先看设计说明
3	看系统图	各分项工程的图纸中都包含系统图，如电气照明工程的照明系统图以及各种弱电工程的系统图等。看系统图的目的是了解系统的基本组成、主要电气设备、元件等连接关系及它们的规格、型号、参数等，掌握该系统的基本概况
4	看电路图和接线图	了解各系统中用电设备的控制原理，用来指导设备的安装和控制系统的调试工作。因电路图多是采用功能布局法绘制的，看图时应该依据功能关系从上至下或从左至右一个回路、一个回路地阅读。若能熟悉电路中各电器的性能和特点，对读懂图纸将有很大的帮助。在进行控制系统的配线和调试工作中，还可以配合阅读接线图和端子图进行
5	看平面布置图	平面布置图是建筑电气工程图纸中的重要图纸之一，如电力平面图、照明平面图、防雷接地平面图等，都是用来表示设备安装位置、线路敷设部位、敷设方法及所用导线型号、规格、数量、管径大小的，是安装施工、编制工程预算的主要依据图纸，必须熟读。对于施工经验还不太丰富的人员，可对照相关的安装大样图一起阅读
6	看安装大样图(详图)	安装大样图是按照机械制图方法绘制的用来详细表示设备安装方法的图纸，也是用来指导施工和编制工程材料计划的重要图纸。特别对于初学安装的人员更显重要，甚至可以说是不可缺少的。安装大样图多是采用《全国通用电气装置标准图集》
7	看设备材料表	设备材料表是提供了该工程所使用的设备、材料的型号、规格和数量，编制购置主要设备、材料计划的重要依据之一

1.2.2 识图步骤及注意事项

阅读图纸的顺序没有统一的规定，可以根据需要，自己灵活掌握，并应有侧重。在读图的方法上，可以采取先粗读、后细读、再精读的步骤，见表 1-20。

表 1-20 电气工程图阅读步骤

序号	步骤	识图要领
1	粗读	将施工图从头到尾大概浏览一遍，主要了解工程的概况，做到心中有数
2	细读	按照读图程序和要点仔细阅读每一张施工图，有时一张图纸需反复阅读多遍，以便于更好地利用图纸指导施工，使之安装质量符合要求。阅读图纸时，还应该配合阅读有关施工及检验规范、质量检验评定标准以及《全国通用电气装置标准图集》，以详细了解安装技术要求及具体安装方法等
3	精读	将施工图中的关键部位及设备、贵重设备及元件、机房设施、复杂控制装置的施工图重新仔细阅读，系统掌握中心作业内容和施工图要求，不但做到了如指掌，而还应做到胸有成竹

一般来说，电气工程图均比较复杂，读图时不仅要遵循识图程序及步骤，同时还应了解读图注意事项，见表1-21。

表1-21 电气工程图读图注意事项

序号	注意事项要点	补充说明
1	切忌粗糙，而应精读，读图忌讳囫囵吞枣，而应细嚼慢咽	粗读是读图的一个步骤，粗读而不粗，必须掌握一定的内容，了解工程的概况，做到心中有数
2	边读边记	做好读图记录，一方面是帮助记忆，另一方面是为了便于携带，以便随时查阅
3	忌无头绪，杂乱无章	一般应按房号、回路、车间、某一子系统、某一子项为单位，按读图程序阅读
4	弄清符号及标注的含义	必须弄清各种图形符号和文字符号，弄清各种标注的意义
5	准确掌握参数	对图中所有设备、元件、材料的规格、型号、数量、备注要求要准确掌握。其中材料的数量要按工程预算的规则计算，图中列出的材料数量只是一个概算估计数，不以此为准。同时手头应有《常用电气设备及材料手册》，以便及时查阅
6	参阅其他专业图样	遇到涉及土建、设备、暖通、空调等其他专业的问题时要及时翻阅对应专业的图样，读图后除详细记录外，应与其他专业技术负责人取得联系，对其中交叉跨越、并行作业或其他需要互相配合的问题要取得共识，并且在会审图样纪要上写明责任范围，共同遵守
7	注意图中采用的比例	读图时，应注意图中采用的比例，特别是图量大时，各种图上的比例都不同，否则对编制预算和材料单将会有很大影响。导线、电缆、管路、槽钢、防雷线等以长度单位计算工作量的都要用到比例

1.2.3 识图应具备的知识及技能

(1) 电气工程图的特点

在GB 6988《电气制图》系列标准中将电气图划分为15类。电气工程图的种类主要有系统图、位置图（平面图）、电路图（控制原理图）、接线图、端子接线图、设备材料表等。建筑电气工程图不同于机械图、建筑图，掌握建筑电气工程图的特点，将会对阅读建筑电气工程图提供很多方便，其主要特点见表1-22。

表1-22 电气工程图的特点

序号	特点	说明
1	采用统一的图形符号加文字符号绘制	图形符号和文字符号就是构成电气工程语言的“词汇”。因为构成建筑电气工程的设备、元件、线路很多，结构类型不一，安装方式各异，只有借用统一的图形符号和文字符号来表达才比较合适。所以，绘制和阅读建筑电气工程图，首先必须明确和熟悉这些图形符号所代表的内容和含义，以及它们之间的相互关系
2	任何电路都必须构成其闭合回路	任何电路只有构成闭合回路，电流才能流通，电气设备才能正常工作。一个电路的组成包括四个基本要素，即电源、用电设备、导线和开关控制设备 要正确读懂电气图，还必须了解设备的基本结构、工作原理、工作程序、主要性能和用途等
3	通过导线连接构成一个整体	电路中的电气设备、元件等，彼此之间都是通过导线将其连接起来，构成一个整体的。导线可长可短，能够比较方便地跨越较远的空间距离。所以电气工程图有时就不像机械工程图或建筑工程图那样比较集中、直观，有时电气设备安装在A处，而控制设备的信号装置、操作开关则可能在B处。这就要将各有关图纸联系起来，对照阅读。一般而言，应通过系统图、电路图找联系，通过布置图、接线图找位置，交错阅读，这样读图的效率才可以提高
4	与相关图样有联系	电气设备的布置与土建平面布置、立面布置有关；线路走向不仅与建筑结构的梁、柱、门窗、楼板的位置、走向有关，还与管道的规格、用途、走向有关；安装方法与墙体结构有关；特别是一些暗敷线路、电气设备基础及各种电气预埋件更与土建工程密切相关。因此，阅读建筑电气工程图时应与有关的土建工程图、管道工程图等对应起来阅读

续表

序号	特点	说　明
5	一些技术要求在图中无法完全反映	阅读电气工程图的一个主要目的是用来编制工程预算和施工方案，指导施工，直到设备的维修和管理。而一些安装、使用、维修等方面的技术要求不能在图纸中完全反映出来，而且也没有必要一一标注清楚，因为这些技术要求在有关的国家标准和规范、规程中都有明确的规定。有些建筑电气工程图仅在说明栏内作以说明“参照××规范”。因此，在阅读时，应熟悉有关规范、规程的要求，做到真正读懂图纸

(2) 相应的知识及技能

识读电气工程图应具备多方面的知识及技能，这样才能准确无误地阅读图样，掌握图样。这里用到的不仅是电气专业方面的知识及技能，还涉及其他几个专业方面的知识及技能。阅读建筑电气工程图应具备的知识及技能见表 1-23。

表 1-23　阅读建筑电气工程图应具备的知识及技能

序号	相关专业	知识及技能要点
1	建筑电气专业方面	①熟练掌握电气(包括自动化仪表及其弱电工程)图形符号、文字符号、标注方法及其含义，熟悉建筑电气工程制图标准、常用画法及图样类别 ②熟悉电气工程经常采用的标准图册图记、电气装置安装工程施工及验收规范、设计规范、安装工程质量验收标准及有关部委标准规范等 ③掌握电力变压器、变配电装置及其常用的控制保护电路和方式，掌握各种电动机启动控制电路及保护方式，掌握架空线路和电缆线路常用的安装方法，掌握室内电气线路、电气设备常用的安装方法及设置，掌握防雷接地技术及电气系统常用的保护方式;熟悉特殊环境电气线路及设备的设置，熟悉电梯控制线路及各种保护功能，熟悉火灾自动报警及自动消防、电缆电视、通信广播等弱电技术及线路的设置，熟悉电子技术、微机技术、自动化仪表技术及其线路的设置，能分析电子线路的工作原理及电气系统中常用控制调节原理图 ④熟练掌握电气工程中常用的电气设备、元件、材料(如变压器、电动机、开关柜、导线电缆、启动柜、绝缘子、继电器、各类开关和接触器、探测器、传感器、管材、钢材、电器仪表、灯具、信号装置、低压电器、熔断器、避雷器、小五金件、电气控制装置等)的性能作用、工作原理、规格型号，了解其生产厂家和市场价格 ⑤熟悉电气工程涉及的有关规程规范及标准，了解设计的一般程序、内容及方法 ⑥熟悉一般电气工程的安装工艺、程序、方法及调试方法
2	土建专业方面	①熟悉土建工程、装饰工程和混凝土工程施工图中常用的图形符号、文字符号和标注方法 ②了解土建工程的制图标准及常用画法 ③了解一般土建工程施工工艺和程序
3	建筑管道和采暖通风专业方面	①熟悉建筑管道、采暖卫生、通风空调工程施工图中常用的图形符号、文字符号和标注方法 ②了解制图标准及常用画法 ③熟悉建筑管道、采暖卫生、通风空调工程施工工艺和程序，掌握与电气关联部位及其一般要求

1.3 电气识图举例

1.3.1 住宅楼照明配电图识读

如图 1-16 所示是某大型住宅楼照明配电系统图，通过识读该图可了解住宅楼照明系统的组成和相互之间的关系。

(1) 总体情况

该住宅楼的照明系统分为 6 个单元，每个单元的组成相同，都有六层楼，每层楼都有一

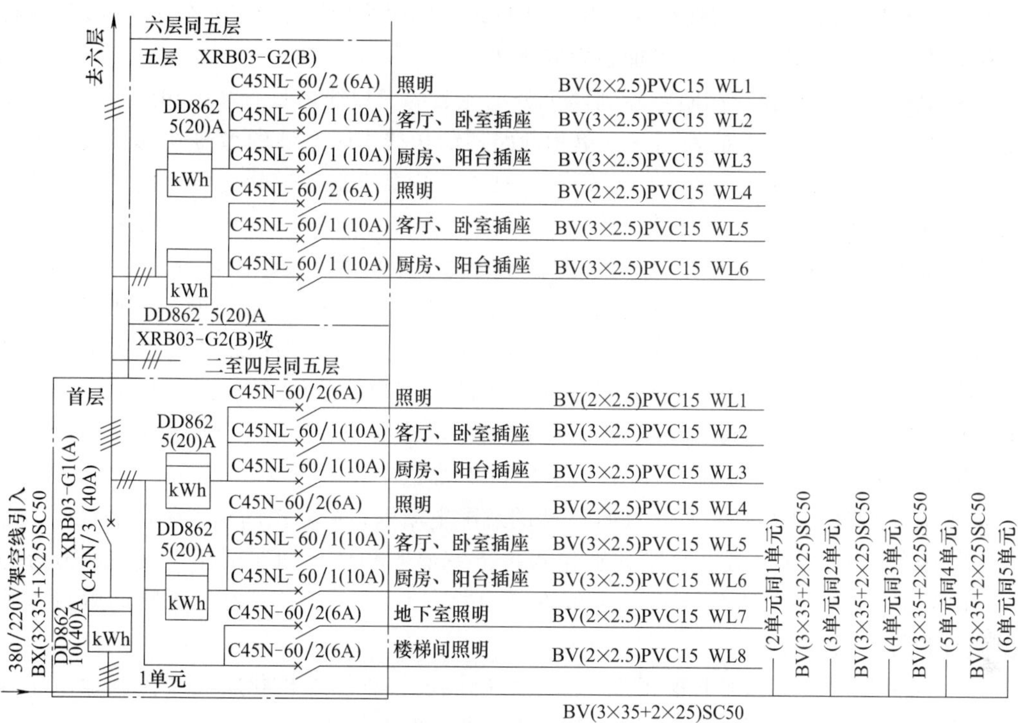

图 1-16 某住宅楼照明配电系统图

个配电箱（图中采用点画线框表示的部分）。首层的配电箱由三部分组成：

① 三相四线总电能表及总控三相断路器（一般为空气开关）。

② 两户的单相分电能表及每户三个单相断路器（一般为空气开关）。

③ 控制本单元地下室和楼梯间照明的两个单相断路器。2～6 层楼的配电箱相同，但与首层配电箱不同。每个配电箱内只有两户的单相分电能表及每户三个（两户共六个）单相断路器。

每户的照明配电由单相电能表引出，经过三个单相断路器分成三路，分别向照明（灯）、客厅与卧室的插座、厨房与阳台插座供电。

(2) 总配电箱设置

照明系统的电源采用的是三相四线制，由架空线引入到各个单元首层楼的配电箱。总配电箱的型号为 XRB01-G1（A）。在总配电箱中，总电能表的型号为“DD862 10（40） A”，每户分电能表为单相电表，型号为“DD862 5（20） A”。在总配电箱中，总控三相断路器的型号为“C45N/3（40） A”，每户的三个断路器：照明控制断路器的型号为“C45N-60/2（6） A”，两路插座控制断路器的型号均为“C45NL-60/1（10） A”，型号中的字母“L”表示具有漏电保护功能。

总电能表的进线有 4 根，而总控三相断路器通往 2～6 层的配电输出有 5 根线。因为为了保证三相供电的质量，一般要求三相负荷应该尽量对称（相等）。因此，三相电源的三根相线（火线）应该平均分配给六层楼，即通往 2～6 层的 5 根线中，有三根相线，一根供给 1～2 层，一根供给 3～4 层，另外两根供给 5～6 层（在设计说明中有专门的说明）。

通往 2～6 层的 5 根线中，有 3 根相线，一根零线 N，一根保护接地线 PE。实际接线时应该注意，虽然 PE 和 N 两根线都是连接到三相交流电源的 PEN，但在各层的分电箱里，

PE 和 N 应该设置两个专门的接线端子排。并且每户的每个回路中的 PE 线和 N 线不能接错端子排，否则就存在安全隐患，可能引发安全事故。

在总配电箱中，总控三相断路器到两个分电能表的三根线中只有一根相线，另外两根分别是 PE 和 N。每户的分电能表到三个单相断路器的接线由断路器的型号及输出线缆的标注可以看出。照明支路（WL1 和 WL4）只有两根线，两根线都通过断路器连接，其中一根是相线，另外一根是零线 N。每户的两路插座（WL2、WL5 和 WL3、WL6）都是三根线，一根相线通过相应的断路器（单极），另外两根没有通过断路器直接输出，分别为 PE 和 N 线。

从配电箱引出到各户的每个支路线缆，标注有该支路的用途、导线型号、敷设方式和支路编号。支路的用途采用中文直接标注，导线的型号都是 BV，BV 后括号里的第一个数字表示导线的根数，乘号后面的数字表示导线芯线的截面积，单位是 mm^2。敷设方式的标注都是 PVC15，表示穿管敷设，线管型号为 PVC15，其中 PVC 为具有阻燃作用的塑料管，“15”表示管径为 15mm。支路的编号采用“WL”加数字表示。

除了两户照明配电引出线外，在首层楼的总配电箱里，由总控断路器引出的线中，还分别经过两个单相断路器，引出两路分别作为地下室照明和楼梯间照明用，支路编号分别为 WL7 和 WL8。两个单相断路器的型号都是“C45N-60/2（6）A”，两个支路的敷设方式与线缆型号和每户照明支路完全一样。

2～6 层分配电箱与总配电箱相比，少了总电能表和总控三相断路器和控制地下室与楼梯间照明的两个单相断路器及其支路，其他内容与总配电箱相同。

(3) 电线配置情况

电源线在引入处标注为“380/220V 架空线引入 BX（3×35＋1×25）SC50”。“380/220V”表示电源线的电压等级（线电压为 380V，相电压为 220V），采用架空线引入。“BX（3×35＋1×25）SC50”表明架空线的规格型号为 BX，共有 4 根线，3 根截面积为 $35mm^2$，一根截面积为 $25mm^2$。“SC50”表示其引入方式为穿管，SC 表示线管为焊接钢管，50 表示管径为 $50mm^2$。

电源四根线进入第一单元的总配电箱后，相继又引到第 2～6 等五个单元的总配电箱。由第二单元总配电箱进线的标注可以看出，进入第二单元总配电箱的电源线为 5 根“BV（3×35＋2×25）SC50”。可见，从第一单元总配电箱中又多引出了一根线，这就是保护接地线 PE。也就是说，从第一单元总配电箱出来的线有 5 根，三根是相线，截面积都是 $35mm^2$，另外两根的截面积都是 $25mm^2$，有一根为零线 N，还有一根是保护接地线 PE。由第一单元到第二单元的电源线也是采用 $50mm^2$ 的焊接钢管进行穿管敷设的，而从第二单元到第三、第四、第五和第六单元的电源线与从第一单元到第二单元的情况完全一样。

住宅楼配电系统图一般采用概略图绘制。读概略图的主要目的是对整个系统相互之间的关系有一个较全面的认识，因此，识读图 1-16 主要应该读懂以下两个方面的内容。

① 该住宅楼照明系统的总体组成。

② 该住宅楼照明系统的组成和相互之间的关系，包括单元总配电箱组成元器件的型号、各分配电箱组成元器件的型号、线缆走向与型号等。

1.3.2 房间照明平面图识读

如图 1-17 所示为两个房间的照明平面图，有 3 盏灯，1 个单极开关，1 个双极开关，采用共头接线法。图 1-17（a）为平面图，在平面图上可以看出灯具、开关和电路的布置。1 根相线和 1 根中性线进入房间后，中性线全部接于 3 盏灯的灯座上，相线经过灯座盒 2 进入左面房间墙上的开关盒，此开关为双极开关，可以控制 2 盏灯，从开关盒出来 2 根相线，接于灯座盒 2 和灯座盒 1。相线经过灯座盒 2 同时进入右面房间，通过灯座盒 3 进入开关盒，再由开关盒出来进入灯座盒 3。因此，在 2 盏灯之间出现 3 根线，在灯座 2 与开关之间也是 3 根线，其余是 2 根线。由灯的图形符号和文字代号可以知道，这 3 盏灯为一般灯具，灯泡功率为 60W，吸顶安装，开关为翘板开关，暗装。图 1-17（b）为电路图，图 1-17（c）为透视图。从图中可以看出接线头放在灯座盒内或开关盒内，因为共头接线，导线中间不允许有接头。

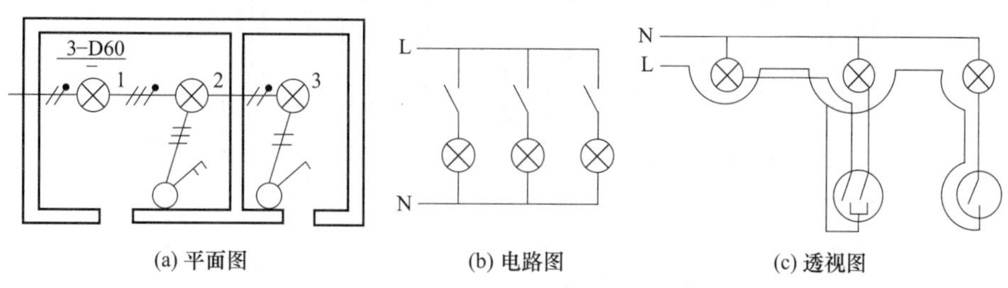

图 1-17　两个房间的照明平面图

由于电气照明平面图上导线较多，在图面上不可能逐一表示清楚。为了读懂电气照明平面图，作为一个读图过程，可以画出灯具、开关、插座的电路图或透视图。弄懂平面图、电路图、透视图的共同点和区别，再看复杂的照明电气平面图就容易多了。

1.3.3 单元层照明电气图识读

如图 1-18（a）所示为某楼宇中两个单元层的电气照明平面图。图中用实线绘制出建筑物墙体、门窗、楼梯、承重梁、柱的平面结构，并用定位轴线表示其尺寸关系，沿水平面方向轴线编号为①～⑧，垂直方向用Ⓐ、Ⓑ、Ⓒ、Ⓓ、D/A 轴线表示，插座均采用三根线，以便于确定灯具、线路和插座的具体位置。

如图 1-18（b）是其中一个单元的供电系统图，电源引线由配电箱中的电能表箱引入，进入总开关（C45N-2/3P-40A），再由各负载分开关分支出去。照明线路采用型号为 BV-500、截面积为 1.5mm^2 的两根线管沿墙和沿地敷设，采用共头接线法。对于用电量比较大的插座，分别由配电箱直接分配，如电热水器的插座。对于一般小负荷的电插座则共用一条支线。

1.3.4 照明及部分插座电气图识读

如图 1-19（a）所示为某家庭照明及部分插座电气平面图。从图中可以看出，照明光源除卫生间外都采用直管型荧光灯，卫生间采用防水防尘灯具。此外还设置了应急照明灯，应急照明电源在停电时提供应急电源使应急灯照明。左面房间电气照明控制线路说明如下：上下两个四极开关分别控制上面和下面四列直管型荧光灯，电源由配电箱 AL2-9 引出，配电箱 AL2-9、AL2-10 中有一路主开关和六路分开关，系统图如图 1-19（b）所示。

左面房间上下的照明控制开关均为四极，因此开关的线路为 5 根线（火线进 1 出 4），其他各路控制导线根数与前面基本知识中所述判断方法一致。卫生间有一盏照明灯和一个排风扇，因此采用一个两极开关，其电源仍是与前面照明公用一路电源。各路开关所采用的开关分别有 PL91-C16、PL91-C20 具有短路过载保护的普通断路器，还有 PLD9-20/1N/C/003 带有漏电保护的断路器，保护漏电电流为 30mA。AL2-9 照明配电箱线路的敷设方式分别为

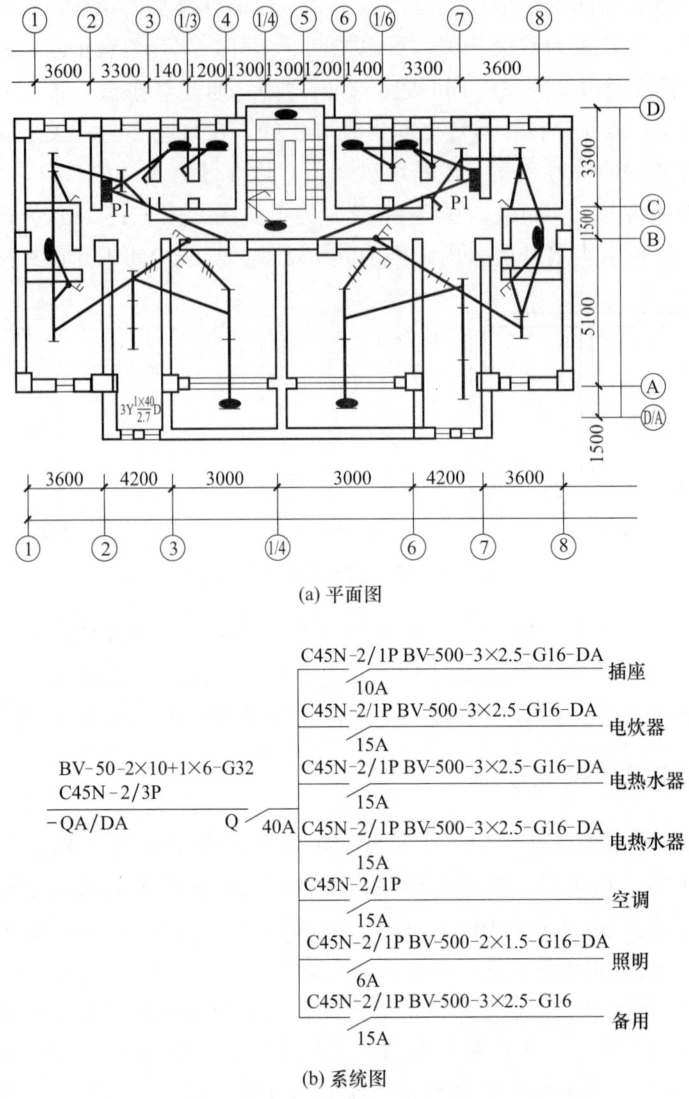

(a) 平面图

(b) 系统图

图 1-18　某楼宇照明平面图和系统图

3 根 $4mm^2$ 聚氯乙烯绝缘铜线穿直径 20mm 钢管敷设（BV 3×4 S20）、2 根 $2.5mm^2$ 聚氯乙烯绝缘铜线穿直径 15mm 钢管敷设（BV 2×2.5 S15），以及 2 根 $2.5mm^2$ 阻燃型聚氯乙烯绝缘铜线穿直径 15mm 钢管敷设（ZR-BV 2×2.5 S15）。

右侧房间的控制线路与左侧相似，只是上面的开关只控制两路照明光源，为两极开关，卫生间的照明控制仍是采用两极开关控制照明灯和排风扇。一般照明和空调回路不加漏电保护开关，但如果是浴室或十分潮湿易发生漏电的场所，照明回路也应加漏电保护开关。

1.3.5　单元一层配电平面图识读

某单元一层配电平面图如图 1-20 所示。单元配电箱引出线情况为：从 AL-1-2 箱引出 4 条支路 1L、2L、3L、4L，其中 1L、2L 分别接到两户户内配电箱 L，采用 3 根截面积为 $4mm^2$ 的塑料绝缘铜导线连接，穿直径 20mm 的焊接钢管，沿墙内暗敷设。A 户 L 箱在厨房门右侧墙上，B 户 L 箱与 AL-1-2 箱在同一面墙上，但在墙内侧。支路 3L 为楼梯照明线路，

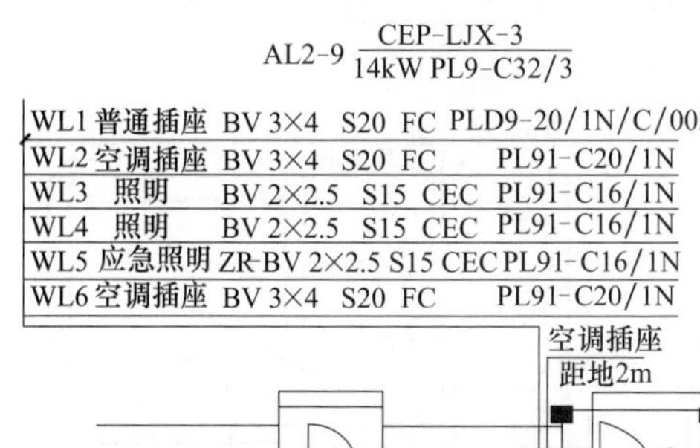

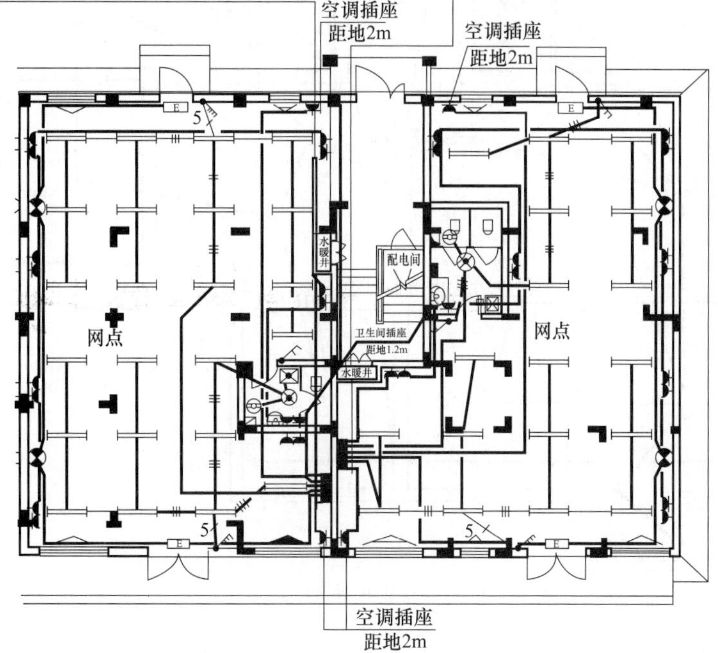

(a) 平面图

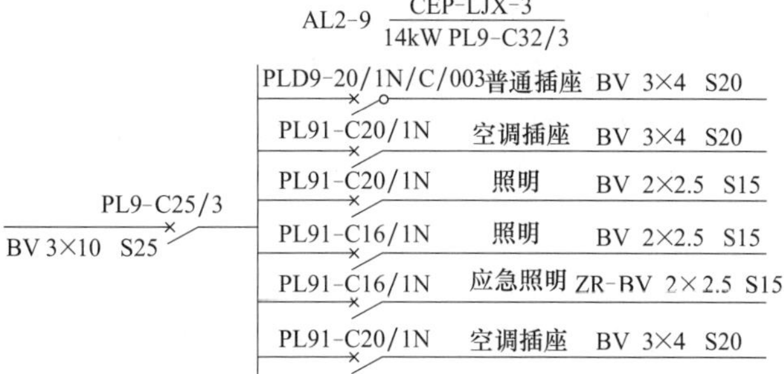

(b) 系统图

图 1-19 某家庭照明及部分插座电气平面图和系统图

4L 为三表计量箱预留线路。三表计量箱安装在楼道墙上，两条支路均用 2 根截面积为 $2.5mm^2$ 的塑料绝缘铜导线连接，穿直径 15mm 的焊接钢管，沿地面、墙面内暗敷设。支路 3L 从箱内引出后，接箱右侧壁灯 B1，并向上引至二层及单元门外雨篷下的 2 号灯。壁灯 B1 使用声光开关控制。单元门灯开关装在门内右侧。

图中没有标注安装高度的插座均为距地面 0.3m 的低位插座。

因为 A、B 两户线路基本相同，下面以 A 户为例，B 户内情况与 A 户内相仿，读图方法与 A 户相同。

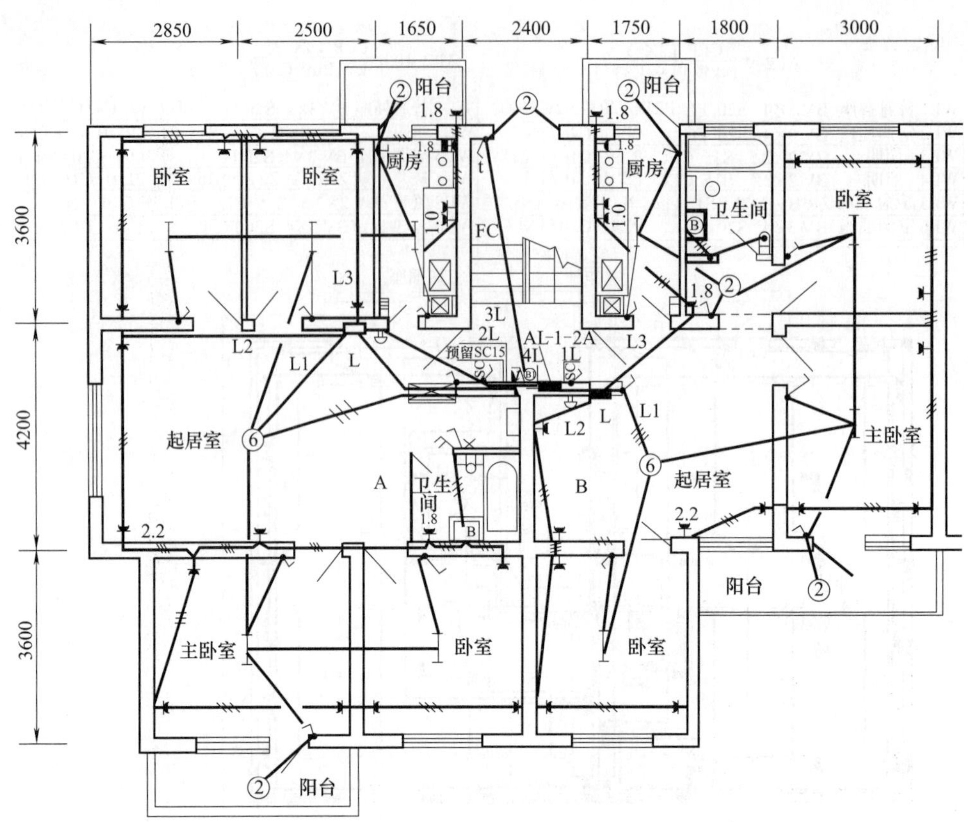

图 1-20 某单元一层配电平面图

从 A 户 L 箱引出 3 条支路 L1、L2、L3，其中 L1 为照明灯具支路，L2、L3 为插座支路。

① 照明支路 L1。支路 L1 从 L 箱到起居室内的 6 号灯。因照明线不需要保护零线，所以这段线路用 2 根截面积为 $2.5mm^2$ 的塑料绝缘铜导线连接，穿直径 15mm 的焊接钢管，沿顶板内暗敷设，并在灯头盒内分为 3 路，分别引至各用电设备。

第一路引向外门方向的为 6 号灯的开关线。由于要接户外的门铃按钮，这段管线内有 3 根导线，分别为相线、零线和开关回火线。线路接单极开关后，相线和零线先分别接到门铃按钮，再接到门内的门铃上。

第二路从起居室 6 号灯上方引至两个卧室，先接右侧卧室荧光灯及开关，从灯头盒引线至右侧卧室荧光灯，再从灯头盒引出开关线，接左侧卧室开关。两开关均为单极翘板开关。从右侧卧室荧光灯灯头盒上分出一路线，到厨房荧光灯灯头盒，开关在厨房门内侧。厨房阳台上有一盏 2 号灯，开关在阳台门内侧。

第三路从起居室 6 号灯向下引至主卧室荧光灯，开关设在门左侧。并由灯头盒引至另一间卧室内荧光灯和主卧室外阳台上的 2 号灯。2 号灯开关在阳台门内侧。

② 插座支路 L2。插座支路 L2 由户内配电箱 L 引出，使用 3 根截面积为 $2.5mm^2$ 的塑料绝缘铜导线，穿直径 15mm 的焊接钢管，沿本层地面内暗敷设到起居室，3 根线分别为相线、零线和保护零线。起居室内有 3 个单相三孔插座，其中一个为安装高度 2.2m 的空调插座。进入主卧室后，插座线路分为两路，一路引至主卧室和主卧室右侧的卧室，另一路向右在起居室装一插座后进入卫生间，在卫生间安装一个三孔防溅插座，高度为 1.8m。由该插座继续向右接壁灯，壁灯的控制开关在卫生间的门外，是一个双极开关，用来控制壁灯和卫

生间的换气扇，由插座出来的另一个为单极开关，用于控制洗衣房墙上的座灯口。

③ 插座支路 L3。插座支路口由户内配电箱 L 引出，先在两间卧室内各装 3 个单相三孔插座，接入厨房后，装一个防溅型双联六孔插座，安装高度为 1.0m，然后在外墙内侧和墙外阳台上各装一个单相三孔插座，也为防溅型，安装高度为 1.8m。

1.3.6 楼层电气照明平面图和系统图识读

图 1-21 所示为某楼层的电气照明平面图和系统图。为了确切表示电路和灯具的布置，图中用细实线简略地绘制出了建筑物墙体、门窗、楼梯、承重梁柱的平面结构。该层共有 7 个房间（依次编号为 1# ～7#），一个楼梯间和一个中间走廊。用定位轴线①～⑥、Ⓐ、Ⓑ、Ⓒ/Ⓑ、Ⓒ和尺寸线表示了各部分的尺寸关系。

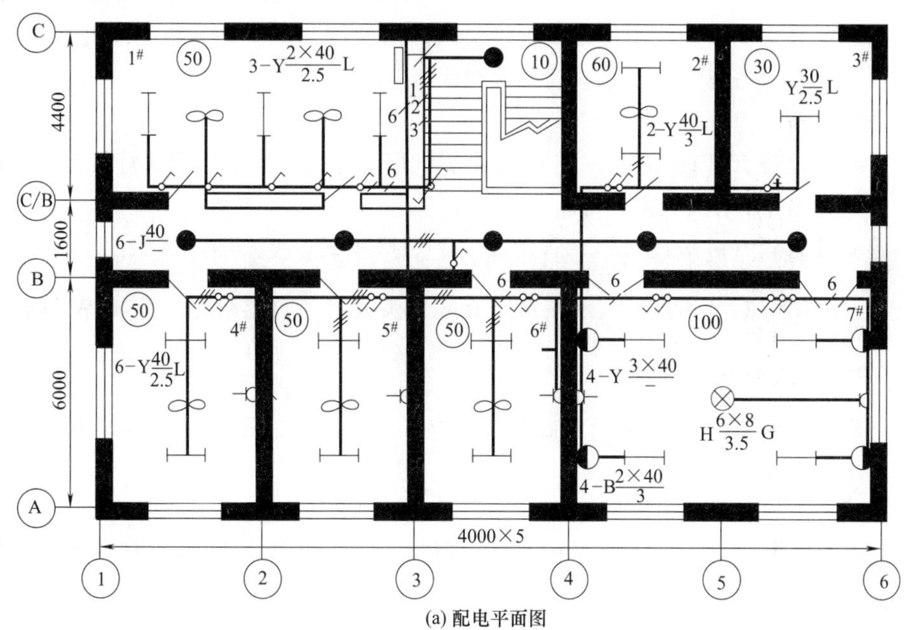

(a) 配电平面图

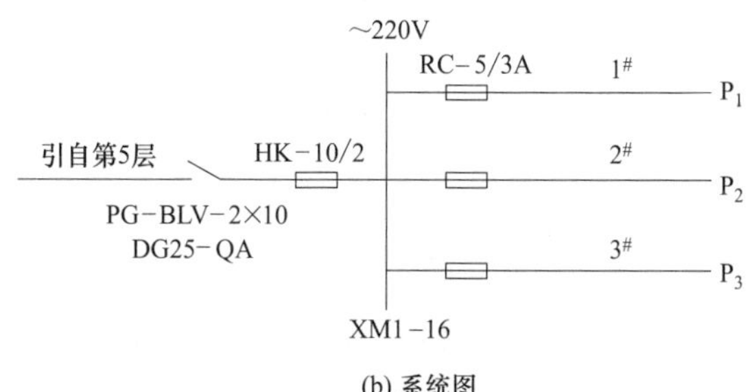

(b) 系统图

图 1-21 楼层电气照明平面图和系统图

电源引自第 5 层，垂直引入，电路标号为“PG”（配电干线），导线型号为 BLV（铝芯塑料绝缘线），2 根，截面积为 10mm²，穿入线管（DG），管径 25mm，沿墙暗敷设（QA）。

该层设 1 个照明配电箱，型号为 XM1-6，内装 HK-10/2 型开启式负荷开关（单相、额定电流为 10A），3 个 PC 型瓷插式熔断器（额定电流为 5A，熔丝额定电流为 3A），分别控制 3 路出线。

（1）照明电路

① 导线种类及配电方式。采用 3 种规格的电路，BLX-10mm²、BLV-6mm²、BLVV-2×2.5mm²；配电方式均为沿墙暗敷设（QA）。例如，照明分干线“1MFG-BLV-2×6-VG20-QA”为塑料绝缘导线（BLV）2 根，截面积为 6mm²，采用 ϕ20mm 的硬质塑料管（VG20）沿墙暗敷（QA）。

② 导线根数及其走向。各条电路的导线根数及其走向是电气平面图主要表现内容。

以 7# 房间为例，3# 线从配电箱引出，经过走廊、6# 房间，引至 7# 房间左上角，即轴线Ⓑ、④交汇处。其中，中性线 N（零线）不经开关分别引至各灯具和插座，相线 L（火线）则分别经各开关引至灯具，插座不经开关。

以 7# 房间东侧配线为例，相线 L 经开关 2 控制两盏荧光灯，经开关 3 控制两盏壁灯，经开关 1 控制花灯，插座相线不经开关直接引入。由此可知，由开关组往北的 5 根线为：3 根开关线（相线）、1 根零线、1 根接插座的相线。

（2）照明设备

图中的照明设备有灯具 27 个、开关 21 个、插座 5 个及电扇等。照明灯具有荧光灯、吸顶灯、壁灯、花灯（6 管荧光灯）等。

灯具的安装方式有链吊式（L）、管吊式（G）、吸顶式、壁式等，例如：

“3-Y $\frac{2\times40}{2.5}$L”（1# 房间），表示该房间有 3 盏荧光灯，每盏灯用 2 支 40W 灯管，安装高度为 2.5m，链吊式安装。

“6-J $\frac{40}{—}$”（走廊及楼道），表示走廊及楼道有 6 盏，水晶底罩灯，每盏灯 40W，吸顶式安装。

“4-B $\frac{2\times40}{3}$”（7# 房间），表示该房间有 4 盏灯，每盏灯装 40W 白炽灯 2 盏，安装高度为 3m。

（3）照度

各照明场所的照度图上均已表示，例如 6# 房间照度为 50lx，走廊及楼道照度为 10lx。

（4）图上位置

由定位轴线和标注的有关尺寸数据直接确定设备、电路管线安装位置，并可计算出线管长度。例如，配电箱的位置在定位轴线Ⓒ、③交点附近。

1.3.7 两室两厅电气系统图和照明平面图识读

配电箱 ALC2 位于楼层配电小间内，楼层配电小间在楼梯对面墙上。从配电箱 ALC2 向右出的一条线进入户内墙上的配电箱 AH3。

户内配电箱共有八条输出回路，如图 1-22 所示。

① WL1 回路为室内照明回路，导线的敷设方式标注为：BV-3×2.5-SC15-WC.CC，采用三根截面积是 2.5mm² 的铜芯线，穿直径 15mm 的钢管，暗敷设在墙内和楼板内（WC.CC）。为了用电安全，照明线路中加上了保护线 PE。如果安装铁外壳的灯具，应对铁外壳做接零保护。

图 1-23 中 WL1 回路为配电箱右上角向下数第二根线，线末端是门厅的灯［室内的灯全

部采用13W吸顶安装（S）]。门厅灯的开关在配电箱上方门旁，是单控单联开关。配电箱到灯的线上有一条小斜线，标着“3”，表示这段线路里有三根导线。灯到开关的线上没有标记，表示是两根导线，一根是相线，另一根是通过开关返回灯的线，俗称开关回相线。图中所有灯与灯之间的线路都标着三根导线，灯到单控单联开关的线路都是两根导线。

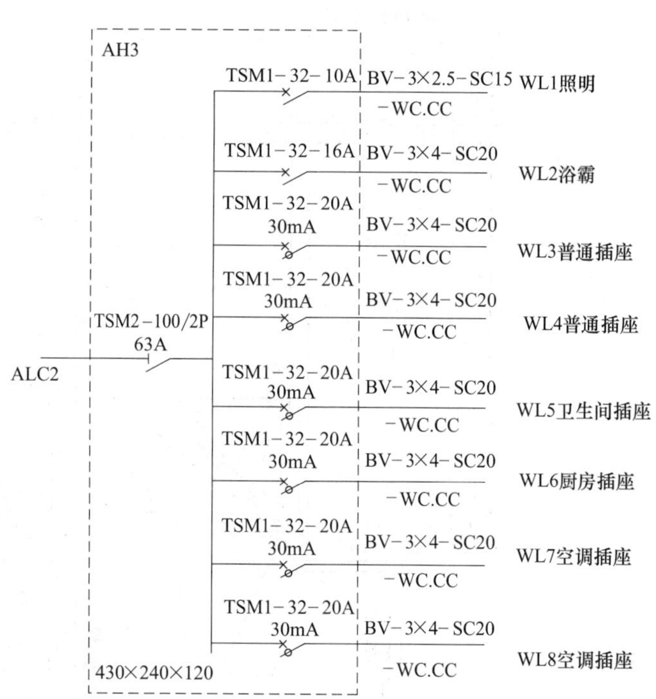

图1-22　户内配电箱电气系统图

从门厅灯出两根线，一根到起居室灯，另一根到前室灯。第一根线到起居室灯的开关在灯右上方前室门外侧，是单控单联开关。从起居室灯向下在阳台上有一盏灯，开关在灯左上方起居室门内侧，是单控单联开关。起居室到阳台的门为推拉门。这段线路到达终点，回到起居室灯，从起居室灯向右为卧室灯，开关在灯上方卧室门右内侧，是单控单联开关。

门厅灯向右是第二根线到前室灯，开关在灯左面前室门内侧，是单控单联开关。从前室灯向上为卧室灯，开关在灯下方卧室门右内侧，是单控单联开关。从卧室灯向左为厨房灯，开关在灯右下方，是单控双联开关。灯到单控双联开关的线路是三根导线，一根是相线，另两根是通过开关返回的开关回相线。双联开关中一个开关是厨房灯开关，另一个开关是厨房外阳台灯的开关。厨房灯的符号表示是防潮灯。

② WL2回路为浴霸电源回路，导线的敷设方式标注为：BV-3×4-SC20-WC.CC，采用三根截面积为4mm^{2}的铜芯线，穿直径20mm的钢管，暗敷设在墙内和楼板内（WC.CC）。

WL2回路在配电箱中间向右到卫生间，接卫生间内的浴霸，2000W吸顶安装（S）。浴霸的开关是单控五联开关，灯到开关是六根导线，浴霸上有四个取暖灯泡和一个照明灯泡，各用一个开关控制。

③ WL3回路为普通插座回路，导线的敷设方式标注为：BV-3×4-SC20-WC.CC，采用三根截面积为4mm^{2}的铜芯线，穿直径20mm的钢管，暗敷设在墙内和楼板内（WC.CC）。

WL3回路从配电箱左下角向下，接起居室和卧室的七个插座，均为单相双联插座。起居室有四个插座，穿过墙到卧室，卧室内有三个插座。

④ WL4回路为另一条普通插座回路，线路敷设情况与WL3回路相同。

WL4回路从配电箱向上，接门厅插座后向右进卧室，卧室内有三个插座。

⑤ WL5回路为卫生间插座回路，线路敷设情况与WL3回路相同。

WL5回路在WL3回路上边，接卫生间内的三个插座，均为单相单联三孔插座，此处插

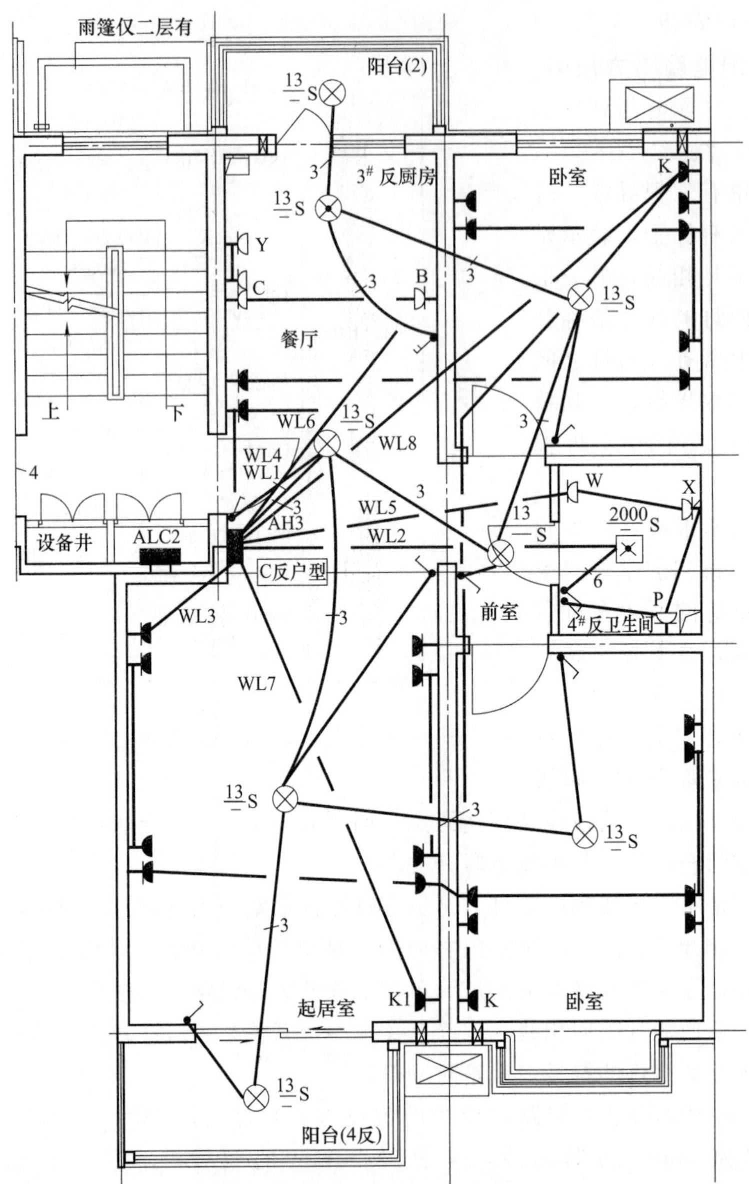

图 1-23　照明电气平面图

座符号没有涂黑，表示防水插座。其中第二个插座为带开关插座，第三个插座也由开关控制，开关装在浴霸开关的下面，是一个单控单联开关。

⑥ WL6 回路为厨房插座回路，线路敷设情况与 WL3 回路相同。

WL6 回路从配电箱右上角向上，厨房内有三个插座，其中第一个和第三个插座为单相单联三孔插座，第二个插座为单相双联插座，均使用防水插座。

⑦ WL7 回路为空调插座回路，线路敷设情况与 WL3 回路相同。

WL7 回路从配电箱右下角向下，接起居室右下角的单相单联三孔插座。

⑧ WL8 回路为另一条空调插座回路，线路敷设情况与 WL3 回路相同。

WL8 回路从配电箱右侧中间向右上，接上面卧室右上角的单相单联三孔插座，然后返回卧室左面墙，沿墙向下到下面卧室左下角的单相单联三孔插座。

1.4 工厂供电回路图识读

工厂供电回路是指电气设备在电路中相互连接的先后顺序。按照电气设备的功能及电压不同，供电回路可分为一次回路（电气主接线）和二次回路。

1.4.1 工厂一次回路图识读

(1) 一次回路图的特点

① 一次回路图的基本组成和主要特征一般用概略图来描述。

② 通常仅用符号表示各项设备，而对设备的技术数据、详细的电气接线、电气原理等都不作详细表示。详细描述这些内容则要参看分系统电气图、接线图、电路图等。

③ 为了简化作图，对于相同的项目，其内部构成只描述了其中的一个，其余项目只在功能框内注以“电路同××”，避免了对项目的重复描述，图面更清晰，更便于阅读。

④ 对于较小系统的电气系统图，除特殊情况外，几乎无一例外地画成单线图，并以母线为核心将各个项目（如电源、负载、开关电器、电线电缆等）联系在一起。

⑤ 母线的上方为电源进线，电源的进线如果以出线的形式送至母线，则将此电源进线引至图的下方，然后用转折线接至开关柜，再接到母线上。母线的下方为出线，一般都是经过配电屏中的开关设备和电线电缆送至负载的。

⑥ 在分系统电气系统图中，为了较详细地描述对象，通常都标注主要项目的技术数据。

⑦ 为了突出系统图的功能，供使用维修参考，图中一般还标注了有关的设计参数，如系统的设备容量、计算容量、计算电流以及各路出线的安装功率、计算功率、计算电流、电压损失等。这些也是图样所表达的重要内容，也是这类电气系统图的重要特色之一。

⑧ 配电屏是系统的主要组成部分，因此，阅读电气系统图应按照图样标注的配电屏型号，查阅有关手册，把这些基本电气系统图读懂。

(2) 某工厂变电所一次回路图识读

如图 1-24 所示为某工厂 6～10/0.4kV 配电变电所一次回路图。这是一种最常见的高压侧无母线的电气系统一次回路图，由 6～10kV 架空线或电缆引入，经高压隔离开关 QS 和高压断路器 QF 送到变压器 T。当负荷较小（如 315kV・A 及以下）时，可采用跌落式熔断器（FU_1）、隔离开关（QS_2）、熔断器（FU_2）；也可以采用负荷开关（Q）、熔断器（FU_3）对变压器实施高压控制。

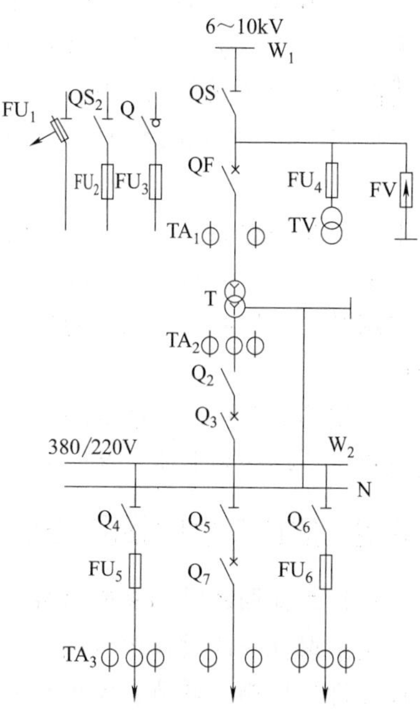

图 1-24 6～10/0.4kV 配电变电所一次回路图

经变压器 T 降压成 400/230V 低压后，进入低压配电室，经低压总开关（空气断路器或负荷开关）送到低压母线，再经过低压刀开关和熔断器或其他开关送至各用电点。

高、低压侧均装有电流互感器及电压互感器，用于测量及保护。电流互感器的二次线圈与电压互感器的二次线圈分别接到电能表的电流线圈和电压线圈，以便计量电能量损耗。电流互感器二次线圈还接通电流表，以便测量各相电流，并供电给电流继电器以实现过电流保护。电压互感器的二次线圈接到电压表，以便测量电压，并供电给绝缘监测用的仪表。

为了防止雷电波沿架空线侵入变电所，在进线处安装有避雷器FV。

(3) 某工厂变配电所电气一次回路图识读

如图1-25所示为某工厂变配电所高、低压侧电气一次回路图。该工厂变配电所是将6～10kV高压降为220/380V的终端变电所，其主接线也比较简单，一般用1～2台主变压器。它与车间变电所的主要不同之处在于：①变压器高压侧有计量、进线、操作用的高压开关柜；因此须配有高压控制室。一般高压控制室与低压配电室是分设的，但只有一台变压器且容量较小的工厂变电所，其高压开关柜只有2～3台，故允许两者合在一室，但要符合操作及安全规定。②小型工厂变电所的电气主接线要比车间变电所复杂。

① 电源　该厂电源由地区变电所经4km长架空线路获取，进入厂区后用10kV电缆引入10/0.4kV变电所。

② 主接线形式　10kV高压侧为单母线隔离插头（相当于隔离开关功能，但结构不同）分段，220/380V低压侧为单母线断路器分段。

③ 主变压器　采用低损耗的S9-500/10、S9-315/10电力变压器各一台，降压后经电缆分别将电能输往低压母线Ⅰ、Ⅱ段。

④ 高压侧　采用JYN2-10型交流金属封闭型移开式高压开关柜5台，编号分别为Y_1～Y_5。Y_1为电压互感器-避雷器柜，供测量仪表电压线圈、作交流操作电源及防雷保护用；Y_2为通断高压侧电源的总开关柜；Y_3是供计量电能及限电用（有电力定量器）；Y_4、Y_5分别为两台主变压器的操作柜。高压开关柜还装有控制、保护、测量、指示等二次回路设备。

⑤ 低压部分　220/380V低压母线为单母线经断路器分段。单母线断路器分段的两段母线Ⅰ、Ⅱ分别经编号为P_3～P_7、P_{11}～P_{13}的PGL2型低压配电屏配电给全厂生产、办公、生活的动力和照明负荷。P_1、P_2、P_9、P_{14}、P_{15}各低压配电屏用于引入电能或分段联络；P_8、P_{10}是为了提高电路的功率因数而装设的PGJ1-2型无功功率自动补偿静电电容器屏。

在图1-25（b）中，因图幅限制，P_4～P_7、P_{10}～P_{12}没有分别画出接线图，在工程设计图中因为要分别标注出各屏引出线电路的用途等是应详细画出的。

电气系统一次回路图是以各配电屏的单元为基础组合而成的，所以，阅读电气系统一次电路图时，应按照图样标注的配电屏型号查阅有关手册，把有关配电屏电气系统一次电路图看懂。

看图的步骤可按电能输送的路径进行，即读标题栏→看技术说明→读接线图（可由电源到负载，从高压到低压，从左到右，从上到下依次读图）→了解主要电气设备材料明细表。

1.4.2 工厂二次回路图识读

(1) 二次回路图的主要内容

为了保证一次设备运行的可靠性和安全性，需要许多辅助电气设备为之服务，这些对一次设备进行控制、调节、保护和监测等的是二次设备，二次设备通过电压互感器和电流互感器与一次设备取得电的联系。按照用途，通常将二次回路图分为原理接线图和安装接线图两大类。

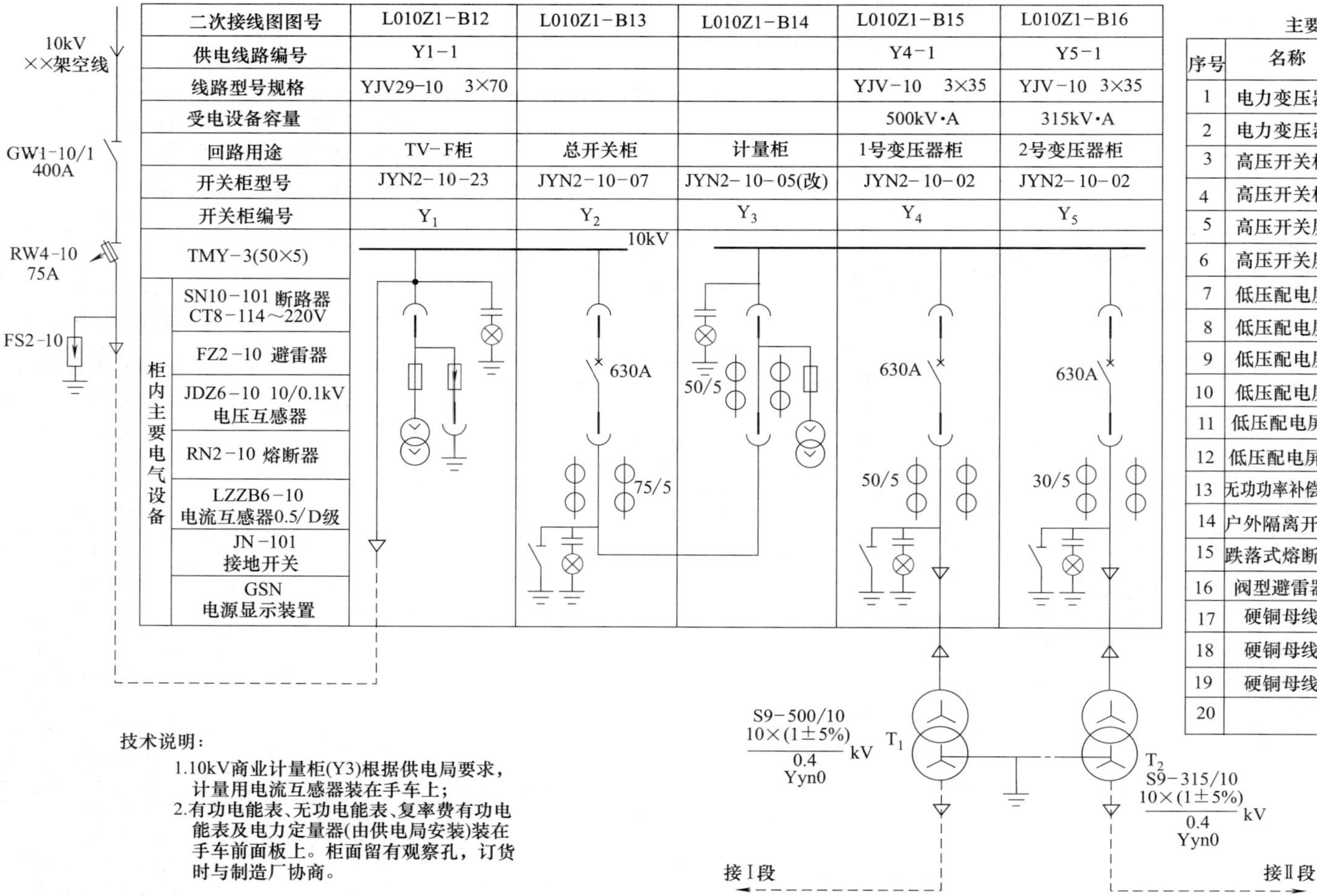

二次接线图图号	L010Z1−B12	L010Z1−B13	L010Z1−B14	L010Z1−B15	L010Z1−B16
供电线路编号	Y1−1			Y4−1	Y5−1
线路型号规格	YJV29−10 3×70			YJV−10 3×35	YJV−10 3×35
受电设备容量				500kV·A	315kV·A
回路用途	TV−F柜	总开关柜	计量柜	1号变压器柜	2号变压器柜
开关柜型号	JYN2−10−23	JYN2−10−07	JYN2−10−05(改)	JYN2−10−02	JYN2−10−02
开关柜编号	Y_1	Y_2	Y_3	Y_4	Y_5

TMY−3(50×5)

柜内主要电气设备：
SN10−101 断路器 CT8−114～220V
FZ2−10 避雷器
JDZ6−10 10/0.1kV 电压互感器
RN2−10 熔断器
LZZB6−10 电流互感器0.5/D级
JN−101 接地开关
GSN 电源显示装置

10kV ××架空线
GW1−10/1 400A
RW4−10 75A
FS2−10
10kV
630A 75/5 50/5 630A 50/5 630A 30/5

S9−500/10 $10\times(1\pm5\%)$/0.4 kV Yyn0 T_1
T_2 S9−315/10 $10\times(1\pm5\%)$/0.4 kV Yyn0
接Ⅰ段
接Ⅱ段

技术说明：

1. 10kV商业计量柜(Y3)根据供电局要求，计量用电流互感器装在手车上；
2. 有功电能表、无功电能表、复率费有功电能表及电力定量器(由供电局安装)装在手车前面板上。柜面留有观察孔，订货时与制造厂协商。

主要电气设备材料明细表

序号	名称	型号规格	单位	数量	备注
1	电力变压器	S9-500/10,10/0.4kV	台	1	
2	电力变压器	S9-315/10,10/0.4kV	台	1	
3	高压开关柜	JYN2−10−23	台	1	
4	高压开关柜	JYN2−10−07	台	1	
5	高压开关屏	JYN2−10−05	台	1	改
6	高压开关屏	JYN2−10−02	台	2	
7	低压配电屏	PGL2−01	台	2	
8	低压配电屏	PGL2−06C−01	台	1	
9	低压配电屏	PGL2−06C−02	台	2	
10	低压配电屏	PGL2−28−06	台	7	
11	低压配电屏	PGL2−40−01(改)	台	1	
12	低压配电屏	PGL2−07D−01	台	1	
13	无功功率补偿屏	PGJ1−2	台	2	
14	户外隔离开关	GW1−10/1.400A	组	1	
15	跌落式熔断器	RW4−10.75A	组	1	
16	阀型避雷器	FS2−10	组	1	
17	硬铜母线	TMY−60×6	m		
18	硬铜母线	TMY−50×5	m		
19	硬铜母线	TMY−30×4	m		
20					

(a) 高压侧电气一次回路图

图 1-25

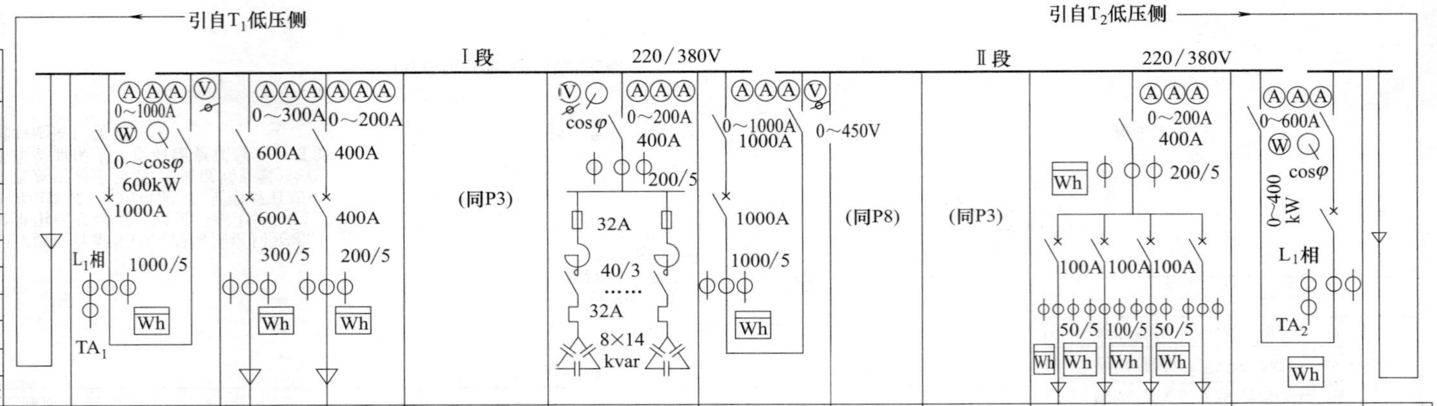

引自T_1低压侧　　Ⅰ段　220/380V　　Ⅱ段　220/380V　　引自T_2低压侧

铜母线	TMY-3(60×6)+1(30×4)
屏内设备	42L6型电流表、电压表、功率表、功率因数表
	HD-13刀开关
	DW15、DZ×10低压断路器
	LMZ1电流互感器
	QM3熔断器
	KDK-12电抗器
	CJ10-40交流接触器
	JR16-60 热继电器
	BW0.4-14-3电容器
	DT862-4三相四线电能表

配电屏编号	P_1	P_2	P_3		$P_4\sim P_7$	P_8	P_9	P_{10}	P_{11}、P_{12}	P_{13}				P_{14}	P_{15}
配电屏型号	PGL2-01	PGL2-06C-01	PGL2-28-06		PGL2-28-06	PGJ1-2	PGL2-06C-02	PGJ1-2	PGL2-28-06	PGL2-40-01改				PGL2-07D-01	PGL2-01
配电线路编号	PX_1		PX_{3-1}	PX_{3-2}	$PX_4\sim PX_7$				PX_{11}、PX_{12}	PX_{13-1}	PX_{13-2}	PX_{13-3}	PX_{13-4}		PX_{15}
用途	电缆受电	1号变低压总开关	工装、恒温车间动力	机修车间动力	锻工、金工、冲压、装配等车间动力	电容自动补偿(1)	低压联络	电容自动补偿(2)	热处理车间等及备用	办公楼照明	生活区照明	防空洞照明	备用	2号低压总开关	电路受电
回路计算电流/A		750	300	200	200～300		750		60～400	50	100	50		600	
低压断路器脱扣器额定电流/A		1000	400	300	300～400		1000		100～600	80	100	80	100	800	
低压断路器瞬时脱扣器额定电流/A		3000	1200	900	900～1200		3000		500～1800	800	1000	800	1000	2400	
配电线路型号规格	3(VV-1) 1×500)		VV29-13×150-1×50	VV29-1 3×95+1×35						VV29-1 3×35 1×10	同左	同左	同左		3(VV-1 -1×50
二次接线图图号		OZA、354、223	OZA、354、240		同P3		OZA、354、224		OZA、354、240	OZA、354、140(改)				OZA、354、223	
备注	电缆无铠装	TA1为电容补偿屏(1)用	Wh为DT862型220/380V		同P3	112kvar		112kvar	Wh为DT862 220/380V	Wh为三相四线屏宽改为800mm				TA2为电容屏(2)用	电缆无铠装

技术说明：

1.低压P_{13}配电屏为厂区生活用电专用屏，根据供电局要求安装计费有功电能表。在屏前上部装有加锁的封闭计量小室，屏面有观察孔。订货时与制造厂协商。

2.柜及屏外壳均为仿苹果绿色烘漆。

3.TA_1～TA_2至各电容器屏均用BV-500(2×2.5)线，外包绝缘带。

4.本图中除P_2、P_9、P_{14}外，均选用DZ×10型低压断路器。

(b) 低压侧电气一次回路图

图 1-25　某工厂变配电所高、低压侧电气一次回路图

二次回路的内容包括发电厂和变电所一次设备的控制、调节、继电保护和自动装置、测量和信号回路以及操作电源系统。

① 控制回路 控制回路是由控制开关和控制对象（断路器、隔离开关）的传递机构及执行（或操动）机构组成的，其作用是对一次开关设备进行“跳”“合”闸操作。

a. 控制回路按自动化程度可分为手动和自动控制两种。

b. 按控制距离可分为就地和距离控制两种。

c. 按控制方式可分为分散和集中控制两种，分散控制均为“一对一”控制，集中控制有“一对一”和“一对 N”的选线控制。

d. 按操作电源性质可分为直流和交流操作两种；按操作电源电压和电流大小可分为强电和弱电控制两种。

② 调节回路 调节回路是指调节型自动装置，它由测量机构、传送机构、调节器和执行机构组成，其作用是根据一次设备运行参数的变化，实时在线调节一次设备的工作状态，以满足运行要求。

③ 继电保护和自动装置回路 继电保护和自动装置回路由测量、比较部分，逻辑判断部分和执行部分组成，其作用是自动判别一次设备的运行状态，在系统发生故障或异常运行时，自动跳开断路器，切除故障或发出故障信号，故障或异常运行状态消失后，快速投入断路器，恢复系统正常运行。

④ 测量回路 测量回路由各种测量仪表及其相关回路组成。配电柜上的仪表一般安装在面板上，因此这类仪表又叫开关板表，其作用是指示或记录一次设备的运行参数，以便运行人员掌握一次设备运行情况。它是分析电能质量、计算经济指标、了解系统主设备运行工况的主要依据。

⑤ 信号回路 信号回路由信号发送机构、传送机构和信号器具构成，其作用是反映一、二次设备的工作状态。

a. 信号回路按信号性质可分为事故信号、预告信号、指挥信号和位置信号 4 种。

b. 按信号的显示方式可分为灯光信号和音响信号 2 种。

c. 按信号的复归方式可分为手动复归和自动复归 2 种。

信号设备分为正常运行显示信号设备、事故信号设备、指挥信号设备等。

a. 正常运行显示信号设备一般为不同颜色的信号灯、光字牌，常用于电源指示（有、无及相别）、开关通断位置指示、设备运行与停止显示等。

b. 事故信号设备包括事故预告信号设备和事故已发生信号设备（简称事故信号设备）。事故信号在某些情况下又称为中央信号。当电气设备或系统出现了某些事故预兆或某些不正常情况（如绝缘不良、中性点不接地、三相系统中一相接地、轻度过负荷、设备温升偏高等），但尚未达到设备或系统即刻就不能运行的严重程度，这时所发出的信号称为事故预告信号；当电气设备或系统故障已经发生、自动开关已跳闸，这时所发出的信号称事故信号。事故预告信号和事故信号一般由灯光信号和音响信号两部分组成。音响信号可唤起值班人员和操作人员注意；灯光信号可提示事故类别、性质，事故发生地点等。为了区分事故信号和事故预告信号，可采用不同的音响信号设备，如事故信号采用蜂鸣器、电笛、电喇叭等，事故预告信号采用电铃。

c. 指挥信号主要用于不同地点（如控制室和操作间）之间的信号联络与信号指挥，多采用光字牌、音响等。

⑥ 操作电源系统 操作电源系统由电源设备和供电网络组成，它包括直流和交流电源

系统，其作用是供给上述各回路工作电源。发电厂和变电所的操作电源多采用直流电源系统，简称直流系统，对小型变电所也有采用交流电源或整流电源的。

(2) 识读二次回路图的方法

二次回路图阅读的难度较大。识读比较复杂的二次图时，通常应掌握以下方法。

① 概略了解图的全部内容，例如图样的名称、设备明细表、设计说明等，然后大致看一遍图样的主要内容，尤其要看一下与二次电路相关的主电路，从而达到比较准确地把握住图样所表现的主题。

② 在电路图中，各种开关触点都是按起始状态位置画的，如按钮未按下，开关未合闸，继电器线圈未通电，触点未动作等，这种状态称为图的原始状态。但看图时不能完全按原始状态来分析，否则很难理解图样所表现的工作原理。为了读图方便，可将图样或图样的一部分改画成某种带电状态的图样，称为状态分析图。状态分析图是由看图者作为看图过程而绘制的一种图，通常不必十分正规地画出，用铅笔在原图上另加标记亦可。

③ 在电路图中，同一设备的各个元件位于不同回路的情况比较多，在用分开表示法的图中往往将各个元件画在不同的回路，甚至不同的图纸上。看图时应从整体观念上去了解各设备的作用。例如，辅助开关的开合状态就应从主开关开合状态去分析，继电器触点的开合状态就应从继电器线圈带电状态或从其他传感元件的工作状态去分析。一般来说，继电器触点是执行元件，因此应从触点看线圈的状态，不要看到线圈去找触点。

④ 任何一个复杂的电路都是由若干基本电路、基本环节构成的。看复杂的电路图一般应将图分成若干部分来看，由易到难，层层深入，分别将各个部分、各个回路看懂，整个图样就能看懂。

⑤ 二次图的种类较多。对某一设备、装置和系统，这些图实际上是从不同的使用角度、不同的侧面，对同一对象采用不同的描述手段。显然，这些图存在着内部的联系。因此，读各种二次图应将各种图联系起来阅读。掌握各类图的互换与绘制方法，是阅读二次图的一个十分重要的方法。

(3) 二次回路图识图要领

二次回路图的逻辑性很强，在绘制时遵循着一定的规律，看图时若能抓住此规律就很容易看懂。

① 先交流，后直流　一般说来，交流回路比较简单，容易看懂。因此识图时，先看二次接线图的交流回路，把交流回路看完弄懂后，根据交流回路的电气量以及在系统中发生故障时这些电气量的变化特点，向直流逻辑回路推断，再看直流回路。

② 交流看电源，直流找线圈　看交流回路要从电源入手。交流回路有交流电流回路和电压回路两部分，先找出电源来自哪组电流互感器或哪组电压互感器，在两种互感器中传输的电流量或电压量起什么作用，与直流回路有何关系，这些电气量是由哪些继电器反映出来的，找出它们的符号和相应的触点回路，看它们用在什么回路，与什么回路有关，在心中形成一个基本轮廓。

③ 抓住触点，逐个查清　继电器线圈找到后，再找出与之相应的触点。根据触点的闭合或断开引起回路变化的情况，再进一步分析，直至查清整个逻辑回路的动作过程。

④ 先上后下，先左后右，屏外设备一个也不漏　这个识图要领主要是针对端子排图和屏后安装图而言的。展开图上凡屏内与屏外有联系的回路，均在端子排图上有一个回路标号，单纯看端子排图是不易看懂的。端子排图是一系列的数字和文字符号的集合，把它与展

开图结合起来看就可清楚它的连接回路。

(4) DW 型断路器的电磁操作控制回路图识读

如图 1-26 所示是 DW 型断路器的交直流电磁合闸电路。

先看图中的元件表、图形符号和文字符号，电路由合闸线圈 YO、合闸接触器 KO、时间继电器等组成。按照看图方法，要使断路器合闸，必须先使 YO 线圈得电；要使 YO 线圈得电，必须使 KO 动合触点闭合，即必须使 KO 接触器线圈得电。要使 KO 线圈得电，必须满足 SB 按钮闭合，同时 QF 的动断触点不断开，或 KO 的动合触点闭合（必须是 KO 线圈先得电后，才能闭合，起自保作用）且时间继电器的动断触点不断开。这样，大体上分析出了它们的因果关系。

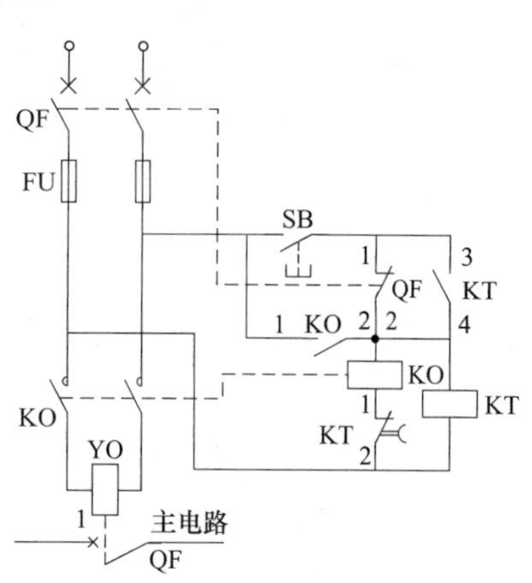

图 1-26 DW 型断路器的电磁操作控制回路图

当按下合闸按钮 SB 时，合闸接触器 KO 得电，同时时间继电器 KT 也得电，KO 的动合触点闭合，使合闸电磁铁线圈 YO 得电，断路器合闸，同时 KO 的另一个辅助触点 KO（1-2）自保（即使松开 SB 按钮也能保持 KO 和 KT 有电）。当 KT 的延时时间到时，KT 的动断触点断开，使 KO 线圈失电，其动合触点断开，切断合闸回路，使合闸线圈的通电时间为 KT 的延时时间。这里设置时间继电器的作用有两个：防止合闸线圈 YO 长时间通电而过热烧毁（因为它是短时工作制的），KT 的动合触点是用来“防跳”的。

KT 动合触点的“防跳”过程：当合闸按钮 SB 按下不返回或被粘住，而断路器 QF 所在的电路存在着永久性短路时，继电保护装置就会使断路器 QF 跳闸，这时断路器的动断触点 QF（1-2）闭合。假如没有这个时间继电器 KT 及其动断触点 KT（1-2）和动合触点 KT（3-4），则合闸接触器 KO 将再次自动通电动作，使合闸线圈 YO 再次通电，断路器 QF 再次自动合闸。由于是永久性短路，继电保护装置又要动作，使断路器再次跳闸。这时 QF 的动断触点又闭合，又要使 QF 再一次合闸。如此反复地在短路状态下跳闸、合闸（称之为“跳动”现象），将会使断路器的触点烧毁而熔焊在一起，使短路故障扩大。因此，增加时间继电器 KT 后，在 SB 不返回或被粘住时，时间继电器 KT 瞬时闭合的动合触点 KT（3-4）是闭合的，保持了 KT 有电，这样 KT 的动断触点 KT（1-2）打开，不会在 QF 跳闸之后再次使 KO 有电，断路器再次合闸，从而达到了“防跳”的目的。断路器 QF 的动断触点 QF（1-2）用来防止断路器已经处于合闸位置时的误合闸操作。

从本例的分析可见，要看懂、分析清楚电路图的功能或作用，除了要知道图中的图形符号、文字符号、元器件的工作原理外，还需要具备与之相关的理论知识。

(5) 备用电源自动投入二次回路接线图识读

图 1-27 所示为某备用电源自动投入二次回路接线图，该二次回路由交流电流电压测量部分和直流逻辑回路组成。

① 电压测量回路。由分别测量两段母线电压的低电压继电器 $1KV_1$、$1KV_2$ 和 $2KV_1$、$2KV_2$ 构成，作用是当母线失电时触点闭合启动逻辑回路跳开原来工作的断路器 1QF 或 2QF，它是启动逻辑回路的主要条件之一。

② 电流闭锁回路。测量线路Ⅰ段电流回路的电流继电器 1KA 和测量线路Ⅱ段电流回路

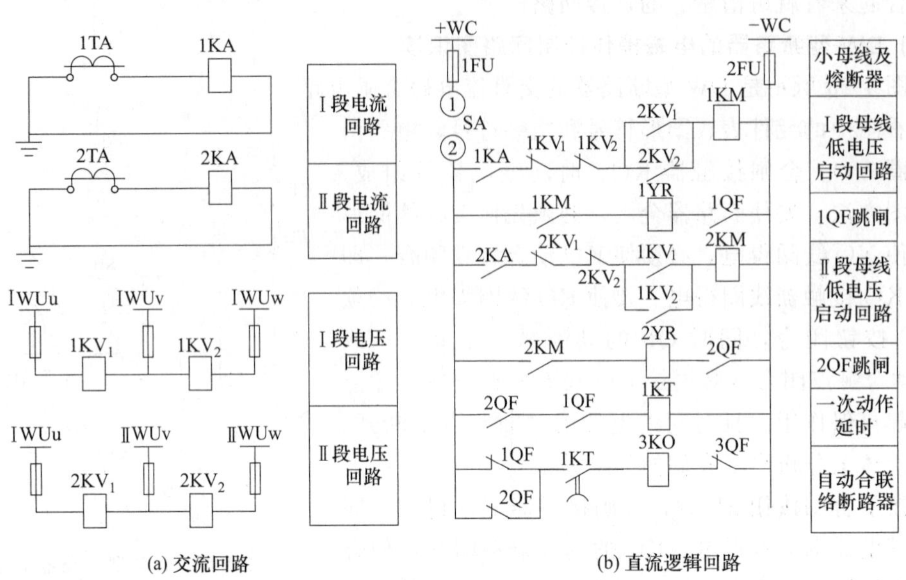

图 1-27　备用电源自动投入二次回路接线图

的电流继电器 2KA 组成电流闭锁回路，其作用是只有该线路电流增大同时该段母线电压降低时，逻辑电路中的中间继电器 1KM 或 2KM 才能动作去跳开 1QF 或 2QF。

③ 合闸逻辑回路

a. 在逻辑回路中接有一个延时返回的时间继电器 1KT，该继电器受主电路工作断路器 1QF 和 2QF 的动合辅助触点控制。在主电路的工作断路器 1QF、2QF 都处于合闸位置时，继电器 KT 带电吸合；在主电路的工作断路器 1QF 和 2QF 中的任何一个跳闸后，KT 因断路器的动合辅助接点断开而失电，开始其延时释放的过程。时间继电器 KT 的动合触点串接在备用断路器 3QF 的合闸回路中，其延时时间（也就是动合触点在线圈失电后继续保持接通的时　间，一般为 0.5～0.8s）应能保证备用断路器可靠合闸一次。

b. 只有当备用电源有电时（由电压继电器 $1KV_1$、$1KV_2$ 和 $2KV_1$、$2KV_2$ 测量，有电时动合触点闭合）才允许接通工作断路器的跳闸回路，即允许 1KM 或 2KM 动作。

c. 在工作断路器跳闸后，备用断路器 3QF 的合闸元件 3KO 在工作断路器的动断辅助触点（1QF 或 2QF）闭合而时间继电器 KT 的动合触点尚未返回（即打开）的这段时间内动作，将备用断路器 3QF 合闸投入。

d. 备用断路器 3QF 在合闸一次后，由于时间继电器 KT 的动合触点因延时时间已到而断开，所以备用断路器 3QF 可在故障母线保护动作时将其跳开，不会引起再次合闸。也就是说保证装置只能合闸一次。

e. SA 是装置的投入和退出的转换开关。

1.5　电动机控制电路图识读

1.5.1　两地点动和单向启动控制电路图识读

如图 1-28 所示为电动机两地点动和单向启动控制线路，本电路适用于需连续或断续单向运行，并且可两地操作控制的生产机械上。

（1）电路组成

控制线路的保护元件由熔断器 FU_1 与熔断器 FU_2 组成，分别作主电路和控制电路的短路保护，热继电器 FR 为电动机的过载保护。

主电路由开关 QS、熔断器 FU_1、接触器 KM 主触点和电动机 M 组成。控制电路由熔断器 FU_2，启动按钮 SB_3、SB_4、SB_5、SB_6，停止按钮 SB_1、SB_2，热继电器动断触点 FR 和接触器 KM 组成。

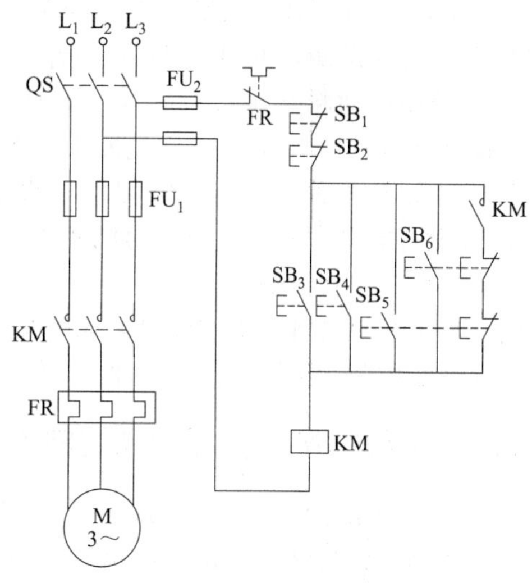

图 1-28　两地点动和单向启动控制电路图

（2）工作原理

合上电源开关 QS，按下启动按钮 SB_3，接触器线圈 KM 得电，主触点 KM 闭合，辅助触点 KM 闭合自锁，电动机作单向连续运转。如需点动，则按下点动按钮 SB_5。由于按钮 SB_5 的动断触点串联在辅助触点 KM 的回路上，按下点动按钮 SB_5 的同时闭合自锁线路被切断，点动按钮动合触点直接接通控制线路，所以电动机作断续运转。同理，当按下点动按钮 SB_6 时，电动机也作断续运转。当按下启动按钮 SB_4 时，电动机又可作单向连续运转。

如要电动机停止，可以按停止按钮 SB_1 或 SB_2。

提示：该电路工作原理与一地点动和单向启动控制线路相同，只是比其多了一组按钮：停止按钮 SB_2、单向启动按钮 SB_4 和点动按钮 SB_6。这组按钮可安装在另一地点，作两地控制用。

1.5.2　防止相间短路的正反转控制电路图识读

在电动机容量较大，并且重载下进行正反转切换时，往往会产生很强的电弧，容易造成相间短路。如图 1-29 所示为利用联锁继电器延长转换时间来防止相间短路的电路。

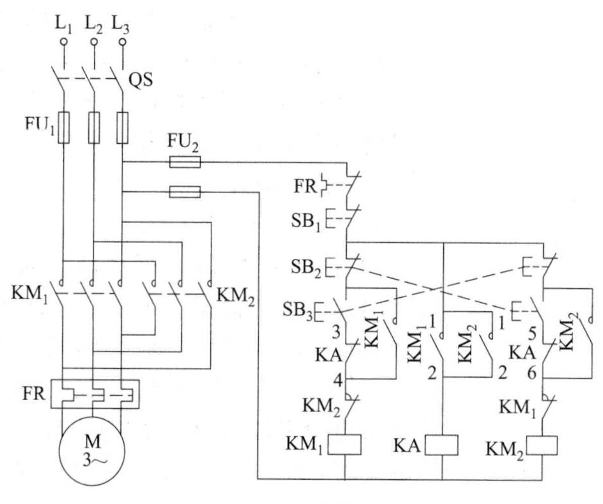

图 1-29　防止相间短路的正反转控制线路

（1）电路组成

控制线路的保护元件由熔断器 FU_1 与熔断器 FU_2 组成，分别作主电路和控制电路的短路保护，热继电器 FR 为电动机的过载保护。

主电路由开关 QS、熔断器 FU_1、接触器 KM_1 及 KM_2 主触点、热继电器 FR（电动机过载保护）和电动机 M 组成。控制电路由熔断器 FU_2、启动按钮 SB_2、SB_3、停止按钮 SB_1、接触器 KM_1 及 KM_2、继电器 KA 和热继电器 FR 动断触点组成。

（2）工作原理

按下按钮 SB_3 时，正转接触器 KM_1 得电吸合并自锁，电动机正向启动运转，同时，KM_1 的动合辅助触点 KM_1（1-2）闭合，使联锁继电器 KA 得电吸合并自锁，串联在 KM_1、KM_2 电路中的动断触点 KA（3-4）、KM（5-6）断开，使 KM_2 不能得电，实现互锁。

按下反转按钮 SB_2 时，首先断开 KM_1 控制电路，KM_1 断电释放，当其主触点断开，待电弧完全熄灭后，联锁继电器 KA 断电释放，这时 KA 的动断触点 KA（5-6）闭合，KM_2 才能得电吸合并自锁，电动机才能反向转动。

该电路在正转接触器 KM_1 断电后，KA 也随着断电，KM_1 和 KA 组成了灭弧电路，即在同一相中四对主触点的熄弧效果大大加强，有效地防止了相间短路。

这种电路能完全防止正反转转换过程中的电弧短路，适用于转换时间小于灭弧时间的场合。

1.5.3 电动机 Y-△降压启动控制电路图识读

三相异步电动机启动时，加在电动机定子绕组上的电压为电动机的额定电压，属于全压启动，也称直接启动。三相异步电动机直接启动时，启动电流一般为额定电流的 4～7 倍。在电源变压器容量不够大而电动机功率较大的情况下，直接启动将导致电源变压器输出电压下降，不仅减小电动机本身的启动转矩，而且会影响同一供电线路中其他电气设备的正常工作。因此，较大容量的电动机需要采用降压启动。

降压启动是指利用启动设备将电压适当降低后加到电动机定子绕组上进行启动，待电动机启动运转后，再使其电压恢复到额定值正常运转，由于电流随电压的降低而减小，所以降压启动达到了减小启动电流之目的。因此，降压启动需要在空载或轻载下启动。

通常规定：电源容量在 180kV·A 以上，电动机容量在 7kW 以下的三相异步电动机可采用直接启动。凡不满足直接启动条件的，均须采用降压启动。

常见的降压启动方法有 4 种：定子绕组串接电阻降压启动、自耦变压器（补偿器）降压启动、Y-△降压启动和延边三角形降压启动。

时间继电器自动控制 Y-△降压启动电路如图 1-30 所示。

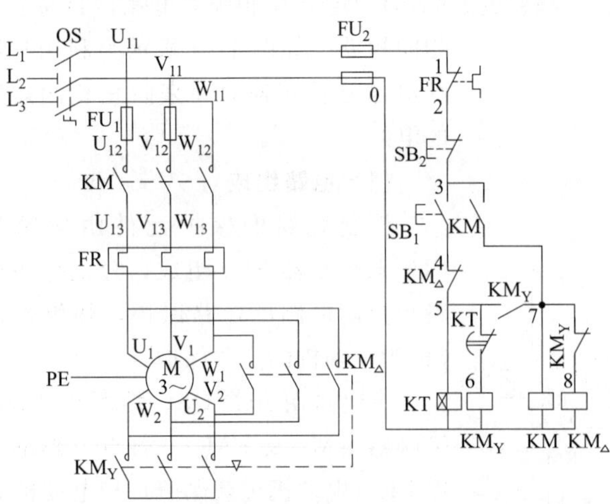

图 1-30 时间继电器自动控制 Y-△降压启动电路图

（1）电路组成

该电路由 3 个接触器、1 个热继电器、1 个时间继电器和 2 个按钮组成。时间继电器 KT 用于控制 Y 形降压启动时间和完成 Y-△自动切换。

（2）工作原理

先合上电源开关 QS。

① 电动机 Y 形降压启动　按下 SB_1→KM_Y线圈得电→KM_Y主触点闭合［同时 KM_Y 联锁触点断开，对 $KM_△$联锁；KM_Y常开触点闭合→KM 线圈得电→KM 主触点闭合（KM 自锁触点闭合自锁）］→电动机 M 连接成 Y 形降压启动。

② 电动机△形全压运行　按下 SB_1 后→KT 线圈也得电→（通过时间整定，当 M 转速上升到一定值时，KT 延时结束）KT 常闭触点断开→KM_Y线圈失电→KM_Y主触点断开解

除 Y 形连接（同时 KM_Y常开触点断开），KM_Y联锁触点闭合→$KM_{\triangle}$线圈得电→ $KM_{\triangle}$主触点闭合→电动机 M 连接成△形全压运行。

$KM_{\triangle}$线圈得电的同时→$KM_{\triangle}$联锁触点断开→对 KM_Y联锁（KT 线圈失电→KT 常闭触点瞬时闭合）。

③ 停止　停止时，按下 SB_2 即可。

1.5.4　电动机制动器控制电路图识读

三相异步电动机从断开电源后，由于惯性作用需要转动一段时间后才会停止转动，而有些生产机械却需要电动机及时迅速地停车，这就需要对电动机进行制动。所谓制动，就是给电动机一个与转动方向相反的转矩使电动机及时迅速停车。常用的制动方法有机械制动和电气制动两大类。在实际应用中使用较为广泛的机械制动有电磁抱闸制动；电气制动有反接制动和能耗制动。

如图 1-31 所示为 RC 反接式电动机制动器，它与常用的电磁式制动器相比，具有制动速度快、制动时间可调、成本低等特点，可用于各种瞬间制动的机械运转设备（例如木材加工带锯机）中。

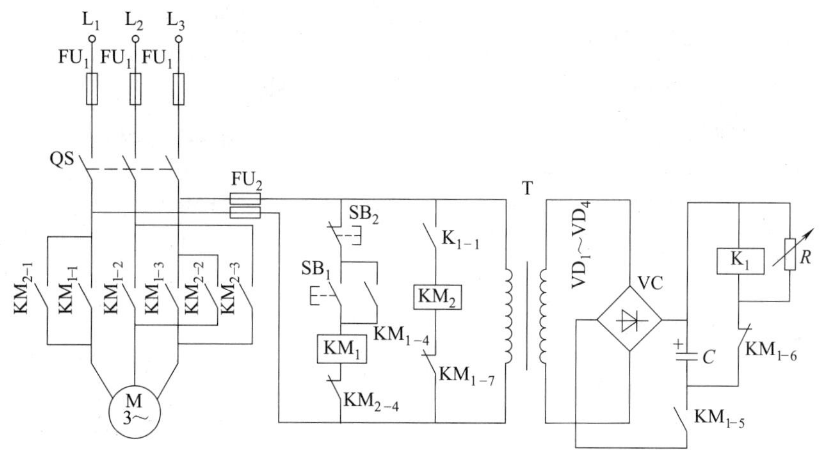

图 1-31　电动机制动器控制电路图

(1) 电路组成

控制线路的保护元件由熔断器 FU_1 与熔断器 FU_2 组成，分别作主电路和控制电路的短路保护。

主电路由开关 QS、熔断器 FU_1、接触器 KM_1 及 KM_2 主触点和电动机 M 组成。控制电路由熔断器 FU_2、启动按钮 SB_1、停止按钮 SB_2、接触器 KM_1 及 KM_2、中间继电器 K_1 动合触点 $K_{1\text{-}1}$组成。整流电路由电源变压器 T、整流二极管 VD_1～VD_4、可变电阻器 R、电容器 C、继电器 K_1 等组成。

(2) 工作原理

当按动启动按钮 SB_1 后，交流接触器 KM_1 通电工作，其动合触点 $KM_{1\text{-}1}$～$KM_{1\text{-}5}$接通，动断触点 $KM_{1\text{-}6}$和 $KM_{1\text{-}7}$断开，电动机 M 启动运转，电源变压器 T 也通电工作，其二次侧产生的感应电压经 VD_1～VD_4 整流后，对电容器 C 充电。此时交流接触器 KM_2 和继电器 K_1 均不工作。

当按动停止按钮 SB_2 后，KM_1 断电释放，其各动断触点接通、动合触点释放，电动机

M 断电；与此同时，电容器通过 KM_{1-6} 触点对继电器 K_1 放电，使 K_1 吸合，其动合触点 K_{1-1} 接通，使交流接触器 KM_2 瞬间通电工作，其动合触点 KM_{2-1}～KM_{2-3} 瞬间接通一下，给电动机 M 施加一个瞬间反转电流，电动机 M 在此反转电流的作用下快速停转，从而解决了电动机停机后的惯性运转问题。

调节电阻器 R 的阻值，可以改变对电动机 M 的制动时间，以免制动过量而引起电动机反转。

1.5.5 电动机综合控制电路图识读

由两地控制、顺序控制和 Y-△降压启动控制组成的控制电路如图 1-32 所示。

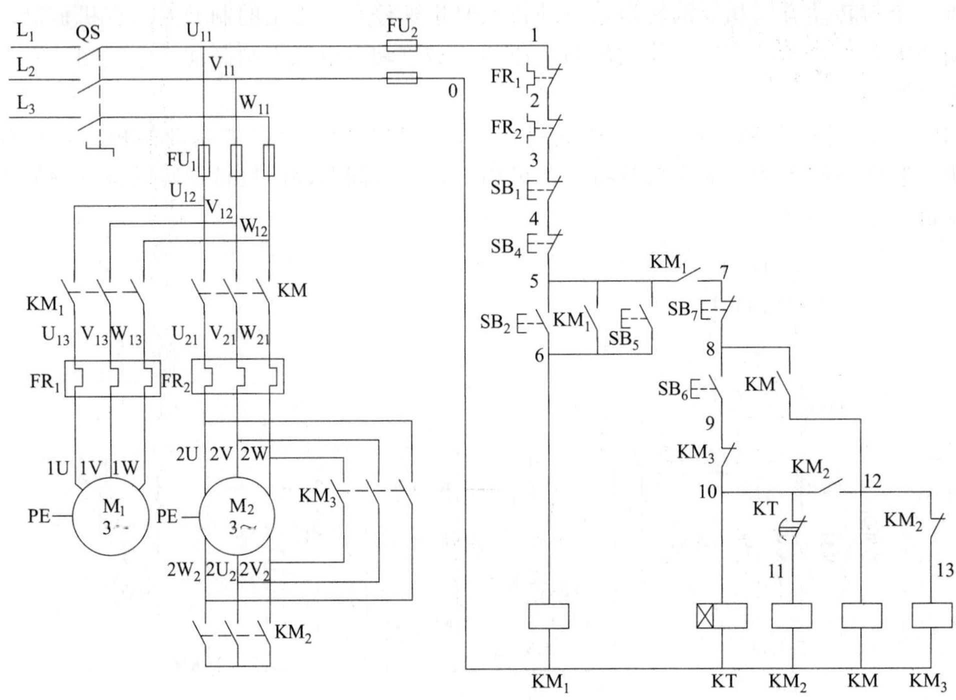

图 1-32 电动机综合控制电路图

(1) 电路组成

该控制电路由两地控制、顺序控制、Y-△降压启动控制线路综合组成，实现两台电动机的控制。接触器 KM_1 控制电动机 M_1 的正转运行，可由两地控制 M_1 的启停运行；接触器 KM_2、KM_3 控制电动机 M_2 的 Y-△降压启动运行。只有当 M_1 启动后，M_2 才能启动运行；M_1、M_2 可分别停车。

(2) 工作原理

① M_1 电动机的控制过程　合上电源开关 QS，启动控制（SB_1、SB_2 为甲地的停止、启动按钮；SB_4、SB_5 为乙地的停止、启动按钮）。

按下 SB_2（或 SB_5），KM_1 线圈得电，此时 KM_1 自锁触点闭合自锁，KM_1 主触点闭合，M_1 电动机运转。同时 KM_1 的动合辅助触点闭合处于等待状态（用于 M_2 电动机启动停止控制）。

按下 SB_1（或 SB_4），KM_1 线圈失电，KM_1 所有触点全部复位，M_1 电动机停止转动。由于本电路具有顺序控制功能，此时也停止 M_2 电动机的运转。

② M_2 电动机的控制过程 按下 SB_6，KM_2 线圈得电，KM_2 动合触点闭合，KM 线圈得电，使 KM 自锁触点闭合自锁，KM 主触点闭合；KM_2 主触点闭合，M_2 电动机定子绕组 Y 形连接并得电运转；同时，KM_2 动断触点断开，对 KM_3 联锁。

按下 SB_6，KT 线圈得电，经过 T_S 时间后，KT 延时断开触点分断，KM_2 线圈失电，此时 KM_2 动合触点恢复分断，使 KT 线圈失电，KT 触点恢复；同时 KM_2 主触点恢复分断，定子绕组解除 Y 形连接；KM_2 动断触点恢复闭合，KM_3 线圈得电，KM_3 主触点闭合，M_2 电动机△形连接全压运行。同时，KM_3 动断触点分断联锁。

按下 SB_7，KM_3、KM 线圈失电，所有触点均恢复，M_2 电动机停止运行。

1.6 弱电工程图识读

1.6.1 有线电视干线平面图识读

如图 1-33 所示为家庭有线电视标准层平面图，由于是对称图形，图中只标示出了左侧两个单元。每户由智能箱提供 3 路电视信号，分别供给起居室、主卧室、次卧室，电视电缆为穿钢管沿墙敷设，所用电缆为干线 SYWV75-9 型射频同轴电缆，用户端 SYWV75-5 型射频同轴电缆。

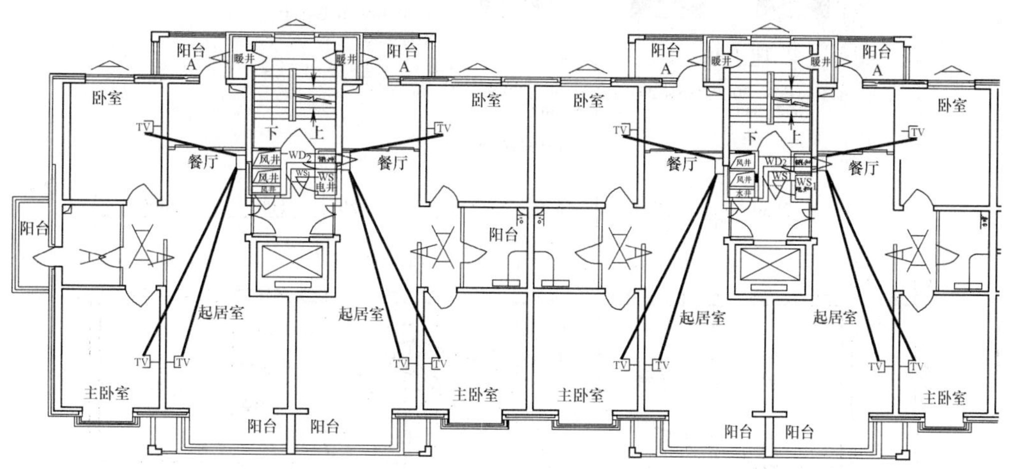

图 1-33 家庭有线电视平面图

1.6.2 电话工程图和平面图识读

某住宅楼电话工程系统图如图 1-34（a）所示，单元电话平面图如图 1-34（b）所示。

从系统图可以看到，进户使用 HYA-50（2×0.5）型电话电缆，电缆为 50 对线，每根线芯的直径为 0.5mm，穿直径 50mm 焊接钢管埋地敷设。电话组线箱 TP-1-1 为一个 50 对线电话组线箱，型号为 STO-50。箱体尺寸为 400mm×650mm×160mm，安装高度距地 0.5m。进线电缆在箱内与本单元分户线和分户电缆及到下一单元的干线电缆连接。下一单元的干线电缆为 HYV-30（2×0.5）型电话电缆，电缆为 30 对线，每根线的直径为 0.5mm，穿直径 40mm 焊接钢管埋地敷设。

一二层用户线从电话组线箱 TP-1-1 引出，各用户线使用 RVS 型双绞线，每根直径为 0.5mm，穿直径 15mm 焊接钢管埋地、沿墙暗敷设（SC15-FC-WC）。从 TP-1-1 到三层电话组线箱用一根 10 对线电缆，电缆线型号为 HYV-10（2×0.5），穿直径 25mm 焊接钢管沿墙暗敷设。

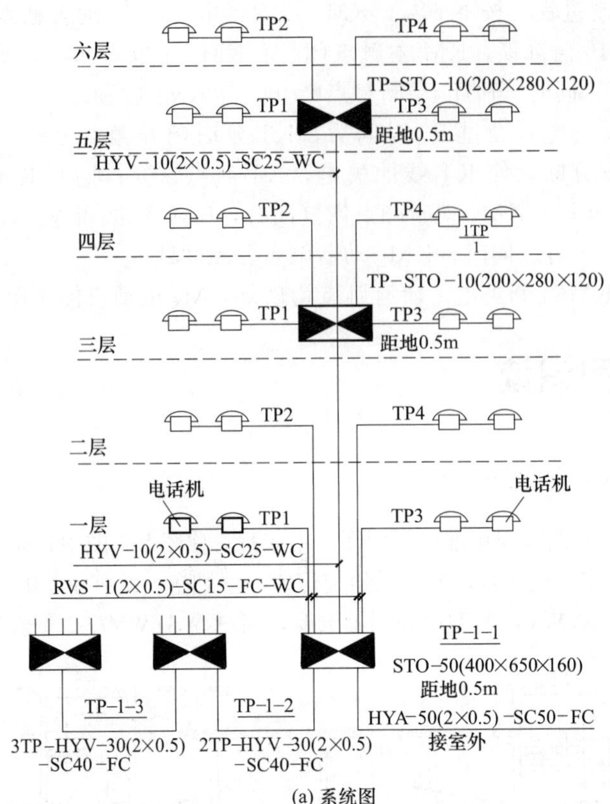

(a) 系统图

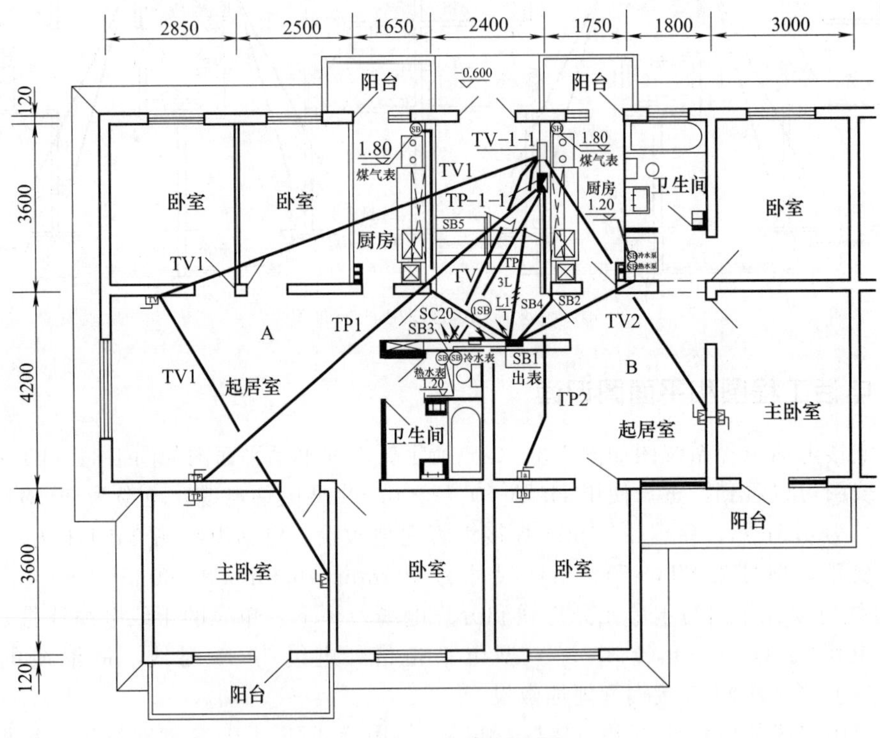

(b) 单元平面图

图 1-34　某住宅楼电话系统工程图和平面图

在三层和五层各设一个电话组线箱，型号为 STO-10，箱体尺寸为 200mm×280mm×120mm，均为 10 对线电话组线箱，安装高度距地 0.5m。三层到五层也使用一根 10 对线电缆。三层和五层电话组线箱分别连接上下层四户的用户电话出线口，均使用 RVS 型双绞线，每根直径为 0.5mm，每户内有两个电话出线口。

在平面图中，从一层的组线箱 TP-1-1 箱引出一层 B 户电话线 TP2，向下到起居室电话出线口，隔墙是卧室的电话出线口；一层 A 户电话线 TP1 向左下到起居室电话出线口，隔墙是主卧室的电话出线口。每户的两个电话出线口为并联关系，两部电话机并接在一根电话线上。二层用户电话线从 TP-1-1 箱直接引入二层户内，位置与一层对应。一层线路沿一层地面内敷设，二层线路沿一层顶板内敷设。

单元干线电缆 TP 从 TP-1-1 箱向左下到楼梯对面墙，干线电缆沿墙从一楼向上到五楼，三层和五层装有电话组线箱，从各层的电话组线箱引出本层和上一层的用户电话线。

1.6.3 综合布线平面图识读

某家庭综合布线工程平面图如图 1-35 所示。图中所示信息线由楼道内配电箱引入室内，使用 4 根 5 类 4 对非屏蔽双绞线电缆（UTP）和 2 根同轴电缆，穿 ϕ30mmPVC 管在墙体内暗敷。每户室内有一个家居配线箱，配线箱内有双绞线电缆分接端子和电视分配器，本户为 3 分配器。户内每个房间都有电话插座（TP），起居室和书房有数据信息插座（TO），每个插座用 1 根 5 类 UTP 电缆与家居配线箱连接。户内各居室都有电视插座（TV），用 3 根同轴电缆与家居配线箱内分配器连接，墙两侧安装的电视插座，用二分支器分配电视信号。户内电缆穿 ϕ20mmPVC 管在墙体内暗敷。

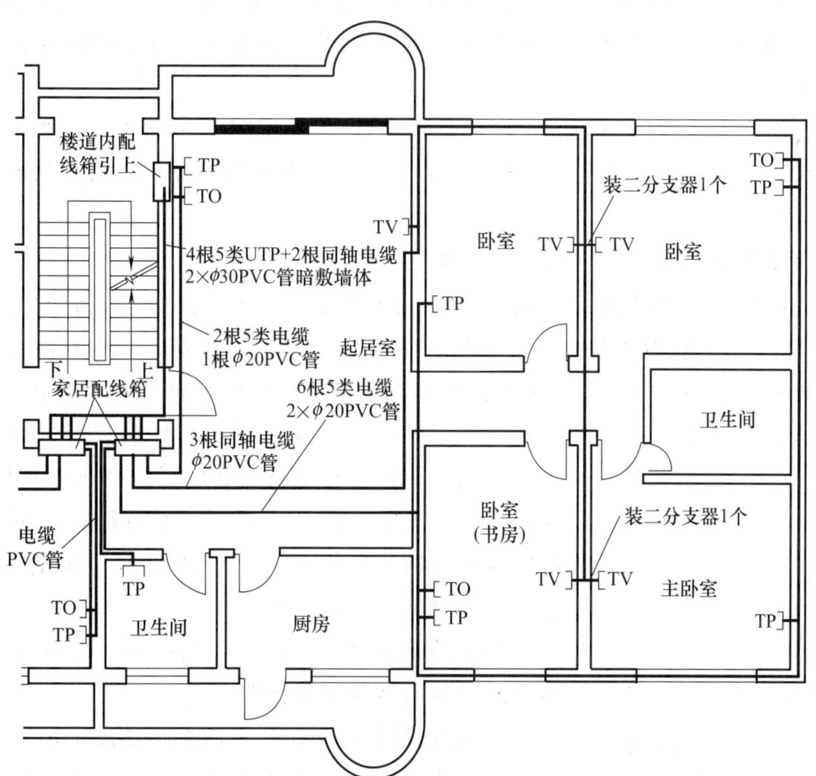

图 1-35 某家庭综合布线工程平面图

第2章 高低压电器及应用

2.1 常用低压电器及应用

2.1.1 熔断器

(1) 熔断器的用途

熔断器属于保护电器，在一般的低压照明电路中用作过载和短路保护，在电动机控制电路中主要用作短路保护。

(2) 工作原理

熔断器串接于被保护电路中，当电路或设备发生故障或异常，伴随着电流不断升高，并且升高的电流有可能损坏电路中的某些重要器件或贵重器件时，熔体被瞬时熔断而分断电路，起到保护作用。

注意：熔断器也有可能烧毁电路甚至造成火灾。若电路中正确地安置了熔断器，则熔断器就会在电流异常升高到一定的高度和一定的时候时，自身熔断切断电流，从而起到保护电路安全运行的作用。

(3) 熔断器的结构与保护（熔断）特性

① 熔断器的结构　熔断器的结构一般分成熔体座和熔体等部分，其最主要的零件是熔体（熔丝或者熔片），将熔体装入盒内或绝缘管内就成为了熔断器。熔体的材料、尺寸和形状决定了熔断特性。熔体材料分为低熔点和高熔点两类。低熔点材料如铅和铅合金，其熔点低容易熔断，由于其电阻率较大，故制成熔体的截面尺寸较大，熔断时产生的金属蒸气较多，只适用于低分断能力的熔断器。高熔点材料如铜、银，其熔点高，不容易熔断，但由于其电阻率较低，可制成比低熔点熔体较小的截面尺寸，熔断时产生的金属蒸气少，适用于高分断能力的熔断器。

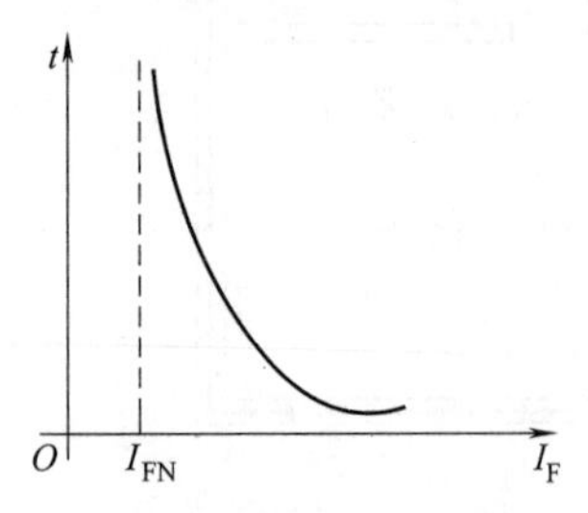

图 2-1　熔断器的时间-电流特性

熔体的形状分为丝状和带状两种。改变截面的形状可显著改变熔断器的熔断特性。

② 熔断器保护（熔断）特性　熔断器的规格以熔体的额定电流值表示，但熔丝的额定电流并不是熔丝的熔断电流，一般熔断电流大于额定电流的 1.3～2.1 倍。熔断器所能切断的最大电流，叫做熔断器

的断流能力。

熔断器的时间-电流特性如图 2-1 所示。熔断器的熔断电流与熔断时间的关系如表 2-1 所示。

表 2-1 熔断器的熔断电流与熔断时间

熔断电流	$1.25I_{FN}$	$1.6I_{FN}$	$2.0I_{FN}$	$2.5I_{FN}$	$3.0I_{FN}$	$4.0I_{FN}$	$8.0I_{FN}$
熔断时间	∞	1h	40s	8s	4.5s	2.5s	1s

可见，熔断时间与熔断电流成反比。熔断电流小于等于 I_{FN}时，熔体不会熔断，可以长期工作。

熔断器具有反时延特性，即过载电流小时，熔断时间长；过载电流大时，熔断时间短。所以，在一定过载电流范围内，当电流恢复正常时，熔断器不会熔断，可继续使用。

不同类型的熔断器有各种不同的熔断特性曲线，可以适用于不同类型保护对象的需要。

(4) 熔断器的类型及结构

供电系统中常用的低压熔断器有瓷插式（RC)、螺旋式（RL)、密闭管式（RM)、有填料式（RTO）及自复式（RZ）等，如图 2-2 所示是常用的几种低压熔断器的外形及结构。

(5) 熔断器的选用

① 选用原则　在电气设备安装和维护时，只有正确选择熔断器，才能保证线路和用电设备正常工作，起到保护作用。选用熔断器应遵守以下原则。

a. 根据使用环境和负载性质选择适当类型的熔断器。

b. 熔断器的额定电压应大于等于电路的额定电压。

c. 熔断器的额定电流应大于等于所装熔体的额定电流。

d. 上、下级电路保护熔体的配合应有利于实现选择性保护。

② 选用要求　对熔断器的选择要求是：在电气设备正常运行时，熔断器不应熔断；在出现短路时，应立即熔断；在电流发生正常变动（如电动机启动过程）时，熔断器不应熔断；在用电设备持续过载时，应延时熔断。

③ 选择依据　选择熔断器的类型时，主要依据负载的保护特性和短路电流的大小。

用于照明电路和电动机的熔断器，一般是考虑它们的过载保护，这时，希望熔断器的熔化系数适当小些，所以容量较小的照明线路和电动机宜采用熔体为铅锌合金的 RC1A 系列熔断器。

大容量的照明线路和电动机，除过载保护外，还应考虑短路时分断短路电流的能力。当短路电流较小时，可采用熔体为锡质的 RC1A 系列或熔体为锌质的 RM10 系列熔断器，如图 2-3 所示。

用于车间低压供电线路的保护熔断器，一般是考虑短路时的分断能力。当短路电流较大时，宜采用具有高分断能力的 RL1 系列熔断器；当短路电流相当大时，宜采用有限流作用的 RT0 系列熔断器，如图 2-4 所示。

一般来说，瓷插式熔断器主要用于 500V 以下小容量线路；螺旋式熔断器用于 500V 以下中小容量线路，多用于机床配电电路；无填料封闭管式熔断器主要用于交流 500V、直流 400V 以下的配电设备中，作为短路保护和防止连续过载用；有填料管式熔断器比无填料封闭管式熔断器断流能力大，可达 50kA，主要用于具有较大短路电流的低压配电网。

(6) 熔体额定电流的选择

① 照明或其他没有冲击电流的电阻性负载，熔体的额定电流应大于等于负载的工作电流，一般按照下式选择

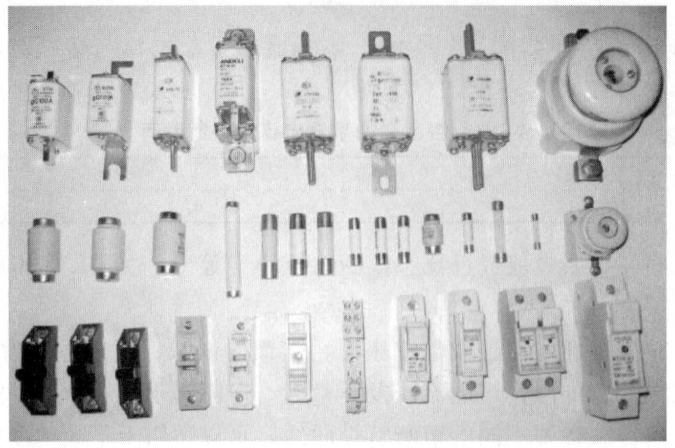

(a) 外形

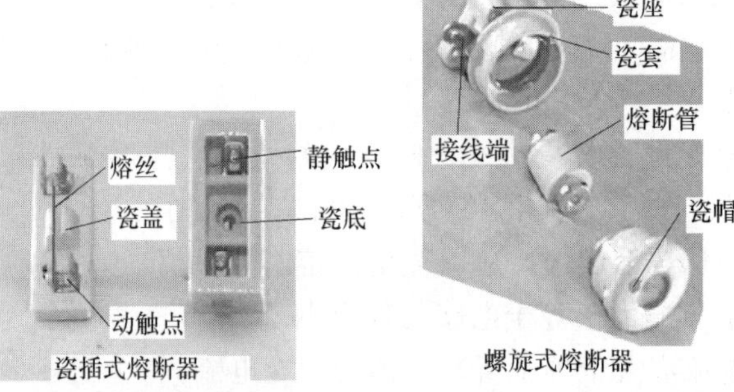

瓷插式熔断器　　螺旋式熔断器

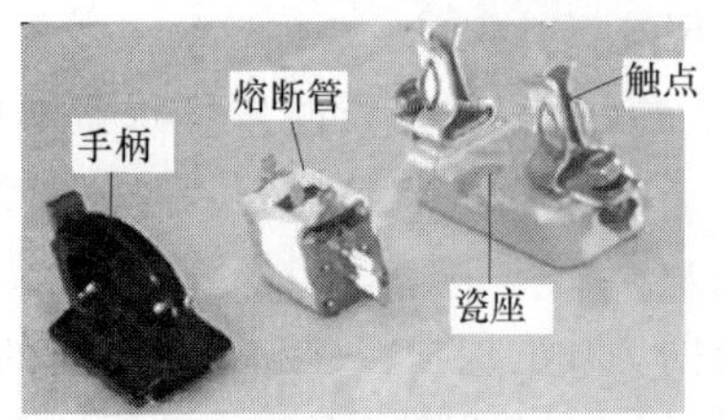

有填料管式熔断器

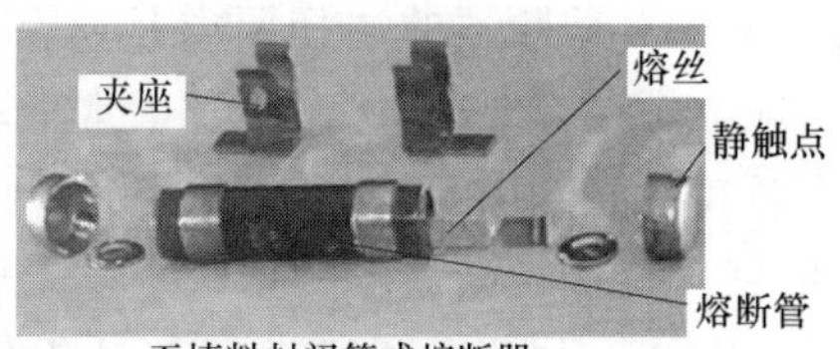

无填料封闭管式熔断器

(b) 结构

图 2-2　常用熔断器的外形及结构

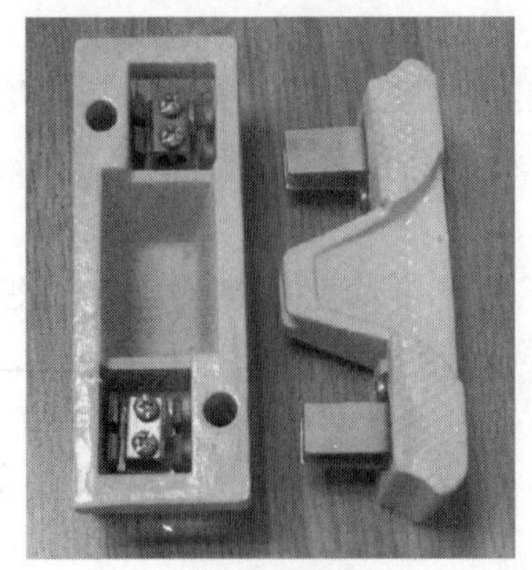

(a) RClA系列

(b) RMl0系列

图 2-3　RC1A 和 RM10 熔断器

(a) RL1系列

(b) RT0系列

图 2-4 RL1 和 RT0 系列熔断器

$$I_{FR}=1.1I_R$$

式中，I_{FR}为熔体的额定电流；I_R为负载额定电流，下同。

② 单台电动机，熔体的额定电流为

$$I_{FR}\geqslant(1.5\sim2.5)I_R$$

③ 多台电动机不同时启动时，熔体的额定电流为

$$I_{FR}\geqslant(1.5\sim2.5)I_{Rmax}+\sum I_R$$

式中，I_{Rmax}为最大一台电动机额定电流；$\sum I_R$为其余小容量电动机额定电流之和。

常见熔断器的主要技术参数如表 2-2 所示。

表 2-2 常见熔断器的主要技术参数

类别	型号	额定电压/V	额定电流/A	熔体额定电流等级/A	极限分断能力/kA	功率因数
插入式熔断器	AC1A	380	5	2、5	2.25	0.8
			10 15	2、4、5、10 6、10、15	0.5	
			30	20、25、30	1.5	0.7
			60 100 200	40、50、60 80、100 120、150、200	3	0.6
螺旋式熔断器	RL1	500	15 60	2、4、6、10、15 20、25、30、35、40、50、60	2 2.5	≥0.3
			100 200	60、80、100 100、125、150、200	20 50	
	RL2		25 60 100	2、4、6、10、15、20、25 25、35、50、60 80、100	1 2 3.5	
无填料封管式熔断器	RM10	380	15	6、10、15	1.2	0.8
			60	15、20、25、35、45、60	3.5	0.7
			100 200 350	60、80、100 100、125、160、200 200、225、260、300、350	10	>0.3
			600	350、430、500、600	12	0.5

(7) 熔断器的安装

① 熔断器的安装应保证触点、接线端等处接触良好；安装熔体时，注意不要损伤熔体。

② 螺旋式熔断器的进线应接在底座中心端的下接线端上，出线接在上接线端上，如图 2-5 所示。螺旋式熔断器的熔断管内装有熔丝和石英砂，管的上盖有指示器，用来指示熔丝是否熔断。

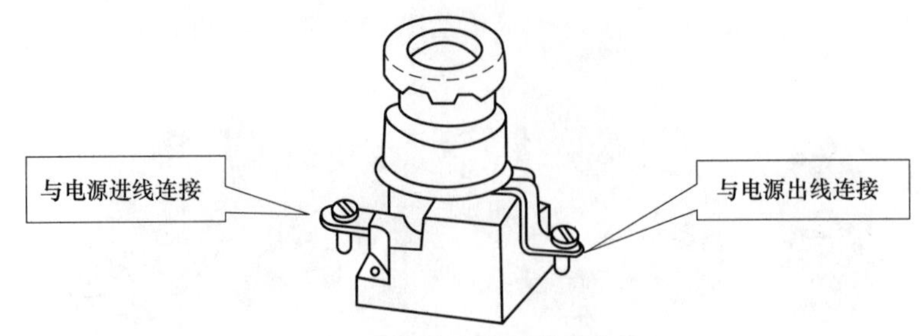

图 2-5 螺旋式熔断器的接线

③ 瓷插式熔断器的熔丝应顺着螺钉旋紧方向绕过去；不要把熔丝绷紧，以免减小熔丝截面尺寸。

④ 应保证熔体与刀座接触良好，以免因接触电阻过大使熔体温度升高而熔断。

(8) 熔断器的更换

更换熔体应在停电的状况下进行。如因工作需要带电调换熔断器时，必须先断开负荷，戴好绝缘手套，站在绝缘板上并戴上护目眼镜，因为熔断器的触刀和夹座不能用来切断电流，可能在拔出时，电弧不能熄灭，造成触电或受电灼伤及脏物落入眼内。

特别注意：熔丝烧坏后，应使用和原来同样材料、同样规格的熔丝更换（即熔断器内所装的熔丝的额定电流，只能小于或等于熔断管的额定电流，而不能大于熔断管的额定电流）。千万不要随便加粗熔丝或者用不易熔断的其他金属丝去更换。

(9) 熔断器常见故障处理

熔断器常见故障原因及处理方法见表 2-3。

表 2-3 熔断器常见故障原因及处理方法

故障现象	故障原因	处理方法
熔体电阻无穷大	熔体已断	更换相应的熔体
电动机启动瞬间，熔体便断	①熔体电流等级选择太小 ②电动机侧有短路或接地 ③熔体安装时受到机械损伤	①更换合适的熔体 ②排除短路或接地故障 ③更换熔体
熔断器入端有电出端无电	①紧固螺钉松脱 ②熔体或接线端接触不良	①调高整定电流值 ②更换磨损部件

2.1.2 胶盖闸刀开关

胶盖闸刀开关即 HK 系列开启式负荷开关（以下称刀开关），它由闸刀和熔丝组成。刀开关有二极、三极两种，具有明显断开点，起短路保护作用。

(1) 刀开关的用途

① 在电压为 220V 或 380V 的交流配电系统或设备自动控制系统中，用作电源隔离开关。

② 用作不频繁接通、断开的小电流（60A 以下）配电电路的总开关（如照明电路、电热负载等）。

③ 直接控制电动机功率在 5.5kW 及以下且不频繁启动的小容量动力电路的接通与断开。

④ 用作接通或断开有电压而无负载电流的电路。

(2) 刀开关的原理图符号及型号含义

刀开关的原理图符号及型号含义如图 2-6 所示。

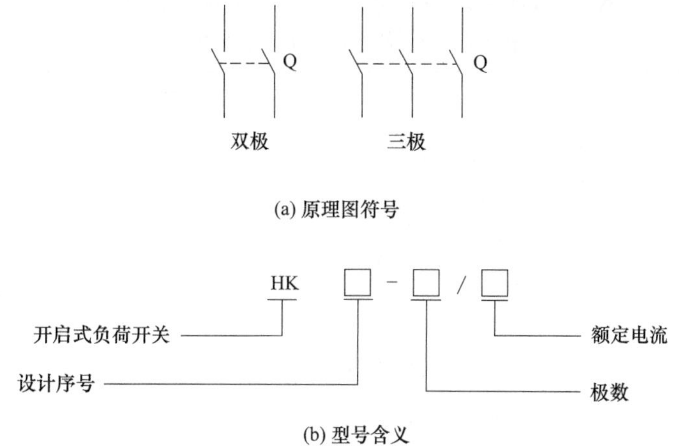

图 2-6 刀开关的原理图符号及型号含义

(3) 刀开关的结构

HK 系列胶盖闸刀开关的结构如图 2-7 所示，主要由瓷质手柄、动触点、出线座、瓷底座、静触点、进线座、胶盖紧固螺钉、胶盖等组成。

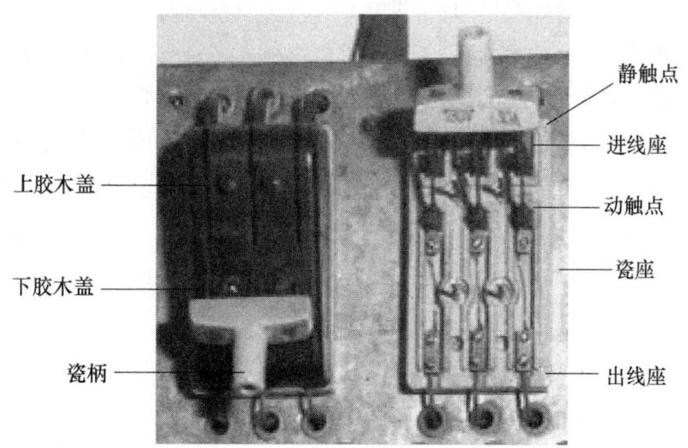

图 2-7 HK1 系列胶盖闸刀开关的结构

(4) 刀开关的选用

刀开关一般在照明电路和功率小于 5.5kW 电动机的控制电路中采用，在选择合适的熔丝后，具有短路和严重过载保护的功能。选用刀开关时应注意以下几点。

① 根据电压和电流选择。刀开关的额定电压应等于或大于电源额定电压。在正常情况下，刀开关一般可以接通和分断负荷额定电流，因此对普通的负荷来说，可以根据负荷额定电流来选择刀开关。但当刀开关被用于控制电动机时，考虑到其启动电流可以达到额定电流的 4～7 倍，不能只按照电动机的额定电流来选用，而应当把刀开关的额定电流选得大一些。根据经验，刀开关的额定电流应当是电动机的额定电流的 3 倍。

② 刀开关的通断能力和其他性能均应符合电器的要求。

③ 刀开关所在线路的三相短路电流不应超过规定的动、热稳定值。

④ 选择开关时，注意检查各刀片与对应的夹座是否直线接触，有无歪斜、不同步等，如有问题，应及时修理或更换。

常用的刀开关有HK1和HK2系列，其主要技术数据见表2-4。

表2-4 HK系列闸刀开关技术数据

型号	额定电流/A	极数	额定电压/V	带负载能力/kW	配用熔丝线径/mm
HK1	15 30 60	2	220	1.5 3.0 4.5	1.45～1.59 2.30～2.52 3.36～4.00
	15 30 60	3	380	2.2 4.0 5.5	1.45～1.59 2.30～2.52 3.36～4.00
HK2	15 30 60	3	250	1.1 1.5 3.0	0.25 0.41 0.56
	15 30 60	3	380	2.2 4.0 5.5	0.45 0.71 1.12

(5) 刀开关的安装

① 刀开关安装地点应干燥，无尘土，不受振动影响。安装前，应对刀开关进行全面的检查，触点接触应良好，无烧伤，瓷座底和胶盖、手柄无破损，手柄及其闸刀不歪斜，底座螺孔封闭严密，各部螺钉紧固，绝缘良好。

② 安装时，闸刀底板应垂直于地面，手柄向上，静触点位于上方接电源，动触点位于下方接负荷。这样在切断电路产生的电弧时，热空气上升，将电弧拉长而易于熄灭。同时也可避免刀开关处于切断位置时，闸刀可动触点因重力或者受振动而自由落下，发生误合闸以及当闸刀断开时，闸刀不带电，更换熔丝安全。不允许闸刀倒装、平装和翻装。

③ 刀开关的进出线连接的地方，要接触严密，螺钉要拧紧。从闸座接出来的绝缘线，金属部分不应外露，以免引起人身触电伤亡事故。刀片和夹座接触，应不歪扭，以免刀片合入夹座时造成接触不正或者接触不良。

④ 选用熔丝的规格应在保证刀开关不过载使用的前提下根据负载的大小和性质选择。不得随意加大或缩小熔丝的直径。一般额定电流15A的刀开关选用直径为1.45～1.59mm的熔丝；额定电流30A的刀开关选用直径为2.30～2.52mm的熔丝；额定电流60A的闸刀开关选用直径为3.36～4.00mm的熔丝。

⑤ 安装后刀开关的胶盖应该盖好，在上胶盖的时候，位置应对正，不得歪斜。胶盖上不准只拧一个胶木螺钉。当合闸刀时，刀片应做到不碰胶盖。

(6) 刀开关的维护

① 检查刀开关导电部分有无发热、动静触点有无烧损及导线（体）连接情况，遇有以上情况时，应及时修复。

② 用万用表电阻挡检查动静触点有无接触不良，对金属外壳的开关，要检查每个接点与外壳的绝缘电阻。

③ 检查绝缘连杆、底座等绝缘部件有无烧伤和放电现象。

④ 检查开关操作机构各部件是否完好，动作是否灵活，断开、合闸时，三相是否同期、准确到位。

⑤ 检查外壳内、底座等处有无熔丝熔断后造成的金属粉尘，若有应清扫干净，以免降低绝缘性能。

(7) 刀开关常见故障处理

刀开关常见故障原因及处理方法见表 2-5。

表 2-5 刀开关常见故障原因及处理方法

故障现象	故障原因	处理方法
合闸后电路一相或两相无电源	①静触点弹性消失，开口过大使静动触点接触不良 ②熔丝熔断或虚连 ③静动触点氧化或生垢 ④电源进出线头氧化后接触不良	①更换静触点 ②更换或紧固螺钉 ③清洁触点 ④清除氧化物
闸刀短路	①外接负载短路，熔丝熔断 ②金属异物落入开关内引起相间短路	①排除负载短路故障 ②清除开关内异物
触点烧坏	① 开关容量太小 ② 拉闸或合闸时动作太慢，造成电弧过大，烧坏触点	①更换大容量开关 ②改善操作方法

2.1.3 低压断路器

低压断路器过去称为自动空气开关，为了与 IEC（国际电工委员会）标准一致，故改为此名。它分为框架式 DW 系列（又称万能式）和塑料外壳式两大类，目前我国万能式断路器主要生产有 DW15、DW16、DW17（ME）、DW45 等系列，塑料外壳式断路器主要生产有 DZ20、CM1、TM30 等系列，如图 2-8 所示。

(a) 万能式断路器

(b) 塑壳式断路器

图 2-8 低压断路器

(1) 低压断路器的用途

① 万能式断路器用来分配电能和保护线路及电源设备的过载、欠电压、短路等，在正常的条件下，它可作为线路的不频繁转换之用，也可以作为电动机的不频繁启动之用。

② 塑壳式断路器一般作配电用，也可为保护电动机之用。在正常情况下，塑壳式断路器可分别作为线路的不频繁转换及电动机的不频繁启动之用。

(2) 低压断路器的原理图符号及型号含义

低压断路器的原理图符号及型号含义如图 2-9 所示。

(3) 低压断路器的结构

低压断路器主要由动触点、静触点、灭弧装置、操作机构、热脱扣器、电磁脱扣器、欠电压脱扣器及外壳等部分组成，如图 2-10 所示。

(4) 低压断路器的原理

低压断路器的工作原理如图 2-11 所示。

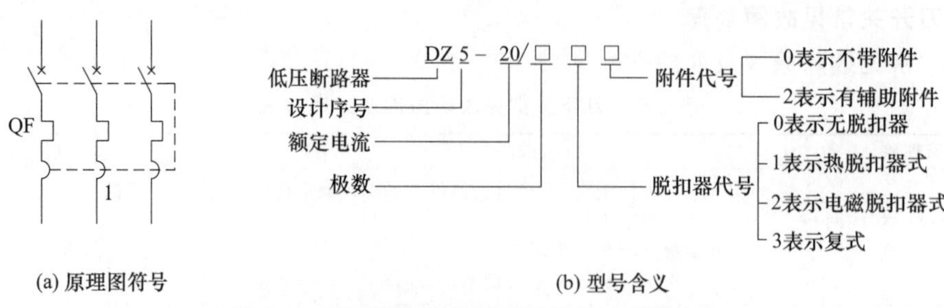

(a) 原理图符号　　(b) 型号含义

图 2-9　低压断路器的原理图符号及型号含义

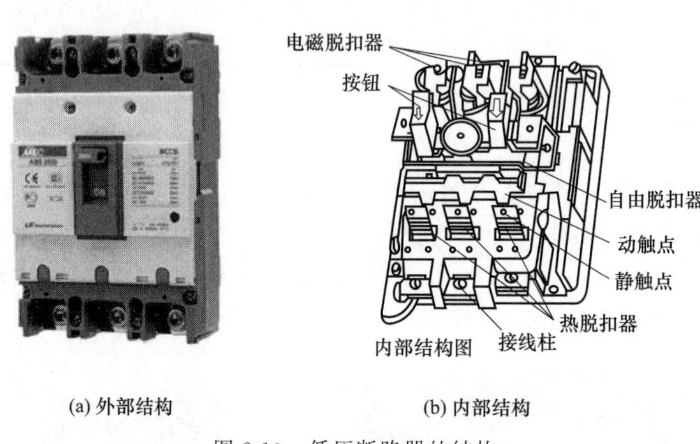

(a) 外部结构　　(b) 内部结构

图 2-10　低压断路器的结构

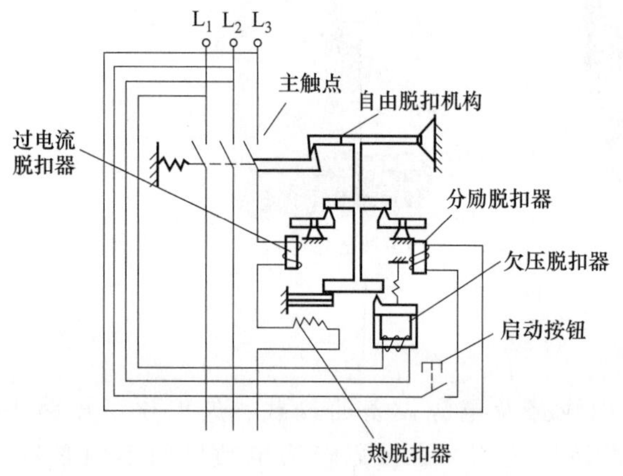

图 2-11　低压断路器的工作原理图

低压断路器的主触点是靠手动操作或电动合闸的。主触点闭合后，自由脱扣机构将主触点锁在合闸位置上。电磁脱扣器的线圈和热脱扣器的热元件与主电路串联，欠电压脱扣器的线圈和电源并联。当电路发生短路或严重过载时，电磁脱扣器的衔铁吸合，使自由脱扣机构动作，主触点断开主电路。当电路欠电压时，欠电压脱扣器的衔铁释放，也使自由脱扣机构动作。

分励脱扣器则作为远距离控制用。在正常工作时，其线圈是断电的，在需要距离控制时，按下启动按钮，使线圈通电，衔铁带动自由脱扣机构动作，使主触点断开。

值得注意的是，低压断路器的主触点断开后，操作手柄仍然处在“合”的位置，查明原因并排除故障后，必须先把手柄拨到“分”的位置再拨至“合”的位置，才可恢复正常供电。

(5) 低压断路器的选用

选用低压断路器，一般应遵循以下 4 个原则。

① 额定电压和额定电流应不小于电路正常工作电压和工作电流。

a. 用于控制照明电路时，电磁脱扣器的瞬时脱扣整定电流通常应为负载电流的 6 倍。

b. 用于电动机保护时，装置式自动开关电磁脱扣器的瞬时脱扣整定电流应为电动机启动电流的 1.7 倍；万能式低压断路器的整定电流应为电动机启动电流的 1.35 倍。

c. 用于分断或接通电路时，其额定电流和热脱扣器整定电流均应等于或大于电路中负载的额定电流之和。

d. 选用低压断路器作多台电动机短路保护时，电磁脱扣器整定电流为容量最大的一台电动机启动电流的 1.3 倍加上其余电动机额定电流之和。

e. 欠电压脱扣器的额定电压等于电路的电源电压。

② 热脱扣器的整定电流应等于所控制负载的额定电流，否则，应进行人工调节，如图 2-12 所示。

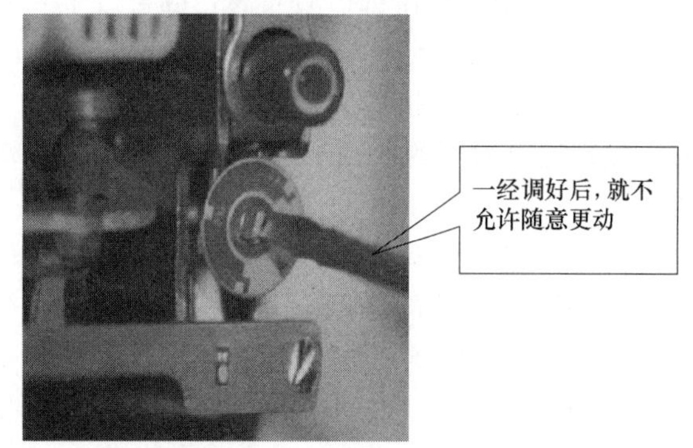

图 2-12　调节整定电流

注意：低压断路器的脱扣器整定电流及其他特征性参数和选择参数，一经调好后便不允许随意更动。使用较长时间后要检查其弹簧是否生锈卡住，防止影响正确动作。

③ 电磁脱扣器的瞬时整定电流应大于负载电路正常工作时的工作电流。对于电动机来说，瞬时整定电流一般取大于等于 1.7 倍的电动机启动电流。

④ 选用低压断路器时，在类型、等级、规格等方面要配合上、下级开关的保护特性，不允许因本级保护失灵导致越级跳闸，扩大停电范围。

常用塑料外壳式低压断路器的主要技术数据见表 2-6。

表 2-6　常用塑料外壳式低压断路器主要技术数据

型号	额定电流	过电流脱扣器范围/A	通断能力						用途
			交流			直流			
			电压/V	电流有效值/kA	cosφ	电压/V	电流/A	t/ms	
DZ10-100	100	15～20	380	7(峰值)	0.4	220	7		用于交直流电路中，作为开关板控制线路、照明电路的过载保护。在正常操作条件下，作为线路的不频繁接通和分断之用
		25～50		9			9		
		60～100		12			12		
DZ10-250	250	10～250		30			20		
DZ10-600	600	200～600		50			25		
DZ2-10	10	0.5～10	220	1	0.7	220	1.2	10	
DZ2-25	25	0.5～25	220	2					
DZ2-20	29	0.15～20	380	1.2					
DZ2-50	50	10～50	380	1.2					

(6) 低压断路器的安装

① 安装前用 500V 兆欧表检查断路器的绝缘电阻。在周围介质温度为 (20±5)℃和相对湿度为 50%～70%时，绝缘电阻值应不小于 10MΩ，否则应烘干。

② 安装低压断路器时，应将脱扣器电磁铁工作面的防锈油脂擦拭干净，以免影响电磁机构的正常动作。

③ 万能式低压断路器只能垂直安装，其倾斜度不应大于 5°，其操作手柄及传动杠杆的开、合位置应正确，如图 2-13 所示。直流快速低压断路器的极间中心距离及开关与相邻设

备或建筑物的距离不应该小于500mm，若小于500mm，要加隔弧板，隔弧板的高度应不小于单极开关的总高度。

④ 低压断路器与熔断器配合使用时，熔断器应安装在电源侧。

⑤ 低压断路器操作机构的安装，应符合下列要求。

a. 操作手柄或传动杠杆的开、合位置应正确；操作力不应大于产品的规定值。

b. 电动操作机构接线应正确；在合闸过程中，开关不应跳跃；开关合闸后，限制电动机或电磁铁通电时间的联锁装置应及时动作；电动机或电磁铁通电时间不应超过产品的规定值。

c. 开关辅助接点动作应正确可靠，接触应良好。

d. 抽屉式断路器的工作、试验、隔离三个位置的定位应明显，并应符合产品技术文件的规定。

e. 抽屉式断路器空载时进行抽、拉数次应无卡阻，机械联锁应可靠。

⑥ 正确接线。大多数塑壳式断路器（如HSM1、DZ20、TO、TG、H系列等）只能上进线而不能下进线。只能上进线的断路器，若因安装条件限制，必须下进线，则要降低短路分断能力，一般降20%～30%。如图2-14所示为带漏电的断路器接线方法。

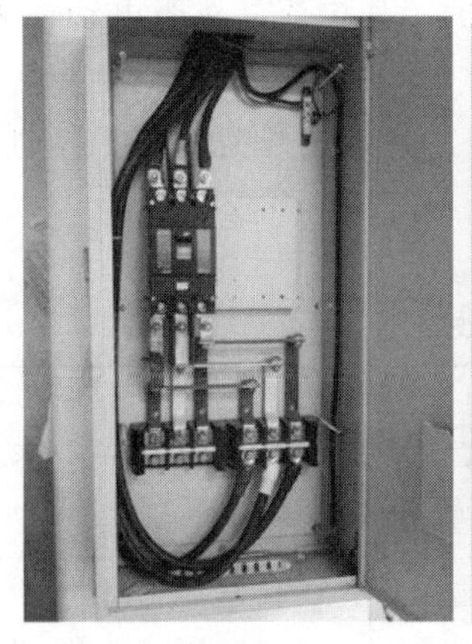
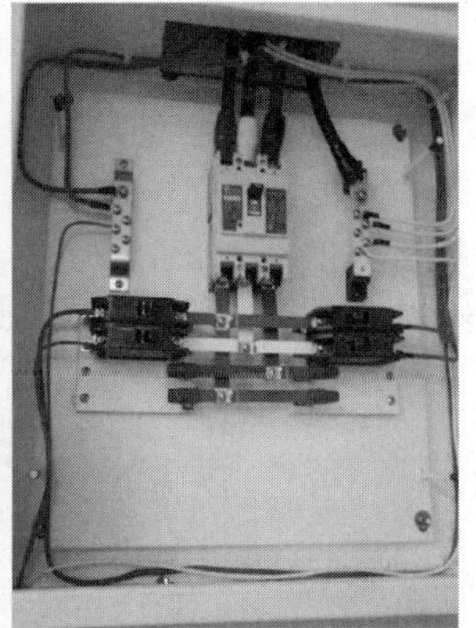
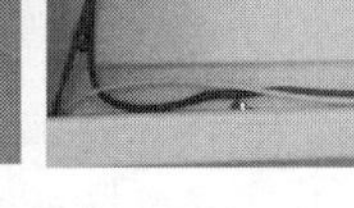

图2-13 低压断路器安装示例

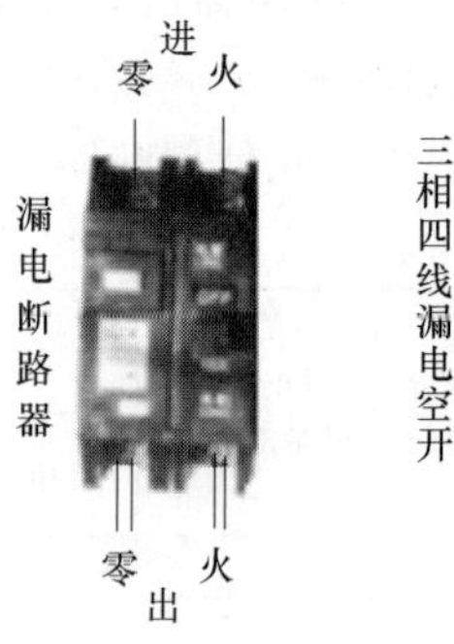

图2-14 带漏电的断路器接线方法

(7) 低压断路器的维护

① 运行中的断路器应定期进行清扫和检修，要注意有无异常声响和气味。

② 运行中的断路器触点表面不应有毛刺和烧蚀痕迹，当触点磨损到小于原厚度的1/3时，应更换新触点。

③ 运行中的断路器在分断短路电流后或运行很长时间时，应清除灭弧室内壁和栅片上的金属颗粒。灭弧室不应有破损现象。

④ 带有双金属片式的脱扣器，因过载分断断路器后，不得立即“再扣”，应冷却几分钟使双金属片复位后，才能“再扣”。

⑤ 运行中的传动机构应定期加润滑油。

⑥ 定期检修后应在不带电的情况下进行数次分合闸试验，以检查其可靠性。

⑦ 定期检查各脱扣器的电流整定值和延时，特别是半导体脱扣器，应定期用试验按钮检查其工作情况。

⑧ 经常检查引线及导电部分有无过热现象。

(8) 低压断路器常见故障处理

低压断路器常见故障原因及处理方法见表 2-7。

表 2-7 低压断路器常见故障原因及处理方法

故障现象	故障原因	处理方法
手动操作断路器不能闭合	①欠电压脱扣器无电压或线圈损坏 ②储能弹簧变形，导致闭合力减小 ③反作用弹簧力过大 ④机构不能复位再扣	①检查线路，施加电压或更换线圈 ②更换储能弹簧 ③重新调整弹簧反力 ④调整再扣接触面至规定值
电动操作断路器不能闭合	① 电源电压不符合 ② 电源容量不够 ③ 电磁拉杆行程不够 ④ 电动机操作定位开关变位 ⑤ 控制器中整流管或电容器损坏	① 更换电源 ② 增大操作电源容量 ③ 重新调整 ④ 重新调整 ⑤ 更换损坏元件
有一相触点不能闭合	①断路器的一相连杆断裂 ②限流断路器斥开机构的可折连杆的角度变大	①更换连杆 ②调整至原技术条件规定值
分励脱扣器不能使断路器分断	①线圈短路 ②电源电压太低 ③再扣接触面太大 ④螺钉松动	①更换线圈 ②更换电源电压 ③重新调整 ④拧紧
欠电压脱扣器不能使断路器分断	①反力弹簧变小 ②储能弹簧变形或断裂 ③机构卡死	①调整弹簧 ②调整或更换储能弹簧 ③消除结构卡死原因，如生锈等
启动电动机时断路器立即分断	① 过电流脱扣瞬时整定值太小 ② 脱扣器某些零件损坏，如橡皮膜等 ③ 脱扣器反力弹簧断裂或落下	① 重新调整 ② 更换已损坏的零件
断路器闭合后经一定时间自行分断	① 过电流脱扣器长延时整定值不对 ② 热元件或半导体延时电路元件参数变动	①重新调整 ②更换
断路器温升过高	① 触点压力过低 ② 触点表面过分磨损或接触不良 ③ 触点连接螺钉松动 ④触点表面油污氧化	①调整触点压力或更换弹簧 ②更换触点或清理接触面，不能更换者，只能更换整台断路器 ③拧紧 ④清除油污或氧化层
欠电压脱扣器噪声	①反力弹簧的弹力太大 ②铁芯工作面有油污 ③短路环断裂	①重新调整 ②清除油污 ③更换衔铁或铁芯
辅助开关不通	①辅助开关的动触桥卡死或脱离 ②辅助开关传动杆断裂或滚轮脱落 ③触点不接触或氧化	①拨正或重新装好动触桥 ②更换转杆或更换辅助开关 ③调整触点，清理氧化膜
带半导体脱扣器的断路器误动作	①半导体脱扣器元件损坏 ②外界电磁干扰	①更换损坏元件 ②清除外界干扰，例如临近的大型电磁铁的操作，接触器的分断、电焊等，予以隔离或更换
漏电断路器经常自行分断	①漏电动作电流变化 ②线路有漏电	①送制造厂重新校正 ②找出原因，如系导线绝缘损坏，则更换之
漏电断路器不能闭合	① 操作机构损坏 ② 线路某处有漏电或接地	① 送制造厂处理 ② 排除漏电处或接地故障

2.1.4 交流接触器

(1) 交流接触器的用途

交流接触器作为执行元件，主要用于频繁接通或分断交流主电路和大容量的控制电路，可远距离操作，配合继电器可以实现定时操作、联锁控制、各种定量控制、失压及欠压保护，广泛应用于自动控制电路，其主要控制对象是电动机，也可用于控制其他电力负载，如电热器、照明、电焊机、电容器组等。

交流接触器的一端接控制信号，另一端则连接被控的负载线路，是实现小电流对大电流，低电压电信号对高电压负载进行接通、分断控制的最常用元器件。

(2) 交流接触器的种类

交流接触器的种类见表 2-8。

表 2-8 交流接触器的种类

分类方法	种类	适用场合
按主触点极数分	单极接触器	主要用于单相负荷，如照明负荷、焊机等，在电动机能耗制动中也可采用
	双极接触器	用于绕线式异步电动机的转子回路中，启动时用于短接启动绕组
	三极接触器	用于三相负荷，在三相电动机的控制及其他场合，使用最为广泛
	四极接触器	主要用于三相四线制的照明线路，也可用来控制双回路电动机负载
	五极接触器	用来组成自耦补偿启动器或控制双笼型电动机，以变换绕组接法
按灭弧介质分	空气式接触器	用于一般负载
	真空式接触器	用于煤矿、石油、化工企业及电压在 660V 和 1140V 等一些特殊的场合
按有无触点分	有触点接触器	常见的接触器多为有触点接触器，大多数场合都可使用这种接触器
	无触点接触器	采用晶闸管作为回路的通断元件。用于高操作频率的设备和易燃、易爆、无噪声的场合

(3) 交流接触器的基本参数

交流接触器的基本参数及含义见表 2-9。

表 2-9 交流接触器的基本参数及含义

基本参数	含义
额定电压	指主触点额定工作电压，应等于负载的额定电压。一个接触器常规定几个额定电压，同时列出相应的额定电流或控制功率。通常，最大工作电压即为额定电压。常用的额定电压值为 24V、48V、110V、220V、380V 等
额定电流	接触器触点在额定工作条件下的电流值。380V 三相电动机控制电路中，额定工作电流可近似等于控制功率的两倍。常用额定电流等级为 9A、12A、17A、25A、32A、40A、50A
通断能力	可分为最大接通电流和最大分断电流。最大接通电流是指触点闭合时不会造成触点熔焊时的最大电流值；最大分断电流是指触点断开时能可靠灭弧的最大电流。一般通断能力是额定电流的 5～10 倍，这一数值与电路的电压等级有关，电压越高，通断能力越小
动作值	可分为吸合电压和释放电压。吸合电压是指接触器吸合前，缓慢增加吸合线圈两端的电压，接触器可以吸合时的最小电压。释放电压是指接触器吸合后，缓慢降低吸合线圈的电压，接触器释放时的最大电压。一般规定，吸合电压不低于线圈额定电压的 85%，释放电压不高于线圈额定电压的 70%
吸引线圈额定电压	接触器正常工作时，吸引线圈上所加的电压值。一般该电压数值以及线圈的匝数、线径等数据均标于线包上，而不是标于接触器外壳铭牌上，使用时应加以注意
操作频率	接触器在吸合瞬间，吸引线圈需消耗比额定电流大 5～7 倍的电流，如果操作频率过高，则会使线圈严重发热，直接影响接触器的正常使用。为此，规定了接触器的允许操作频率，一般为每小时允许操作次数的最大值
寿命	包括电寿命和机械寿命。目前接触器的机械寿命已达一千万次以上，电气寿命约是机械寿命的 5%～20%

常用的 CJ0 和 CJ10 系列交流接触器主要技术数据见表 2-10。

表 2-10 CJ0 和 CJ10 系列交流接触器主要技术数据

<table>
<tr><th rowspan="2">型号</th><th colspan="3">主触点</th><th colspan="3">辅助触点</th><th colspan="2">线圈</th><th colspan="2">负载的最大功率/kW</th><th rowspan="2">额定操作频率/(次/h)</th></tr>
<tr><th>对数</th><th>额定电流/A</th><th>额定电压/V</th><th>对数</th><th>额定电流/A</th><th>额定电压/V</th><th>电压/V</th><th>功率/V·A</th><th>220V</th><th>380V</th></tr>
<tr><td>CJ0-10</td><td>3</td><td>10</td><td>380</td><td rowspan="8">均为 2 动合、2 动断</td><td>5</td><td>380</td><td rowspan="8">可为 36、110(127)、220、380</td><td>14</td><td>2.5</td><td>4</td><td rowspan="4">≤1200</td></tr>
<tr><td>CJ0-20</td><td>3</td><td>20</td><td>380</td><td>5</td><td>380</td><td>33</td><td>5.5</td><td>10</td></tr>
<tr><td>CJ0-40</td><td>3</td><td>40</td><td>380</td><td>5</td><td>380</td><td>33</td><td>11</td><td>20</td></tr>
<tr><td>CJ0-75</td><td>3</td><td>75</td><td>380</td><td>5</td><td>380</td><td>55</td><td>22</td><td>40</td></tr>
<tr><td>CJ10-10</td><td>3</td><td>10</td><td>380</td><td>5</td><td>380</td><td>11</td><td>2.2</td><td>4</td><td rowspan="4">≤600</td></tr>
<tr><td>CJ10-20</td><td>3</td><td>20</td><td>380</td><td>5</td><td>380</td><td>22</td><td>5.5</td><td>10</td></tr>
<tr><td>CJ10-40</td><td>3</td><td>40</td><td>380</td><td>5</td><td>380</td><td>32</td><td>11</td><td>20</td></tr>
<tr><td>CJ10-60</td><td>3</td><td>60</td><td>380</td><td>5</td><td>380</td><td>70</td><td>17</td><td>30</td></tr>
</table>

(4) 交流接触器的结构

交流接触器主要由触点系统、电磁系统、灭弧装置和辅助部件等组成，如图 2-15 所示。

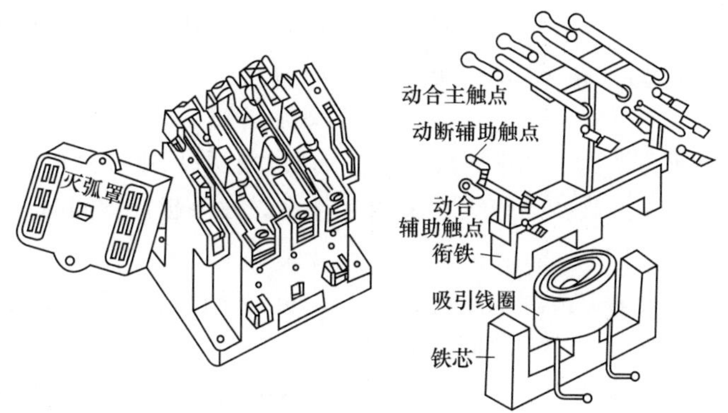

图 2-15 交流接触器的结构

① 电磁系统：电磁系统包括电磁线圈和铁芯，是接触器的重要组成部分，依靠它带动触点的闭合与断开。

② 触点系统：按功能不同，接触器的触点分为主触点和辅助触点。主触点用于接通和分断电流较大的主电路，体积较大，一般由 3 对动合触点组成；辅助触点用于接通和分断小电流的控制电路，体积较小，有动断和动合两种触点。根据触点形状的不同，分为桥式触点和指形触点，其形状分别如图 2-16 所示。

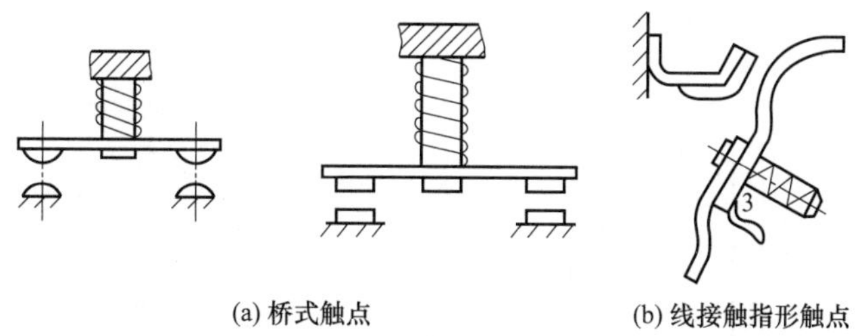

(a) 桥式触点　(b) 线接触指形触点

图 2-16 接触器的触点结构

交流接触器的触点，一般由银钨合金制成，具有良好的导电性和耐高温烧蚀性。

交流接触器在生产企业中大多数情况下都被用来控制电动机的运行与停止，故常见的中小型交流接触器的主触点为 3 对，特殊规格的可以有 1 对、2 对、4 对或 5 对主触点。

③ 灭弧系统：灭弧装置用来保证触点断开电路时，产生的电弧可靠地熄灭，减少电弧对触

点的损伤。为了迅速熄灭断开时的电弧，额定电流在 10A 以上的接触器都装有灭弧装置。

交流接触器主触点在通断过程中会产生较强的电弧，电弧是空气被电离后所产生的一种导电离子体，并伴随高温产生。电弧对电气元件的危害主要有两个方面：一是因电弧具有导电性，易引起飞弧相间短路；二是由于电弧的高温，会将电气接触点的表面金属熔化、蒸发、熔接，接触点周围的绝缘材料可能也会因高温而碳化损坏等。

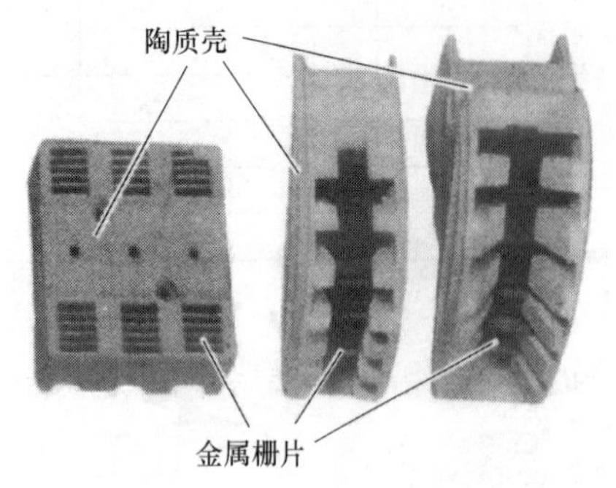

图 2-17　片状金属消弧栅

交流接触器由于频繁带负荷通断，因此主触点周边都配备有灭弧罩，特别是对于大型接触器灭弧罩尤其重要。

小型接触器灭弧罩由陶土烧结制成，它将接触器的主触点分别隔离在其内独立的间隔内进行分断，依靠陶瓷绝缘并耐高温的特性，防止主触点之间可能因电弧而引起的相间短路，同时电弧和电弧产生的高温气流经由灭弧罩上预设的狭缝中排出，使接触器的接通与分断过程安全可靠。

大型交流接触器的灭弧罩是采用在陶质隔罩的基础上再配备片状金属消弧栅，如图2-17所示。钢栅片能将长弧分割成若干短弧，增加了电弧的电压降，使得电弧无法维持而熄灭，钢栅片越多，效果越好。同时，钢栅片还具有磁吹灭弧、电动力灭弧的作用。

交流接触器在分断大电流或高电压电路时，其动、静触点间气体在强电场作用下产生放电，形成电弧。常用的灭弧方法有下面 4 种。

a. 电动力灭弧：利用触点分断时本身的电动力将电弧拉长，使电弧热量在拉长的过程中散发冷却而迅速熄灭，其原理如图 2 18（a）所示。

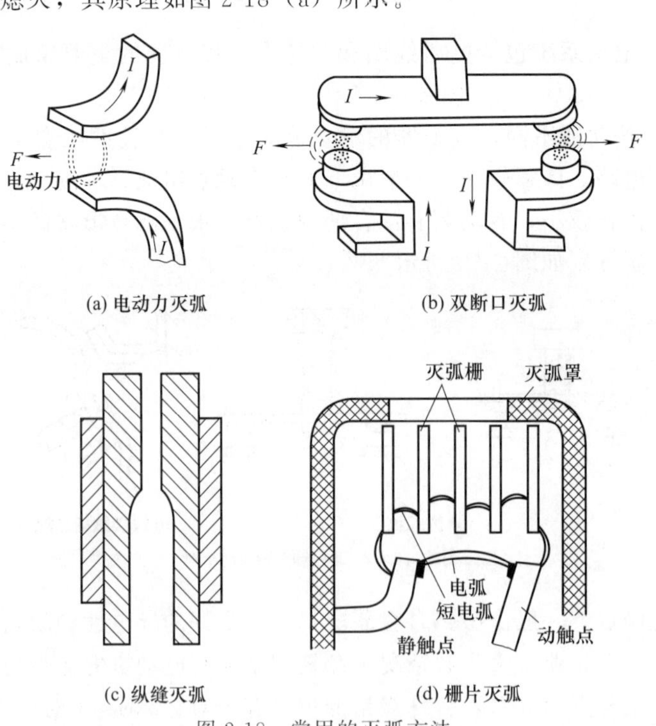

图 2-18　常用的灭弧方法

b. 双断口灭弧：将整个电弧分成两段，同时利用上述电动力将电弧迅速熄灭。它适用于桥式触点，其原理如图 2-18（b）所示。

c. 纵缝灭弧：采用一个纵缝灭弧装置来完成灭弧任务，如图 2-18（c）所示。

d. 栅片灭弧：主要由灭弧栅和灭弧罩组成，如图 2-18（d）所示。

④ 辅助部件：有绝缘外壳、弹簧、短路环、传动机构和支架底座等。

交流接触器的动作动力来源于交流电磁铁，电磁铁由两个“E”形的硅钢片叠成，其中一个固定，在上面套上线圈，工作电压有多种供选择，另一个是活动铁芯，用来带动主接点和辅助接点的开、断。为了使磁力稳定，铁芯的吸合面加上了短路环（又称减振环），如图 2-19 所示，减振环的作用是减少交流接触器吸合时产生的振动和噪声。在维修时，如果没有安装此减振环，交流接触器吸合时会产生非常大的噪声。

减振环的工作原理是：设置的短路铜环相当于感应导线的一匝（如图 2-20 所示），电磁线圈通电工作的同时，该短路环内会产生一个相位滞后于电磁线圈的感生电流 i'，感生电流 i'产生的磁力线 Φ_2 恰好与主磁力线 Φ_1 也有时间相位差，当主磁力线 Φ_1 随交流电流减到最小时，感生的磁力线 Φ_2 却到最大值，两个磁场轮流将衔铁（活动部分）吸住，避免了单一的主磁力线 Φ_1 会因交流电流过零时磁力消失所引起的频率为 50Hz 的振动。

图 2-19　减振环

(5) 交流接触器的原理图符号及型号含义

交流接触器的原理图符号及型号含义如图 2-21 所示。

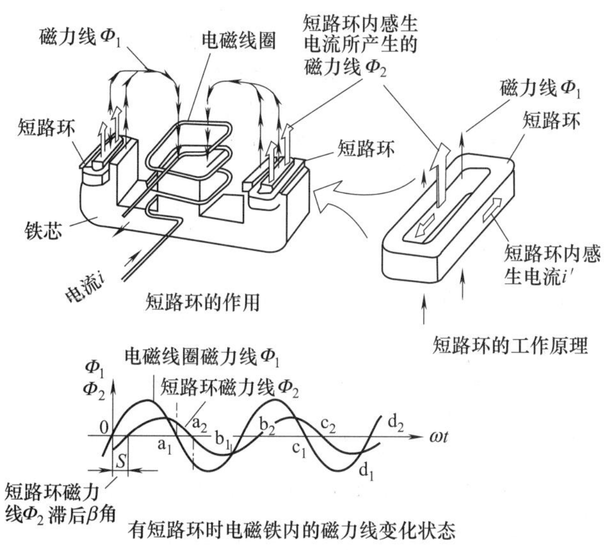

图 2-20　短路环的作用及磁力线变化状态

(6) 交流接触器的工作原理

电磁式交流接触器的工作原理是：当电磁线圈接受指令信号得电后，铁芯被磁化为电磁铁，产生电磁吸力，当克服弹簧的反弹力时使动铁芯吸合，带动触点动作，即动断触点分开、动合触点闭合；当线圈失电后，电磁铁失磁，电磁吸力消失，在弹簧的作用下触点复位，如图 2-22 所示。

交流接触器线圈的工作电压应为其额定电压的 85%～105%，这样才能保证接触器可靠吸合。如电压过高，交流接触器磁路趋于饱和，线圈电流将显著增大，有烧毁线圈的危险。反之，电压过低，电磁吸力不足，动铁芯吸合不上，线圈电流达到额定电流的十几倍，线圈可能过热烧毁。

(7) 常用接触器

接触器型号有很多种，表 2-11 介绍了几种常用接触器，方便大家选用。

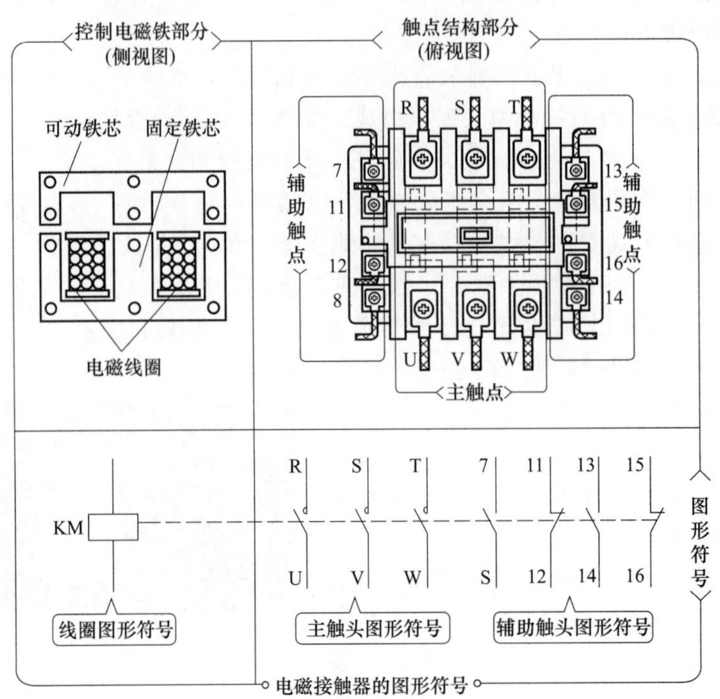

(a)原理图符号

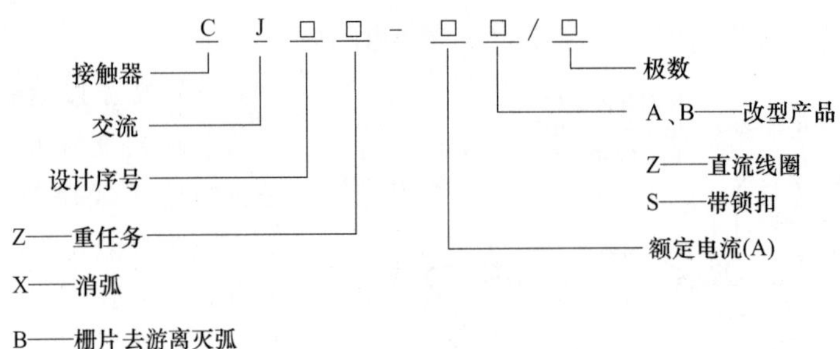

(b) 型号含义

图 2-21 交流接触器的原理图符号及型号含义

表 2-11 几种常用接触器简介

序号	接触器类型	简　介
1	空气电磁式交流接触器	在接触器中，空气电磁式交流接触器应用最广泛，产品系列和品种最多，但其结构和工作原理相同 目前常用国产空气电磁式接触器有 CJ0、CJ10、CJ12、CJ20、CJ21、CJ26、CJ29、CJ35、CJ40 等系列交流接触器
2	机械联锁交流接触器	机械联锁交流接触器实际上是由两个相同规格的交流接触器再加上机械联锁机构和电气联锁机构所组成的，保证在任何情况下两个接触器都不会同时吸合 常用的机械联锁接触器有 CJX2-N、CJX2-N 等
3	切换电容接触器	切换电容接触器专用于低压无功补偿设备中，投入或切除电容器组，以调整电力系统功率因数，切换电容接触器在空气电磁式接触器的基础上加入了抑制浪涌的装置，使合闸时的浪涌电流对电容的冲击和分闸时的过电压得到抑制 常用的产品有 CJ16、CJ19、CJ41、CJX4、CJX2A 等

续表

序号	接触器类型	简　介
4	真空交流接触器	真空交流接触器以真空为灭弧介质，其主触点密封在真空开关管内。真空开关管以真空作为绝缘和灭弧介质，当触点分离时，电弧只能由触点上蒸发出来的金属蒸气来维持，因为真空具有很高的绝缘强度且介质恢复速度很快，真空电弧的等离子体很快向四周打散，在第一次电压过零时电弧就能熄灭 常用的国产真空接触器有 CKJ、NC9 系列等
5	直流接触器	直流接触器结构上有立体布置和平面布置两种结构，电磁系统多采用绕棱角转动的拍合式结构，主触点采用双断点桥式结构或单断点转动式结构。常用的直流接触器有 CZ18、CZ21、CZ22、CZ0
6	智能化接触器	智能化接触器内装有智能化电磁系统，并具有与数据总线和其他设备通信的功能，其本身还具有对运行工况自动识别、控制和执行的能力。智能化接触器由电磁接触器、智能控制模块、辅助触点组、机械联锁机构、报警模块、测量显示模块、通信接口模块等组成，它的核心是微处理器或单片机

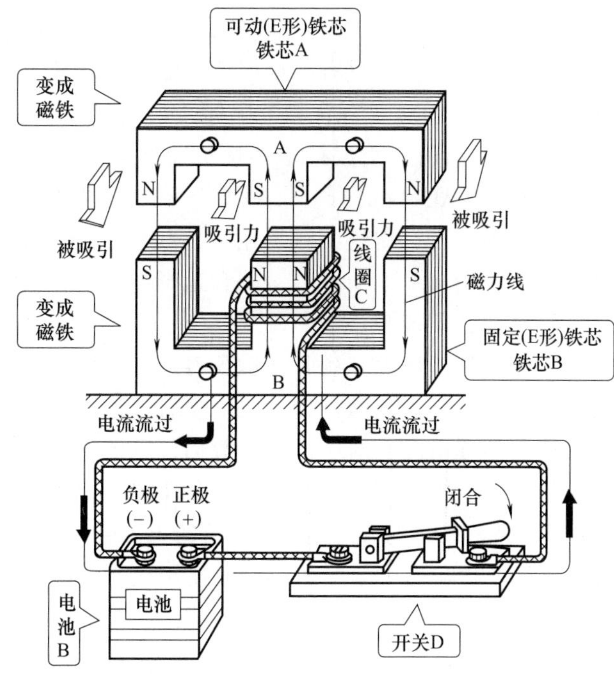

图 2-22　电磁式交流接触器工作原理图

(8) 低压交流接触器的选用

① 交流接触器的选用原则　接触器作为通断负载电源的设备，选用时应按满足被控制设备的要求进行，除额定工作电压与被控设备的额定工作电压相同外，被控设备的负载功率、使用类别、控制方式、操作频率、工作寿命、安装方式、安装尺寸以及经济性是选择的依据，其选用原则如下。

a. 交流接触器的电压等级要和负载相同，选用的接触器类型要和负载相适应。

b. 负载的计算电流要符合接触器的容量等级，即计算电流小于等于接触器的额定工作电流。接触器的接通电流大于负载的启动电流，分断电流大于负载运行时的分断需要电流，负载的计算电流要考虑实际工作环境和工况，对于启动时间长的负载，半小时峰值电流不能超过约定发热电流。

c. 按短时的动、热稳定校验。线路的三相短路电流不应超过接触器允许的动、热稳定电流，当使用接触器断开短路电流时，还应校验接触器的分断能力。

d. 接触器吸引线圈的额定电压、电流及辅助触点的数量、电流容量应满足控制回路接线要求。要考虑接在接触器控制回路的线路长度，一般推荐的操作电压值，接触器要能够在85%～110%的额定电压值下工作。如果线路过长，由于电压降太大，接触器线圈对合闸指令有可能不起反映；由于线路电容太大，可能对跳闸指令不起作用。

e. 根据操作次数校验接触器所允许的操作频率。如果操作频率超过规定值，额定电流应该加大一倍。

f. 短路保护元件参数应该与接触器参数配合选用。选用时可参见样本手册，样本手册一般给出的是接触器和熔断器的配合表。

接触器和空气断路器的配合要根据空气断路器的过载系数和短路保护电流系数来决定。接触器的约定发热电流应小于空气断路器的过载电流，接触器的接通、断开电流应小于断路器的短路保护电流，这样断路器才能保护接触器。实际使用中接触器在一个电压等级下约定发热电流和额定工作电流比值在1～1.38之间，而断路器的反时限过载系数参数比较多，不同类型断路器不一样，所以两者间配合很难有一个标准，需要实际核算。

g. 接触器和其他元器件的安装距离要符合相关国标、规范，要考虑维修和布线距离。

② 不同负载下交流接触器的选用　交流接触器按负荷种类一般分为一类、二类、三类和四类，分别记为AC-1、AC-2、AC-3和AC-4。一类交流接触器对应的控制对象是无感或微感负荷，如白炽灯、电阻炉等；二类交流接触器用于绕线转子异步电动机的启动和停止；三类交流接触器的典型用途是笼型异步电动机的运转和运行中分断；四类交流接触器用于笼型异步电动机的启动、反转制动、反接和点动。

为了使接触器不会发生触点粘连烧蚀，延长接触器寿命，接触器要躲过负载启动最大电流，还要考虑到启动时间的长短等不利因素，因此要对接触器通断运行的负载进行分析，根据负载电气特点和电力系统的实际情况，对不同的负载启停电流进行计算。

a. 控制电热设备用交流接触器的选用。控制电热设备主要有电阻炉、调温设备等，其电热元件负载中用的绕线电阻元件，接通电流可达额定电流的1.4倍，如果考虑到电源电压升高等，电流还会变大。此类负载的电流波动范围很小，按使用类别属于AC-1，操作也不频繁，选用接触器时只要按照接触器的额定工作电流等于或大于电热设备的工作电流1.2倍即可。

b. 控制照明设备用的接触器的选用。照明设备的种类很多，不同类型的照明设备，启动电流和启动时间也不一样。此类负载使用类别为AC-1a或AC-1b，如果启动时间很短，可选择其发热电流等于照明设备工作电流的1.1倍。启动时间较长以及功率因数较低，可选择其发热电流比照明设备工作电流大一些。

c. 控制电焊变压器用接触器的选用。当接通低压变压器负载时，变压器因为二次侧的电极短路而出现短时的陡峭大电流，在一次侧出现较大电流，可达额定电流的15～20倍，它与变压器的绕组布置及铁芯特性有关。当电焊机频繁地产生突发性的强电流，从而使变压器的初级侧的开关承受巨大的应力和电流，所以必须按照变压器的额定功率下电极短路时一次侧的短路电流及焊接频率来选择接触器，即接通电流大于二次侧短路时一次侧电流。此类负载使用类别为AC-4。

d. 电动机用接触器的选用。电动机用接触器根据电动机使用情况及电动机类别可分别选用AC-2～AC-4，对于启动电流在6倍额定电流，分断电流为额定电流的可选用AC-3，如风机水泵等，可采用查表法及选用曲线法，根据样本及手册选用，不用再计算。

绕线式电动机接通电流及分断电流都是2.5倍额定电流，一般启动时在转子中串入电阻以限制启动电流，增加启动转矩，使用类别AC-2，可选用转动式接触器。

对于一般设备用电动机，工作电流小于额定电流，启动电流虽然达到额定电流的4～7倍，但时间短，对接触器的触点损伤不大，接触器在设计时已考虑此因数，一般选用触点容量大于电动机额定容量的1.25倍即可。

对于在特殊情况下工作的电动机要根据实际工况考虑。如电动葫芦属于冲击性负载，重载启停频繁，反接制动等，所以计算工作电流要乘以相应倍数。由于重载启停频繁，选用4倍电动机额定电流，通常重载下反接制动电流为启动电流的2倍，所以对于此工况要选用8倍额定电流。

e. 电容器用接触器的选用。电容器接通时，会出现很大的合闸涌流，同时伴随着很高的电流频率振荡，此电流由电网电压、电容器的容量和电路中的电抗决定（即与此馈电变压器和连接导线有关），因此触点闭合过程中可能烧蚀严重，应当按计算出的电容器电路中最大稳态电流和实际电力系统中接通时可能产生的最大涌流峰值进行选择，这样才能保证正确安全的操作使用。

选用普通型交流接触器要考虑接通电容器组时的涌流倍数、电网容量、变压器、回路及开关设备的阻抗、并联电容器组放电状态以及合闸相角等，接触器的额定发热电流应不小于最大稳态电流的1.5倍。

如果电容器组没有放电装置，可选用带强制泄放电阻电路的专用接触器，如ABB公司的B25C、B275C系列。国产的CJ19系列切换电容器接触器专为电容器而设计，也采用了串联电阻抑制涌流的措施。

③ 有特殊要求情况下交流接触器的选用

a. 防晃电型交流接触器。在有连续性生产要求的情况下，工艺上不允许设备在电源短时中断（晃电）时就造成设备跳闸停电，可以采用新型电控设备：FS系列防晃电交流接触器。

FS系列防晃电接触器不依赖辅助工作电源，不依赖辅助机械装置，具有体积小、可靠性高的特点，它采用强力吸合装置，双绕组线圈，接触器在吸合释放时无有害抖动，避免了电网失压时触点抖动引起的燃弧熔焊，因此减少了触点磨损。接触器线圈带有储能机构，当晃电发生时，接触器线圈延迟释放，其辅助触点延迟发出断开的控制信号，由此躲开晃电时间，晃电时间由负载性质和断电长短决定，接触器延时时间可调。

b. 节能型交流接触器。交流接触器的节电是指采用各种节电技术来降低操作电磁系统吸持时所消耗的有功、无功功率。交流接触器的操作电磁系统一般采用交流控制电源，我国现有63A以上交流接触器，在吸持时所消耗的有功功率在数十瓦至几百瓦之间，无功功率在数十乏至几百乏之间，一般所耗有功功率铁芯占65%～75%，短路环占25%～30%，线圈占3%～5%，所以可将交流吸持电流改为直流吸持，或者采用机械结构吸持、限电流吸持等方法，可以节省铁芯及短路环中所占的大部分功率损耗，还可消除、降低噪声，改善环境。

电磁系统采用节电装置，使电磁无噪声及温升低，并解决了使用节电装置有释放延时的缺点，如国产的CJ40系列。

c. 带有附加功能的交流接触器。电子技术的应用可以很方便地在接触器中增添主电路保护功能，如欠、过电压保护，断相保护、漏电保护等。电动机烧毁事故中，接触器一相接触不良的占11%，所以选择带有断相保护的断路器、接触器等电气器件也是十分必要的。

接触器加辅助模块可以满足一些特殊要求。加机械联锁可以构成可逆接触器，实现电动机正反可逆旋转，或者两个接触器加机械联锁实现主电路电气互锁，可用于变频器的变频/工频切换；加空气延时头和辅助触点组可以实现电动机星一三角启动；加空气延时头可以构成延时接触器。

选用交流接触器的电磁线圈作电动机的低电压保护，其控制回路宜由电动机主回路供电，如由其他电源供电，则主回路失压时，应自动断开控制电源。

(9) 交流接触器的安装

① 安装前的检查

a. 检查产品的铭牌及线圈上的数据（如额定电压、电流、操作频率和负载因数等）是否符合实际使用要求。

b. 用于分合接触器的活动部分，要求产品动作灵活无卡住现象。

c. 当接触器铁芯极面涂有防锈油时，使用前应将铁芯极面上的防锈油擦净，以免油垢黏滞而造成接触器断电不释放。

d. 检查和调整触点的工作参数（开距、超程、初压力和终压力等），并使各极触点同时接触。

② 安装与调整

a. 交流接触器在吸合、断开时振动比较大，在安装时尽量不要和振动要求比较严格的电气设备安装在一个柜子里，否则要采用防振措施，一般尽量安装在柜子下部。

b. 交流接触器的安装环境要符合产品要求，安装尺寸应该符合电气安全距离、接线规程，而且要检修方便。

c. 安装接触器时，除特殊情况外，一般应垂直安装，其倾角不得超过5°；有散热孔的接触器，应将散热孔放在上下位置。

d. 在安装与接线时，注意不要把零件失落入接触器内部，以免引起卡阻而烧毁线圈；同时，应将螺钉拧紧以防振动松脱。

e. 检查接线正确无误后，应在主触点不带电的情况下，先使吸引线圈通电分合数次，检查产品动作是否可靠，然后才能投入使用。

(10) 交流接触器的使用与检修

① 交流接触器的使用

a. 使用时，应定期检查产品各部件，要求可动部分无卡住，紧固件无松脱现象，各部件如有损坏，应及时更换。

b. 触点表面应经常保护清洁，不允许涂油，当触点表面因电弧作用而形成金属小珠时，应及时清除。当触点严重磨损后，应及时调换触点。但应注意，银及银基合金触点表面在分断电弧时生成的黑色氧化膜接触电阻很低，不会造成接触不良现象，因此不必锉修，否则将会大大缩短触点寿命。

c. 带有灭弧室的接触器，决不能不带灭弧室使用，以免发生短路事故。陶土灭弧罩易碎，应避免碰撞，如有碎裂，应及时调换。

② 校验

a. 将装配好的接触器如图2-23所示接入校验电路。

b. 选好电流表、电压表量程并调零；将调压变压器输出置于零位。

c. 合上刀开关QS_1和QS_2，均匀调节调压变压器，使电压上升到接触器铁芯吸合为止，此时电压表的指示值即为接触器动作的电压值，该电压应小于或等于线圈额定电压的85%。

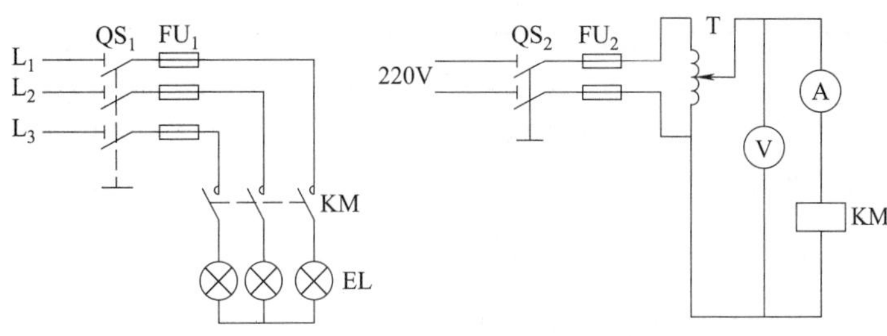

图 2-23 接触器动作值校验电路

d. 保持吸合电压值，分合开关 QS_2，做两次冲击合闸试验，以校验动作的可靠性。

e. 均匀地降低调压变压器的输出电压，直至衔铁分离，此时电压表的指示值即为接触器的释放电压，释放电压值应大于线圈额定电压的 50%。

f. 将调压变压器的输出电压调至接触器线圈的额定电压，观察铁芯有无振动及噪声，从指示灯的明暗可判断主触点的接触情况。

③ 触点压力的检测与调整 用纸条判断触点压力是否合适。如图 2-24 所示，将一张厚约 0.1mm、比触点稍宽的纸条夹在接触器的触点间，使触点处于闭合位置，用手拉动纸条，若触点压力合适，稍用力纸条才可拉出。若纸条很容易被拉出，即说明触点压力不够。若纸条被拉断，说明触点压力太大。可调整触点弹簧或更换弹簧，直至符合要求。

图 2-24 检查触点压力

④ 交流接触器常见故障及处理 交流接触器常见故障及处理方法见表 2-12。

表 2-12 交流接触器常见故障及处理

故障现象	故障原因	处理方法
触点闭合而铁芯未完全闭合	①电源电压过低或波动大 ②操作回路电源容量不足或断线；配线错误；触点接触不良 ③选用线圈不当 ④产品本身受损，如线圈受损，部件卡住；转轴生锈或歪斜 ⑤触点弹簧压力不匹配	①增高电源电压 ②增大电源容量，更换线路，修理触点 ③更换线圈 ④更换线圈，排除卡住部件；修理损坏零件 ⑤调整触点参数
触点熔焊	①操作频率过高或超负荷使用 ②负载侧短路 ③触点弹簧压力过小 ④触点表面有异物 ⑤回路电压过低或有机械卡住	①调换合适的接触器 ②排除短路故障，更换触点 ③调整触点弹簧压力 ④清理触点表面 ⑤提高操作电源电压，排除机械卡住，使接触器吸合可靠

续表

故障现象	故障原因	处理方法
触点过度磨损	接触器选用不当，在一些场合造成其容量不足（如在反接振动，操作频率过高，三相触点动作不同步等）	更换适合繁重任务的接触器；如果三相触点动作不同步，应调整到同步
不释放或释放缓慢	①触点弹簧压力过小 ②触点熔焊 ③机械可动部分卡住，转轴生锈或歪斜 ④反力弹簧损坏 ⑤铁芯吸合面有污物或尘埃粘着	①调整触点参数 ②排除熔焊故障，修理或更换触点 ③排除卡住故障，修理受损零件 ④更换反力弹簧 ⑤清理铁芯吸合面
铁芯噪声过大	①电源电压过低 ②触点弹簧压力过大 ③磁系统歪斜或卡住，使铁芯不能吸平 ④吸合面生锈或有异物 ⑤短路环断裂或脱落 ⑥铁芯吸合面磨损过度而不平	①提高操作回路电压 ②调整触点弹簧压力 ③排除机械卡住 ④清理铁芯吸合面 ⑤调换铁芯或短路环 ⑥更换铁芯
线圈过热或烧损	①电源电压过高或过低 ②线圈技术参数与实际使用条件不符合 ③操作频率过高 ④线圈制作不良或有机械损伤、绝缘损坏 ⑤使用环境条件特殊，如空气潮湿、有腐蚀性气体或环境温度过高等 ⑥运动部件卡住 ⑦铁芯吸合面不平	①调整电源电压 ②更换线圈或者接触器 ③选择合适的接触器 ④更换线圈，排除线圈机械受损的故障 ⑤采用特殊设计的线圈 ⑥排除卡住现象 ⑦清理吸合面或调换铁芯
触点不能复位	①复位弹簧损坏 ②内部机械卡阻 ③铁芯安装歪斜	①更换弹簧 ②排除机械故障 ③重新安装铁芯

2.1.5 时间继电器

(1) 时间继电器的用途

在生产中，经常需要按一定的时间间隔来对生产机械进行控制。例如，电动机的降压启动需要一定的时间，然后才能加上额定电压；在一条自动线中的多台电动机，常需要分批启动，在第一批电动机启动后，需经过一定时间才能启动第二批。这类自动控制称为时间控制，时间控制通常是利用时间继电器来实现的。

时间继电器是指当加入（或去掉）输入的动作信号后，其输出电路需经过规定的准确时间才产生跳跃式变化（或触点动作）的一种继电器。它是一种使用在较低的电压或较小电流的电路上，用来接通或切断较高电压、较大电流的电路的电气元件。同时，时间继电器也是一种利用电磁原理或机械原理实现延时控制的控制电器，主要用于在接收电信号到触点动作时需要延时的场合。

一般来说，时间继电器的延时性能在设计的范围内是可以调节的，从而方便调整它延时时间的长短。

(2) 时间继电器的种类

① 按工作方式可分为通电延时时间继电器和断电延时时间继电器两种，均具有瞬时触点和延时触点这两种触点。

② 从驱动时间继电器工作的电源要求来分，可分为交流继电器与直流继电器，分别用于交流电路和直流电路。另外，依据其工作电压的高低，有 6V、9V、12V、24V、36V、110V、220V、380V 等不同的工作电压，使用于不同的控制电路上。

③ 按动作原理可分为电磁阻尼式、空气阻尼式、晶体管式和电动式 4 种，如图 2-25 所示。

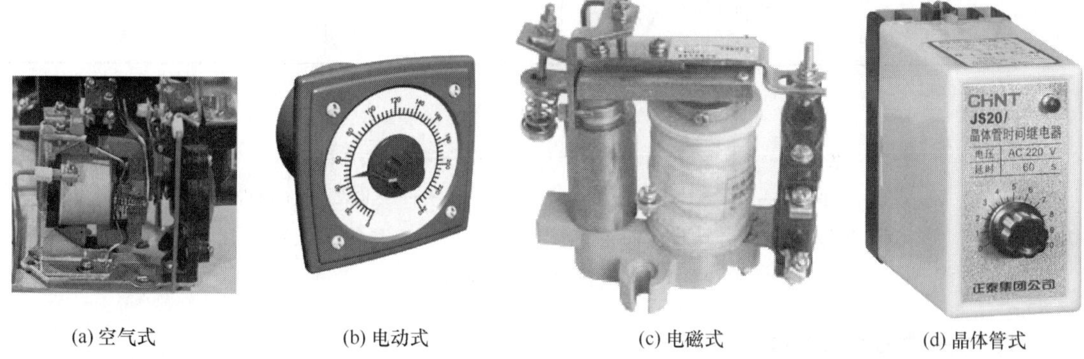

(a) 空气式 (b) 电动式 (c) 电磁式 (d) 晶体管式

图 2-25 常见时间继电器的种类

a. 空气阻尼式时间继电器又称为气囊式时间继电器，它是根据空气压缩产生的阻力来进行延时的，其结构简单，价格便宜，延时范围大（0.4～180s），但延时精确度低，常见的有 JS23、JS7、JS16 系列。

b. 电磁式时间继电器延时时间短（0.3～1.6s），但它结构比较简单，通常用在断电延时场合和直流电路中，常见的有 JT18 系列。

c. 电动式时间继电器的原理与钟表类似，它是由内部电动机带动减速齿轮转动而获得延时的。这种继电器延时精度高，延时范围宽（0.4～72h），但结构比较复杂，价格很贵，常用型号是 JS11 系列。

d. 晶体管式时间继电器又称为电子式时间继电器，它是利用延时电路来进行延时的。这种继电器具有延时时间长、精度高、调节方便等优点，有的还带有数字显示，非常直观，所以应用很广，常见的有 JS20、JS13、JS14、JS15 系列。

(3) 时间继电器的图形符号及型号含义

时间继电器的图形符号如表 2-13 所示，其型号含义如图 2-26 所示。

表 2-13 时间继电器的图形符号

图形符号	符号含义	图形符号	符号含义
KT	线圈	KT	延时断开动断触点
KT	通电延时线圈	KT	延时断开动合触点
KT	断电延时线圈	KT	延时闭合动断触点
KT	延时闭合动合触点	KT	瞬动动合触点

续表

图形符号	符号含义	图形符号	符号含义
KT	瞬动动断触点		

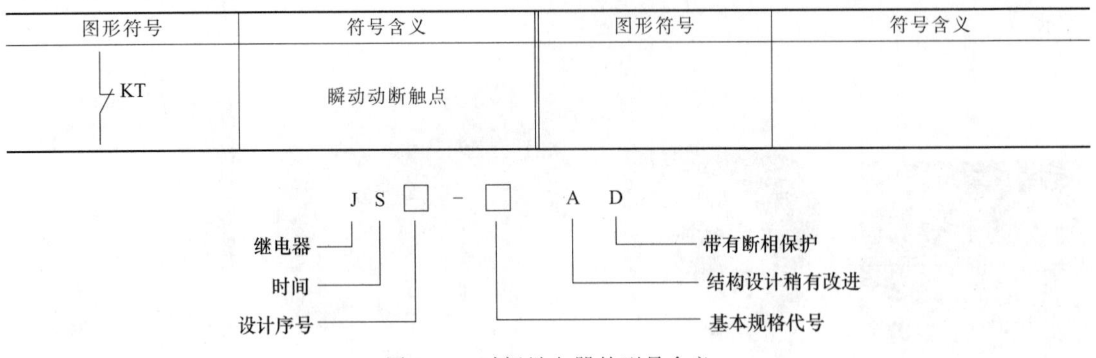

图 2-26　时间继电器的型号含义

(4) 时间继电器的选用

① 确定时间继电器是用在直流回路还是交流回路里，并根据控制线路电压来确定额定电压等级，常用的为 220V DC/AC、110V DC/AC。

② 确定安装方式，如：导轨式，凸出式，嵌入式等（是柜内安装还是面板开孔安装，抽屉柜一般选用导轨式）。

③ 确定所需延时种类，是通电延时还是断电延时，以及延时时间范围等。

④ 对延时要求不高的场合，一般采用价格较低的空气阻尼式时间继电器；对延时要求较高的场合，可采用电动式时间继电器。

时间继电器的技术参数如表 2-14 所示。

表 2-14　时间继电器的技术参数

型　号	吸引线圈电压/V	触点额定电压/V	触点额定电流/A	延时触点数				瞬动触点		延时范围/s
				通电延时		断电延时				
				动合	动断	动合	动断	动合	动断	
JS7-1A	36	380	5	1	1	—	—	—	—	有 0.4～60 和 0.4～180 两种
JS7-2A	127			1	1	—	—	1	1	
JS7-3A	220			—	—	1	1	—	—	
JS7-4A	380			—	—	1	1	1	1	

(5) 时间继电器触点的保护

时间继电器触点的保护可以延长时间继电器的使用寿命。当触点断开感性负载电路时，负载中储存的能量必须通过触点燃弧来消耗，为了消除和减轻电弧在断开感性负载时的危害，延长触点的使用寿命，消除或减轻继电器对相关灵敏电路的电磁干扰、损害，通常采用电弧抑制保护措施。同时，应尽量避免继电器输出端和输入端共线或连通，因为线圈去激励时，线圈上的反电势会加在触点上，使触点的断开电压增大，同时也会干扰其他电路。

(6) 时间继电器常见故障处理

时间继电器的常见故障及处理方法见表 2-15。

表 2-15　时间继电器常见故障及处理方法

故障现象	故障原因	处理方法
延时触点不动作	①电磁铁线圈断线 ②电源电压低于线圈额定电压很多 ③电动式时间继电器的同步电动机线圈断线 ④电动式时间继电器的棘爪无弹性，不能刹住棘齿 ⑤电动式时间继电器游丝断裂	①更换线圈 ②更换线圈或调高电源电压 ③调换同步电动机 ④调换棘爪 ⑤调换游丝

续表

故障现象	故障原因	处理方法
延时时间缩短	①空气阻尼式时间继电器的气室装配不严，漏气 ②空气阻尼式时间继电器的气室内橡皮薄膜损坏	①修理或调换气室 ②调换橡皮薄膜
延时时间变长	①空气阻尼式时间继电器的气室内有灰尘，使气道阻塞 ②电动式时间继电器的传动机构缺润滑油	①清除气室内灰尘，使气道畅通 ②加入适量的润滑油
延时有时长，有时短	环境温度变化，影响延时时间的长短	调整时间继电器的延时整定值(严格地讲，随着季节变化，整定值应做相应的调整)

2.1.6 热继电器

(1) 热继电器的用途

热继电器是在通过电流时依靠发热元件所产生的热量而动作的一种低压电器，如图2-27所示。热继电器主要用于电动机的过载保护，也可以用于其他电气设备发热状态的控制，有些型号的热继电器还具有断相及电流不平衡运行的保护。

图 2-27 热继电器

(2) 热继电器的类型

热继电器的类型较多，常见热继电器见表 2-16。

表 2-16 常见热继电器

类型	说明
双金属片式热继电器	利用两种膨胀系数不同的金属(通常为锰镍和铜板)辗压制成的双金属片受热弯曲去推动杠杆，从而带触点动作。这种热继电器应用最多，并且常与接触器构成磁力启动器
热敏电阻式热继电器	利用电阻值随温度变化而变化的特性制成的热继电器
易熔合金式热继电器	利用过载电流的热量使易熔合金达到某一温度值时，合金熔化而使继电器动作

(3) 热继电器的图形符号及型号含义

热继电器的图形符号及型号含义如图 2-28 所示。

(4) 热继电器的结构及原理

① 热继电器的结构 热继电器主要由热元件、双金属片和触点组成，如图 2-29 所示。热元件由发热电阻丝做成。双金属片由两种热膨胀系数不同的金属辗压而成，当双金属片受热时，会出现弯曲变形。使用时，把热元件串接于电动机的主电路中，而动断触点串接于电动机的控制电路中。

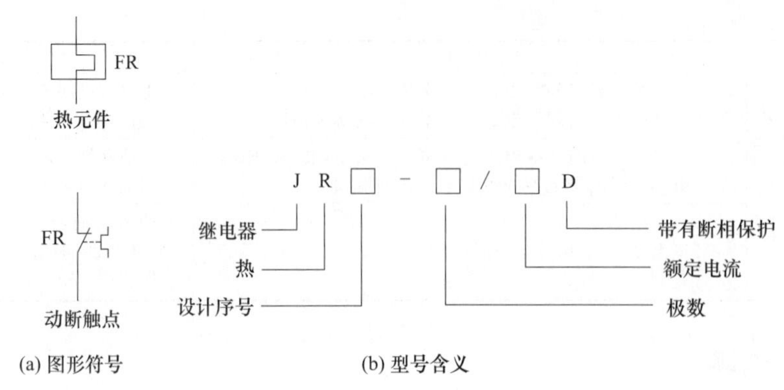

图 2-28 热继电器的图形符号及型号含义

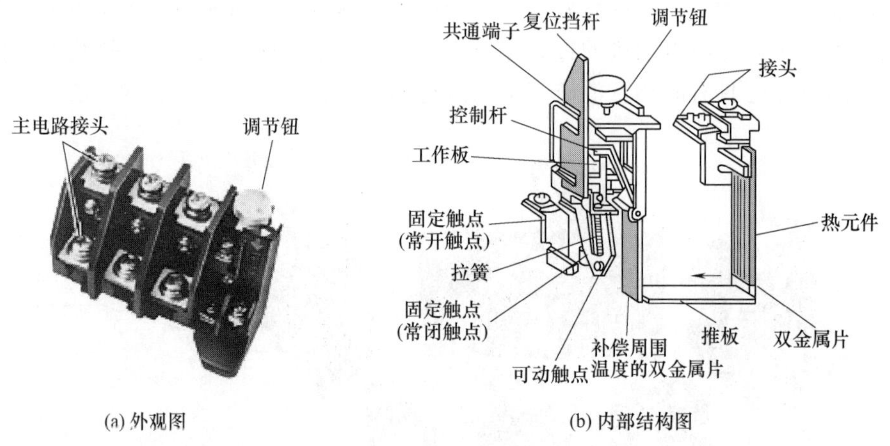

图 2-29 热继电器的结构

② 热继电器的原理 当电动机正常运行时，热元件产生的热量虽能使双金属片弯曲，但还不足以使热继电器的触点动作。当电动机过载时，双金属片弯曲位移增大，推动导板使动断触点断开，从而切断电动机控制电路以起到保护作用，如图 2-30 所示。

热继电器动作后一般不能自动复位，要等双金属片冷却后按下复位按钮复位。

热继电器的工作电流可以在一定范围内调整，称为整定。整定电流值应是被保护电动机的额定电流值，其大小可以通过调节整定电流旋钮来实现，如图 2-31 所示。

(5) 热继电器的选用

热继电器主要用于保护电动机的过载，因此选用时必须了解电动机的情况，如工作环境、启动电流、负载性质、工作制、允许过载能力等。

① 根据电动机的型号、规格和特性选用热继电器 电动机的绝缘材料等级有 A 级、E 级、B 级等，它们的允许温度各不相同，因而其承受过载的能力也不相同。开启式电动机散热比较容易，而封闭式电动机散热比较困难，稍有过载，其温升就可能超过限值。虽然热继电器的选择从原则上讲是按电动机的额定电流来考虑的，但对于过载能力较差的电动机，所配热继电器的额定电流为电动机额定电流的 60％～80％。

② 根据电动机正常启动时的启动电流和启动时间选用热继电器 在电动机非频繁启动的场合，必须保证在电动机短时过载和启动的瞬间，热继电器应不受影响（不动作）。当电动机启动电流为额定电流的 6 倍、启动时间不超过 6s、很少连续启动的条件下，一般可按

电动机的额定电流来选择热继电器。

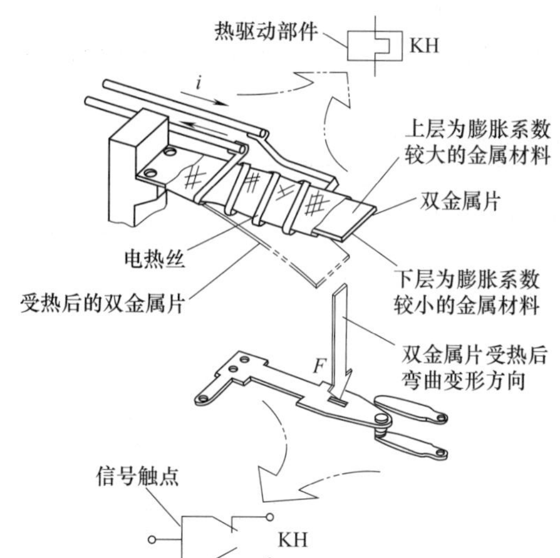

图 2-30 双金属片受热变形与信号触点状态的改变

图 2-31 调节整定电流

当热继电器用于保护长期工作制或间断长期工作制的电动机时，一般按电动机的额定电流来选用。例如，热继电器的整定值可等于 0.95～1.05 倍的电动机的额定电流，或者取热继电器整定电流的中值等于电动机的额定电流，然后进行调整。

当热继电器用于保护反复短时工作制的电动机时，热继电器仅有一定范围的适应性。如果短时间内操作次数很多，就要选用带速饱和电流互感器的热继电器。

对于正反转和通断频繁的特殊工作制电动机，不宜采用热继电器作为过载保护装置，而应使用埋入电动机绕组的温度继电器或热敏电阻来保护。

③ 根据电动机的使用条件和负载性质选用热继电器　由于电动机使用条件的不同，对它的要求也不同。如负载性质不允许停车，即便过载会使电动机寿命缩短，也不应让电动机贸然脱扣，以免生产遭受比电动机价格高许多倍的巨大损失。这种场合最好采用热继电器和其他保护电器有机地组合起来的保护措施，只有在发生非常危险的过载时方可考虑脱扣。

④ 根据电动机的操作频率选用热继电器　当电动机的操作频率超过热继电器的操作频率时，如电动机的反接制动、可逆运转和频繁通断，热继电器就不能提供保护。这时可考虑选用半导体温度继电器进行保护。

⑤ 三相或两相保护热继电器的选择　由于两相保护式热继电器性价比高，所以应尽量选用。但在下列情况下应采用三相保护式热继电器：电源电压显著不平衡；电动机定子绕组一相断线；多台电动机的共用电源断线；Y/△（或△/Y）连接的电源变压器一次侧断线。

⑥ 热继电器型号的选用　我国目前生产的热继电器主要有 JR0、JR1、JR2、JR9、JR10、JR15、JR16 等系列。

JR1、JR2 系列热继电器采用间接受热方式，其主要缺点是双金属片靠发热元件间接加热，热偶合较差；双金属片的弯曲程度受环境温度影响较大，不能正确反映负载的过流情况。

JR15、JR16 等系列热继电器采用复合加热方式并采用了温度补偿元件，因此较能正确反映负载的工作情况。

JR1、JR2、JR0 和 JR15 系列的热继电器均为两相结构，是双热元件的热继电器，可以用作三相异步电动机的均衡过载保护和Y形连接定子绕组的三相异步电动机的断相保护，但不能用作定子绕组为△形连接的三相异步电动机的断相保护。

JR16和JR20系列热继电器均是带有断相保护的热继电器，具有差动式断相保护机构。

常用热继电器的主要技术参数见表2-17。

表2-17 热继电器的主要技术参数

型号	额定电流/A	热元件等级	
		热元件额定电流/A	整定电流调节范围/A
JR0-20/3 JR0-20/3D	20	0.50 1.6 2.4 3.5 7.2 16.0	0.32～0.50 0.68～1.1 1.0～1.6 2.2～3.5 4.5～7.2 10.0～16.0
JR0-60/3 JR0-60/3D	60	32.0 63.0	20～32 40～63
JR0-150/3 JR0-150/3D	150	85.0 120.0	53～85 75～120

(6) 热继电器的安装

热继器安装的方向、使用环境和所用连接线都会影响其动作性能，安装时应引起注意。

① 热继电器的安装方向　安装热继电器时，如果发热元件在双金属片的下方，双金属片就热得快，动作时间短；如果发热元件在双金属片的旁边，则双金属片热得较慢，热继电器的动作时间长。当热继电器与其他电器装在一起时，应装在其他电器的下方且与其他电器距离50mm以上，以免受其他电器发热的影响。

热继电器的安装方向应按产品说明书的规定进行，以确保热继电器在使用时的动作性能相一致。

② 根据使用环境安装热继电器　环境温度对热继电器动作的快慢影响较大。热继电器周围介质的温度，应与电动机周围介质的温度相同，否则会破坏已调整好的配合情况。例如，当电动机安装在高温处、而热继电器安装在温度较低处时，热继电器的动作将会滞后（或动作电流大）；反之，其动作将会提前（或动作电流小）。

没有温度补偿的热继电器，应在热继电器和电动机两者环境温度差异不大的地方使用。有温度补偿的热继电器，可用在热继电器与电动机两者环境温度有一定差异的地方，但应尽可能减少因环境温度变化带来的影响。

③ 热继电器连接线的选择　热继电器的连接线除导电外，还起导热作用。如果连接线太细，则连接线产生的热量会传到双金属片，加上发热元件沿导线向外散热少，从而缩短了热继电器的脱扣动作时间；反之，如果采用的连接线过粗，则会延长热继电器的脱扣动作时间。所以连接导线不可太细或太粗，应尽量采用说明书规定的或相近的截面积。如无说明书时，可按表2-18的规定选用。

表2-18 热继电器连接导线选用表

热继电器额定电流/A	连接导线截面积/mm^2	连接导线种类
10	2.5	单股塑料线
20	4	
60	16	多股铜芯橡皮软线
150	35	

(7) 热继电器常见故障处理

热继电器常见故障原因及处理方法见表 2-19。

表 2-19 热继电器常见故障及检修方法

故障类别	故障现象	产生原因	修理方法
动作太快或太慢，或不动作	①电气设备经常烧毁，而热继电器不动作 ②机器设备操作正常，但热继电器频繁动作，经常造成停工	①热继电器的额定电流值与被保护设备的额定电流值不符 ②热继电器可调整部件的固定支钉松动 ③热继电器通过较大电流后，双金属片产生永久变形 ④灰尘堆积，或生锈，或动作机构卡住、磨损，胶木零件变形 ⑤安装时损坏了可调部件，或没有对准刻度 ⑥有盖子的热继电器没有盖盖子，或盖子没有盖好 ⑦接线螺钉没有拧紧，或者连接线的线径不符合规定 ⑧热继电器的安装方向不符合规定，或安装地方的环境温度与被保护设备的温度相差太大	①按照被保护设备的容量来更换热继电器 ②将支钉铆紧，重新进行调整试验 ③对热继电器重新进行调整试验 ④清除灰尘、污物，重新进行调整试验 ⑤修理损坏的部件，对准刻度，重新进行调整试验 ⑥盖好盖子 ⑦把接线螺钉拧紧，或更换合适的连接线 ⑧将热继电器按照规定的方向安装；按照温度的实际情况配置合适的热继电器
热继电器的主电路不通	热继电器接入后，主电路不通	①热元件烧毁 ②接线螺钉未拧紧	①更换热元件或热继电器 ②拧紧接线螺钉
动作不稳定	热继电器的动作有时快有时慢	①热继电器的内部机构某些部件松动 ②在检修时，弯折了双金属片 ③通电校验时，电流波动太大，或接线螺钉未拧紧，或电流表不准确	①将松动的部件固定 ②用大电流预试几次，或将双金属片拆下进行热处理(一般 240℃)，以去除内应力 ③在校验电源上加稳压器；把螺钉拧紧；校对电流表是否准确
热继电器的控制电路不通	控制电路不通	①触点烧毁，或动触片的弹性消失，动、静触点不能接触 ②可调整式的热继电器，由于调整旋钮或调整螺钉调到了不合适的位置，将触点顶开了	①修理触点或触片 ②重新调整
热继电器无法调整	①在做调整试验时，通过额定电流不动作。如果在过载时将它调整到脱扣，则到第二次试验时，通过额定电流就能动作。反复调整，总是这样 ②在做调整试验时，通过额定电流不动作。如果在过载时将它调整到脱扣，则不能再扣。反复调整，总是这样 ③在做调整试验时，通过额定电流就动作。同时，导电板的温度很高	①热元件的发热量太小，或装错了热继电器(额定电流值比要求的大) ②双金属片的方向装反；或者双金属片用错，热敏感系数太小 ③热元件的发热量太大，或是装错热继电器(额定电流值比要求的小)	①更换电阻值较大的热元件，或电流值较小的热继电器 ②更换双金属片 ③更换电阻值较小的热元件，或电流值较大的热继电器

2.1.7 电流继电器

(1) 电流继电器的用途及种类

电流继电器反映的是电流信号，通常应用于自动控制电路中，它实际上是一种用较小的电流去控制较大电流的“自动开关”，故在电路中起着自动调节、安全保护、转换电路等作用。

电流继电器根据电流动作方式有欠电流继电器和过电流继电器两种。

① 欠电流继电器在电路中起欠电流保护，吸引电流为线圈额定电流的30%～65%，释放电流为额定电流的10%～20%，因此，在电路正常工作时，衔铁是吸合的，只有当电流降低到某一整定值时，继电器释放，控制电路失电，从而控制接触器及时分断电路。

② 过电流继电器在电路正常工作时不动作，整定范围通常为额定电流的1.1～4倍，当被保护线路的电流高于额定值，达到过电流继电器的整定值时，衔铁吸合，触点机构动作，控制电路失电，从而控制接触器及时分断电路，对电路起过流保护作用。

(2) 电流继电器的图形符号及型号含义

电流继电器的图形符号及型号含义如图2-32所示。

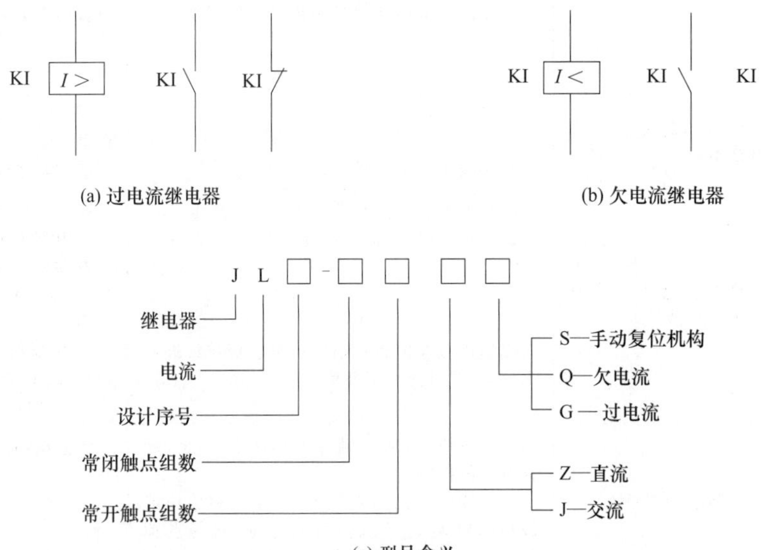

图2-32 电流继电器的图形符号及型号含义

(3) 过电流继电器的结构

JT4、JL12型过电流继电器的结构如图2-33所示。

(4) 电流继电器的选用

① 过电流继电器线圈的额定电流一般可按电动机长期工作的额定电流来选择。对于频繁启动的电动机，考虑启动电流在继电器中的热效应，其额定电流可选大一级。

② 过电流继电器的整定值一般为电动机额定电流的1.7～2倍，频繁启动场合可取2.25～2.5倍。

③ 欠电流继电器用于电路欠电流保护，一般来说，吸引电流应为线圈额定电流的30%～65%，释放电流应为额定电流的10%～20%。

(5) 电流继电器的安装

① 安装前的检查

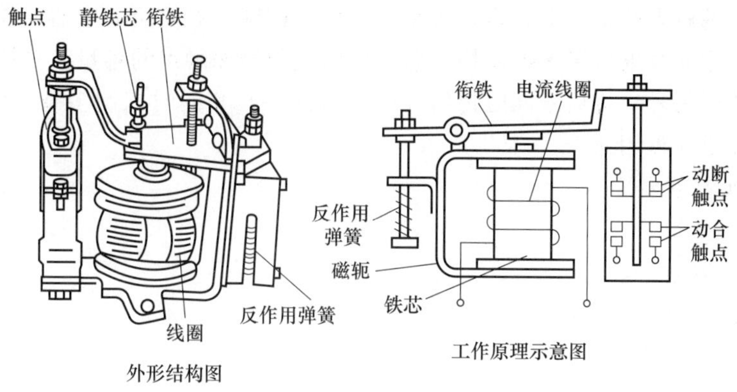

(a) JT4系列过电流继电器

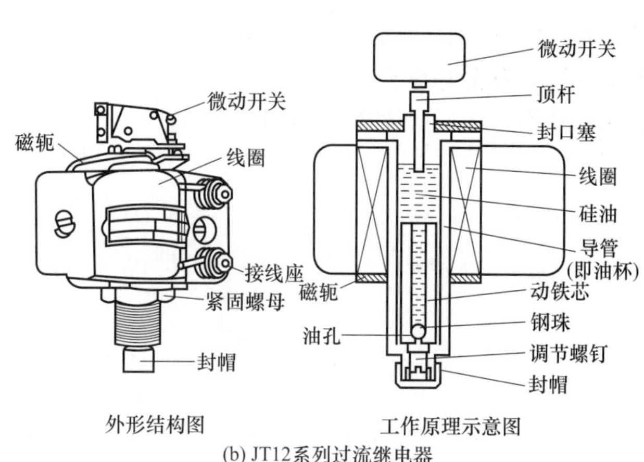

(b) JT12系列过流继电器

图 2-33 过电流继电器的结构示例

a. 根据控制线路和设备的技术要求，仔细核对电流继电器的铭牌数据，如线圈的额定电压、额定电流、整定值以及延时等参数是否符合要求。

b. 检查电流继电器的活动部分是否动作灵活、可靠，外罩及壳体是否有损坏或缺件等情况；各部件应清洁，触点表面要平整，无油污、烧伤与锈蚀等。

c. 当衔铁吸合后，弹簧在被压缩位置上应有 1～2mm 的压缩距离，不能压死；触点的超行程不小于 1.5mm，动合触点的分开距离不小于 4mm，动断触点的分开距离不小于 3.5mm。

② 安装及接线

a. 电流继电器的线圈串接于主电路中，与负载相串联；动作触点串接在辅助电路中。

b. 安装接线时，所有接线螺钉都应旋紧。

c. 安装后，应在主触点不带电的情况下，使吸引线圈带电操作几次，试一试继电器动作是否可靠。

2.1.8 中间继电器

(1) 中间继电器的用途

中间继电器是将一个输入信号变成多个输出信号或将信号放大（即增大触点容量）的继电器，其实质是一种电压继电器。

中间继电器的触点数量较多，容量较小，可作为控制开关使用的电器。在继电保护与自动控制系统中，中间继电器用来扩展控制触点的数量和增加触点的容量。在控制电路中，中间继电器用来传递信号（将信号同时传给几个控制元件）和同时控制多条线路。具体来说，中间继电器有以下几种用途。

① 代替小型接触器。

② 增加触点数量。

③ 增加触点容量。

④ 转换接点类型。

⑤ 用作小容量开关。

⑥ 转换电压。

⑦ 消除电路中的干扰。

中间继电器的电磁线圈所用电源有直流和交流两种。

(2) 中间继电器的图形符号及型号含义

中间继电器的图形符号及型号含义如图 2-34 所示。

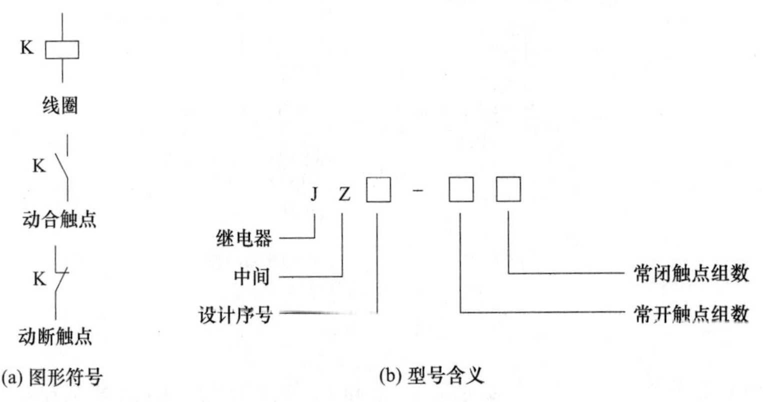

图 2-34 中间继电器的图形符号及型号含义

(3) 中间继电器的结构

中间继电器的结构和原理与交流接触器基本相同（如图 2-35 所示），与接触器的主要区别在于：接触器的主触点可以通过大电流；中间继电器的触点组数多，并且没有主、辅之分，各组触点允许通过的电流大小是相同的，其额定电流为 5～10A。

(4) 中间继电器的选用

选用中间继电器时，主要根据触点的数量及种类确定型号，吸引线圈的额定电压应等于控制电路的电压等级，还应根据被控制电路的电压等级、所需触点数量和种类以及容量等要求来选择。

中间继电器的品种规格很多，常用的有 JZ7 系列、JZ8 系列、JZ11 系列、JZ13 系列、JZ14 系列、JZ15 系列、JZ17 系列和 3TH 系列。

2.1.9 主令电器

主令电器是闭合或断开控制电路以发出指令或作程序控制的开关电器，它包括按钮、凸轮开关、行程开关 、指示灯、指示塔等，另外还有踏脚开关、接近开关、倒顺开关、紧急开关、钮子开关等。

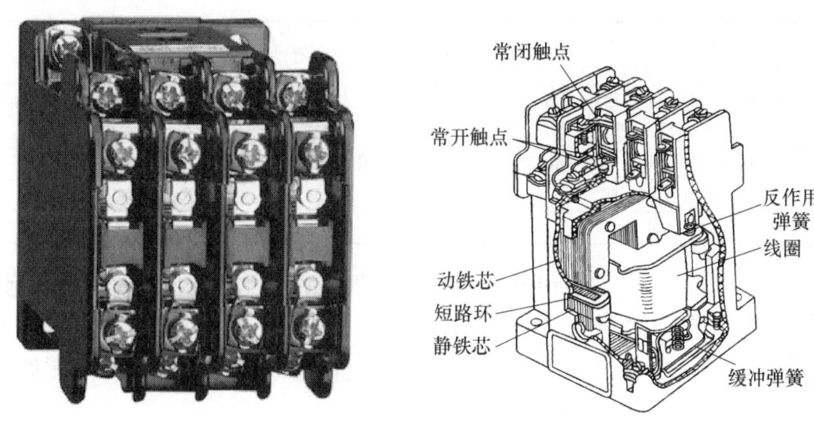

图 2-35 中间继电器的结构

(1) 按钮开关

① 按钮开关的用途 按钮开关简称按钮，是指利用按钮推动传动机构，使动触点与静触点按通或断开并实现电路换接的开关。按钮开关是一种结构简单、应用十分广泛的主令电器。

按钮开关不直接控制主电路的通断，而是通过按钮远距离发出手动指令或信号去控制接触器、继电器、电磁启动器等电器来实现主电路的通断，功能转换（例如电动机的启动、停止、正反转、变速），以及电气互锁、联锁等基本控制。

② 按钮开关的种类及结构 如图 2-36 所示，按钮开关的结构种类很多，可分为普通揿钮式、蘑菇头式、自锁式、自复位式、旋柄式、带指示灯式、带灯符号式及钥匙式等，有单钮、双钮、三钮等不同组合形式。

图 2-36 按钮开关

按钮开关根据操作方式及防护方式分类见表 2-20。

表 2-20 按钮按照操作方式及防护方式分类

类别	特点	代号
开启式	适用于嵌装固定在开关板、控制柜或控制台的面板上	K
保护式	带保护外壳，可以防止内部的按钮零件受机械损伤或人触及带电部分	H
防水式	带密封的外壳，可防止雨水侵入	S
防腐式	能防止化工腐蚀性气体的侵入	F
防爆式	能用于含有爆炸性气体与尘埃的地方而不引起传爆，如煤矿等场所	B
旋钮式	用手把旋转操作触点，有通断两个位置，一般为面板安装式	X
钥匙式	用钥匙插入旋转进行操作，可防止误操作或供专人操作	Y

续表

类别	特点	代号
紧急式	有红色大蘑菇钮头突出于外，作紧急时切断电源用	J或M
自持按钮	按钮内装有自持用电磁机构，主要用于发电厂、变电站或试验设备中，操作人员可以互通信号及发出指令等，一般为面板操作	Z
带灯按钮	按钮内装有信号灯，除用于发布操作命令外，兼作信号指示，多用于控制柜、控制台的面板上	D
组合式	多个按钮组合在一起	E
联锁式	多个触点互相联锁	C

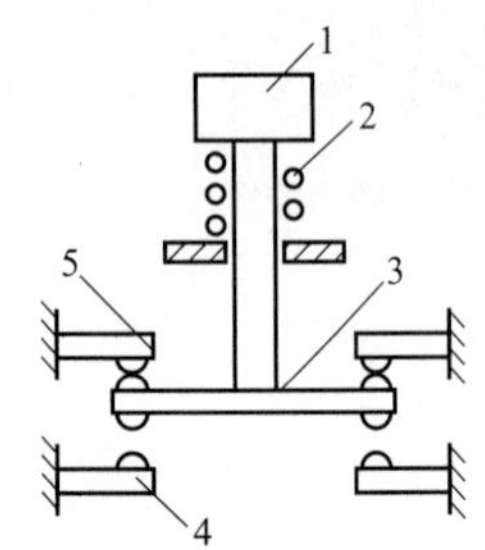

图 2-37 按钮开关的结构
1—按钮帽；2—复位弹簧；3—动触点；4—动合静触点；5—动断静触点

按钮开关一般采用积木式结构，由按钮帽、复位弹簧、触点和外壳等组成，如图 2-37 所示。按钮通常做成复合式，有一对动断触点和一对动合触点，有的按钮可通过多个元件的串联增加触点对数。

通常每一个按钮开关有两对触点，每对触点由一个动合触点和一个动断触点组成。当按下按钮，两对触点同时动作，两对动断触点先断开，随后两对动合触点闭合。

在电气控制线路中，动合按钮常用来启动电动机，也称启动按钮，动断按钮常用于控制电动机停车，也称停车按钮，复合按钮用于联锁控制电路中。

③ 按钮的图形符号及型号含义　按钮的图形符号及型号含义如图 2-38 所示。

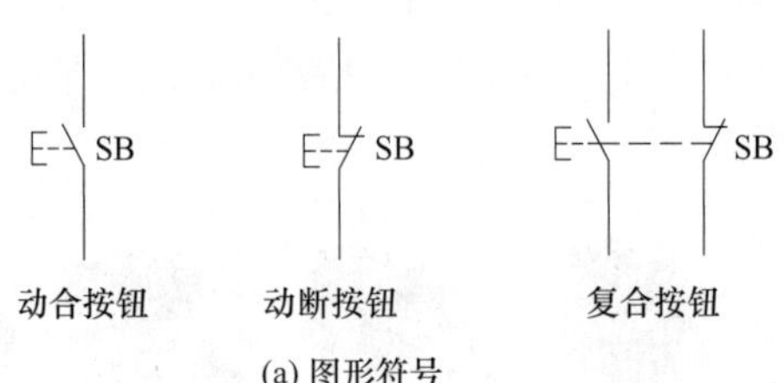

(a) 图形符号

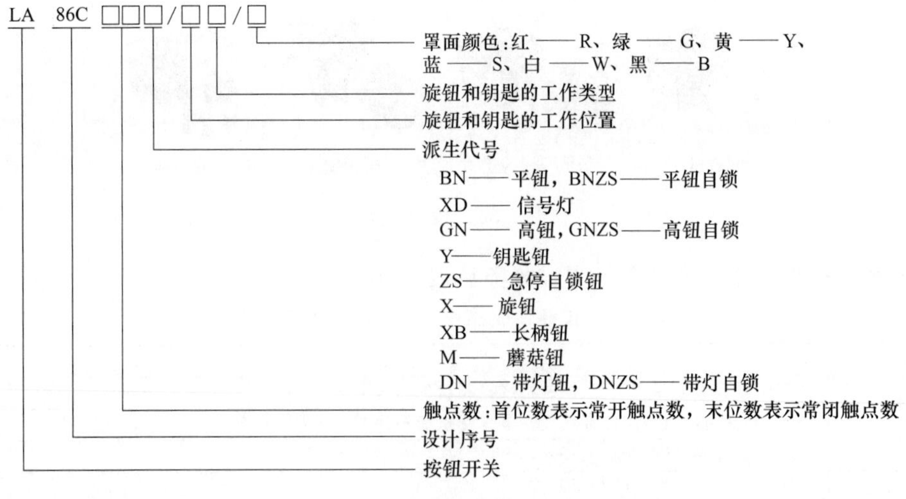

(b) 型号含义

图 2-38 按钮的图形符号及型号含义

④ 按钮颜色的使用及含义 按钮作为操作人员与机器间互动的桥梁，EN 60202-1 标准对于特定功能的按钮赋予了特定的颜色规定，若按钮的颜色选用错误，则可能导致操作人员的误触而衍生额外的危险。标准中规定的颜色使用和含义见表 2-21。

表 2-21 按钮颜色的使用及含义

颜色	含义	说明	举例
红	紧急情况	“停止”或“断电”；在危险或紧急事件中制动	在危险状态或在紧急状况时操作；紧急停机；用于停止/分断；切断一个开关紧急停止，激活紧急功能
黄	不正常注意	在出现不正常状态时操作	干预；参与抑制反常的状态；避免不必要的变化（事故），终止不正常情况
绿	安全	启动或通电；以激活正常情况	在安全条件下操作或正常状态下准备正常启动；接通一个开关装置；启动一台或多台设备
蓝	强制性	在需要进行强制性干预的状态下操作	复位动作；重置装置
白	没有特殊意义	除紧急分断外动作	启动/接通；停止/分断；激活（较佳）/停止
灰	—	启动/接通；激活/停止	停止/分断；激活/停止
黑	—	启动/接通；激活/停止	停止/分断；激活/停止（较佳）

⑤ 按钮开关的选用

a. 根据使用场合和具体用途选择按钮开关的种类，例如，紧急式、钥匙式。

b. 根据工作状态指示和工作情况要求，选择按钮的颜色。一般来说，启动按钮选用绿色或黑色，停止按钮或紧急按钮选用红色。

⑥ 按钮开关常见故障原因及处理方法见表 2-22。

表 2-22 按钮开关常见故障原因及处理方法

故障现象	故障原因	处理方法
按下停止按钮被控电器未断电	①接线错误 ②线头松动搭接在一起 ③杂物或油污在触点间形成通路 ④胶木壳烧焦后形成短路	①校对改正错误线路 ②检查按钮连接线 ③清扫按钮开关内部 ④更换新品
按下启动按钮被控电器不动作	①被控电器有故障 ②按钮触点接触不良，或接线松脱	①检查被控电器 ②清扫按钮触点或拧紧接线
触摸按钮时有触电的感觉	①按钮开关外壳的金属部分与连接导线接触 ②按钮帽的缝隙间有导电杂物，使其与导电部分形成通电	①检查连接导线 ②清扫按钮内部
松开按钮，但触点不能自动复位	①复位弹簧弹力不够 ②内部卡阻	①更换弹簧 ②清扫内部杂物

(2) 位置开关

① 位置开关的用途 位置开关又称限位开关，是一种将机器信号转换为电气信号，以控制运动部件位置或行程的自动控制电器。

位置开关是一种常用的小电流主令电器，在电气控制系统中，位置开关用于实现顺序控制、定位控制和位置状态的检测，从而控制机械运动或实现安全保护。

② 位置开关的种类

a. 以机械行程直接接触驱动作为输入信号的行程开关和微动开关，如图 2-39 所示。这类开关利用生产机械运动部件的碰撞使其触点动作来实现接通或分断控制电路，达到一定的控制目的。通常，这类开关被用来限制机械运动的位置或行程，使运动机械按一定位置或行程自动停止、反向运动、变速运动或自动往返运动等。

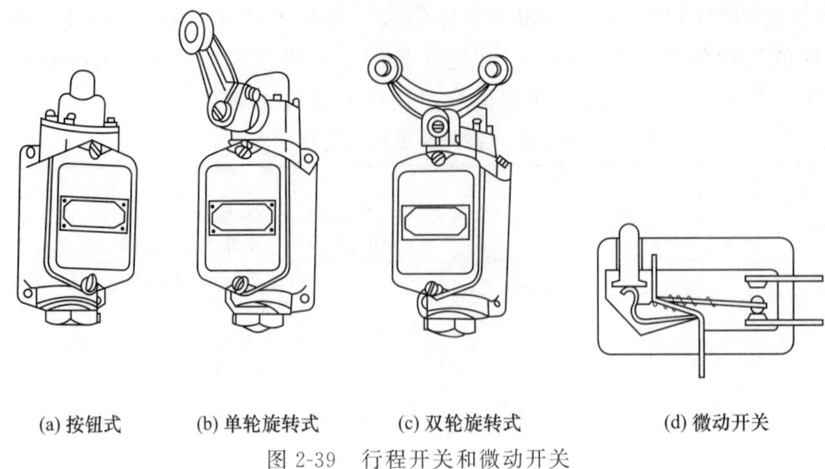

图 2-39　行程开关和微动开关

b. 以电磁信号（非接触式）作为输入动作信号的接近开关，如图 2-40 所示。接近开关又称无触点行程开关，它不仅能代替有触点行程开关来完成行程控制和限位保护，还可用于高频计数、测速、液面控制、零件尺寸检测、加工程序的自动衔接等。由于它具有非接触式触发、动作速度快、可在不同的检测距离内动作、发出的信号稳定无脉动、工作稳定可靠、寿命长、重复定位精度高以及能适应恶劣的工作环境等特点，在机床、纺织、印刷、塑料等工业生产中应用广泛。

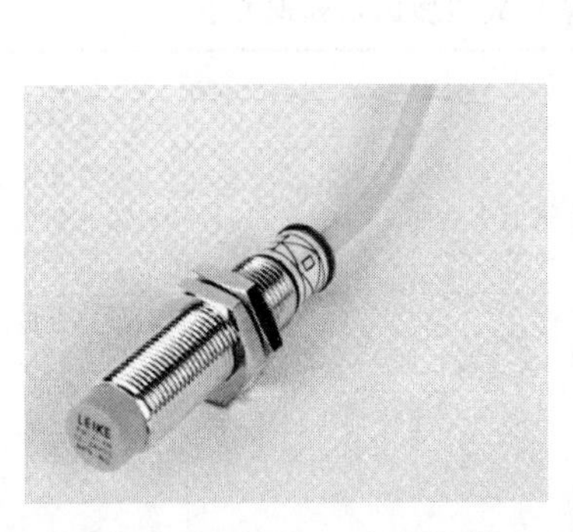
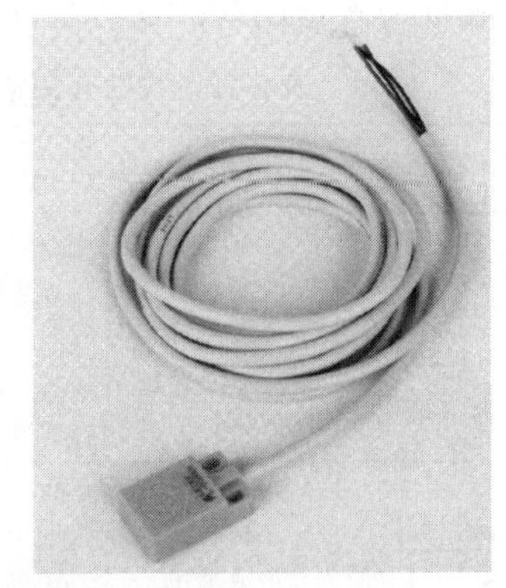

图 2-40　接近开关

接近开关按工作原理来分：主要有高频振荡式、霍尔式、超声波式、电容式、差动线圈式、永磁式等，其中高频振荡式最为常用。

③ 位置开关的图形符号及型号含义　位置开关的图形符号及型号含义如图 2-41 所示。

④ 行程开关的结构　行程开关就是一种最常用的位置开关，它安装在传动机构的极限位置，当设备运行到这个位置时，通过触碰开关的按钮或者摇臂使开关动作，从而达到控制目的。行程开关的结构如图 2-42 所示。

⑤ 位置开关的选用

a. 根据应用场合及控制对象选择种类。

b. 根据机械与限位开关的传力与位移关系选择合适的操作头形式。

c. 根据控制回路的额定电压和额定电流选择系列。

d. 根据安装环境选择防护形式。

⑥ 位置开关的安装

a. 位置开关应紧固在安装板和机械设备上，不得有晃动现象。

b. 位置开关安装时位置要准确，否则不能达到位置控制和限位的目的。

⑦ 行程开关常见故障原因及处理方法见表 2-23。

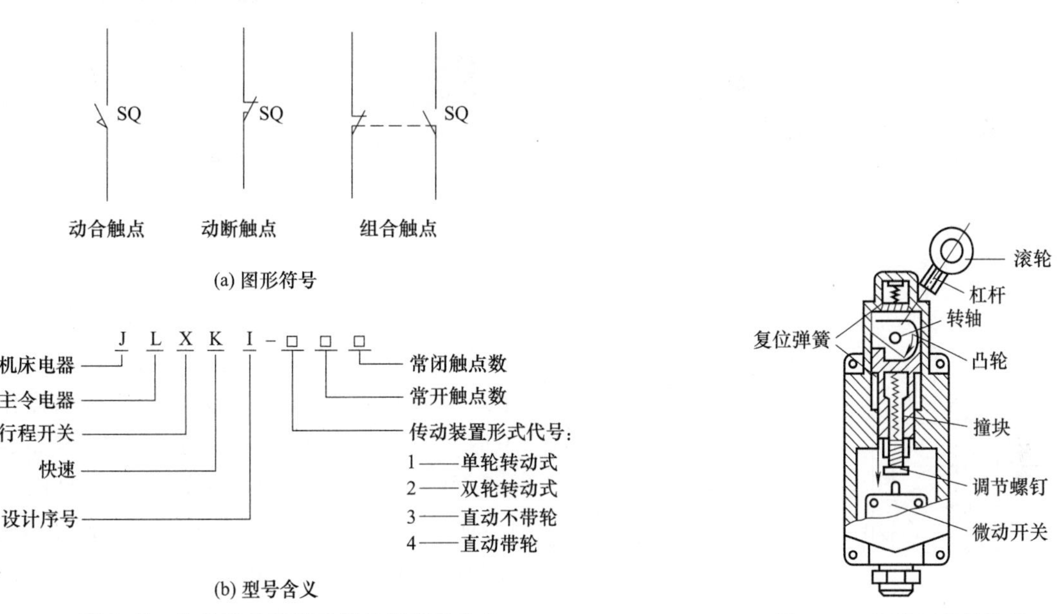

图 2-41 位置开关的图形符号及型号含义

图 2-42 行程开关的结构

表 2-23 行程开关常见故障原因及处理方法

故障现象	故障原因	处理方法
挡铁碰撞行程开关后触点不动作	①安装位置不准确 ②触点接触不良或接线松动 ③触点弹簧失效	①调整安装位置 ②清刷触点或紧固接线 ③更换弹簧
无外界机械力作用，但触点不复位	①复位弹簧失效 ②内部撞块卡阻 ③调节螺钉太长，顶住开关按钮	①更换弹簧 ②清扫内部杂物 ③检查调节螺钉

(3) 万能转换开关

万能转换开关是一种多挡式、控制多回路的主令电器，主要用于低压断路操作机构的合闸与分闸控制、各种控制线路的转换、电压和电流表的换相测量控制、配电装置线路的转换和遥控等。万能转换开关还可以直接控制小容量电动机的启动、调速和换向。图 2-43 所示为万能转换开关的实物图和原理图。

常用万能转换开关有 LW5 和 LW6 系列。LW5 系列可控制 5.5kW 及以下的小容量电动机；LW6 系列只能控制 2.2kW 及以下的小容量电动机。用于可逆运行控制时，只有在电动机停车后才允许反向启动。

LW5 系列万能转换开关按手柄的操作方式可分为自复式和自定位式两种。所谓自复式是指用手拨动手柄于某一挡位时，手松开后，手柄自动返回原位；自定位式则是指手柄被置于某挡位时，不能自动返回原位而停在该挡位。

万能转换开关的手柄操作位置是以角度表示的。不同型号的万能转换开关的手柄有不同

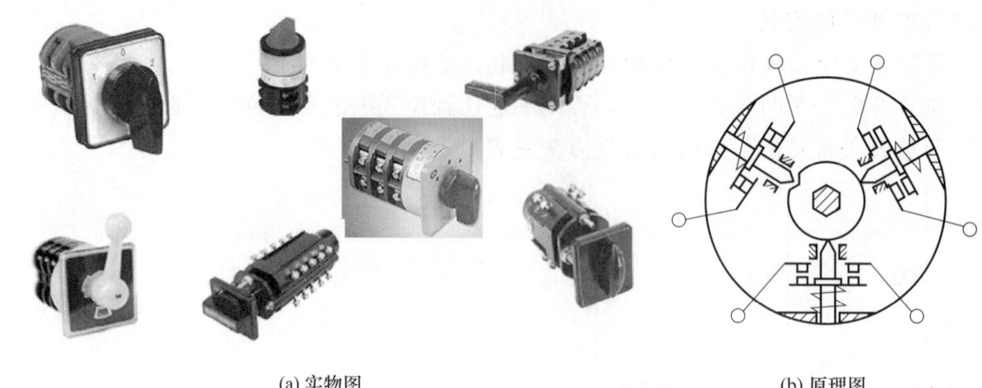

(a) 实物图　　(b) 原理图

图 2-43　万能转换开关

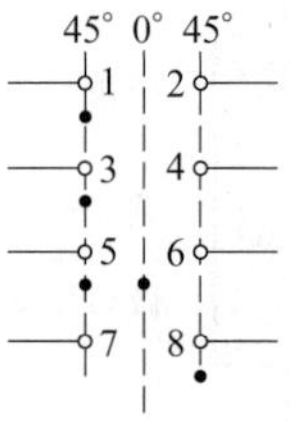

(a) 图形符号

LW5-15D0403/2				
触点编号		45°	0°	45°
╱—	1-2	×		
╱—	3-4	×		
╱—	5-6	×	×	
╱—	7-8			×

(b) 触点闭合表

图 2-44　万能转换开关的图形符号

万能转换开关的触点，但由于其触点的分合状态与操作手柄的位置有关，所以，除在电路图中画出触点图形符号外，还应画出操作手柄与触点分合状态的关系。根据图 2-44（a）和（b）可知，当万能转换开关打向左 45°时，触点 1-2、3-4、5-6 闭合，触点 7-8 打开；打向 0°时，只有触点 5-6 闭合；打向右 45°时，触点 7-8 闭合，其余打开。

（4）主令控制器

主令控制器是一种频繁地按顺序对电路进行接通和切断的电器。通过它，可以对控制电路发布命令，与其他电路联锁或切换，常配合电磁启动器对绕线转子异步电动机的启动、制动、调速及换向实行远距离控制，广泛用于各类起重机械的拖动电动机的控制系统中。

主令控制器一般由触点、凸轮、定位机构、转轴、面板及其支承件等部分组成。与万能转换开关相比，它的触点容量大些，操纵挡位也较多。主令控制器的动作过程与万能转换开关类似，也是由一个可转动的凸轮带动触点动作。

如图 2-45 所示，主令控制器的型号很多，常用的 LK5 系列有直接手动操作、带减速器的机械操作与电动机驱动等 3 种形式的产品。

在电路图中，主令控制器触点的图形符号以及操作手柄在不同位置时的触点分合状态的表示方法与万能转换开关相类似，这里不再重述。

图 2-45　主令控制器

2.2 常用高压电器及应用

2.2.1 高压电器简介

(1) 高压电器的种类

根据电力系统安全、可靠和经济运行的需要，高压电器能开断和关合正常线路和故障线路，隔离高压电源，起控制、保护和安全隔离的作用。

电力系统中使用的高压电器器件比较多，按用途和功能可分为开关电器、限制电器、变换电器和组合电器，详细说明见表 2-24。

表 2-24 高压电器的种类

<table>
<tr><th colspan="2">电器名称</th><th>简　介</th></tr>
<tr><td rowspan="8">高压开关电器</td><td>高压断路器</td><td>又称高压开关，能接通、分断承载线路正常电流，也能在规定的异常电路条件下（例如短路）和一定时间内接通、分断承载电流的机械式开关电器。机械式开关电器是用可分触点接通和分断电路的电器的总称</td></tr>
<tr><td>高压隔离开关</td><td>用于将带电的高压电工设备与电源隔离，一般只具有分合空载电路的能力，当在分断状态时，触点具有明显可见的断开位置，以保证检修时的安全</td></tr>
<tr><td>高压熔断器</td><td>俗称高压熔丝，用于开断过载或短路状态下的电路</td></tr>
<tr><td>高压负荷开关</td><td>用于接通或断开空载、正常负载和过载下的电路，通常与高压熔断器配合使用</td></tr>
<tr><td>接地开关</td><td>用于将高压线路人为地造成对地短路。通常装在降压变压器的高压侧，当用电端发生故障，但故障电流不很大，不足以使送电端的断路器动作时，接地短路器能自动合闸，造成人为接地扩大故障电流，使送电端断路器动作而分闸，切断故障电流</td></tr>
<tr><td>接触器</td><td>手动操作除外，只有一个休止位置，能关合、承载及开断正常电流及规定的过载电流的开断和关合装置</td></tr>
<tr><td>重合器</td><td>能够按照预定的顺序，在导电回路中进行开断和重合操作，并在其后自动复位、分闸闭锁或合闸闭锁的自具（不需外加能源）控制保护功能的开关设备</td></tr>
<tr><td>线路分段器</td><td>是一种与电源侧前级开关配合，在失压或无电流的情况下自动分闸的开关设备，它能够自动判断线路故障和记忆线路故障电流开断的次数，并在达到整定的次数后在无电压或无电流下自动分闸的开关设备</td></tr>
<tr><td>限制电器</td><td>电抗器</td><td>依靠线圈的感抗起阻碍电流变化作用的电器。电抗器可按用途、按有无铁芯和按绝缘结构进行分类。
<table>
<tr><th>分类方法</th><th>种类</th><th>说明</th></tr>
<tr><td rowspan="3">按用途分</td><td>限流电抗器</td><td>串联在电力电路中，用来限制短路电流的数值</td></tr>
<tr><td>并联电抗器</td><td>一般接在超高压输电线的末端和地之间，用来防止输电线由于距离很长而引起的工频电压过分升高，还涉及系统稳定、无功平衡、潜供电流、调相电压、自励磁及非全相运行下的谐振状态等方面</td></tr>
<tr><td>消弧电抗器</td><td>又称消弧线圈，接在三相变压器的中性点和地之间，用以在三相电网的一相接地时供给电感性电流，来补偿流过接地点的电容性电流，使电弧不易持续起燃，从而消除由于电弧多次重燃引起的过电压</td></tr>
<tr><td rowspan="2">按有无铁芯分</td><td>空芯式电抗器</td><td>线圈中无铁芯，其磁通全部经空气闭合</td></tr>
<tr><td>铁芯式电抗器</td><td>其磁通全部或大部分经铁芯闭合。铁芯式电抗器工作在铁芯饱和状态时，其电感值大大减少，利用这一特性制成的电抗器叫饱和式电抗器</td></tr>
<tr><td rowspan="2">按绝缘结构分</td><td>干式电抗器</td><td>其线圈敞露在空气中，以纸板、木材、层压绝缘板、水泥等固体绝缘材料作为对地绝缘和匝间绝缘</td></tr>
<tr><td>油浸式电抗器</td><td>其线圈装在油箱中，以纸、纸板和变压器油作为对地绝缘和匝间绝缘</td></tr>
</table>
</td></tr>
</table>

续表

电器名称		简　介
限制电器	避雷器	一种能释放雷电或兼能释放电力系统操作过电压能量，保护电工设备免受瞬时过电压危害，又能截断续流，不致引起系统接地短路的电气装置 避雷器通常接于带电导线和地之间，与被保护设备并联。当过电压值达到规定的动作电压时，避雷器立即动作，流过电荷，限制过电压幅值，保护设备绝缘；当电压值正常后，避雷器又迅速恢复原状，以保证系统正常供电
变换电器		又称互感器，是按比例变换电压或电流的设备，分为电压互感器和电流互感器两大类 互感器的功能是：将高电压或大电流按比例变换成标准低电压（100V）或标准小电流（5A或1A，均指额定值），以便实现测量仪表、保护设备和自动控制设备的标准化、小型化 此外，互感器还可用于隔离开高电压系统，以保证人身和设备的安全
组合电器		将两种或两种以上的电器，按接线要求组成一个整体而各电器仍保持原性能的装置。组合电器结构紧凑，外形及安装尺寸小，使用方便，且各电器的性能可更好地协调配合

(2) 高压电器操作术语

高压电器操作术语的含义见表2-25。

表2-25　高压电器操作术语的含义

操作术语	含　义
操作	动触点从一个位置转换至另一个位置的动作过程
分（闸）操作	开关从合位置转换到分位置的操作
合（闸）操作	开关从分位置转换到合位置的操作
“合分”操作	开关合后，无任何有意延时就立即进行分的操作
操作循环	从一个位置转换到另一个装置再返回到初始位置的连续操作；如有多位置，则需通过所有的其他位置
操作顺序	具有规定时间间隔和顺序的一连串操作
自动重合（闸）操作	开关分后经预定时间自动再次合的操作顺序
关合（接通）	用于建立回路通电状态的合操作
开断（分断）	在通电状态下，用于回路的分操作
自动重关合	在带电状态下的自动重合（闸）操作
开合	开断和关合的总称
短路开断	对短路故障电流的开断
短路关合	对短路故障电流的关合
近区故障开断	对近区故障短路电流的开断
触点开距	分位置时，开关的一极各触点之间或其连接的任何导电部分之间的总间隙
触点行程	分、合操作中，开关动触点起始位置到任一位置的距离
超行程	合闸操作中，开关触点接触后动触点继续运动的距离
分闸速度	开关分（闸）过程中，动触点的运行速度
合闸速度	开关合（闸）过程中，动触点的运动速度
触点刚分速度	开关合（闸）运程中，动触点与静触点的分离瞬间运动速度
触点刚合速度	开关合（闸）过程中，动触点与静触点的接触瞬间运动速度
开断速度	开关在开断过程中，动触点的运动速度
关合速度	开关在开断过程中，动触点的运动速度

2.2.2 高压断路器

(1) 高压断路器的作用及种类

高压断路器是应用在高压设备及电路中起保护作用的一种重要电器。在高压电力系统中，用于在带负载情况下分断与闭合电路。高压断路器属于高压负荷开关，而且可分断短路电流，即当短路发生时高压断路器自动断开。

高压断路器作为高压负荷开关在电力系统中的发电厂、变电站和开关站等部门广泛使用，在城市街道、住宅小区、宾馆、商场的高压供配电线路中也有所应用，能够实现控制和保护双重功能。

高压断路器的种类见表 2-26。

表 2-26 高压断路器的种类

分类方法	种 类
按灭弧介质分	①油断路器(利用变压器油作为灭弧介质,分多油和少油两种类型) ②空气断路器(利用高速流动的压缩空气来灭弧) ③真空断路器(触点密封在高真空的灭弧室内,利用真空的高绝缘性能来灭弧) ④六氟化硫断路器(采用惰性气体六氟化硫来灭弧,并利用它所具有的很高的绝缘性能来增强触点间的绝缘) ⑤固体产气断路器(利用固体产气物质在电弧高温作用下分解出来的气体来灭弧) ⑥磁吹断路器(断路时,利用本身流过的大电流产生的电磁力将电弧迅速拉长而吸入磁性灭弧室内冷却熄灭)
按操作性质分	电动机构式断路器、气动机构式断路器、液压机构式断路器、弹簧储能机构式断路器、手动机构式断路器
按使用场合分	户内安装式断路器、户外安装式断路器、电杆上安装的柱上断路器

(2) 油断路器

① 油断路器介绍　顾名思义，油断路器以密封的绝缘油作为开断故障的灭弧介质，有多油断路器和少油断路器两种形式，户内一般使用少油断路器和柱（杆）上油断路器，如图 2-46 所示。

(a) DW10-10型户外高压柱上油断路器

(b) SN10系列高压少油断路器

图 2-46　油断路器

当油断路器开断电路时，只要电路中的电流超过 0.1A，电压超过几十伏，在断路器的动触点和静触点之间就会出现电弧，而且电流可以通过电弧继续流通，只有当触点之间分开足够的距离时，电弧熄灭后电路才断开。10kV 少油断路器开断 20kA 时的电弧功率，可达 10000kW 以上；断路器触点之间产生的电弧温度可达六七千摄氏度，甚至超过 1 万摄氏度。

当断路器的动触点和静触点互相分离的时候产生电弧，电弧高温使其附近的绝缘油蒸发汽化和发生热分解，形成灭弧能力很强的气体（主要是氢气）和压力较高的气泡，使电弧很快熄灭。

② 油断路器的安装　油断路器应水平且垂直安装在金属架上。安装时，可通过增加或减少4个安装螺栓的垫圈来校正水平、垂直度；然后拧紧导电母线的固定螺钉，调节好上下引线的长度。

③ 油断路器检修注意事项　对于油断路器的检修，应注意以下几个方面的问题。

a. 油断路器的转动部分应灵活，严禁卡涩及变形。油断路器的灭弧系统要安装合理到位，上下不要错位，且灭弧室应无电弧烧伤开裂现象，中心孔直径应符合质量要求。

b. 静触点的方位要安装正确。动触点表面光滑平直，镀银层完好，铜钨合金头应拧紧，触点不能严重烧损。动触点的行程要符合规程的要求。

c. 油断路器的三相不同期距离要小于规程要求，断路时间及合闸时间要符合规程要求。

d. 跳闸连杆要调整合理，使油断路器能保持着所需的工作状态，且能可靠跳闸。绝缘筒应完好，不变形，胶木环完整。

e. 断口各部密封垫圈完好，不渗油。静触点的引弧触指的铜钨合金块烧损不能过重（烧损大于三分之一的有效面积应更换）。

f. 触指弹片应完好，接触压力适应，弹片定位可靠。触座上的逆止阀良好，动作灵巧。

(3) 真空断路器

常用真空断路器额定电压等级有12kV、40.5kV；额定电流规格有630A、1000A、1250A、1600A、2000A、2500A、3150A、4000A等。

真空断路器按照安装场合不同，可分为户内真空断路器和户外真空断路器两类，如图2-47所示。户内真空断路器又分固定式与手车式；以操作的方式不同又区别为电动弹簧储能操作式、直流电磁操作式、永磁操作式等。

由于真空断路器本身具有结构简单、体积小、重量轻、寿命长、维护量小和适于频繁操作等特点，所以真空断路器可作为输配电系统配电断路器、厂用电断路器、电炉变压器和高压电动机频繁操作断路器，还可用来切合电容器组。

真空断路器是将接通、分断的过程采用大型真空开关管来控制完成的高压断路器，适合于控制频繁通断的大容量高压的电路。

真空断路器是由绝缘强度很高的真空作为灭弧介质的断路器，其触点在密封的真空腔内分、合电路，触点切断电流时，仅有金属蒸气离子形成的电弧，因为金属蒸气离子的扩散及再复合过程非常迅速，从而能快速灭弧，恢复真空度，经受多次分、合闸而不降低开断能力。

真空断路器运行维护应做好以下工作。

① 检查真空灭弧室的真空　真空灭弧室是真空断路器的关键部件，它采用玻璃或陶瓷作支撑及密封，内部有动、静触点和屏蔽罩，室内真空为$10^{-3}\sim10^{-6}$Pa的负压，保证其开断时的灭弧性能和绝缘水平。随着真空灭弧室使用时间的增长和开断次数的增多，以及受外界因素的作用，其真空度逐步下降，下降到一定程度将会影响它的开断能力和耐压水平。因此，真空断路器在使用过程中必须定期检查灭弧室的真空。

a. 定期测试真空灭弧室的真空度，进行工频耐压试验（对地及相间42kV，断口48kV）。最好是进行冲击耐压试验（对地及相间75kV，断口85kV）。

b. 真空断路器定期巡视。特别是玻璃外壳真空灭弧室，可以对其内部部件表面颜色和开断电流时弧光的颜色进行目测判断。当内部部件表面颜色变暗或开断电流时弧光为暗红色时，可以初步判断真空已严重下降。这时，应马上通知检测人员进行停电检测。

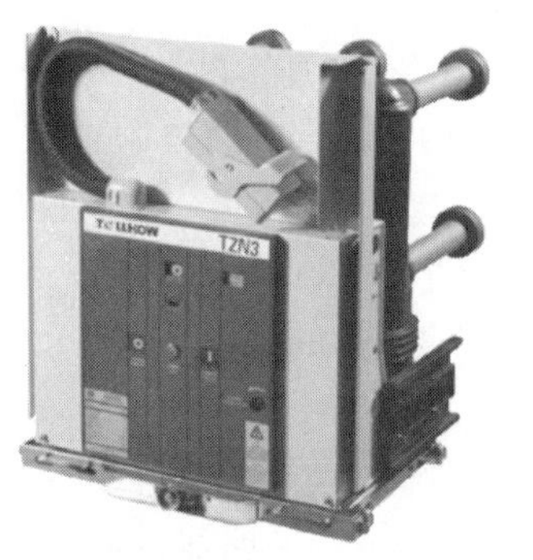

(a) TZN3-24型

(b) 3AH2型

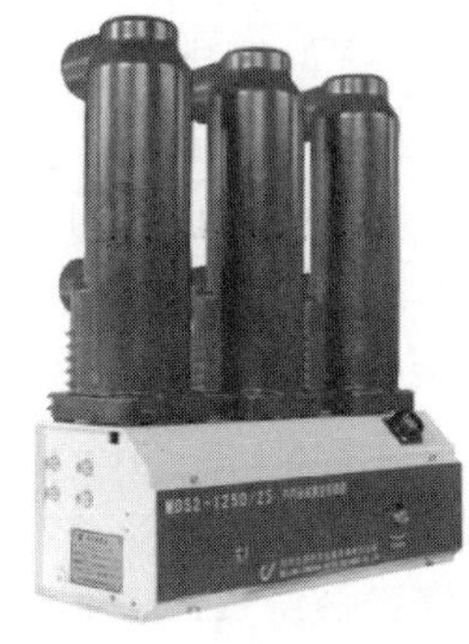
(c) MDS2-12型

(d) EV12型

图 2-47 常用真空断路器

② 防止过电压 真空断路器具有良好的开断性能，有时在切除电感电路并在电流过零前使电弧熄灭而产生截流过电压，这点必须引起注意。对于油浸变压器不仅耐受冲击电压值较高，而且杂散电容大，不需要专门加装保护；而对于耐受冲击电压值不高的干式变压器或频繁操作的滞后的电炉变压器，就应采取安装金属氧化物避雷器或装设电容等措施来防止过电压。

③ 严格控制触点行程和超程 国产各种型号的 12kV 真空灭弧室的触点行程为 11mm±1mm，超程为 3mm±0.5mm。应严格控制触点的行程和超程，按照产品安装说明书要求进行调整。在大修后一定要进行测试，并且与出厂记录进行比较，不能误以为开距大对灭弧有利，而随意增加真空断路器的触点行程。因为过多地增加触点的行程，会使得断路器合闸后在波纹管产生过大的应力，引起波纹管损坏，破坏断路器密封，使真空度降低。

④ 严格控制分、合闸速度 真空断路器的合闸速度过低时，会由于预击穿时间加长，而增大触点的磨损量。又由于真空断路器机械强度不高，耐振性差，如果断路器合闸速度过高会造成较大的振动，还会对波纹管产生较大冲击力，降低波纹管寿命。通常真空断路器的合闸速度为 0.6m/s±0.2m/s，分闸速度为 1.6m/s±0.3m/s。对一定结构的真空断路器有着最佳分合闸速度，可以按照产品说明书要求进行调节。

⑤ 触点磨损值的监控 真空灭弧室的触点接触面在经过多次开断电流后会逐渐磨损，触点行程增大，也就相当波纹管的工作行程增大，因而波纹管的寿命会迅速下降，通常允许触点磨损最大值为 3mm 左右。当累计磨损值达到或超过此值时，真空灭弧室的开断性能和

导电性能都会下降，真空灭弧室的使用寿命即已到期。

⑥ 做好极限开断电流值的统计　在日常运行中，应对真空断路器的正常开断操作和短路开断情况进行记录。当发现极限开断电流值达到厂家给出的极限值时，应更换真空灭弧室。

(4) SF_6断路器

SF_6（六氟化硫）断路器是利用六氟化硫气体作为灭弧介质和绝缘介质的一种断路器，在用途上与油断路器、真空断路器相同。

SF_6断路器的特点是分断、接通的过程在无色无味的六氟化硫（SF_6，惰性气体）中完成。在相同电容量的情况下，由六氟化硫为灭弧介质构成的断路器占地最少，结构最紧凑。

SF_6断路器的绝缘性能和灭弧特性都大大高于油断路器，由于其价格较高，且对SF_6气体的应用、管理、运行都有较高要求，故在中压（35kV、10kV）应用还不够广。

SF_6断路器的结构形式如下。

① 瓷柱式结构　瓷柱式结构断路器采用积木式结构，系列性强，可用多个相同的单元灭弧室和支柱瓷套组成不同电压等级的断路器，如图 2-48 所示。瓷柱式断路器使用液压操作机构，液压机构的控制和操作元件以及线路均设于控制柜内。每相断路器的下部装有一套液压机构的动力元件，如液压工作缸等。灭弧室由液压工作缸直接操动。支柱瓷套内装有绝缘操作杆，操作杆与液压工作缸相连接。

② 罐式结构　如图 2-49 所示，罐式结构是将断路器与互感器装在一起，结构紧凑，抗地震和防污能力强，但系列性较差。此种断路器为三相分装式，单相由基座、绝缘瓷套管、电流互感器和装有单断口灭弧室的壳体组成。每相配有液压机构和一台控制柜，可以单独操作，并能通过电气控制进行三相操作。

图 2-48　SF_6 瓷柱式断路器

图 2-49　SF_6 罐式断路器

SF_6 断路器巡视检查项目如下。

① 分、合闸位置指示正确，并与实际运行工况相符。

② 支持瓷瓶、断口瓷瓶及并联电容器瓷瓶无裂痕、破损及放电异声。

③ 机构箱内各电气元件应运行正常、无渗漏，工作状态应与要求一致，箱门密封良好。

④ 接地完好。

⑤ 引线接触部分无过热、变色，引线弛度适中。

⑥ SF_6 气体压力应在正常范围内，无漏气现象。

⑦ 机械部分无卡涩、变形及松动现象。

⑧ 二次部分应清洁，绝缘应良好。

⑨ 断路器外观应清洁、无锈蚀、无杂物。

⑩ 低温时应注意加热器的运行情况。

⑪ 正常运行时应注意除潮装置的运行情况。

(5) 高压断路器选用原则

为了保证高压电器在正常运行、检修、短路和过电压情况下的安全，选用高压断路器的一般原则如下。

① 按正常工作条件（包括电压、电流、频率、机械载荷等）选择高压断路器。

a. 额定电压应符合所在回路的系统标称电压，其允许最高工作电压 U_{max} 不应小于所在回路的最高运行电压 U_y，即 $U_{max} \geqslant U_y$。

b. 高压电器的额定电流 I_n 不应小于该回路在各种可能运行方式下的持续工作电流 I_g，即 $I_n \geqslant I_g$。

② 按短路条件（包括短时耐受电流、峰值耐受电流、关合和开断电流等）选择高压断路器。

③ 按环境条件（包括温度、湿度、海拔、地震等）选择高压断路器。

④ 按承受过电压能力（包括绝缘水平等）选择高压断路器。

⑤ 按各类高压电器的不同特点（包括开关的操作性能、熔断器的保护特性配合、互感器的负荷及准确等级等）选择高压断路器。

(6) 高压断路器的操作

① 断路器不允许带负荷合闸。因为手动速度慢，容易产生电弧，使触点烧坏。特殊需要例外，如图 2-50 所示。

图 2-50 特殊情况时可手动操作断路器

② 遥控操作断路器时，不要用力过猛，以免损坏控制开关，如图 2-51 所示。

(7) 高压断路器的维护

① 清洁维护 高压油断路器的进、出线套管应定期清扫，保持清洁，以免漏电。

② 油箱及绝缘油检查

a. 经常检查油箱有无渗漏现象，有无变形；连接导线有无放电现象和异常过热现象。

b. 绝缘油必须保持干净，要经常注意表面的油色。如发现油色发黑，或出现胶质状，应更换新油。

c. 目测油位是否正常，当环境温度为 20℃时，应保持在油位计的 1/2 处。

d. 定期做油样试验，每年做耐压试验一次和简化试验一次。

e. 在运行正常的情况下，一般 3～4 年更换一次新油。

f. 油断路器经过若干次（一般为 4～5 次）满容量跳闸后，必须进行解体维护。

③ 检查通断位置的指示灯泡是否良好；若发现红绿灯指示不良，应立即更换或维修。

2.2.3 高压负荷开关

(1) 高压负荷开关介绍

高压负荷开关是一种功能介于高压断路器和高压隔离开关之间的电器，常与高压熔断器串联配合使用，用于控制电力变压器。高压负荷开关具有简单的灭弧装置，因此能通断一定的负荷电流和过负荷电流。但它不能断开短路电流，所以它一般与高压熔断器串联使用，借助熔断器来进行短路保护，这样就能够代替高压断路器了。

图 2-51 高压断路器的遥控开关

高压负荷开关一般以手动方式操作，主要用于电流不太大的 10kV 高压电路中带负荷分断、接通电路。

常用的高压负荷开关主要有 6 种。

① 固体产气式高压负荷开关：利用开断电弧本身的能量使弧室的产气材料产生气体来吹灭电弧，其结构较为简单，适用于 35kV 及以下的产品。

② 压气式高压负荷开关：利用开断过程中活塞的压气吹灭电弧，其结构也较为简单，适用于 35kV 及以下的产品。

③ 压缩空气式高压负荷开关：利用压缩空气吹灭电弧，能开断较大的电流，其结构较为复杂，适用于 60kV 及以上的产品。

④ SF_6式高压负荷开关：利用 SF_6气体灭弧，其开断电流大，开断性能好，但结构较为复杂，适用于 35kV 及以上的产品。

⑤ 油浸式高压负荷开关：利用电弧本身能量使电弧周围的油分解汽化并冷却熄灭电弧，其结构较为简单，但质量大，适用于 35kV 及以下的户外产品。

⑥ 真空式高压负荷开关：利用真空介质灭弧，电寿命长，相对价格较高，适用于 220kV 及以下的产品。

高压负荷开关的工作原理与断路器相似，一般装有简单的灭弧装置，但其结构比较简单。如图 2-52 所示为一种压气式高压负荷开关，其工作过程是：分闸时，在分闸弹簧的作用下，主轴顺时针旋转，一方面通过曲柄滑块机构使活塞向上移动，将气体压缩；另一方面通过两套四连杆机构组成的传动系统，使主闸刀先打开，然后推动灭弧闸刀使弧触点打开，气缸中的压缩空气通过喷口吹灭电弧。合闸时，通过主轴及传动系统，使主闸刀和灭弧闸刀同时顺时针旋转，弧触点先闭合；主轴继续转动，使主触点随后闭合。在合闸过程中，分闸弹簧同时储能。由于负荷开关不能开断短路电流，故常与限流式高压熔断器组合在一起使用，利用限流熔断器的限流功能，不仅完成开断电路的任务并且可显著减轻短路电流所引起的热和电动力的作用。

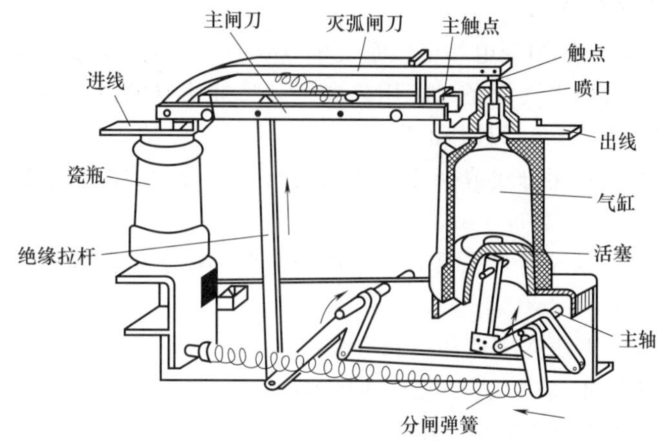

图 2-52 压气式高压负荷开关

选用高压负荷开关，必须满足额定电压、额定电流、开断电流、极限电流及热稳定度五个条件。其中，最大开断电流应不小于装置地点的最大负荷电流，而不是短路最大电流。这个短路最大电流是用于负荷开关串联使用的熔断器切断的，因此还应考虑熔断器的选择。

注意：负荷开关与熔断器的根本区别在于，熔断器具有开断短路电流能力，而负荷开关只作为负荷电流的切换。通常认为，负荷开关合分工作电流，熔断器开断短路电流。但是当出现故障时，由于三相电流不一定相同，以及熔断器允许的误差，不可避免出现三相熔断器之间的熔断时间差，首相切除故障后，如果负荷开关不能及时分断负荷电流，则会造成产生转移电流和两相运行，对受电设备造成损害。带有撞击器的熔断器，配合具有脱扣装置的负荷开关，则可解决缺相运行问题。当熔断器的熔件熔化时，负荷开关脱扣装置在撞击器操作下立即断开。

(2) 高压负荷开关的选用

高压负荷开关的选用原则是：从满足配电网安全运行的角度出发，在满足功能的条件下，应尽量选择结构简单、价格便宜，操作功率小的产品。换言之，能选用一般型就不选用频繁型；在一般型中，能用产气式而尽可能不用压气式。

(3) 高压负荷开关的使用

① 高压负荷开关应垂直安装，开关框架、合闸机构、电缆外皮、保护钢管均应可靠接地（不能串联接地）。

② 高压负荷开关运行前应进行数次空载分、合闸操作，各转动部分应无卡阻。合闸应到位，分闸后有足够的安全距离。

③ 与高压负荷开关串联使用的熔断器熔体应选配得当，即应使故障电流大于负荷开关的开断能力时保证熔体先熔断，然后高压负荷开关才能分闸。

④ 高压负荷开关合闸时应接触良好，连接部无过热现象。

⑤ 巡检时，应注意检查有无瓷瓶脏污、裂纹、掉瓷、闪烁放电现象；开关上不能用水冲（户内型）。

⑥ 一台高压柜控制一台变压器时，更换熔断器最好将该回路高压柜停运。

2.2.4 高压隔离开关

(1) 高压隔离开关的作用

高压隔离开关是发电厂和变电站电气系统中重要的开关电器，其主要用途如下。

① 隔离电压　在检修电气设备时，用隔离开关将被检修的设备与电源电压隔离，并形成明显可见的断开间隙，以确保检修的安全。

② 倒闸操作　投入备用母线或旁路母线以及改变运行方式时，常用隔离开关配合断路器协同操作来完成。

③ 分、合小电流　因隔离开关具有一定的分、合小电感电流和电容电流的能力，故一般可用来进行以下操作：

a. 分、合避雷器、电压互感器和空载母线；

b. 分、合励磁电流不超过 2A 的空载变压器；

c. 关合电容电流不超过 5A 的空载线路。

(2) 高压隔离开关的种类

高压隔离开关按绝缘支柱数目不同，可分为单柱式、双柱式和三柱式，各电压等级都有可选设备；按安装地点不同，可分为户外和户内型，如图 2-53 所示。

GW系列杆上安装式

GN系列户内安装式

GW系列户外安装式

图 2-53　高压隔离开关

户外型包括单极开关及三极隔离开关，常用作把供电线路与用户分开的第一断路隔离开关；户内型往往与高压断路器串联连接，配套使用，以保证停电的可靠性。此外，在高压成套配电装置中，隔离开关常用作电压互感器、避雷器、配电所用变压器及计量柜的高压控制电器。

(3) 高压隔离开关安装要求

户外型的隔离开关，露天安装时应水平安装，使带有瓷裙的支持瓷瓶确实能起到防雨作用；户内型隔离开关，在垂直安装时，静触点在上方，带有套管的可以倾斜一定角度安装。

一般情况下，静触点接电源，动触点接负荷，但安装在受电柜里的隔离开关，采用电缆进线时，则电源在动触点侧，这种接法俗称“倒进火”。

隔离开关的动静触点应对准，否则合闸时就会出现旁击现象，使合闸后动静触点接触面压力不均匀，造成接触不良。

隔离开关的操作机构、传动机械应调整好，使分合闸操作能正常进行，没有抗劲现象。还要满足三相同期的要求，即分合闸时三相动触点同时动作，不同期的偏差应小于 3mm。

处于合闸位置时，动触点要有足够的切入深度，以保证接触面积符合要求；但又不允许合过头，要求动触点距静触点底座有 3～5mm 的空隙，否则合闸过猛时将敲碎静触点的支持瓷瓶。处于拉开位置时，动静触点间要有足够的拉开距离，以便有效地隔离带电部分。

(4) 隔离开关的日常检查

① 运行时，随时巡视检查把手位置、辅助开关位置是否正确，如图 2-54 所示。

图 2-54 隔离开关的把手位置和辅助开关位置

② 检查闭锁及联锁装置是否良好，接触部分是否可靠，如图 2-55 所示。

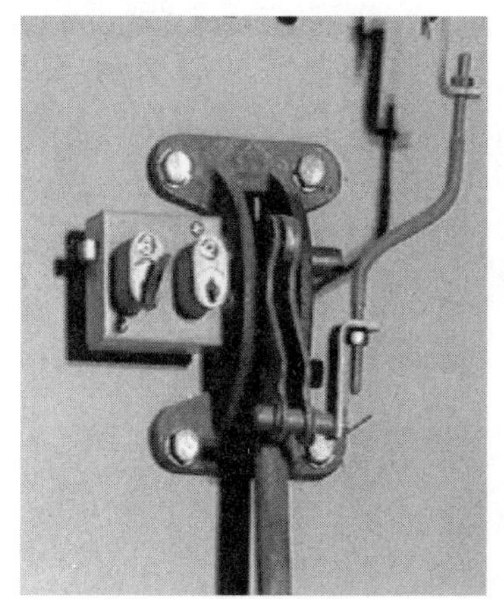

(a) 闭锁及联锁装置

(b) 接触部分

图 2-55 检查闭锁、联锁装置和接触部分

③ 检查刀片和触点是否清洁，瓷瓶是否完好、清洁，操作时是否可靠及灵活，如图 2-56 所示。

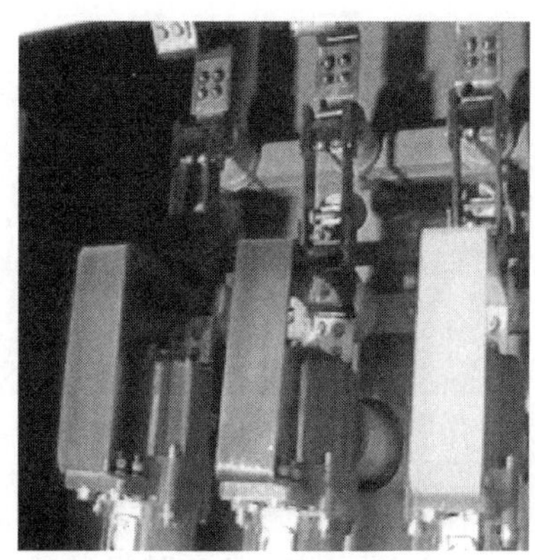

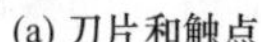

(a) 刀片和触点

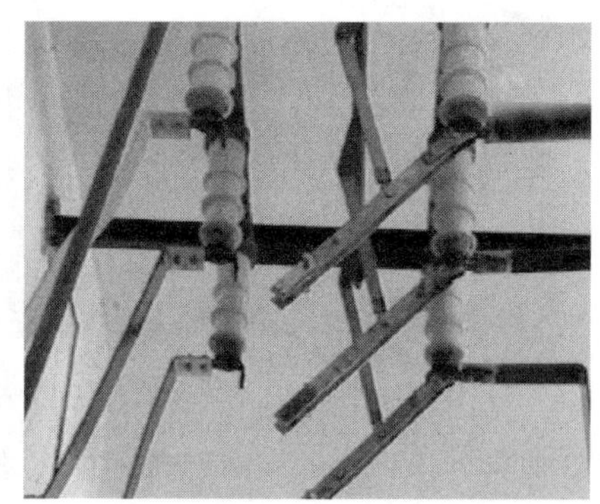

(b) 瓷瓶

图 2-56 刀片、触点和瓷瓶的检查

（5）隔离开关的操作

① 在手动合隔离开关时，速度要快，动作要果断，在合到底时不能用力过猛，如图2-57所示。

② 在合隔离开关时如发生弧光或误合时，则将隔离开关迅速合上。隔离开关一经合上，不再拉开，因为带负荷拉隔离开关会让弧光扩大使设备损坏，如图2-58所示。误合后，只能用断路器切断回路，才允许将隔离开关拉开。

图2-57 手动合隔离开关操作

图2-58 带负荷拉隔离开关造成设备损坏

③ 手动拉隔离开关时，应按照“慢—快—慢”的步骤进行，如图2-59所示。

图2-59 拉隔离开关应“慢—快—慢”操作

④ 隔离开关操作后要检查开合位置，如图2-60所示。

图2-60 高压隔离开关操作后的检查

（6）高压负荷开关、高压隔离开关和高压断路器的区别

① 高压负荷开关是可以带负荷分断的，有自灭弧功能，但它的开断容量很小很有限。

② 高压隔离开关一般是不能带负荷分断的，结构上没有灭弧罩，也有能分断负荷的高

压隔离开关，只是结构上与负荷开关不同，相对来说简单一些。

③ 高压负荷开关和高压隔离开关，都可以形成明显断开点，大部分高压断路器不具有隔离功能，也有少数高压断路器具有隔离功能。

④ 高压隔离开关不具备保护功能，高压负荷开关的保护一般是加熔断器保护，只有速断和过流。

⑤ 高压断路器的开断容量可以在制造过程中做得很高。主要是依靠加电流互感器配合二次设备来保护，可具有短路保护、过载保护、漏电保护等功能。

2.2.5 高压熔断器

(1) 高压熔断器的作用及类型

高压熔断器是一种最简单的短路保护电器，当电路或电路中的设备过载或发生故障时，其所在电路的电流超过规定值并经一定时间后，熔件发热而熔化，从而切断电路、分断电流，达到保护电路或设备的目的。

高压熔断器串联在被保护电路及设备中（例如：高压输电线路、电力变压器、电压互感器等电气设备），主要用来进行短路保护，但有的也具有过负荷保护功能。

根据安装条件不同，高压熔断器可分为户外跌落式熔断器和户内管式熔断器。

(2) 户内管式熔断器

户内管式高压熔断器属于固定式的高压熔断器，如图 2-61 所示。

图 2-61 户内管式高压熔断器

户内管式高压熔断器一般采用有填料的熔断管，通常为一次性使用。户内管式高压熔断器的基本结构如图 2-62 所示。

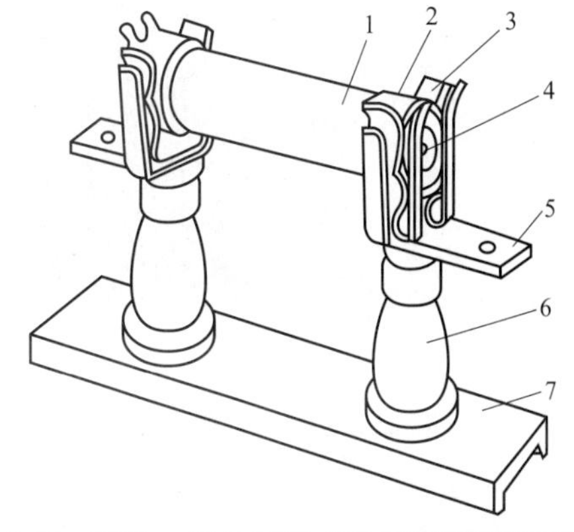

图 2-62 RN1、RN2 型管式高压熔断器基本结构

1—瓷熔管；2—金属管帽；3—弹性触座；4—熔断指示器；5—接线端子；6—瓷绝缘子；7—底座

(3) 户外跌落式高压熔断器

户外跌落式高压熔断器主要作为 3～35kV 电力线路和变压器的过负荷和短路保护。

户外跌落式高压熔断器主要由绝缘瓷套管、熔管、上下触点等组成，如图 2-63 所示。熔体由铜银合金制成，焊在编织导线上，并穿在熔管内。正常工作时，熔体使熔管上的活动关节锁紧，故熔管能在上触点的压力下处于合闸状态。

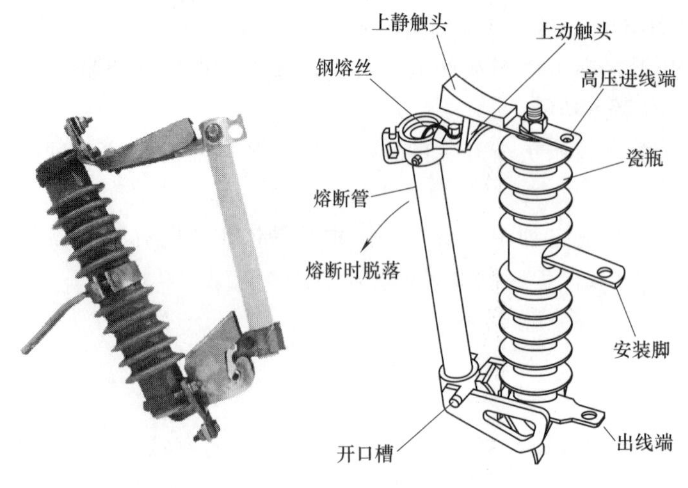

图 2-63 户外跌落式高压熔断器的结构

(4) 跌落式高压熔断器的原理

正常运行时，熔断管上端动触点借助于熔体（铜合金熔丝）的张拉力被固定，与熔断器座的上静触点相互接触锁紧；熔管的下端有一对凸起（相当于轴的两个轴端），与熔断器座的下端的一对开口槽相连接，从而使电路导通。

当系统回路出现短路时，短路电流迅速使熔管中的熔体（铜熔丝）熔断。与此同时，因铜熔丝熔断，其张力丧失，熔管上端锁紧机构松开，将熔管释放，在重力的作用下熔断管向下翻转悬垂，与高压进线的上端分离，起到短路保护的作用。

图 2-64 户外跌落式熔断器的安装位置

(5) 跌落式高压熔断器的应用

跌落式高压熔断器在 35kV、10kV 的供配电中常被安装在电力变压器的高压进线一侧，它既是熔断器又可兼作变压器的检修隔离开关，如图 2-64 所示。

跌落式熔断器使用专门的铜熔丝，在发生短路熔断后可更换。更换时，选用的熔丝应与原来的规格一致，如图 2-65 所示。

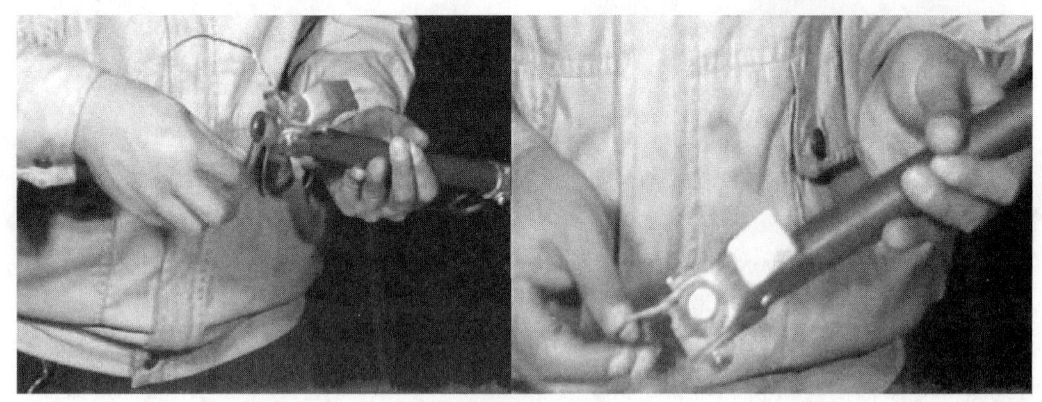
图 2-65 更换熔丝操作

跌落式熔断器熔丝的选择按“配电变压器内部或高、低压出线管发生短路时能迅速熔断”的原则进行，熔丝的熔断时间必须小于或等于 0.1s。

配电变压器容量在 100kV·A 以下者，高压侧熔丝额定电流按变压器额定电流的 2～3 倍选择；容量在 100kV·A 以上者，高压熔丝额定电流按变压器额定电流的 1.5～2 倍选择；变压器低压侧熔丝按低压侧额定电流选择。

(6) 跌落式熔断器分闸、合闸操作

① 分闸时，用专用绝缘杆操作鸭嘴，顺序为先分中间相，再分两边相，如图 2-66 所示。

② 合闸时，用专用绝缘杆操作熔丝管的上环，对准鸭嘴用力快速合拢，顺序为先中间相，后两边相。

③ 不允许带负荷分、合高压熔断器。

图 2-66 分闸操作

跌落式熔断器分闸与合闸操作的注意事项如下：

① 操作时由两人进行（一人监护，一人操作），但必须戴经试验合格的绝缘手套，穿绝缘靴，戴护目眼镜，使用电压等级相匹配的合格绝缘棒操作，在雷电或者大雨的情况下禁止操作。

② 在分闸操作时，一般规定为先拉断中间相，再拉背风的边相，最后拉断迎风的边相。这是因为配电变压器由三相运行改为两相运行，拉断中间相时所产生的电弧火花最小，不致造成相间短路。其次是拉断背风边相，因为中间相已被拉开，背风边相与迎风边相的距离增加了一倍，即使有过电压产生，造成相间短路的可能性也很小。最后拉断迎风边相时，仅有对地的电容电流，产生的电火花则已很轻微。合闸的时候操作顺序与分闸时相反，先合迎风边相，再合背风的边相，最后合上中间相。

③ 分、合熔管时要用力适度，合好后，要仔细检查鸭嘴舌头能否紧紧扣住舌头长度三分之二以上，可用分闸杆钩住上鸭嘴向下压几下，再轻轻试拉，检查是否合好。合闸时未能到位或未合牢靠，熔断器上静触点压力不足，极易造成触点烧伤或者熔管自行跌落。

(7) 跌落式熔断器的运行维护

① 日常运行维护管理

a. 熔断器的每次操作须仔细认真，不可粗心大意，特别是合闸操作，必须使动、静触点接触良好。

b. 熔管内必须使用标准熔体，禁止用铜丝、铝丝代替熔体，更不准用铜丝、铝丝及铁丝将触点绑扎住使用。

c. 熔体熔断后应更换新的同规格熔体，不可将熔断后的熔体连接起来再装入熔管继续使用。

d. 应定期对熔断器进行巡视，每月不少于一次夜间巡视，查看有无放电火花和接触不良现象，有放电，会伴有嘶嘶的响声，要尽早安排处理。

② 停电检修时的检查

a. 静、动触点接触是否吻合，是否紧密完好，有无烧伤痕迹。

b. 熔断器转动部位是否灵活，有无锈蚀、转动不灵等异常现象，零部件是否损坏、弹簧有无锈蚀。

c. 熔体本身有无受到损伤，经长期通电后有无发热伸长过多变得松弛无力。

d. 熔管经多次动作管内产气用消弧管是否烧伤及日晒雨淋后是否损伤变形、长度是否缩短。

e. 清扫绝缘子并检查有无损伤、裂纹或放电痕迹，拆开上、下引线后，用 2500V 摇表测试绝缘电阻应大于 300MΩ。

f. 检查熔断器上下连接引线有无松动、放电、过热现象。

2.2.6 高压避雷器

(1) 高压避雷器的原理及作用

高压避雷器是一种能释放雷电或兼能释放电力系统操作过电压能量，保护电工设备免受瞬时过电压危害，又能截断续流，不致引起系统接地短路的电气装置，如图 2-67 所示。

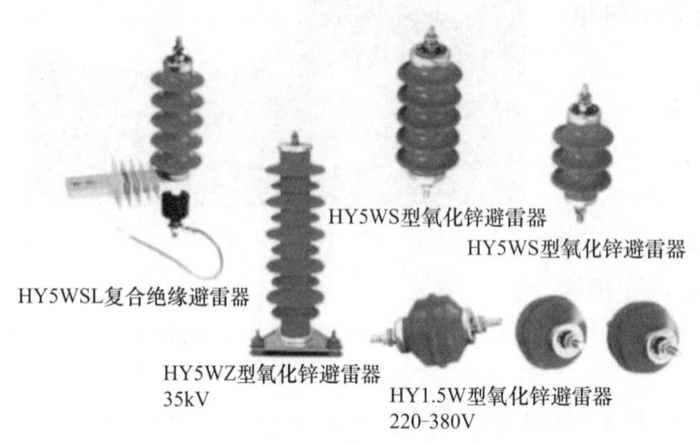

图 2-67 高压避雷器

高压避雷器用于电力系统过电压保护，具体来说有以下三个方面的作用。

① 限制暂时过电压（持续时间长）：例如单相接地、甩负荷、谐振等。

② 限制操作过电压：线路合闸及重合闸、断路器带合闸电阻、并联电抗器等。

③ 限制雷电过电压：感应雷过电压、雷击输电线路导线、雷击避雷线或杆塔引起的反击。

(2) 高压避雷器的结构

变电所和发电厂使用的高压避雷器一般为阀型避雷器与氧化锌避雷器。避雷器的基本结构如图 2-68 所示，避雷器一般并联接于导线和地之间，并连在被保护设备或设施上。在正常时处于不通状态，出现雷击过电压时，击穿放电。当过电压值达到规定值的动作电压时，避雷器立即动作，切断过电压负荷，将过电压限制在一定水平，保护设备绝缘，使电网能够正常供电。当过电压终止后，迅速恢复不通状态，恢复正常工作。

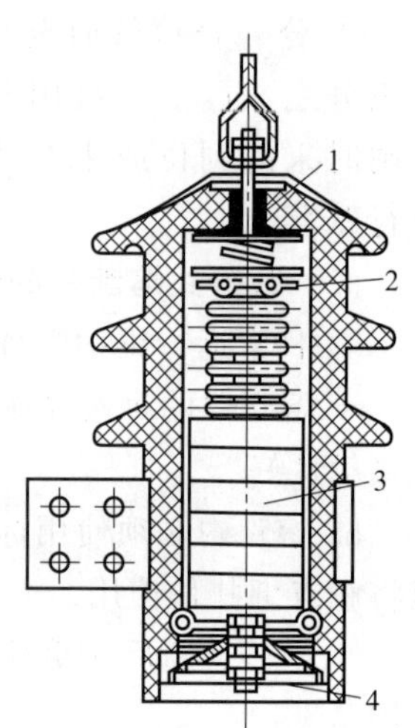

图 2-68 高压避雷器的基本结构

1—瓷裙；2—火花间隙；3—阀片电阻；4—接地螺钉

(3) 配电变压器高压避雷器的安装

配电变压器 10kV 侧应装设金属氧化物避雷器。越靠近变压器安装，保护效果越好，一般要求装设在跌落熔断器内侧。

避雷器的接地端点应直接接在配电变压器的金属外壳上，不允许将避雷器经引下线自行独立接地。这是因为避雷器的残压只有 17～50kV，即其冲击下的等值电阻不过为 3.4～10Ω。但是一个独立接地的接地电阻可能为 10Ω 左右，农村山区甚至为更大，那么，当雷电流流过时电位可能比较高，若是避雷器独立接地，则这两者是叠加后再加到变压器上的，可能导致变压器绝缘损坏。

(4) 变电所高压避雷器的安装

变电所高压避雷器的电压等级为 10kV，可以安装在室内，也可以在线路进出处安装，还可以安装在开关柜上，大型变电所通常把高压避雷器安装在室外，如图 2-69 所示。

(a) 室内安装

(b) 在线路进出处安装

(c) 安装在开关柜上

(d) 室外安装

图 2-69 变电所高压避雷器的安装

(5) 避雷器的巡视检查

① 检查瓷套是否完整。

② 检查导线与接地引线有无烧伤痕迹和断股现象。

③ 检查水泥接合缝及涂刷的油漆是否完好。

④ 检查避雷器的上帽引线处密封是否严密，有无进水现象。

⑤ 检查瓷套表面有无严重污秽。

⑥ 检查放电动作记录器指示数有无变化，判断避雷器是否动作。

第3章 常用电动机及应用

3.1 电动机控制基础知识

3.1.1 电动机的种类

电动机是根据电磁感应定律实现能量转换或信号传递的一种电磁装置，它的主要作用是产生驱动转矩，作为用电器或各种机械的动力源。

电动机的种类很多，按使用电源不同分为直流电动机和交流电动机。电力系统中的电动机大部分是交流电动机，可以是同步电动机或者是异步电动机（电动机定子磁场转速与转子旋转转速不保持同步）。电动机的分类见表 3-1。

表 3-1 电动机的分类

<table>
<tr><th>分类方法</th><th colspan="3">种 类</th></tr>
<tr><td rowspan="7">按工作电源分</td><td rowspan="5">直流电动机</td><td rowspan="2">有刷直流电动机</td><td>永磁直流电动机</td></tr>
<tr><td>电磁直流电动机</td></tr>
<tr><td rowspan="3">无刷直流电动机</td><td>稀土永磁直流电动机</td></tr>
<tr><td>铁氧体永磁直流电动机</td></tr>
<tr><td>铝镍钴永磁直流电动机</td></tr>
<tr><td rowspan="2">交流电动机</td><td colspan="2">单相电动机</td></tr>
<tr><td colspan="2">三相电动机</td></tr>
<tr><td rowspan="9">按结构及工作原理分</td><td rowspan="3">同步电动机</td><td colspan="2">永磁同步电动机</td></tr>
<tr><td colspan="2">磁阻同步电动机</td></tr>
<tr><td colspan="2">磁滞同步电动机</td></tr>
<tr><td rowspan="6">异步电动机</td><td rowspan="3">感应电动机</td><td>三相异步电动机</td></tr>
<tr><td>单相异步电动机</td></tr>
<tr><td>罩极异步电动机</td></tr>
<tr><td rowspan="3">交流换向器电动机</td><td>单相串励电动机</td></tr>
<tr><td>交直流两用电动机</td></tr>
<tr><td>推斥电动机</td></tr>
<tr><td rowspan="4">按启动与运行方式分</td><td colspan="3">电容启动式单相异步电动机</td></tr>
<tr><td colspan="3">电容运转式单相异步电动机</td></tr>
<tr><td colspan="3">电容启动运转式单相异步电动机</td></tr>
<tr><td colspan="3">分相式单相异步电动机</td></tr>
<tr><td rowspan="3">按用途分</td><td rowspan="3">驱动用电动机</td><td colspan="2">电动工具用电动机(包括钻孔、抛光、磨光、开槽、切割、扩孔等工具用电动机)</td></tr>
<tr><td colspan="2">家电用电动机(包括洗衣机、电风扇、电冰箱、空调器等电动机)</td></tr>
<tr><td colspan="2">其他通用小型机械设备用电动机(包括各种小型机床、小型机械、医疗器械、电子仪器等用电动机)</td></tr>
</table>

续表

分类方法	种类	
按用途分	控制用电动机	步进电动机
		伺服电动机
按转子结构分	笼型感应电动机	
	绕线转子感应电动机	
按运转速度分	高速电动机	
	低速电动机	齿轮减速电动机
		电磁减速电动机
		力矩电动机
		爪极同步电动机
	恒速电动机	
	调速电动机	有级恒速电动机
		无级恒速电动机
		有级变速电动机
		无级变速电动机
		电磁调速电动机
		直流调速电动机
		PWM 变频调速电动机
		开关磁阻调速电动机
按防护形式分	开启式(如 IP11、IP22)、封闭式(如 IP44、IP54)、网罩式、防滴式、防溅式、防水式、水密式、潜水式、隔爆式	
按通风冷却方式分	自冷式、自扇冷式、他扇冷式、管道通风式、液体冷却、闭路循环气体冷却、表面冷却和内部冷却	
按安装形式分	B3、BB3、B5、B35、BB5、BB35、V1、V5、V6 等	
按绝缘等级分	A 级、E 级、B 级、F 级、H 级、C 级	
按额定工作制分	S1、S2、S3、S4、S5、S6、S7、S8、S9、S10	

目前，各种电动机中应用最广的是交流异步电动机（又称感应电动机），常用交流异步电动机有两种：三相异步电动机和单相交流电动机。第一种多用在工业上，而第二种多用在民用电器上。

3.1.2 电动机的型号及铭牌

(1) 电动机的型号

电动机的型号是便于使用、设计、制造等部门进行业务联系和简化技术文件中产品名称、规格、型式等叙述而引用的一种代号。产品代号是由电动机类型代号、特点代号和设计序号等按照一定的顺序组成的。

电动机类型代号中：Y 表示异步电动机；T 表示同步电动机。如：某电动机的型号标识为 Y2-160M2-8，其含义见表 3-2。

表 3-2 电动机型号 Y2-160M2-8 的含义

标识	含义
Y	机型，表示异步电动机
2	设计序号，“2”表示在第一次的基础上改进设计的产品
160	中心高，是轴中心到机座平面的高度
M2	机座长度规格，M 是中型，其中脚注“2”是 M 型铁芯的第二种规格，而“2”型比“1”型铁芯长
8	极数，“8”是指 8 极电动机

(2) 电动机铭牌数据及额定值

电动机铭牌如图 3-1 所示，其铭牌数据及额定值的含义见表 3-3。

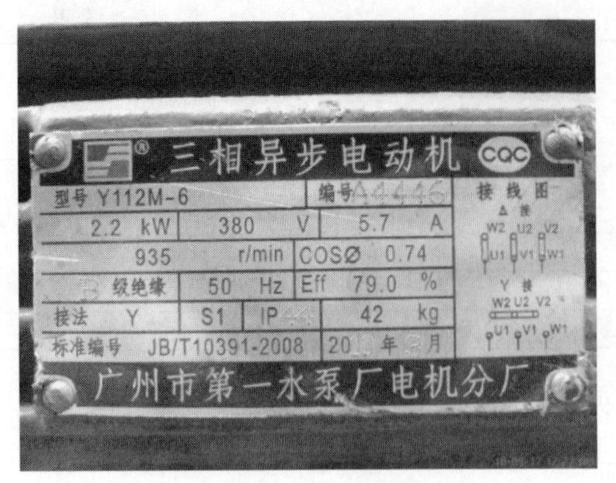

图 3-1 电动机铭牌示例

3.1.3 电动机的防护和冷却

（1）电动机的防护

根据国家有关标准规定，电动机的外壳防护应包括：防止人体触及、接近机壳内带电部分和触及机壳内转动部分，以及防止固体异物进入电动机内部的防护（第一类防护）和防止水进入电动机内部而引起有害影响的防护（第二类防护）。

我国的电动机外壳防护等级代号，采用“国际防护”的英文缩写 IP 以及附加在后面的两个数字来表示。IP 防护由两个数字组成，第一个数字分为 7 个等级（0～6），第二个数字分为 9 个等级（0～8），如表 3-4 所示。数字越大，表示其防护等级越高。

表 3-3 电动机铭牌数据及额定值的含义

项目	含　义
型号	表示电动机的系列品种、性能、防护结构形式、转子类型等产品代号
功率	表示额定运行时电动机轴上输出的额定机械功率，单位为 kW
电压	直接到定子绕组上的线电压（V），电动机有 Y 形和△形两种接法，其接法应与电动机铭牌规定的接法相符，以保证与额定电压相适应
电流	电动机在额定电压和额定频率下，并输出额定功率时定子绕组的三相线电流
频率	指电动机所接交流电源的频率，我国规定为 50Hz±1Hz
转速	电动机在额定电压、额定频率、额定负载下，电动机每分钟的转速（r/min），例如 2 极电动机的同步转速为 2880r/min
工作定额	指电动机运行的持续时间
绝缘等级	电动机绝缘材料的等级，决定电动机的允许温升。电动机的绝缘等级有 A 级、E 级、B 级、F 级、H 级、C 级
标准编号	表示设计电动机的技术文件依据
励磁电压	指同步电动机在额定工作时的励磁电压（V）
励磁电流	指同步电动机在额定工作时的励磁电流（A）

表 3-4 电动机防护等级 IP 后接数字的释义

第一位数字：表示外壳对人和壳内部件提供的防护等级			第二位数字：表示由于外壳进水而引起有害影响的防护等级		
第一位数字	简述	含义	第二位数字	简述	含义
0	无防护电动机	无专门防护	0	无防护电动机	无专门防护
1	防护直径大于 50mm 固体的电动机	能防止大面积的人体（如手）偶然或意外地触及或接近壳内带电或转动部件（但不能防止故意接触）	1	防滴电动机	垂直滴水应无有害影响
2	防护直径大于 12mm 固体的电动机	能防止手指或长度不超过 80mm 的类似物体触及或接近壳内带电或转动部件	2	15°防滴电动机	当电动机从垂直位置向任何方向倾斜至 15°以内任意角度时，垂直滴水应无有害影响
3	防护直径大于 2.5mm 固体的电动机	能防止直径大于 2.5mm 的工具或导线触及或接近壳内带电或转动部件	3	防淋水电动机	与铅垂线成 60°角范围内的淋水应无有害影响

续表

第一位数字:表示外壳对人和壳内部件提供的防护等级			第二位数字:表示由于外壳进水而引起有害影响的防护等级		
第一位数字	简述	含义	第二位数字	简述	含义
4	防护直径大于1mm固体的电动机	能防止直径或厚度大于1mm的导线或片条触及或接近壳内带电或转动部件	4	防溅水电动机	承受任何方向的溅水应无有害影响
5	防尘电动机	能防止触及或接近壳内带电或转动部件,虽不能完全防止灰尘进入,但进尘量不足以影响电动机的正常运行	5	防喷水电动机	承受任何方向的喷水应无有害影响
6	尘密电动机	完全防止尘埃进入	6	防海浪电动机	承受猛烈的海浪冲击或强烈喷水时,电动机的进水量应达不到有害的程度
			7	防浸水电动机	当电动机浸入规定压力的水中,经规定时间后,电动机的进水量应达不到有害的程度
			8	持续潜水电动机	电动机在制造厂规定的条件下能长期潜水

例如，外壳防护等级为IP44，其中第1位数字“4”表示对人体触及和固体异物的防护等级（即电动机外壳能够防护直径大于1mm的固体异物触及或接近机壳内的带电部分或转动部分）；而第2位数字“4”则表示对防止水进入电动机内部的防护等级（即电动机外壳能够承受任何方向的溅水而无有害影响）。

(2) 电动机的冷却

电动机在进行能量转换时，总是有一小部分损耗转变成热量，它必须通过电动机外壳和周围介质不断将热量散发出去，这个散发热量的过程就称为冷却。

电动机冷却方法代号主要由冷却方法标志（IC）、冷却介质的回路布置代号、冷却介质代号以及冷却介质运动的推动方法代号所组成，即IC+回路布置代号+冷却介质代号+推动方法代号。

冷却介质特征代号的规定见表3-5。

表3-5 电动机冷却介质的特征代号

冷却介质	特征代号
空气	A
氢气	H
氮气	N
二氧化碳	C
水	W
油	U

如果冷却介质为空气，则描述冷却介质的字母A可以省略。电动机冷却介质运动的推动方法主要有四种，见表3-6。

表3-6 电动机冷却介质运动的推动方法

特征数字	含 义	简述
0	依靠温度差促使冷却介质运动	自由对流
1	冷却介质运动与电动机转速有关,或因转子本身的作用,也可以是由转子拖运的整体风扇或泵的作用,促使介质运动	自循环

续表

特征数字	含　义	简述
6	由安装在电动机上的独立部件驱动介质运动，该部件所需动力与主机转速无关，例如风机等	外装式独立部件驱动
7	与电动机分开安装的独立的电气或机械部件驱动冷却介质运动，或是依靠冷却介质循环系统中的压力驱动冷却介质运动	分装式独立部件驱动

3.1.4 电动机的工作制

根据 GB 755—2000《旋转电机　定额和性能》的规定，电动机工作制分为 10 类，见表 3-7。

表 3-7　电动机工作制

代号	工作制	说　明
S1	连续工作制	在无规定期限的长时间内是恒载的工作制，在恒定负载下连续运行达到热稳定状态
S2	短时工作制	在恒定负载下按指定的时间运行，在未达到热稳定时即停机和断能，其时间足以使电动机或冷却器冷却到与最终冷却介质温度之差在 2K 以内。电动机采用 S3 工作制，应标明负载持续率，如 S3 25%
S3	断续周期工作制	按一系列相同的工作周期运行，每一周期由一段恒定负载运行时间和一段停机并断能时间所组成，但在每一周期内运行时间较短，不足以使电动机达到热稳定，且每一周期的启动电流对温升无明显的影响。电动机采用 S3 工作制，应标明负载持续率，如 S3 25%
S4	包括启动的断续周期工作制	按一系列相同的工作周期运行，每一周期由一段启动时间、一段恒定负载运行时间和一段停机并断能时间所组成，但在每一周期内启动和运行时间较短，均不足以使电动机达到热稳定
S5	包括电制动的断续周期工作制	按一系列相同的工作周期运行，每一周期由一段启动时间、一段恒定负载运行时间、一段快速电制动时间和一段停机并断能时间所组成，但在每一周期内启动、运行和制动时间较短，均不足以使电动机达到热稳定
S6	连续周期工作制	按一系列相同的工作周期运行，每一周期由一段恒定负载时间和一段空载运行时间组成，但在每一周期内负载运行时间较短，不足以使电动机达到热稳定
S7	包括电制动的连续周期工作制	按一系列相同的工作周期运行，每一周期由一段启动时间、一段恒定负载运行时间和一段电制动时间所组成
S8	包括负载-转速相应变化的连续周期工作制	按一系列相同的工作周期运行，每一周期由一段按预定转速的恒定负载运行时间，接着按一个或几个不同转速的其他恒定负载运行时间所组成（例如多速异步电动机使用场合）
S9	负载和转速作非周期变化的工作制	负载和转速在允许的范围内作非周期变化的工作制，这种工作制包括经常性过载，其值可远远超过满载
S10	离散恒定负载工作制	包括不多于 4 种离散负载值（或等效负载）的工作制，每一种负载的运行时间应足以使电动机达到热稳定。在一个工作周期中的最小负载值可为零（空载或停机和断能）

3.2 三相交流电动机及应用

3.2.1 三相交流电动机的种类及结构

(1) 三相交流电动机的种类

三相交流电动机一般为系列产品，其系列、品种、规格繁多，因而分类也较繁多。

① 按照工作原理，可分为三相异步电动机和三相同步电动机，见表 3-8。

表 3-8 三相异步电动机和同步电动机

电动机种类			主要性能特点	典型生产机械举例
异步电动机	笼式	普通笼式	机械特性硬，启动转矩不大，调速时需要调速设备	调试性能要求不高的各种机床、水泵、通风机等
		高启动转矩	启动转矩大	带冲击性负载的机械，如剪床、冲床、锻压机；静止负载或惯性负载较大的机械，如压缩机、粉碎机、小型起重机等
		多速	有 2～4 挡转速	要求有级调速的机床、电梯、冷却塔
	绕线式		机械特性硬（转子串电阻后变软）、启动转矩大、调速性能和启动性能好	要求有一定调速范围、调速性能较好的生产机械，如桥式起重机；启动、制动频繁且对启动、制动转矩要求高的生产机械，如起重机、矿山提升机、压缩机、不可逆轧钢机等
同步电动机			转速不随负载变化，功率因素可调节	转速恒定的大功率生产机械，如大中型鼓风机及排风机、泵、压缩机、连续式轧钢机、球磨机等

② 按电动机结构尺寸，可分为大型、中型和小型电动机。

a. 大型电动机。指电动机机座中心高度大于 630mm，或者 16 号机座及以上，或定子铁芯外径大于 990mm 者，称为大型电动机。

b. 中型电动机。指电动机机座中心高度在 355～630mm 之间，或者 11～15 号机座，或定子铁芯外径在 560～990mm 之间者，称为中型电动机。

c. 小型电动机。指电动机机座中心高度在 80～315mm 之间，或者 10 号及以下机座，或定子铁芯外径在 125～560mm 之间者，称为小型电动机。

③ 按电动机转速，可分为恒转速电动机、调速电动机和变速电动机。

a. 恒转速电动机有普通笼型、特殊笼型（深槽式、双笼式、高启动转矩式）和绕线型。

b. 调速电动机就是配有换向器的电动机，一般采用三相并励式的绕线转子电动机（转子控制电阻、转子控制励磁）。

c. 变速电动机有变极电动机、单绕组多速电动机、特殊笼型电动机和转差电动机等。

④ 按机械特性，可分为普通笼型、深槽笼型、双笼型、特殊双笼型和绕线转子型。

a. 普通笼型异步电动机适用于小容量、转差率变化小的恒速运行的场所，如鼓风机、离心泵、车床等低启动转矩和恒负载的场合。

b. 深槽笼型适用于中等容量、启动转矩比井通笼型异步电动机稍大的场所。

c. 双笼型异步电动机适用于中、大型笼型转子电动机，启动转矩较大，但最大转矩稍小，适用于传送带、压缩机、粉碎机、搅拌机、往复泵等需要启动转矩较大的恒速负载上。

d. 特殊双笼型异步电动机采用高阻抗导体材料制成，特点是启动转矩大，最大转矩小，转差率较大，可实现转速调节，适用于冲床、切断机等设备。

e. 绕线转子异步电动机适用于启动转矩大、启动电流小的场所，如传送带、压缩机、压延机等设备。

⑤ 按三相异步电动机的安装结构形式，可分为卧式三相异步电动机、立式三相异步电动机、带底脚三相异步电动机、带凸缘三相异步电动机。

(2) 三相交流异步电动机的结构

虽然三相异步电动机的种类较多，例如绕线式电动机、笼式电动机等，但其结构基本相同，主要由定子和转子 2 部分组成，如图 3-2

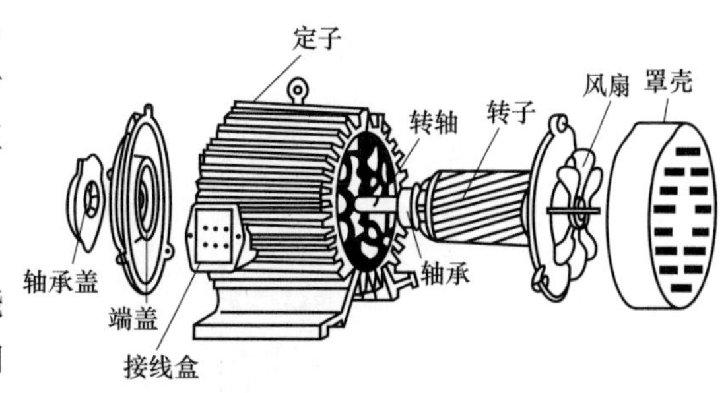

图 3-2 三相异步电动机的基本结构

所示。笼型和绕线转子异步电动机的定子结构基本相同，所不同的只是转子部分。

三相异步电动机各个部件的作用，见表 3-9。

表 3-9　三相异步电动机各个部件的作用

名　称	实 物 图	作　用
散热筋片		向外部传导热量
机座		固定电动机
接线盒		电动机绕组与外部电源通过接线盒进行连接
铭牌		介绍电动机的类型、主要性能、技术指标和使用条件
吊环		方便运输
定子	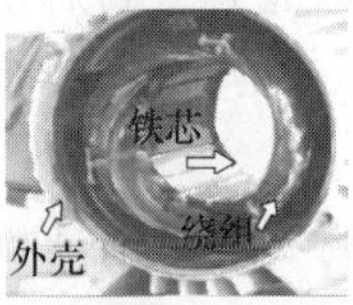	通入三相交流电源时产生旋转磁场
转子	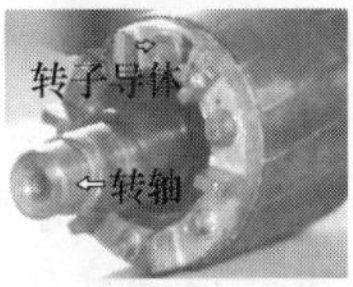	在定子旋转磁场感应下产生电磁转矩，沿着旋转磁场方向转动，并输出动力带动生产机械运转
前、后端盖	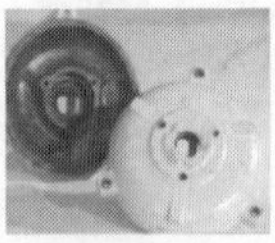	固定
轴承盖		固定、防尘
轴承	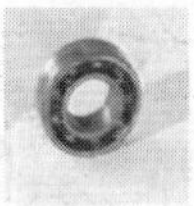	保证电动机高速运转并处在中心位置的部件
风罩、风叶		冷却、防尘和安全保护

3.2.2 三相电动机运行维护基本技能

(1) 三相绕组首尾端的判别

三相异步电动机三相定子绕组的首尾端应正确连接。星形接法的电动机应把三个尾端或三个首端连接在一起，其余三个线头作为三个引出线与三相电源相连；三角形接法的电动机三个绕组的首尾端依次相连，从三个连接点引出三根线与三相电源相连。若首尾端接错，轻则引起电动机输出功率下降，带载能力降低，重则烧毁电动机。

当某种原因造成电动机绕组的六个引出线头分不清首尾端时，必须先分清三相绕组的首尾端，才能进行电动机的Y形和△形连接，否则电动机无法正确接线使用，更不可盲目接线，以免引起电动机内部故障，因此必须分清6个线头的首尾端后才能接线。

为了叙述方便，三相绕组的首端分别用 U_1、V_1、W_1 表示，对应的尾端用 U_2、V_2、W_2 表示。为了便于变换接法，三相绕组的6个端子头都引到电动机接线盒内的接线柱上，如图3-3所示。

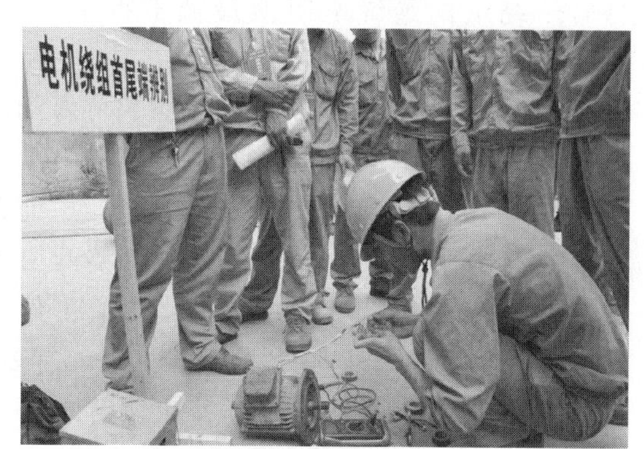

图3-3 电动机绕组首尾端判别的接线

下面介绍利用剩磁法判别定子绕组首尾端的方法：

① 把万用表调到R×10或R×100挡，分别测量6个线头的电阻值，其阻值接近于零时的两出线端为同一相绕组。用同样的方法，可判别出另外两相绕组。

② 给各相绕组假设编号为 U_1 和 U_2、V_1 和 V_2、W_1 和 W_2。

③ 将万用表的转换开关置于直流mA挡，并将三相绕组接成如图3-4所示的线路。根据万用表指针是否摆动，从而判别绕组的首尾端。

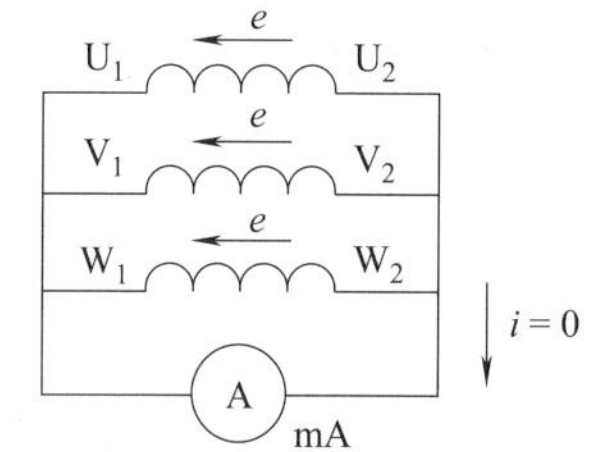

(a) 指针不动，三相绕组首末端正确

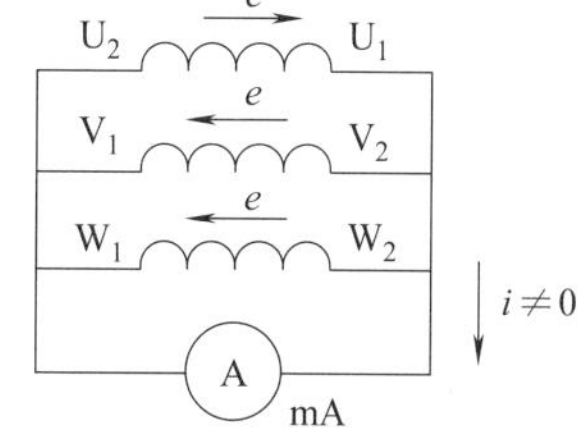

(b) 指针动，三相绕组首末端错误

图3-4 剩磁法判别绕组的首尾端

用手转动电动机的转子，若万用表指针不动，说明三相绕组首尾端的区分是正确的；若指针动了，说明有一相绕组的首尾端接反了，应一相一相分别对调后重新试验，直到万用表指针不动为止。依次类推，从而判断出电动机定子绕组的首尾，即其中的一端为首端，另一端为尾端。若某相绕组对调后万用表指针仍动，此时应将该相绕组两端还原，再对调另一相绕组，这样最多只要对调三次必定能区分出绕组的首尾端。

此时三相异步电动机相当于一个发电机，三相绕组对称产生三个大小相等的感应电动势，如果三相绕组同名端接在一起，则矢量为零，即感生电流的和为零，所以表的读数为零。实际中由于电动机的结构等原因，会产生一些误差，即电流表的读数不为零（读数非常小）。

三相异步电动机绕组首尾端的判别方法较多，请读者参阅本丛书《电工技能现场全能通（入门篇）》第 6 章的相关内容。

(2) 电动机绝缘性能检测

电动机绝缘性能是否合格，可用绝缘电阻表进行检测。使用绝缘电阻表测量绝缘电阻时，通常对 500V 以下电压的电动机用 500V 绝缘电阻表测量；对 500～1000V 电压的电动机用 1000V 绝缘电阻表测量；对 1000V 以上电压的电动机用 2500V 绝缘电阻表测量。

电动机在热状态（75℃）条件下，一般中小型低压电动机的绝缘电阻值应不小于 0.5MΩ，高压电动机每千伏工作电压定子的绝缘电阻值应不小于 1MΩ，每千伏工作电压绕线式转子绕组的绝缘电阻值最低不得小于 0.5MΩ；电动机二次回路绝缘电阻不应小于 1MΩ。

① 遇到下列情况，应对电动机进行绝缘测量

a. 新投入的电动机，送电前必须测量绝缘电阻。

b. 电动机检修后，工作票终止的，送电前必须测量绝缘电阻。

c. 运行中保护跳闸的电动机，熔断器两相熔断时。

d. 电动机冒烟着火和有严重焦臭味，并停止转动的。

e. 备用时间超过 15 天的电动机，启动前必须测量绝缘电阻。

f. 电动机浸水、结露、进汽、受潮时。

g. 停电时间达到 7 天以上的电动机，送电前必须测量绝缘电阻。

h. 处于备用状态的电动机，必须定期测量绝缘电阻，每月至少测量两次。

② 电动机绝缘电阻测量步骤

a. 将电动机接线盒内 6 个端头的连片拆开。

b. 把绝缘电阻表放平进行短路试验和开路试验检测，证实仪表完好才可进行测量，如图 3-5 所示。方法是先不接线，摇动绝缘电阻表，表针应指向“∞”处，说明开路试验正常；再将表上有“L”（线路）和“E”（接地）的两接线柱用带线的试夹短接，慢慢摇动手柄，表针应指向“0”处，说明短路试验正常。

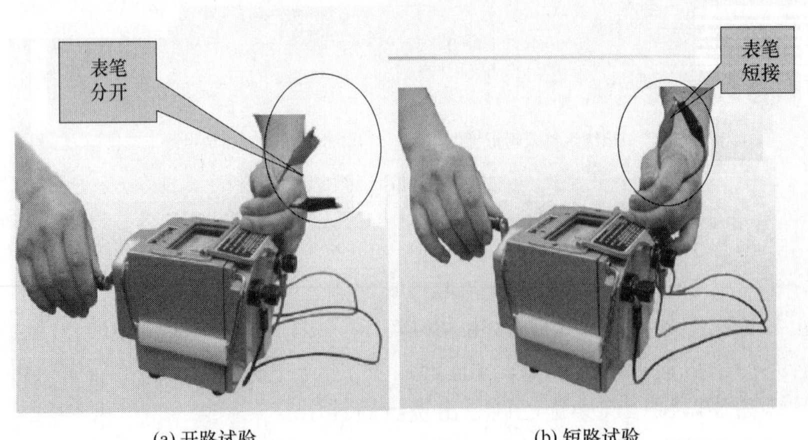

(a) 开路试验　　(b) 短路试验

图 3-5　校表

c. 测量电动机三相绕组之间的电阻。将两测试夹分别接到任意两相绕组的任一端头上，如图 3-6 所示。平放绝缘电阻表，以 120r/min 匀速摇动绝缘电阻表的手柄，摇动 1min 后，待指针稳定下来再读取表针稳定的指示值，如图 3-7 所示。

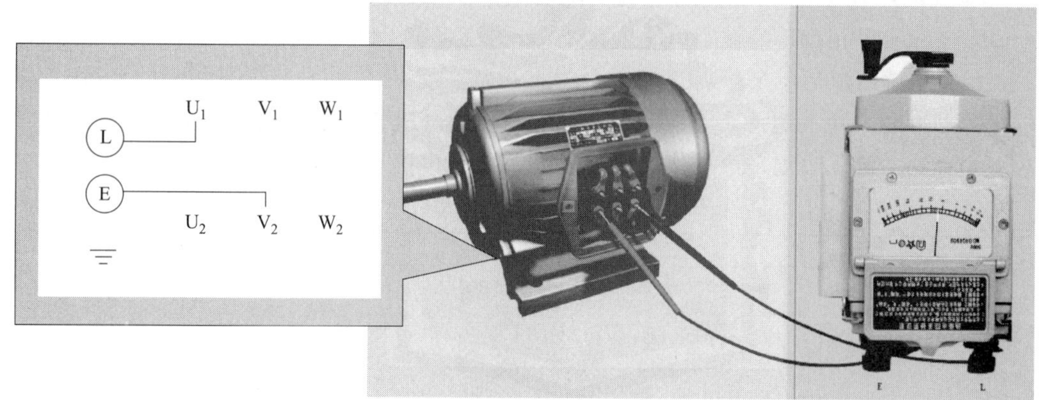

图 3-6 测量电动机绕组间绝缘电阻的接线

d. 用同样方法依次测量每相绕组与机壳的绝缘电阻值，但要注意，表上标有“E”或“接地”的接线柱，应接到机壳上无绝缘的地方，如图 3-8 所示。

③ 电动机绝缘性能测量注意事项

a. 要测量每两相绕组之间和每相绕组与机壳之间的绝缘电阻值，以判断电动机的绝缘性能好坏。

b. 绝缘电阻表未停止转动以前，切勿用手去触及设备的测量部分或绝缘电阻表接线柱。拆线时，不可直接去触及引线的裸露部分。

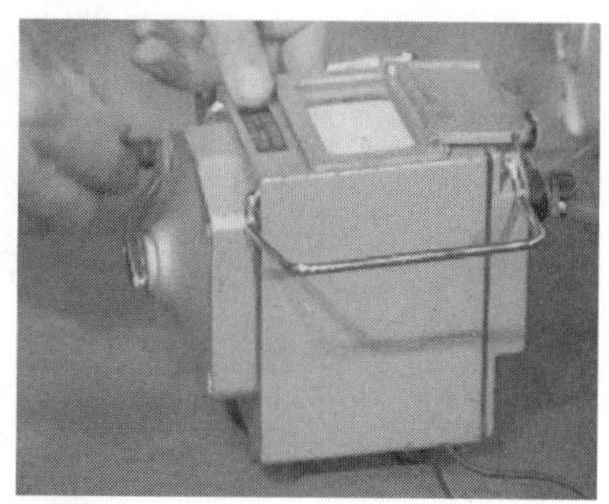

图 3-7 手握绝缘电阻表的方法

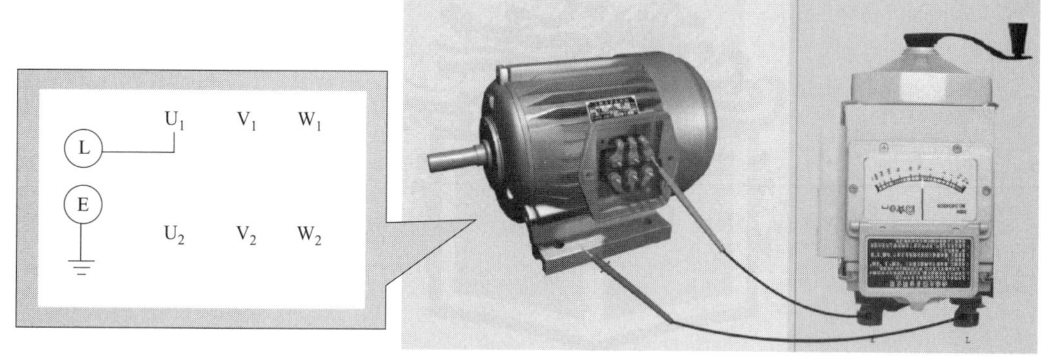

图 3-8 测量绕组与机壳绝缘电阻值的接线

c. 测量中发现指针指零，应立即停止摇动手柄。

d. 测量完毕，应对设备充分放电，否则容易引起触电事故。

e. 如果绝缘电阻值有一组不符合标准，电动机都不能使用。

(3) 三相异步电动机定子绕组接线

三相绕组是用绝缘铜线或铝线绕制成三相对称的绕组，按一定的规则连接嵌放在定子槽中。过去用 A、B、C 表示三相绕组始端，X、Y、Z 表示其相应的末端，这六个接线端引出至接线盒。按现国家标准，始端标以 U_1、V_1、W_1，末端标以 U_2、V_2、W_2。三相定子绕组可以接成星形或三角形，但必须视电源电压和绕组额定电压的情况而定。一般电源电压为 380V（指线电压），如果电动机定子各相绕组的额定电压是 220V，则定子绕组必须接成星形；如果电动机各相绕组的额定电压为 380V，则应将定子绕组接成三角形。

三相定子绕组星形（Y）或三角形（△）接法，见表 3-10。一般来说，小功率电动机（如 3kW 以下的）基本上是采用星形接法；大功率电动机为了避免三角形接法全压启动对电网造成冲击，一律都采用星形接法做降压启动，最后再接成三角形接法做全压运行。

表 3-10 异步电动机的三相绕组接法

连接法	接线实物图	原理图
星形连接	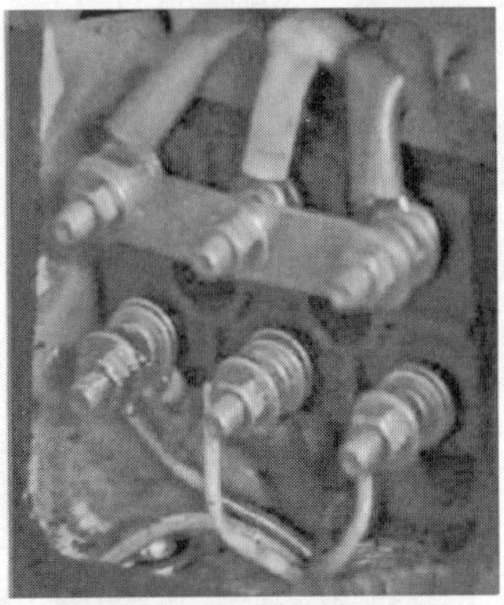	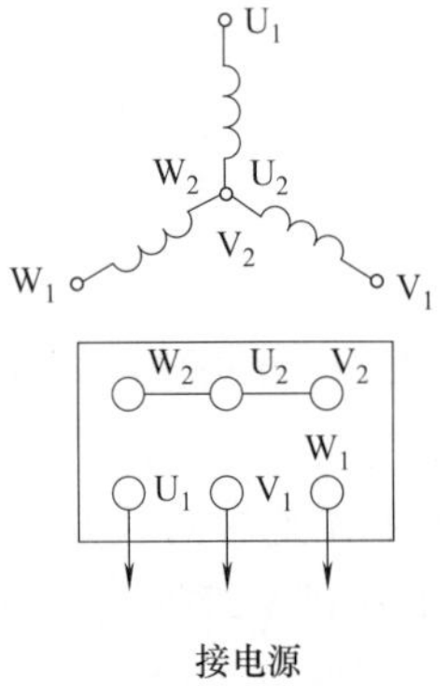 U_1 W_2 U_2 V_2 W_1 V_1 W_2 U_2 V_2 W_1 U_1 V_1 接电源
三角形连接	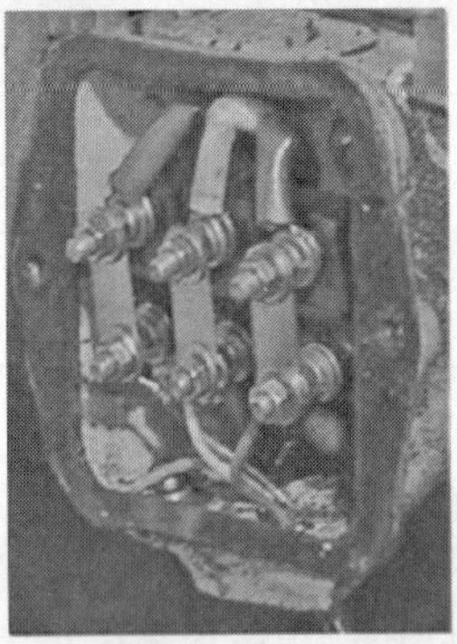	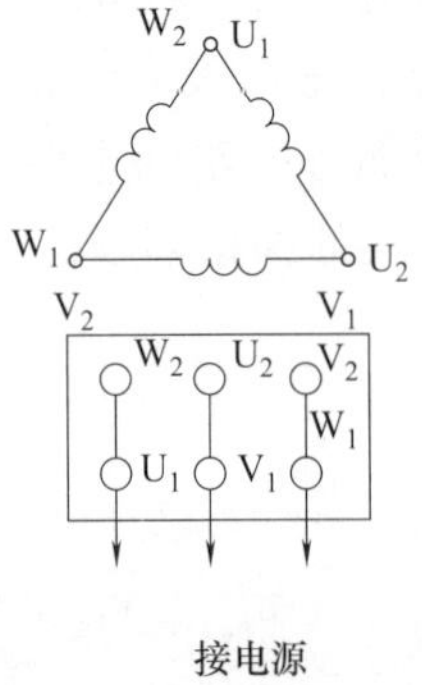 W_2 U_1 W_1 U_2 V_2 V_1 W_2 U_2 V_2 W_1 U_1 V_1 接电源

异步电动机不管是星形连接还是三角形连接，调换三相电源的任意两相，就可得到相反的转向（正转或者反转）。

记忆口诀

电机接线分两种，星形以及三角形。

额定电压 220V，一般采用星形法，

三相绕组一端连，另端分别接电源，

形状就像字母“Y”；额定电压 380V，

三相绕组首尾连，形成一个三角形（△），

顶端再接相电源，就是所谓角接法。

电机接法已确定，不能随意去更改。

(4) 三相异步电动机启动前的检查

① 新安装的或长期不用的(停用 3 个月以上)电动机应检查相对相、相对地、滑环间和滑环对地的绝缘电阻。一般要求 380V 三相电动机的绝缘电阻大于 0.5MΩ,若过低则需烘干。检查铭牌所示电压、频率、接法与电源电压频率是否相符。新安装的电动机应检查所有紧固螺钉是否拧紧,机械方面是否牢固。

② 检查电动机内部有无杂物,用不大于 2atm (1atm=101325Pa,下同)的干燥压缩空气将内部吹干净,也可使用吹风机或皮老虎,注意不可碰伤绕组。

③ 检查轴承是否缺油(如图 3-9 所示),滑动轴承应检查是否达到规定油位。

图 3-9 检查轴承油的多少

④ 扳动电动机的转轴检查能否自由旋转。对于滑动轴承,其轴向游动量每边 2~3mm;测量定子和转子的空气间隙。

⑤ 检查电动机及启动设备接地装置是否可靠、完整,接线是否正确,接触是否良好。

⑥ 对于绕线式电动机应检查电刷是否全部紧贴滑环,提刷装置是否灵活正常,接线是否相碰。

⑦ 检查单向运转的电动机的运转方向是否与运转指示箭头方向一致。

⑧ 检查所用熔丝规格是否合乎要求。

经过上述准备工作及检查后,方可启动电动机。先空转一段时间,检查运转方向是否与运转指示箭头一致,注意轴承温升、是否有不正常噪声、振动、局部发热等现象,若有上述现象,应待消除后才可投入运行。

(5) 电动机运行维护检查

对电动机运行的维护和检查工作,通常要注意以下几点。

① 应经常保持电动机清洁,进风口、出风口保持畅通,不允许有水滴、油垢或飞尘落入电动机内部。

② 电动机的负载电流不得超过额定值,并检查三相电流是否平衡(如图 3-10 所示),要求任何一相电流值与其三相平均值相差不超过 10%,否则说明电动机有故障。必须查明电流不平衡的原因,采取补救措施后才能继续使用。

③ 经常检查轴承温度、润滑情况,轴承是否过热、漏电。在定期更换润滑油时,应先用煤油洗清,再用汽油洗干净,并检查一下磨损情况。如果间隙过大或损坏,则应更新,如图 3-11 所示;如果无损缺,则加黄油,其量不宜超过轴承内容积的 70%。

④ 若电动机超过额定温度,那么电动机的温度每升高 10℃,则电动机的寿命将缩短一半,因此,应经常检查电动机各部分最高温度和最大容许温升是否符合规定数值。最简便的方法是用

红外测温仪测量，如果没有红外测温仪，也可以用手背去触摸电动机的外壳，即先用测电笔试一下外壳是否带电，或检查一下外壳接地是否良好。然后，将手背放在电动机外壳上，若烫得缩手，说明电动机已经过热，如图 3-12 所示。电动机的部件较多，发生故障的部位及原因也较多，比较精确的方法是利用红外热像仪测量电动机的温度，可分析电动机各个部位的发热情况。

图 3-10 检测三相电流是否平衡

图 3-11 检查轴承间隙

(a) 用手背感受温度

(b) 测温仪检测

图 3-12 检查电动机的温升

⑤ 如果发现有不正常噪声、振动、冒烟、焦味，应及时停车检查，排除故障后才可继续运行，并报告直接领导人。

⑥ 对绕线式电动机应检查电刷与滑环的接触情况，如图 3-13（a）所示；检查电刷的磨损情况，如图 3-13（b）所示。发现火花时，应清理滑环表面，用 0 号砂纸磨平，并校正电刷弹簧压力。

(a)

(b)

图 3-13 集电环和电刷

⑦ 若供电突然中断，应立即断开闸刀开关或自动开关，并手动切换启动电器回到零位。

⑧ 定期测量绝缘电阻，检查机壳接地情况。

3.2.3 三相异步电动机控制环节及保护

(1) 三相异步电动机控制的基本环节

在电动机控制电路中，能实现某项功能的若干电气元件的组合，称为一个控制环节，整个控制电路就是由这些控制环节有机地组合而成的。控制电路一般包括电源、启动、保护、运行、停止、制动、联锁、信号、手动工作和点动等基本环节，见表 3-11。

表 3-11 电动机控制电路的基本环节

基本环节	说明
电源环节	包括主电路供电电源和辅助电路工作电源，由电源开关、电源变压器、整流装置、稳压装置、控制变压器、照明变压器等组成
启动环节	包括直接启动和减压启动，由接触器和各种开关组成
保护环节	由对设备和线路进行保护的装置组成，如短路保护由熔断器完成，过载保护由热继电器完成，失压、欠压保护由失压线圈（接触器）完成，有时还使用各种保护继电器来完成各种专门的保护功能
运行环节	运行环节是电路的最基本环节，其作用是使电路在需要的状态下运行，包括电动机的正反转、调速等
停止环节	由控制按钮、开关等组成，其作用是切断控制电路供电电源，使设备由运转变为停止
制动环节	一般由制动电磁铁、能耗电阻等组成，其作用是使电动机在切断电源以后迅速停止运转
联锁环节	实际上也是一种保护环节，由工艺过程所决定的设备工作程序不能同时或颠倒执行，通过联锁环节限制设备运行的先后顺序。联锁环节一般通过对继电器触点和辅助开关的逻辑组合来完成
手动工作环节	电气控制线路一般都能实现自动控制，但为了提高线路工作的应用范围，适应设备安装完毕及事故处理后试车的需要，在控制线路中往往还设有手动工作环节。手动工作环节一般由转换开关和组合开关等组成
点动环节	是控制电动机瞬时启动或停止的环节，通过控制按钮完成
信号环节	是显示设备和线路工作状态是否正常的环节，一般由蜂鸣器、信号灯、音响设备等组成

上述控制环节并不是每一种控制线路中全都具备，复杂控制线路的基本环节多一些。这十个环节中最基本的是电源环节、保护环节、启动环节、运行环节、联锁环节和停止环节。

在上述控制环节中，自锁、互锁和联锁的区别如下。

“自锁控制”是“自己保持的控制”；“互锁控制”则是“相互制约的控制”，即“不能同时呈现为工作状态的控制”；“联锁控制”则可以理解为“联合动作”，其实质是“按一定顺序动作的控制”。初学者要注意理解这里所谓“锁”的含义，应该加以区别。

(2) 电动机控制电路常用保护环节

为了确保电动机长期、安全、可靠无故障地运行，电气控制系统都必须有保护环节，用以保护电动机、电网、电气控制设备及人身的安全。

① 电动机短路保护　电动机绕组或导线的绝缘损坏，或者线路发生故障时，可能造成短路事故。发生短路时，若不迅速切断电源，会产生很大的短路电流和电动力，使电气设备损坏。

短路保护是当电动机电流超过额定电流 10 倍以上时采取的保护，原则是迅速切断电路。用于电动机短路保护的常用器件有熔断器和断路器（或刀开关），如图 3-14 所示。

电动机短路时，短路电流很大，热继电器还来不及动作，电动机可能已损坏。因此，短路保护由熔断器来完成，熔断器直接受热而熔断。在发生短路故障时，熔断器在很短时间内就熔断，起到短路保护作用。

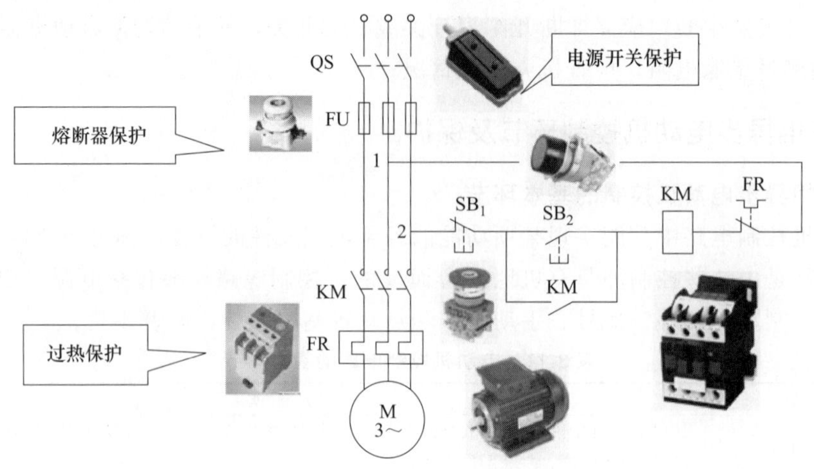

图 3-14　电动机保护措施举例

一般选用熔断器保护时，其熔丝的熔断电流按电动机额定电流的 1.5～2.5 倍选择。系数（1.5～2.5）视负载性质和启动方式不同而选取：对轻载启动、启动不频繁、启动时间短或降压启动者，取小值；绕线型电动机也取小值；对重载启动、启动频繁、启动时间长或直接启动者，取大值。

断路器在电路出现短路故障时依靠断路器中电磁脱扣线圈来完成自动跳闸，动作时间在 0.05s 以内，从而起到保护作用。

② 电动机过电流保护　过大的负载转矩或不正确的启动方法会引起电动机的过电流故障，尤其是在频繁正反转启动、制动的重复短时工作中过电流比发生短路的可能性更大。过流保护是当电动机电流大于额定电流但小于 10 倍额定电流时采取的保护，原则是根据电流大小来决定切断电路的时间，电流越大，切断时间越短，称为反时限原则。

常用保护元件：过电流继电器 KA 和接触器 KM 配合使用。

如图 3-15 所示为电动机过电流保护电路。图中，TA 为电流互感器，KA 为电流继电器，KT 为时间继电器，KM 为交流接触器，SB_1 为停止按钮，SB_2 为启动按钮。

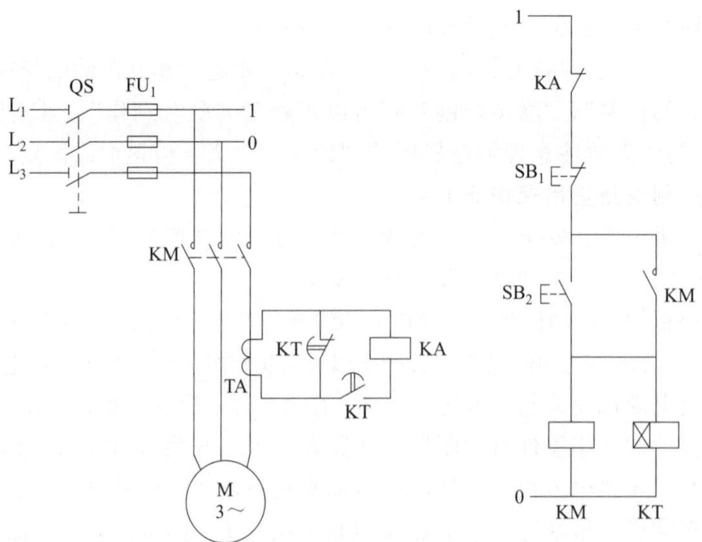

图 3-15　电动机过电流保护电路

在电动机启动时，由于启动电流较大，这时时间继电器的动断触点先短接电流互感器TA，以避免电动机启动电流流过KA而产生误动作。电动机启动完毕后，电流下降至正常值，时间继电器KT经延时后动作，其动断触点断开，动合触点闭合，把电流互感器KA接入电流互感器线路中，使电动机正常运行。

一旦三相电动机运行电流超过正常工作电流，过电流继电器KA达到吸合电流而吸合，其动断触点断开，KM失电释放，使主回路断电，从而保护电动机过流时断开电源。

利用互感器及过电流继电器，实现电动机的过电流保护，克服了热继电器过电流保护的缺陷。

三相异步电动机虽有较强的过载能力，但对电动机过载实行反时限特性保护，是有必要的，而对于负载几乎恒定不变的电动机，过流保护是没有必要的。

③ 电动机缺相运行保护　在三相电动机的运行中，由于种种原因，如三相电源的熔断器一相熔断，或者接触器触点烧损等造成一相接触不良，或由安装维护等原因造成一相断线，都会造成三相电动机缺相运行。若发现不及时，时间稍长便会烧毁电动机，造成设备损坏，影响生产的连续性，给工农业生产造成重大损失。为了保障电动机的安全运行，使其在发生缺相运行时能及时停止电动机的运行，避免造成电动机烧毁事故，一般重要电动机都装有各种保护装置，尤其是缺相保护。

缺相运行保护也是一种过载保护，而一般的热继电器不能可靠地保护电动机免于缺相运行（带断电保护装置的热继电器除外），所以在条件允许时，应单独设置缺相运行保护装置。电动机断相保护的方法和装置很多，但就执行断相保护的元件来分有：利用断相信号直接推动电磁继电器动作的电磁式断电保护，利用热元件动作的断相保护。

如图3-16所示为一种三相电动机断相保护电路，当电动机运行时发生断相后三相电压不平衡，桥式整流则有电压输出，当输出的直流电压达到中间继电器KA动作值时，KA动作，于是与自锁触点串联的动断触点断开，使KM线圈断电，其主触点全部释放，电动机停止，起到了保护电动机绕组的作用。

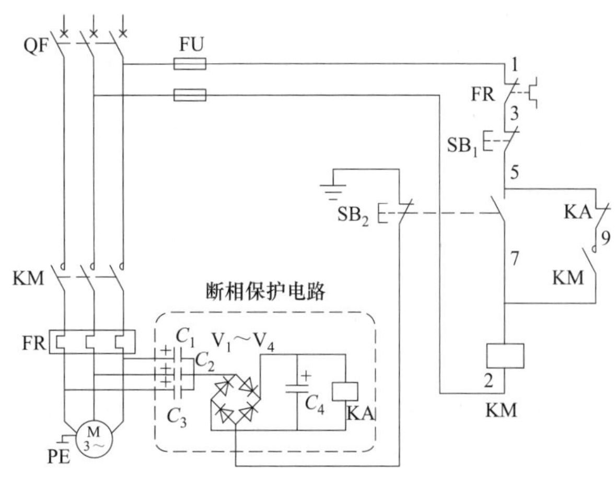

图3-16　电动机断相保护电路

图中，电容器 C_1～C_3 为2.4μF/500V；电容器 C_4 为100μF/50V；二极管 V_1～V_4 为2CP12×4；KA为直流12V继电器。

注意：由于电动机断相故障时电流很大，因此要求电流继电器KA的主触点应能满足电动机的最大电流量。

3.2.4　电动机启动制动与调速控制

(1) 直接启动

三相异步电动机的启动方法有直接启动和降压启动。直接启动又叫全电压启动，即直接给电动机定子加具有额定频率的额定电压使其从静止状态变为旋转状态的一种启动方法。电动机直接启动具有设备简单、操作方便、启动时间短等优点，在变压器容量允许的情况下，三相异步电动机应尽可能采用全电压直接启动（例如小型通风机、水泵以及皮带运输机等机械设备），既可以提高控制线路的可靠性，又可以减少电器的维修工作量。

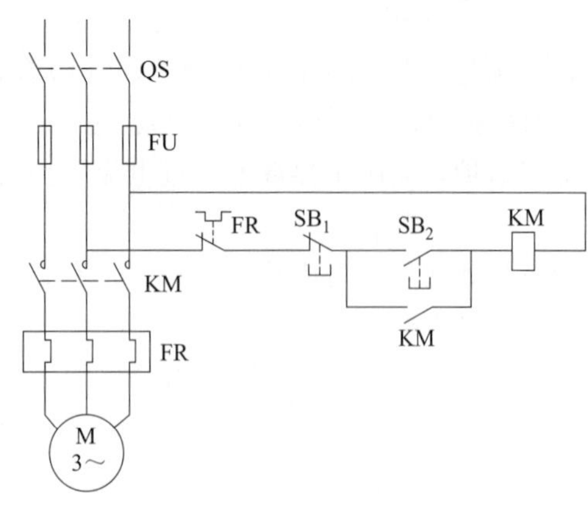

图 3-17　直接启动电路原理图

如图 3-17 所示是电动机单向启动控制线路原理图，这是一种最常用、最简单的控制线路，能实现对电动机的直接启动、停止的自动控制、远距离控制、频繁操作等。

在图中，主电路由断路器 QS、熔断器 FU、接触器 KM 的动合主触点、热继电器 FR 的热元件和电动机 M 组成，控制电路由启动按钮 SB_2、停止按钮 SB_1、接触器 KM 线圈和动合辅助触点、热继电器 FR 的动断触点构成。

① 线路工作原理

a. 启动电动机。合上三相断路器 QS，按启动按钮 SB_2，按触器 KM 的吸引线圈得电，3 对动合主触点闭合，将电动机 M 接入电源，电动机开始启动。同时，与 SB_2 并联的 KM 的动合辅助触点闭合，即使松手断开 SB_2，吸引线圈 KM 也会通过其辅助触点继续保持通电，维持吸合状态。凡是接触器（或继电器）利用自己的辅助触点来保持其线圈带电的，称之为自锁（自保），这个触点称为自锁（自保）触点。由于 KM 的自锁作用，当松开 SB_2 后，电动机 M 仍能继续启动，最后达到稳定运转。

b. 停止电动机。按停止按钮 SB_1，接触器 KM 的线圈失电，其主触点和辅助触点均断开，电动机脱离电源，停止运转。这时，即使松开停止按钮，由于自锁触点断开，接触器 KM 线圈也不会再通电，电动机不会自行启动。只有再次按下启动按钮 SB_2 时，电动机方能再次启动运转。

② 线路保护环节

a. 短路保护。短路时通过熔断器 FU 的熔体熔断切开主电路。

b. 过载保护。通过热继电器 FR 实现。由于热继电器的热惯性比较大，即使热元件上流过几倍额定电流的电流，热继电器也不会立即动作。因此在电动机启动时间不太长的情况下，热继电器经得起电动机启动电流的冲击而不会动作。只有在电动机长期过载下 FR 才动作，断开控制电路，接触器 KM 失电，切断电动机主电路，电动机停转，实现过载保护。

c. 欠压和失压保护。当电动机正在运行时，如果电源电压由于某种原因消失，那么在电源电压恢复时，电动机就将自行启动，这就可能造成生产设备的损坏，甚至造成人身事故。对电网来说，同时有许多电动机及其他用电设备自行启动也会引起不允许的过电流及瞬间网络电压下降。为了防止电压恢复时电动机自行启动的保护叫失压保护或零压保护。

当电动机正常运转时，电源电压过分地降低将引起一些电器释放，造成控制线路不正常工作，可能产生事故；电源电压过分地降低也会引起电动机转速下降甚至停转。因此需要在电源电压降到一定允许值以下时将电源切断，这就是欠电压保护。

欠压和失压保护是通过接触器 KM 的自锁触点来实现的。在电动机正常运行中，由于某种原因使电网电压消失或降低，当电压低于接触器线圈的释放电压时，接触器释放，自锁触点断开，同时主触点断开，切断电动机电源，电动机停转。如果电源电压恢复正常，由于自锁解除，电动机不会自行启动，避免了意外事故的发生。只有操作人员再次按下 SB_2 后，电动机才能启动。

控制线路具备了欠压和失压的保护能力以后，有三个方面优点：防止电压严重下降时电动机在重负载情况下的低压运行；避免电动机同时启动而造成电压的严重下降；防止电源电压恢复时，电动机突然启动运转，造成设备和人身事故。

注意：直接启动的启动电流大，引起电压出现较大的降落，在某些场合会给电动机本身及电网造成危险，因此，这种启动方法一般用于 10kW 以下的小容量笼型异步电动机。

(2) 降压启动

电动机启动电流近似与定子的电压成正比，因此要采用降低定子电压的办法来限制启动电流，即为降压启动（又称减压启动）。对于因直接启动冲击电流过大而无法承受的场合，通常采用减压启动，此时，启动转矩下降，启动电流也下降，只适合必须减小启动电流，又对启动转矩要求不高的场合。常见降压启动方法：定子串电阻降压启动、自耦变压器降压启动及 Y/△启动控制线路。

降压启动是以牺牲功率为代价来降低启动电流的。所以不能以电动机功率的大小来确定是否需采用降压启动，还得看是什么样的负载，一般在需要启动时负载轻运行时负载重才可采用降压启动。

① 定子串联电阻降压启动　如图 3-18 所示为定子串联对称电阻的降压启动接线图。开始启动时，KM_1 闭合，将启动电阻 R 串接入定子线路中，接通额定的三相电源后，定子绕组的电压为额定电压减去启动电流在启动电阻 R 上产生的电压降，实现降压启动。当电动机转速升高到某一定数值时，断开 KM_1，闭合 KM_2，切除启动电阻，电动机全压运行在固有机械特性线上，直至达到稳定转速。

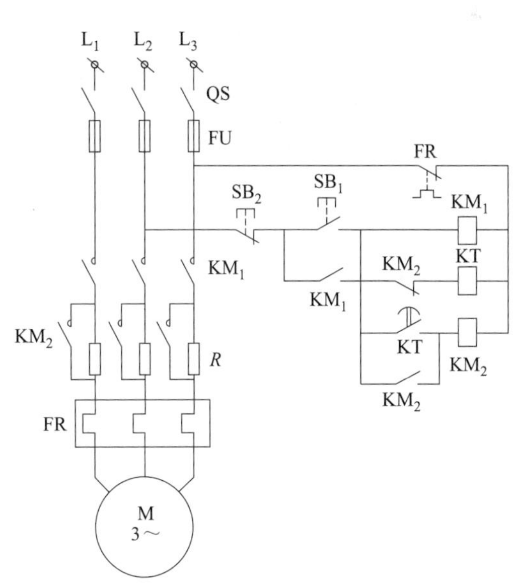

图 3-18　定子串联电阻降压启动原理图

② 自耦变压器降压启动　自耦变压器降压启动是利用自耦变压器来降低启动电压，从而限制启动电流的。自耦变压器绕组一般有 65%、80% 等抽头，用以选择接线。启动过程分三步，即降压→延时→全压。

时间继电器控制的自耦变压器降压启动电路如图 3-19 所示，该线路的工作过程如下。

合上电源开关。

a. 降压启动。按下 SB_2 后，KA 线圈得电，KA 自锁触点闭合自锁，KT 线圈得电，KM_2 线圈得电，KM_2 主触点闭合，KM_2 联锁触点分断对 KM_1 联锁，电动机 M 接入 TM 降压启动。

b. 全压运转。当电动机转速上升到接近额定转速时，KT 延时结束，KT 动断触点先分断，KM_2 线圈失电，KM_2 动断辅助触点闭合，KT 动合触点后闭合，KM_1 线圈得电，KM_1 自锁触点闭合自锁，KM_1 主触点闭合，电动机 M 接成△全压运行。

c. 停止时。按下 SB_1 即可。

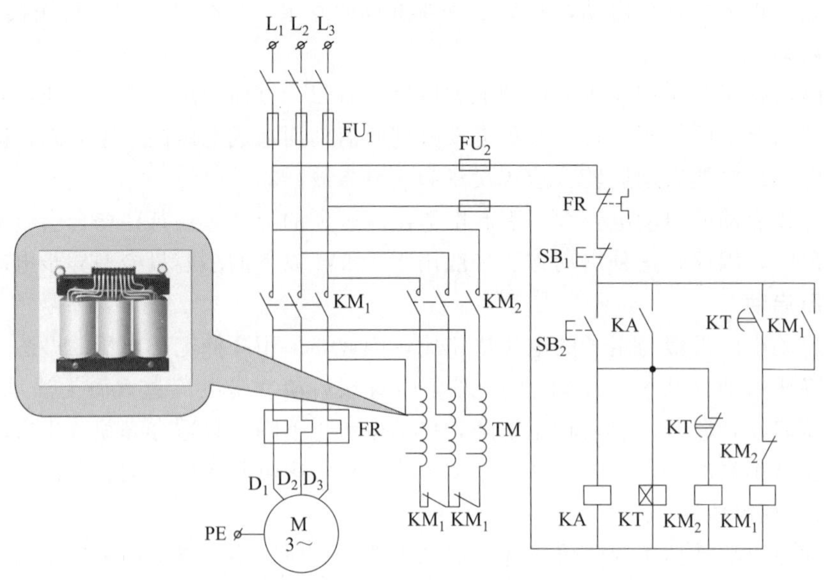

图 3-19　时间继电器控制的自耦变压器降压启动电路原理图

③ 星形-三角形降压启动　星形-三角形降压启动是指电动机启动时，把定子绕组接成星形（Y），以降低启动电压，限制启动电流；待电动机启动后，再把定子绕组改接成三角形（△），使电动机全压运行。

电动机启动时接成星形，加在每相定子绕组上的启动电压只有三角形接法直接启动时的$\frac{1}{\sqrt{3}}$，启动电流为直接采用三角形接法时的 1/3，启动转矩也只有三角形接法直接启动时的 1/3。所以这种降压启动方法，只适用于轻载或空载下启动。星形-三角形降压启动最大的优点是设备简单，价格低，因而获得了较广泛的应用。缺点是只用于正常运行时为△形接法的电动机，降压比固定，有时不能满足启动要求。

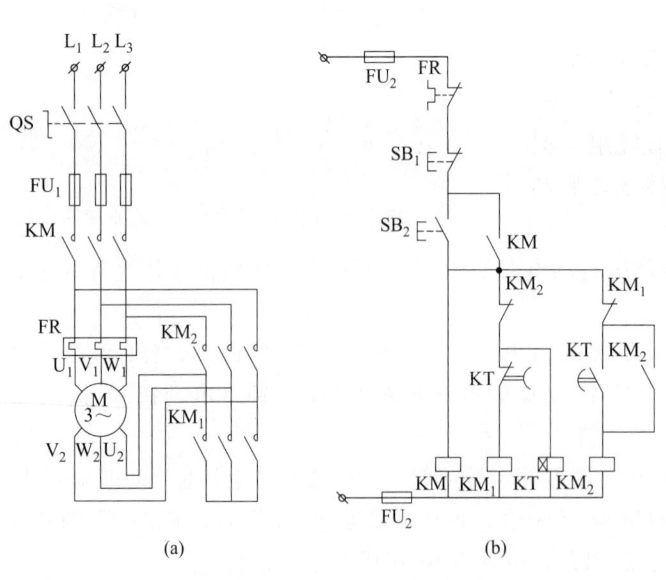

图 3-20　星形-三角形启动原理图

如图 3-20 所示为三相异步电动机星形-三角形启动原理图，它的主电路除熔断器和热元件外，另由三个接触器的动合主触点构成。其中 KM 位于主电路的前段，用于接通和分断主电路，并控制启动接触器 KM_1 和运行接触器 KM_2 电源的通断。KM_1 闭合时，电动机绕组连接成 Y 形，实现降压启动；KM_2 则是在启动结束时闭合，将电动机绕组切换成△形，实现全压运行。

Y-△降压启动投资少，线路简单，操作方便，但启动转矩小，适用于空载或轻载场合，普遍应用于空载或轻载的正常运行是三角形连接的笼型异步电动机启动。

(3) 三相异步电动机的机械制动控制

所谓机械制动是指利用机械装置使电动机切断电源后立即停转。目前广泛使用的机械制动装置是电磁抱闸，其主要工作部分是电磁铁和闸瓦制动器。电磁铁由电磁线圈、静铁芯和衔铁组成，如图 3-21 所示；闸瓦制动器由闸瓦、闸轮、弹簧和杠杆等组成，如图 3-22 所示，其中，闸轮与电动机转轴相连，闸瓦对闸轮制动力矩的大小可通过调整弹簧作用力来改变。

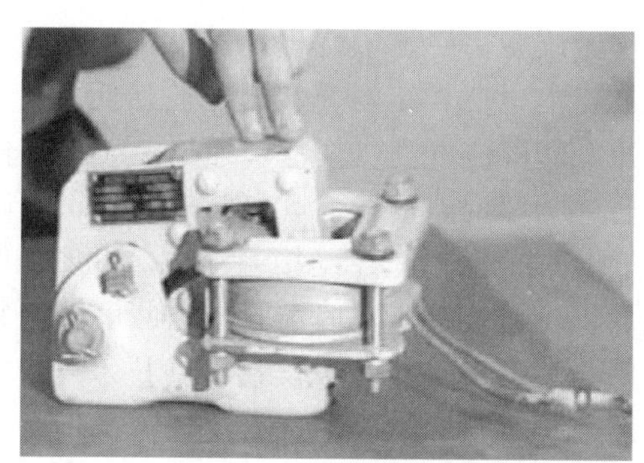

图 3-21 电磁铁

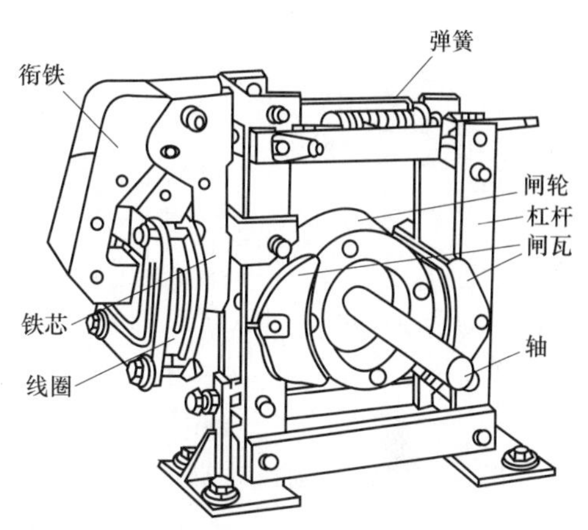

图 3-22 闸瓦制动器

电磁抱闸控制电路如图 3-23 所示。电动机启动运行时，先合上电源开关，再按下启动按钮 SB_2，接触器线圈 KM(4-5) 通电，其主触点与自锁触点同时闭合，在向电动机绕组供电的同时，电磁抱闸线圈也通电，电磁铁产生磁场力吸合衔铁，衔铁克服弹簧的作用力，带动制动杠杆动作，推动闸瓦松开闸轮，电动机立即启动运转。

停车制动时，只需按下停车按钮 SB_1，分断接触器 KM 的控制电路，KM 线圈断电，释放主触点，分断主电路，使电动机绕组和电磁抱闸线圈同时断电，电动机断电后在凭惯性运转的同时，电磁铁线圈因断电释放衔铁，弹簧的作用力使闸瓦紧紧抱住闸轮，闸瓦与闸轮之间强大的摩擦力使电动机立即停止转动。

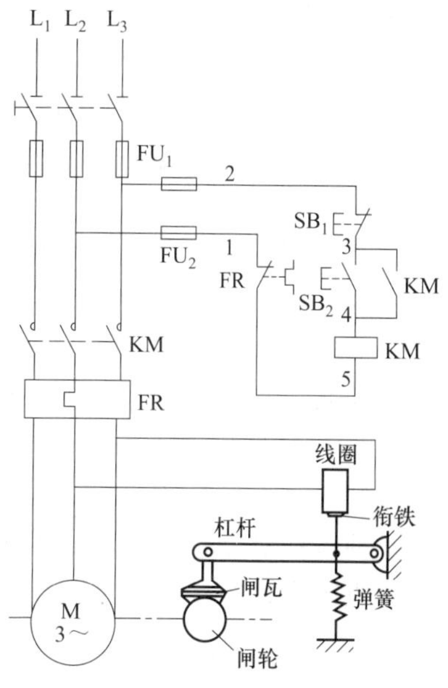

图 3-23 电磁抱闸控制电路原理图

电磁抱闸制动的优点是通电时松开制动装置，断电时起制动作用。如果运行中突然停电或电路发生故障使电动机绕组断电，闸瓦能立即抱紧闸轮，使电动机处于制动状态，生产机械也立即停止动作而不会因停电而造成损失。如起吊重物的卷扬机，当重物吊到一定高度时，突然遇到停电，电磁抱闸立即制动，使重物被悬挂在空中，不致掉下。

(4) 电力制动控制

电动机需要制动时，通过电路的转换或改变供电条件，使其产生跟实际运转方向相反的电磁转矩——制动转矩，迫使电动机迅速停止转动的制动方式叫电力制动。电力制动有反接制动和能耗制动等方式。

① 反接制动　反接制动的方法是利用改变电动机定子绕组中三相电源相序，使定子绕组中的旋转磁场反向，产生与原有转向相反的电磁转矩——制动力矩，使电动机迅速停转。

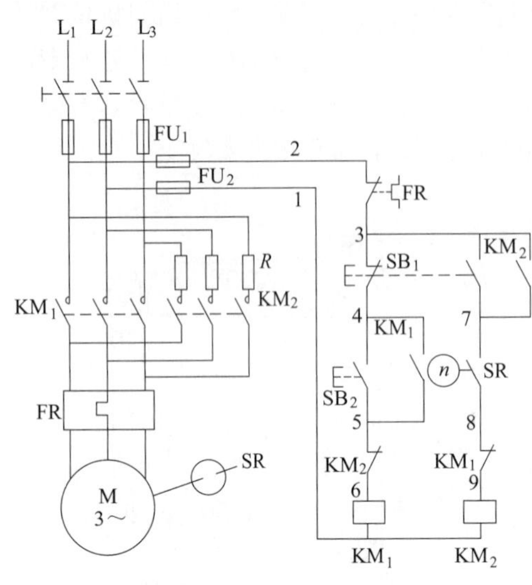

图 3-24　反接制动控制电路原理图

如图 3-24 所示，在电动机启动运行时，其动触点与上面三个静触点接触，电动机正向运转。如需电动机停转，将动触点拉离上方静触点，切断电源即可。若要制动，将动触点与下方三个静触点闭合，电动机绕组端头 U、V、W 由依次接电源相线的 L_1、L_2、L_3 调为依次接 L_2、L_1、L_3，电源相序的改变，使定子绕组旋转磁场反向，在转子上产生的电磁转矩与原转矩方向相反。这个反向转矩，即可使电动机惯性转速迅速减小而停止。当转速为零时，应及时切断反转电源，否则电动机将反转。所以，在反接制动中，应采用保证在电动机转速接近于零时能自动切断电源的装置，以防止反转的发生。在反接制动技术中，多采用速度继电器来配合实现这一目的。

速度继电器的转子与被控制电动机的转子装在同一根转轴上，其动合触点串联在电动机控制电路中，与接触器等配合，完成反接制动。速度继电器的作用是反映电动机转速快慢并对其进行反接制动。主电路中串入限流电阻，用以限制电动机在制动过程中产生的强大电流，因为制动电流可达额定电流的 10 倍，容易烧坏电动机绕组。

该控制电路由两条回路组成：一条是以 KM_1 线圈为主的正转接触器控制电路，它的作用是控制电动机启动运行，带动生产机械做功；另一条回路是以 KM_2 线圈为主的反接制动控制电路，它的作用是需要电动机停止时，切换电源相序，完成反接制动。

② 能耗制动　能耗制动是在切断电动机三相电源的同时，从任何两相定子绕组中输入直流电流，以获得大小方向不变的恒定磁场，从而产生一个与电动机原转矩方向相反的电磁转矩，以实现制动。因为这种方式是用直流磁场来消耗转子动能实现制动的，所以又叫动能制动或直流制动。

能耗制动时间的控制由时间继电器来完成。有变压器全波整流能耗制动控制线路如图 3-25 所示，其制动控制过程如下。

按动 SB_2，KM_1 得电且自保持，电动机运转。

欲使电动机停止，可以按下 SB_1，KM_1 失电，同时 KM_2 得电，然后 KT 得电，KM_2 的主触点闭合，经整流后的直流电压通过限流电阻 R 加到电动机两相绕组上，使电动机制动。制动结束，时间继电器 KT 延时触点动作，使 KM_2 与 KT 线圈相继失电，整个线路停止工作，电动机停车。

无变压器半波整流能耗制动控制电路与有变压器全波整流能耗制动控制电路相比，省去了变压器，直接利用三相电源中的一相进行半波整流后，向电动机任意两相绕组输入直流电流作为制动电流，这样既简化了电路，又降低了设备成本，其电路结构如图 3-26 所示。

(5) 用接触器控制的双速电动机调速

用接触器控制的双速电动机调速电路如图 3-27 所示，其控制电路主要由两个复合按钮和三个接触器线圈组成。在主电路中，电动机绕组连接成三角形，在三个顶角处引出 U_1、

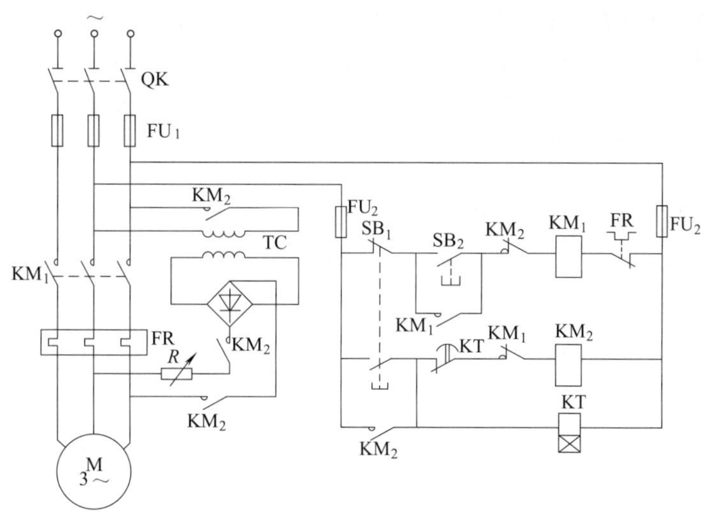

图 3-25 有变压器全波整流能耗制动控制电路原理图

V_1、W_1；在三相绕组各自的中间抽头引出 U_2、V_2、W_2。其中 U_1、V_1、W_1 与接触器 KM_1 主触点连接，U_2、V_2、W_2 与 KM_2 的主触点连接，U_1、V_1、W_1 三者又与接触器 KM_3 主触点连接。它们的控制电路由复合按钮和接触器辅助动断触点实现复合电气联锁。

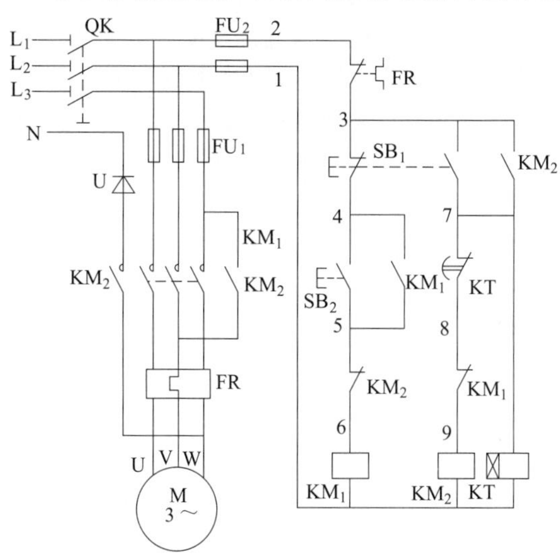

图 3-26 无变压器半波整流能耗制动控制电路原理图

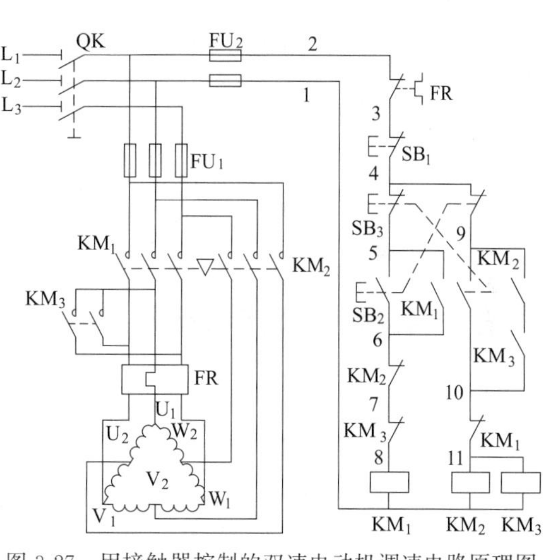

图 3-27 用接触器控制的双速电动机调速电路原理图

三相双速异步电动机定子绕组有△形连接和 YY 连接两种接法，如图 3-28 所示。图（a）为双速异步电动定子绕组的△形接法，三相绕组的接线端子 U_1、V_1、W_1 与电源线连接，U_2、V_2、W_2 三个接线端悬空，三相定子绕组接成△形。图（b）为双速异步电动机定子绕组的 YY 接法，接线

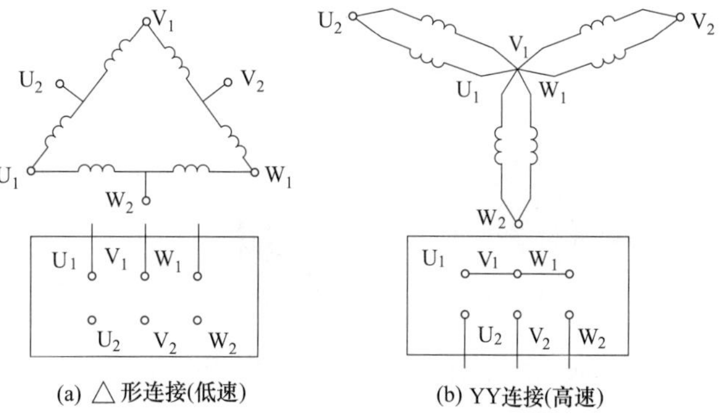

图 3-28 三相双速异步电动机定子绕组接线图

端子 U_1、V_1、W_1 连接在一起，U_2、V_2、W_2 三个接线端与电源线连接。

双速电动机在接线时的相序不能接错，要按原理图接线，否则，在高速（YY 接法）时电动机将会反转，产生很大的冲击电流。另外，电动机在高速、低速运行时的额定电流不相同。因此，热继电器要根据不同保护电路分别调整整定值（最佳方法是低速、高速各用一个热继电器进行保护），不要搞错、接错。

(6) 用时间继电器控制的双速电动机

在有些场合，为了减小电动机高速启动时的能耗，启动时先以△形接法低速启动运行，然后自动地转为 YY 接法做高速运转，这一过程可以用时间继电器来控制。电路如图 3-29 所示，KT 为断电延时时间继电器，KA 为中间继电器。电路的工作过程如下。

先合上电源开关 QS，按下启动按钮 SB_1，时间继电器 KT、接触器 KM_1、中间继电器 KA 先后得电且自锁，将电动机定子绕组接成△形，电动机以低速启动运转，并通过时间继电器 KT 和接触器 KM_1 的动断触点对接触器 KM_2、KM_3 进行联锁。同时，KA 的得电使 KT 失电，经过一段时间的延时，时间继电器 KT 的延时断开触点断开，接触器 KM_1 失电，使接触器 KM_2、KM_3 得电，电动机的定子绕组自动地转为 YY 接法，电动机做高速运转。

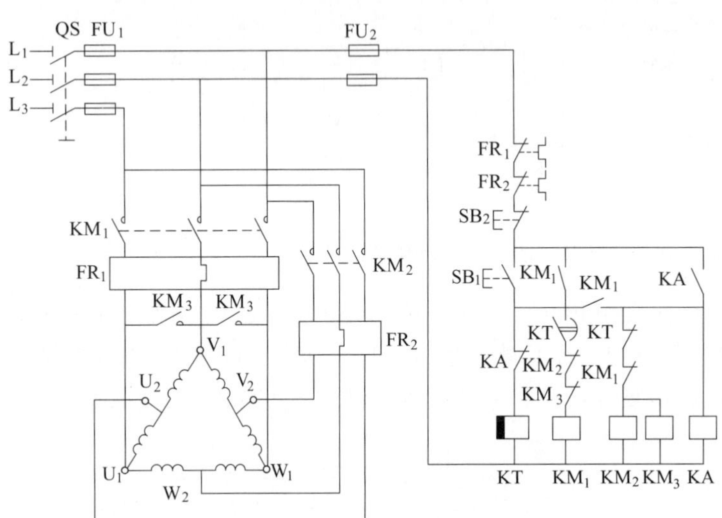

图 3-29 三相双速异步电动机自动加速控制电路

3.3 单相交流异步电动机及其应用

3.3.1 单相交流异步电动机简介

单相交流异步电动机是利用单相交流电源供电的一种小容量交流电动机。由于它具有结构简单、成本低廉、运行可靠、维护方便等优点以及可以的单相 220V 交流电源上使用的特点，被广泛应用于办公场所、家用电器等方面，在工农业生产及其他领域也使用着不少单相异步电动机，如台扇、吊扇、洗衣机、电冰箱、吸尘器、小型鼓风机、小型车床、医疗器械等电动机，如图 3-30 所示。

全自动洗衣机电动机　洗衣机用脱水电动机　壁扇电动机

台扇电动机

图 3-30 家用电器中的单相电动机

单相异步电动机的不足之处是它与同容量的三相异步电动机相比较，体积较大、运行性能较差、效率较低，因此一般只制成小型的微型系列，容量在几瓦到几百瓦之间。

(1) 单相异步电动机的种类

单相异步电动机种类很多，在家用电器中使用的单相异步电动机按照启动和运行方式不同，可分为罩极式和分相式两大类，见表 3-12。这些电动机的结构虽有差别，但是其基本工作原理是相同的。

表 3-12 家用电器中使用的单相异步电动机

种类		实物图	结构图或原理图	结构特点
单相罩极式异步电动机	凸极式罩极单相异步电动机		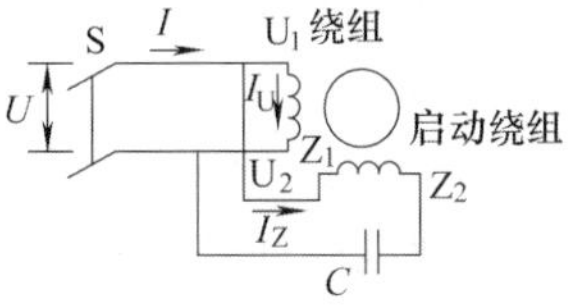 S I U₁ 绕组 U 启动绕组 Z₁ U₂ Z₂ I_Z C	单相罩极式异步电动机的转子仍为笼型，定子有凸极式和隐极式两种，原理完全相同。一般采用结构简单的凸极式
	隐极式罩极单相异步电动机			
单相分相式异步电动机	电阻启动单相异步电动机		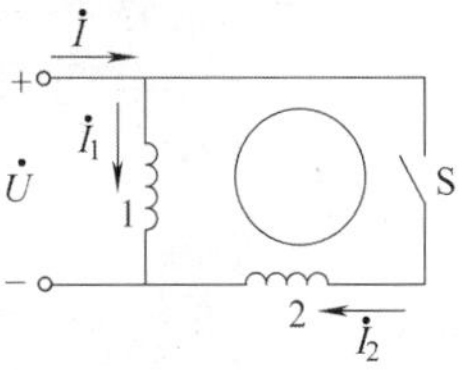 $\dot{I}$ + $\dot{I}_1$ $\dot{U}$ 1 S − 2 $\dot{I}_2$	单相分相式异步电动机在定子上除了装有单相主绕组外，还装了一个启动绕组，这两个绕组在空间成 90°电角度，启动时两绕组虽然接到同一个单相电源上，但可设法使两绕组电流不同相，这样两个空间位置正交的交流绕组通以时间上不同相的电流，在气隙中就能产生一个合成旋转磁场。启动结束，使启动绕组断开即可
	电容启动单相异步电动机		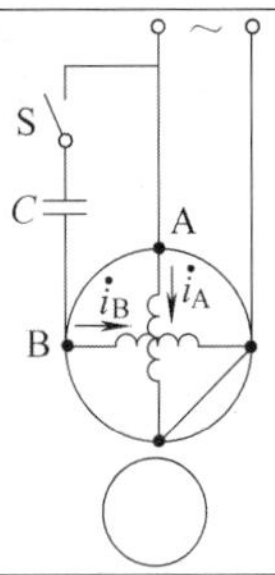 ~ S C A i_B i_A B	
	电容运转式单相异步电动机		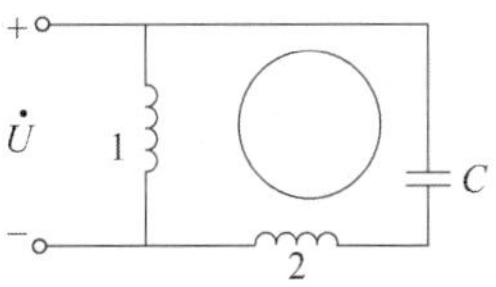 + $\dot{U}$ 1 C − 2	
	电容启动和运转单相异步电动机		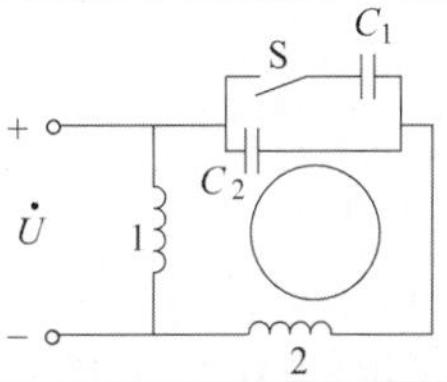 S C_1 + C_2 $\dot{U}$ 1 − 2	

（2）单相异步电动机的基本结构

在单相异步电动机中，专用电动机占有很大比例，它们的结构各有特点，形式繁多。但就其共性而言，单相异步电动机的基本结构都由固定部分——定子、转动部分——转子、支撑部分——端盖和轴承等三大部分组成，如图 3-31 所示。

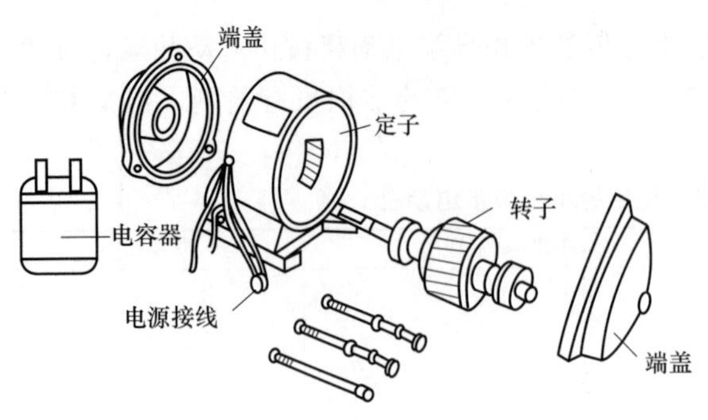

图 3-31 单相异步电动机的基本结构

单相异步电动机的结构与小型三相异步电动机的结构比较相似。B02、C02、D02 三个基本系列的电动机外壳防护等级为 IP44，采用 E 级绝缘，接线盒装在电动机的顶部，以便于接线和维修。

下面介绍几种比较常用的单相异步电动机的结构。

① 双值电容单相异步电动机的外部结构如图 3-32 所示，主要有机座、铁芯、绕组、端盖、轴承、离心开关或启动继电器和 PTC 启动器、铭牌等，见表 3-13。

图 3-32 双值电容单相异步电动机的外部结构

表 3-13 单相异步电动机各组成部分的作用

名称	组成及作用
机座	机座结构因电动机的冷却方式、防护形式、安装方式和用途而不同。按其材料分类，有铸铁、铸铝和钢板结构 3 种 铸铁机座，带有散热筋。铸铝机座一般不带有散热筋。钢板结构机座，通常由厚为 1.5～2.5mm 的薄钢板卷制、焊接而成，再焊上钢板冲压件的底脚 有的专用电动机的机座相当特殊，如电冰箱的电动机，它通常与压缩机一起装在一个密封的罐子里。而洗衣机的电动机，包括甩干机的电动机，均无机座，端盖直接固定在定子铁芯上
铁芯	包括定子铁芯和转子铁芯，其作用是用来构成电动机的磁路
绕组	单相异步电动机定子绕组常做成两相：主绕组（工作绕组）和副绕组（启动绕组）。两种绕组的中轴线错开一定的电角度，目的是为了改善启动性能和运行性能 定子绕组多采用高强度聚酯漆包线绕制。转子绕组一般采用笼型绕组，常用铝压铸而成
端盖	对应于不同的机座材料，端盖也有铸铁件、铸铝件和钢板冲压件
轴承	轴承有滚珠轴承和含油轴承两大类，如图 3-33 所示
离心开关	在单相异步电动机中，除了电容运转电动机外，在启动过程中，当转子转速达到同步转速的 70%左右时，常借助于离心开关（如图 3-34 所示），切除单相电阻启动异步电动机和电容启动异步电动机的启动绕组，或切除电容启动及运转异步电动机的启动电容器。离心开关一般安装在轴承端盖的内侧
启动继电器	有些电动机，如电冰箱电动机，由于它与压缩机组装在一起，并放置在密封的罐子里，不便于安装离心开关，就用启动继电器代替，如图 3-35 所示。继电器的吸铁线圈串联在主绕组回路中，启动时，主绕组电流很大，衔铁动作，使串联在副绕组回路中的动合触点闭合，于是副绕组接通，电动机处于两相绕组运行状态。随着转子转速的上升，主绕组电流不断下降，吸引线圈的吸力下降。当到达一定的转速，电磁铁的吸力小于触点的反作用弹簧的拉力，触点被打开，副绕组脱离电源

续表

名称	组成及作用
PTC 启动继电器	最新式电动机启动元件是“PTC”，PTC 热敏电阻是一种新型的半导体元件，可用作延时型启动开关，如图 3-36 所示。使用时将 PTC 元件与电容启动或电阻启动电动机的副绕组串联。在启动初期，因 PTC 热敏电阻尚未发热，阻值很低，副绕组处于通路状态，电动机开始启动。随着时间的推移，电动机的转速不断增加，PTC 元件的温度上升，电阻剧增，此时的副绕组电路相当于开路。当电动机停止运行后，PTC 元件温度不断下降，2～3min 后可以重新启动
铭牌	单相异步电动机的铭牌标注的项目有：电动机名称、型号、标准编号、制造厂名、出厂编号、额定电压、额定功率、额定电流、额定转速、绕组接法、绝缘等级等

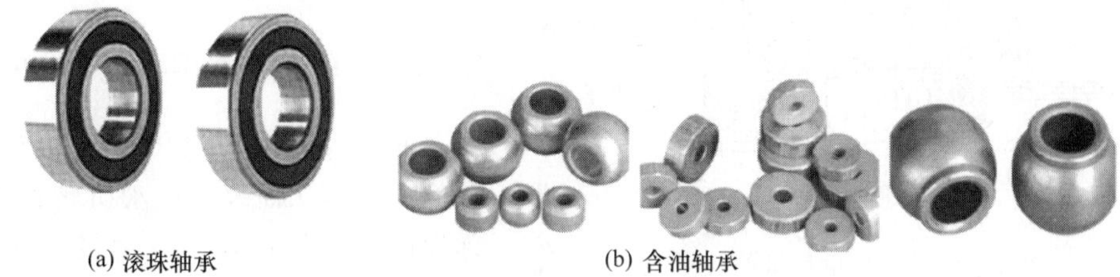

图 3-33　轴承

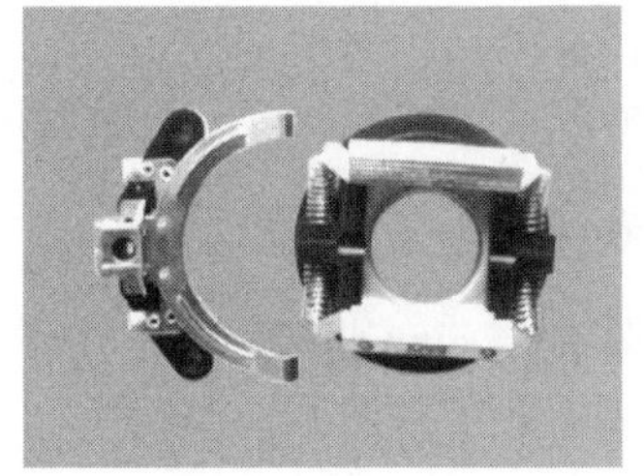

图 3-34　离心开关

图 3-35　重锤式启动继电器

图 3-36　PTC 启动继电器

② 电风扇电动机　电动机多为电容运转交流异步电动机，体积小，重量轻，结构简单，拆装容易。吊式电风扇电动机采用了封闭式外转子结构，定子在内，固定在不旋转的吊杆上，而转子安放在外，与扇叶相连，如图 3-37（a）所示。台式电风扇电动机的结构，如图 3-37（b）所示。

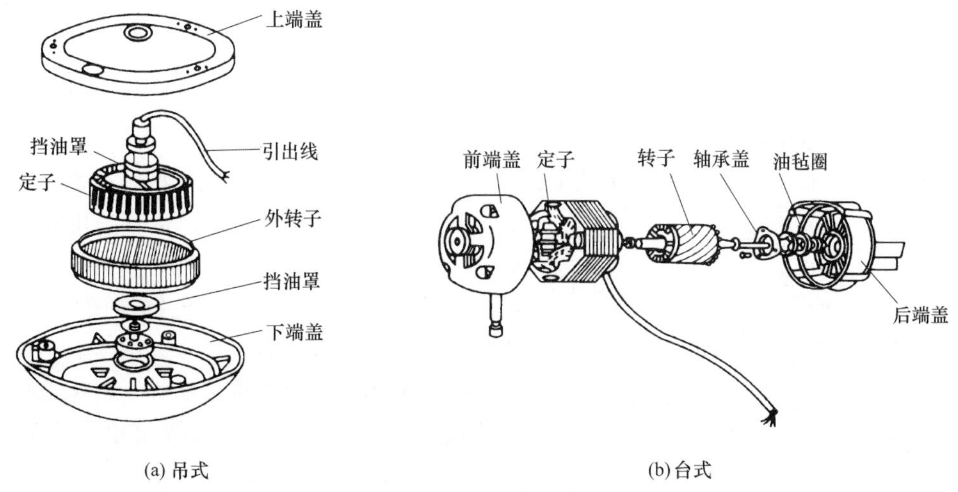

图 3-37　电风扇电动机的结构

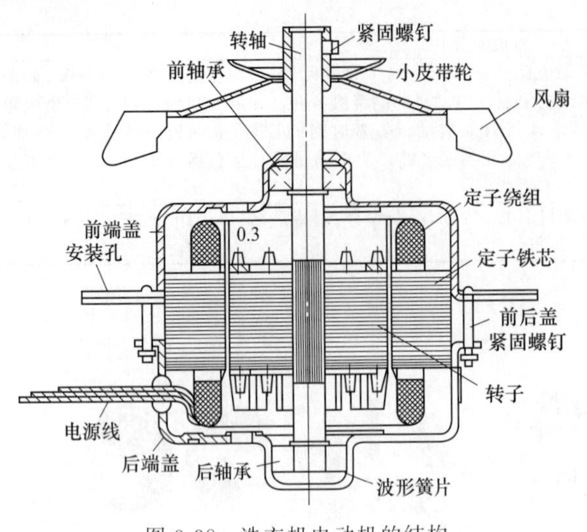

图 3-38 洗衣机电动机的结构

③ 洗衣机电动机 由于洗衣时要求交替正、反转，工作状态相同。因此洗衣机电动机的主绕组和副绕组的结构参数完全一样，相差 90°电角度，如图 3-38 所示。

(3) 单相异步电动机的型号含义

单相异步电动机型号的基本含义如图 3-39 所示。

3.3.2 单相异步电动机调速控制

通过改变电源电压或电动机结构参数的方法，从而改变电动机转速的过程，称为调速。单相异步电动机常用的调速方法有以下几种。

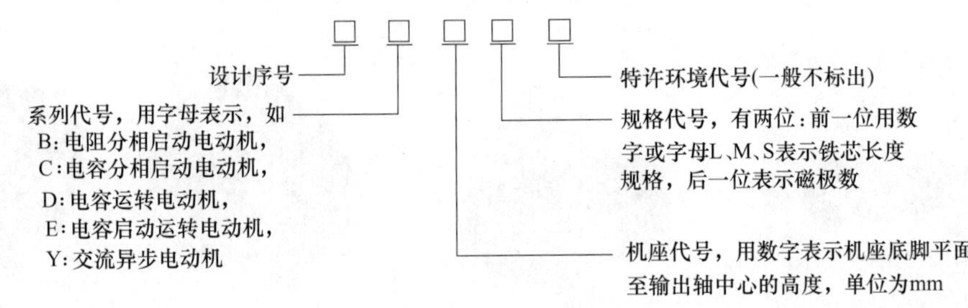

图 3-39 单相异步电动机型号含义

(1) 采用 PTC 零件调速

如图 3-40 所示为具有微风挡的电风扇调速电路。

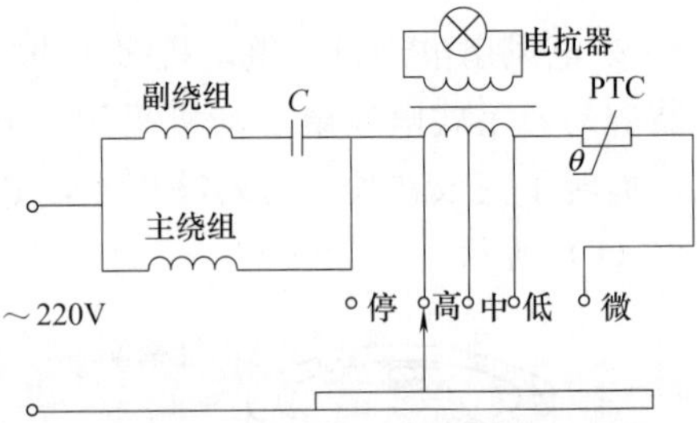

微风风扇能够在 500r/min 以下送出风，如采用一般的调速方法，电动机在这样低的转速下很难启动。电路利用常温下 PTC 电阻很小，电动机在微风挡直接启动，启动后，PTC 阻值增大，使电动机进入微风挡运行。

图 3-40 串联 PTC 调速

(2) 采用串联电抗器调速

在电路中串联电抗器，使电动机上的实际电压下降，电动机的转速也下降，如图 3-41 所示为采用电抗器降压的电风扇调速电路。将电动机主、副绕组并联后再串入具有抽头的电抗器，当转速开关处于不同位置时，电抗器的电压降不同，使电动机端电压改变而实现有级调速。调速开关接高速挡，电动机绕组直接接电源，转速最高；调速开关接中、低速挡，电动机绕组串联不同的电抗器，总电抗增大，转速降低。

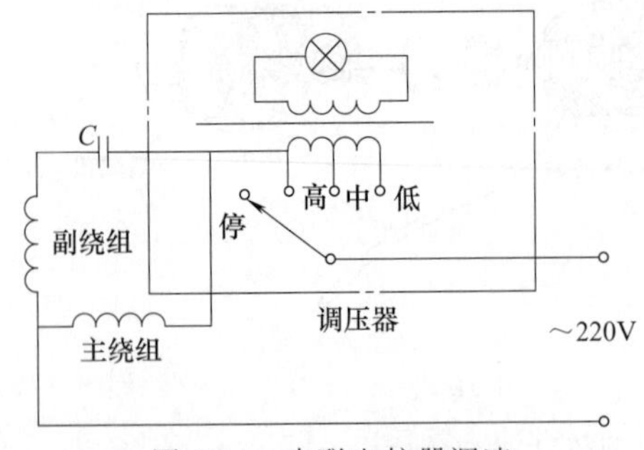

图 3-41 串联电抗器调速

用这种方法调速比较灵活，电路结构简单，维修方便；但需要专用电抗器，成本高，耗能大，低速启动性能差。

(3) 采用晶闸管调速

无级调速一般采用双向晶闸管作为电动机的开关。利用晶闸管的可控特性，通过改变晶闸管的控制角 α，使晶闸管输出电压发生改变，达到调节电动机转速的目的。在电源电压每个半周起始部分，双向晶闸管 VS 为阻断状态，电源电压通过电位器 RP，电阻 R 向电容 C 充电，当电容 C 上的充电电压达到双向触发二极管 VD 的触发电压时，VD 导通，C 通过 VD 向 VS 的控制极放电，使 VS 导通，有电流流过电动机绕组。通过调节电位器 RP 的阻值大小，可调节电容 C 的充电时间常数，也就调节了双向晶闸管 VS 的控制角 α，RP 越大，控制角 α 越大，负载电动机 M 上的电压变小，转速变慢。图 3-42 为吊扇使用的双向晶闸管调压调速电路。

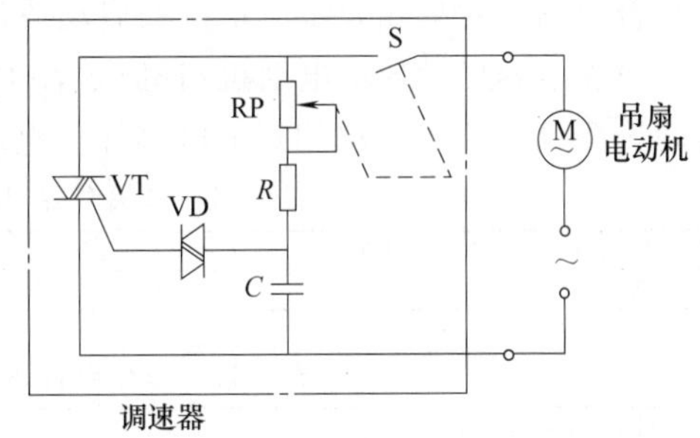

图 3-42 晶闸管调压调速

(4) 采用绕组抽头调速

绕组抽头法调速，实际上是把电抗器调速法的电抗器嵌入定子槽中，通过改变中间绕组与主、副绕组的连接方式来调整磁场的大小和椭圆度，从而调节电动机的转速。采用这种方法调速，节省了电抗器，成本低、功耗小、性能好，但工艺较复杂。实际应用中有 L 型和 T 型绕组抽头调速两种方法。

① L 型绕组的抽头调速　L 型绕组的抽头调速有 3 种方式，如图 3-43 所示。

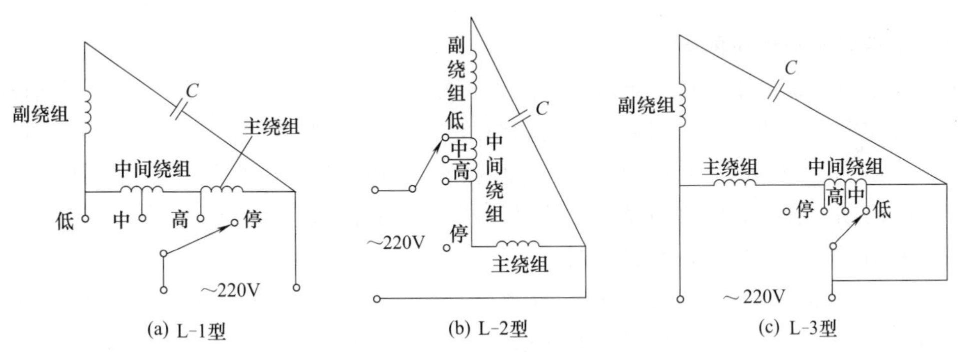

图 3-43 L 型绕组的抽头调速

② T 型绕组的抽头调速　如图 3-44 所示。

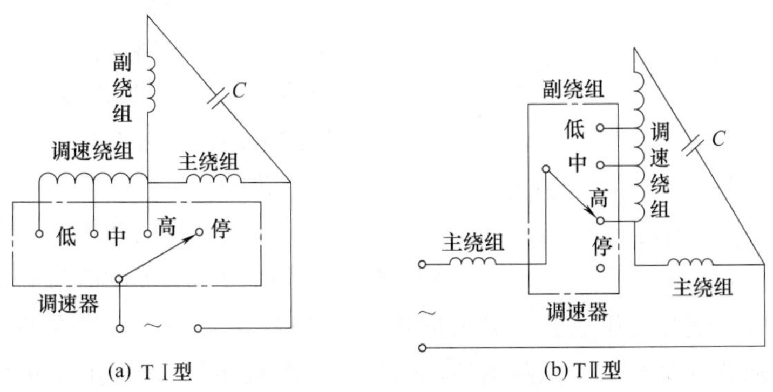

图 3-44 T 型绕组的抽头调速

单相异步电动机的调速方法很多，上面介绍的是几种比较常见的方法，此外，自耦变压器调压调速、串电容器调速和变极调速等方法在某些场合也常常运用。

3.3.3 单相电动机选配电容器

采用电容分相的单相异步电动机接电容器是为了产生启动转矩或改善功率因数。电容选择是否恰当，对单相异步电动机的启动或运行有很大的影响。

单相电容启动异步电动机启动电容的选配见表 3-14，单相电容运转异步电动机运转电容的选配见表 3-15，单相双值电容异步电动机电容的选配见表 3-16。

表 3-14 单相电容启动异步电动机启动电容的选配

电动机额定功率/W	120	180	250	370	550	750	1100	1500	2200
电容量/μF	75	75	100	100	150	200	300	400	500

表 3-15 单相电容运转异步电动机运转电容的选配

电动机额定功率/W	15		25		40		60		90		120		150	
极数	2	4	2	4	2	4	2	4	2	4	2	4	2	4
电容量/μF	1	1	1	2	2	2	2	4	4	4	4	4	6	6

表 3-16 单相双值电容异步电动机电容的选配

电动机额定功率/W	250	370	550	750	1100	1500	2200	3000
启动电容器/μF	75	100	100	150	150	250	350	500
运转电容器/μF	12	16	16	20	30	35	50	70

3.3.4 单相异步电动机启动与正反转控制

（1）单相异步电动机的启动

单相异步电动机由于启动转矩为零，所以不能自行启动。为了解决单相异步电动机的启动问题，可在电动机的定子中加装一个启动绕组。如果工作绕组与启动绕组对称，即匝数相等，空间互差 90°电角度，通入相位差 90°的两相交流电，则可在气隙中产生旋转磁场，转子就能自行启动。转动后的单相异步电动机，断开启动绕组后仍可继续工作。

（2）单相异步电动机的正反转控制

① 分相式单相异步电动机的正反转控制　分相式单相异步电动机，若要改变电动机的转向，可以将工作绕组或启动绕组中的任意一个绕组接电源的两出线对调，即可将气隙旋转磁场的旋转方向改变，随之转子转向也改变。

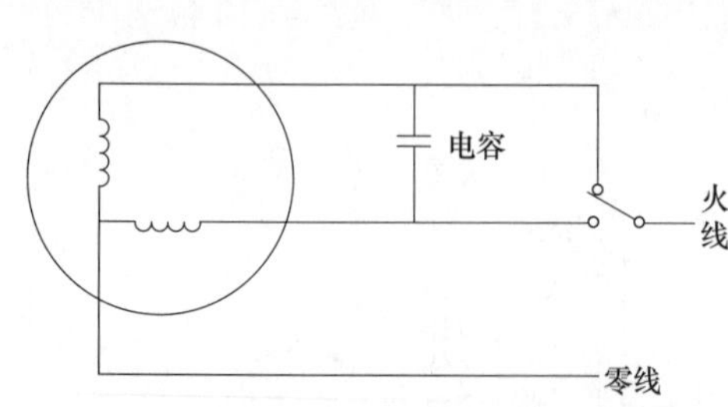

图 3-45　洗衣机正反转控制电路

用这种方法来改变转向，由于电路比较简单，所以用于需要频繁正反转的场合。洗衣机中常用的正反转控制电路如图 3-45 所示。

② 单相罩极式异步电动机的正反转控制　单相罩极式电动机和带有离心开关的电动机，一般不能改变转向。

单相罩极式异步电动机，对调工作绕组接到电源的两个出线端，不能改变它的转向。因为这类电动机的定子用硅钢片叠压成具有突出形状的“凸极”，主绕组就绕在凸极上。每一极的一侧开有小槽，嵌放副绕组——短路铜环，通常称“罩极圈”。这类电动机依靠其结构上的这种特点形成“旋转磁场”，使转子启动。如果要改变电动机的转向，则需拆下定子上叶凸极铁芯，调转方向再装进去，也就是把罩极圈由一侧换到另一侧，电动机的旋向就会与原旋向相反，如图 3-46 所示。

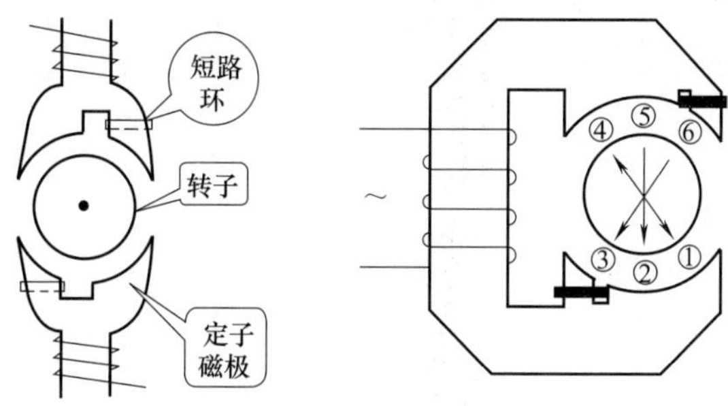

图 3-46 单相罩极式异步电动机的结构

3.3.5 单相异步电动机性能特点及应用

小功率电动机的性能特点及典型应用见表 3-17。

表 3-17 小功率电动机性能特点及典型应用

分类	产品名称	性能特点			功率范围/W	转速/(r/min)	典型应用
		力能指标	转速特点	其他			
异步电动机	小功率三相异步电动机	高	变化不大	可逆转	10～3700	3000 1500 1000	有三相电源的场合，如小型机床、泵、电钻、风机等
	单相电阻启动异步电动机	不高	变化不大	可逆转，启动电流大	60～370	3000 1500	低惯量、不常启动、转速基本不变的场合，如小车床、鼓风机、医疗器械等
	单相电容启动异步电动机	不高	变化不大	可逆转，启动电流中等	120～3700	3000 1500	驱动空压机、泵、制冷压缩机等要求重载启动的机械
	单相电容运转异步电动机	高	变化不大	噪声低不宜轻载运行	6～2200	3000 1500	对启动转矩要求不高、工作时间较长，并要求低噪声的场合，如风扇、电影放映机、清水泵、医疗器械等
	单相双值电容异步电动机	高	变化不大	噪声低	180～300	3000 1500	带负载启动及要求噪声低的场合，如泵、机床、食品机械、木工机械、农业机械、医疗器械等
	罩极异步电动机	低	变化不大	不能逆转	0.4～60	3000 1500	对启动转矩要求不高、工作时间较短的场合，如仪用风扇、电动模型、家用电动器具、搅拌器等
同步电动机	三相磁阻同步电动机	不高	恒定	可逆转	90～550	1500	用于功率较大的恒转速驱动，如摄影机、大型复印机、通信设备、纺织机械、医疗器械等
	单相磁阻同步电动机	不高	恒定	可逆转	60～250	1500	用于单相电源的恒速驱动，如复印机、传真机等
	三相磁滞同步电动机	较低	恒定	牵入同步性能好	6～80	3000 1500	自动记录装置、音响设备、陀螺仪表等的驱动
	单相磁滞同步电动机	较低	恒定	牵入同步性能好	0.6～60	3000 1500	录音机、自动记录装置、音响设备、陀螺仪表等的驱动
	三相异步启动永磁同步电动机	高	恒定	稳定性好	250～4000	3000 1500	恒速连续工作机械的驱动，如化纤、纺织机械等

续表

分类	产品名称	性能特点			功率范围/W	转速/(r/min)	典型应用
		力能指标	转速特点	其他			
同步电动机	单相异步启动永磁同步电动机	较高	恒定	稳定性好	0.15～6	250 375	恒速连续工作机械的驱动，如化纤、纺织机械等
	单相爪极式永磁同步电动机	低	恒定	低速	<3	50 375 500	低速及恒速的驱动，如转页式风扇、自动记录仪表定时器等
交流换向器电动机	单相串励电动机	高	转速高，调速易	机械特性软，应避免空载运行	8～1100	4000～12000	转速随负载大小变化或高速驱动，如电动工具、吸尘器、搅拌器等
	交直流两用电动机	高	转速高，可调速	在交直流两种电源下运行的性能基本接近，对电压波动适应范围大	80～700	190～13200	小功率电力传动及要求调速的设备使用，也可在要求不高的自动控制装置中作伺服电动机用
直流电动机	永磁直流电动机	高	可调速	机械特性硬	0.15～226	1500～3000 3000～12000 4000～40000	铝镍钴永磁直流电动机主要作工业仪器仪表、医疗设备、军用器械等精密小功率直流驱动。铁氧体永磁直流电动机广泛用于家用电器、汽车电器、医疗器械、工农业生产的小型器械驱动
	无刷直流电动机	高	调速范围宽	无火花，噪声小，抗干扰性强	0.5～60	3000～6000	要求低噪声、无火花的场合，如宇航设备、低噪声摄影机、精密仪器仪表等
	并（他）励直流电动机	高	易调速，转速变化率为5%～15%	机械特性硬	25～400	2000～4000	用于驱动在不同负载下要求转速变化不大和调速的机械，如泵、风机、小型机床、印刷机械等
	复励直流电动机	高	易调速，转速变化率与串联绕组有关，可达25%～30%	短时过载转矩大，约为额定转矩的3.5倍	100	3000	用于驱动要求启动转矩较大而转速变化不大或冲击性的机械，如压缩机、冶金辅助传动机械等
	串励直流电动机	高	转速变化率很大，空载转速高，调速范围宽	不许空载运行	850	1620～2800	用于驱动要求启动转矩很大，经常启动，转速允许有很大变化的机械，如蓄电池供电车、起货机等

3.3.6 单相异步电动机典型故障处理

单相异步电动机的维护与三相异步电动机相似，要经常注意电动机转速是否正常，能否正常启动，温升是否过高，声音是否正常，振动是否过大，有无焦味等。

单相异步电动机典型故障及处理方法见表3-18。

表 3-18 单相异步电动机典型故障及处理

序号	故障现象	故障原因	处理方法
1	电源电压正常，但通电后电动机不转	①定子绕组或转子绕组开路 ②离心开关触点未闭合 ③电容器开路或短路 ④轴承卡住 ⑤定子与转子相碰	①定子绕组开路可用万用表查找，转子绕组开路用短路测试器查找 ②检查离心开关触点、弹簧等，加以调整或修理 ③更换电容器 ④清洗或更换轴承 ⑤找出原因并处理
2	接通电源后熔丝熔断	①定子绕组内部接线错误 ②定子绕组匝间短路或对地短路 ③电源电压不正常 ④熔丝选择不当	①用指南针检查绕组接线 ②用短路测试器检查绕组是否匝间短路，用兆欧表测量绕组对地绝缘电阻 ③用万用表测量电源电压 ④更换合适的熔丝
3	运行时温度过高	①定子绕组匝间短路或对地短路 ②离心开关触点不断开 ③启动绕组与工作绕组接错 ④电源电压不正常 ⑤电容器变质或损坏 ⑥定子与转子相碰 ⑦轴承不良	①用短路测试器检查绕组是否匝间短路，用兆欧表测量绕组对地绝缘电阻 ②检查离心开关触点、弹簧等，加以调整或修理 ③测量两组绕组的直流电阻，电阻大者为启动绕组 ④用万用表测量电源电压 ⑤更换电容器 ⑥找出原因并处理 ⑦清洗或更换轴承
4	运行时噪声大或振动过大	①定子与转子轻度相碰 ②转轴变形或转子不平衡 ③轴承故障 ④电动机内部有杂物 ⑤电动机装配不良	①找出原因并处理 ②如无法调整，则需更换转子 ③清洗或更换轴承 ④拆开电动机，清除杂物 ⑤重新装配电动机
5	绝缘性能下降，外壳带电	①定子绕组在槽口处绝缘损坏 ②定子绕组端部与端盖相碰 ③引出线或接线处绝缘损坏与外壳相碰 ④定子绕组槽内绝缘损坏	①寻找绝缘损坏处，再用绝缘材料与绝缘漆加强绝缘 ②寻找绝缘损坏处，再用绝缘材料与绝缘漆加强绝缘 ③寻找绝缘损坏处，再用绝缘材料与绝缘漆加强绝缘 ④一般需重新嵌线

3.4 直流电动机及应用

3.4.1 直流电动机简介

直流电动机是将直流电能转换为机械能的电动机，因其良好的调速性能而在电力拖动中得到了广泛应用。在需要均匀调速的拖动中，例如龙门刨床、可调速的轧钢机、电车、高炉装料系统等都广泛采用直流电动机。在控制系统中，直流电动机应用也很广，如测速电动机、伺服电动机等。

(1) 直流电动机的基本结构

直流电动机主要由定子（固定的磁极）和转子（旋转的电枢）组成，如图 3-47 所示。定子的主要作用是产生主磁场；转子的主要作用是实现机械能和电能的转换。直流电动机的主要部件有机座、电枢、电刷和换向器等，各主要部件的组成及作用见表 3-19。

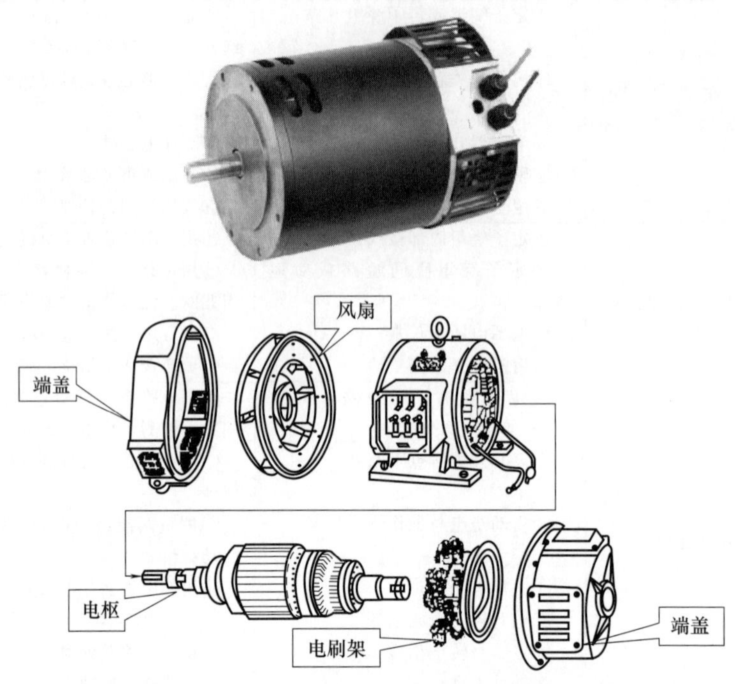

图 3-47　直流电动机结构分解图

表 3-19　直流电动机各主要部件的组成及作用

<table>
<tr><th>组成部分</th><th colspan="2">部　件</th><th>作　用</th></tr>
<tr><td rowspan="10">静止部分</td><td rowspan="2">定子</td><td>定子铁芯</td><td rowspan="2">定子的主要作用是产生主磁场</td></tr>
<tr><td>励磁线圈</td></tr>
<tr><td rowspan="2">换向磁极
（如图 3-48 所示）</td><td>换向磁极铁芯</td><td rowspan="2">减小直流电动机换向时电刷与换向器之间的火花</td></tr>
<tr><td>换向磁极绕组</td></tr>
<tr><td colspan="2">机座</td><td>①作为磁轭传导磁通，是磁路的一部分
②用来固定主磁极、换向磁极和端盖等部件
③借用机座的底脚把电机固定在基础上</td></tr>
<tr><td rowspan="4">电刷装置
（如图 3-49 所示）</td><td>电刷</td><td rowspan="4">连接转动的电枢电路和静止的外部电路</td></tr>
<tr><td>刷握</td></tr>
<tr><td>刷杆</td></tr>
<tr><td>连线</td></tr>
<tr><td rowspan="5">转动部分</td><td rowspan="2">电枢（又称转子）
（如图 3-50 所示）</td><td>电枢铁芯（又称转子铁芯）</td><td rowspan="2">实现机械能和电能的转换</td></tr>
<tr><td>电枢绕组</td></tr>
<tr><td colspan="2">换向器（如图 3-51 所示）</td><td>将外加直流电源转换为电枢线圈中的交变电流，使电磁转矩的方向恒定不变</td></tr>
<tr><td colspan="2">风扇</td><td>通风散热</td></tr>
<tr><td colspan="2">转轴</td><td>一般用圆钢加工而成，起转子旋转的支撑作用</td></tr>
<tr><td>其他部分</td><td colspan="2">转动部分还包括轴承等；静止部分还包括端盖等</td><td>①装有轴承支撑电枢转动
②保护电动机避免外界杂物落进
③维护人身安全，防止接触电动机内部器件</td></tr>
</table>

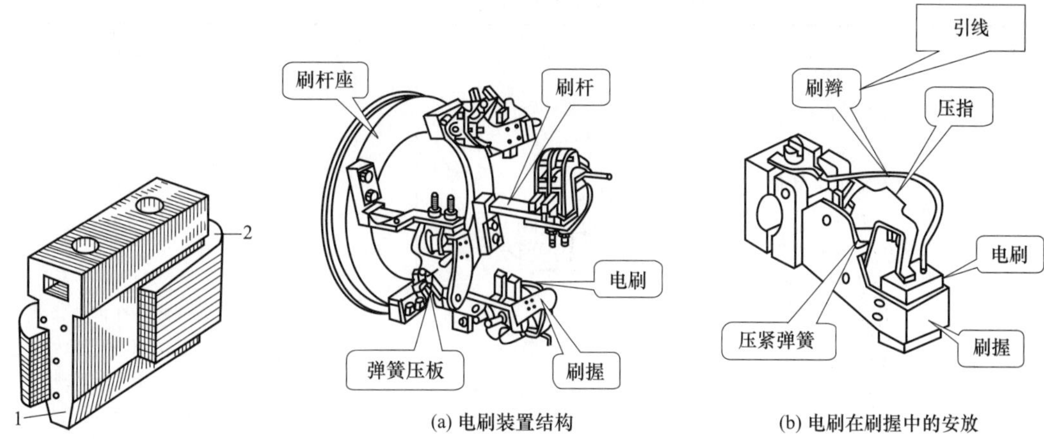

图 3-48 换向磁极

1—换向极铁芯；2—换向极绕组

图 3-49 电刷装置

(2) 直流电动机的种类及应用

直流电动机的励磁方式是指对励磁绕组如何供电、产生励磁磁通势而建立主磁场的问题。根据励磁方式的不同，直流电动机的分类情况见表 3-20。直流电动机的励磁方式不同，运行特性和适用场合也不同。

(3) 直流电动机出线端标记

国产直流电动机出线端标记见表 3-21。

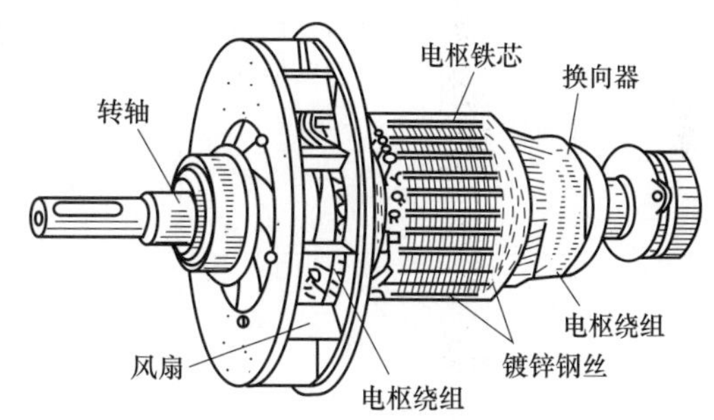

图 3-50 直流电动机转子结构图

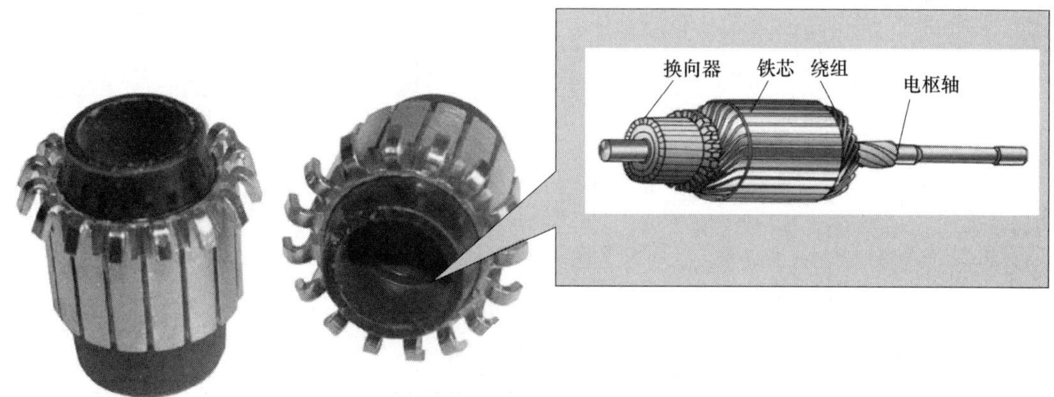

图 3-51 换向器

3.4.2 直流电动机的启动、制动和调速

(1) 直流电动机的启动

① 直流电动机启动的基本要求

a. 要有足够大的启动转矩。

b. 启动电流要在一定的范围内。

表 3-20 直流电动机的分类及应用

种类	结构说明	图示	主要性能特点	典型应用
他励直流电动机	励磁绕组由其他直流电源供电，与电枢绕组之间没有电的联系。永磁直流电动机也属于他励直流电动机，因其励磁磁场与电枢电流无关	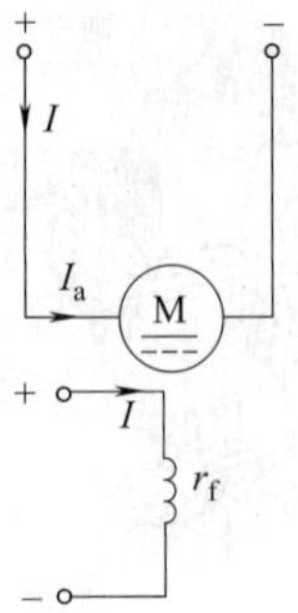	机械特性硬、启动转矩大、调速范围宽、平滑性好	调速性能要求高的生产机械，如大型机床（车、铣、刨、磨、镗）、高精度车床、可逆轧钢机、造纸机、印刷机等
并励直流电动机	励磁电压等于电枢绕组端电压，励磁绕组的导线细而匝数多。励磁绕组与电枢绕组并联	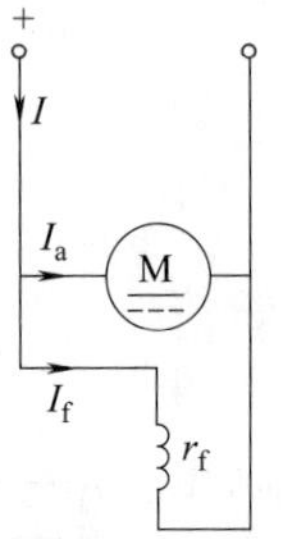		
串励直流电动机	励磁电流等于电枢电流，励磁绕组的导线粗而匝数较少。励磁绕组与电枢绕组串联	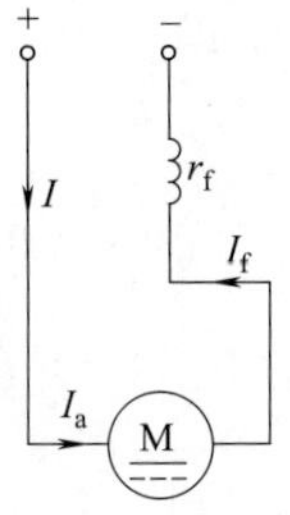	机械特性软、启动转矩大、过载能力强、调速方便	要求启动转矩大、机械特性软的机械，如电车、电气机车、起重机、吊车、卷扬机、电梯等
复励直流电动机	每个主磁极上套有两套励磁绕组，一个与电枢绕组并联，称为并励绕组，一个与电枢绕组串联，称为串励绕组。两个绕组产生的磁动势方向相同时称为积复励，两个磁势方向相反时称为差复励，通常采用积复励方式	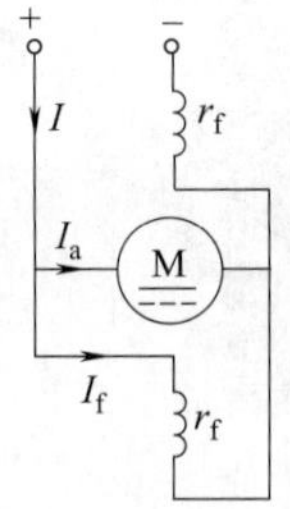	机械特性硬度适中、启动转矩大、调速方便	

表 3-21 国产直流电动机出线端标记

绕组名称	出线端标记		绕组名称	出线端标记	
	始端	末端		始端	末端
电枢绕组	A_1 或 S_1	A_2 或 S_2	并励绕组	E_1 或 B_1	E_2 或 B_2
换向极绕组	B_1 或 H_1	B_2 或 H_2	他励绕组	F_1 或 T_1	F_2 或 T_2
串励绕组	D_1 或 C_1	D_2 或 C_2			

c. 启动设备要简单、可靠。

② 直流电动机的启动方式　直流电动机的启动方式有三种，见表 3-22。

表 3-22 直流电动机的启动方式

启动方式	说明	图示
全压启动	直接将电动机接在额定电压的电源上进行启动，在启动的过程中无限流、降压措施的启动方式称作全压启动 启动前先合上励磁开关 S_1，建立主磁场；然后合上开关 S_2，使电动机直接启动 全压启动方法只适用于功率为 1～2kW 的小功率直流电动机	
串电阻启动	采用在电枢电路中串电阻启动，由于其启动设备简单、经济和可靠，同时可以做到平滑快速启动，因而得到了广泛应用 对于不同类型和规格的直流电动机，对启动电阻的级数要求也不尽相同，启动电阻阻值的大小需通过精确的计算 在启动过程中，要保证切除外加电阻时电枢的电流不超过限定值，应采用随着转速的上升，逐级切除电阻，完成电动机的分级启动	
降压启动	当直流电源电压可调时，可以采用降压方法启动。启动时降低电源电压，启动电流将随电压的降低而成正比减小，电动机启动后，再逐步提高电源电压，使电磁转矩维持在一定数值，保证电动机按需要的加速度升速 降压启动需要专用电源，设备投资较大，但它启动电流小，升速平稳，并且启动过程中能量消耗也小，因而得到了广泛应用。对于需要经常启动的大容量电动机，常常采用降压启动的方法	

（2）直流电动机的制动

直流电动机的制动分机械制动和电气制动两种，这里只讨论电气制动。所谓电气制动，就是指使电动机产生一个与转速方向相反的电磁转矩起到阻碍运动的作用。

直流电动机的制动可分为能耗制动、反接制动和回馈制动。

① 能耗制动　能耗制动将直流电动机运行时的动能消耗在外加电阻上，使其转子很快停止运转的方法。能耗制动的特点是操作简便，制动转矩可以进行调节，可使生产机械准确地停在某一位置，但低速时，制动转矩小，拖长了制动时间。为了使电动机更快地停转，可在低速时，再加上机械制动。

能耗制动方法依被制动直流电动机是他励还是串励而有所不同。

如图 3-52 所示为直流电动机能耗制动电路。制动时，按下停止按钮 SB_2，接触器 KM_1 失电释放，其动断触点接通，电压继电器 KV 获电动作，其动合触点闭合，使制动接触器 KM_2 获电动作，将制动电阻 R 并联在电枢两端，这时因励磁电流方向未变，电动机产生的转矩为制动转矩，使电动机迅速停转。当电枢反电势低于电压继电器 KV 释放电压时，KV 释放，使 KM_2 失电释放，制动过程结束。

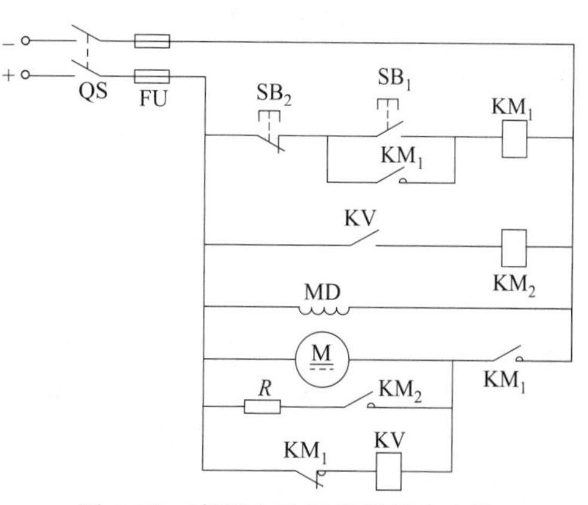

图 3-52　直流电动机能耗制动电路

② 反接制动　反接制动分为电枢电压反向反接制动和倒拉反接制动。

当直流电动机在正向运转需要停止运行时，在切断直流电动机电源后，立即在直流电动机的电枢中通入反转的电流；而直流电动机在反向运转需要停止运行时，在切断直流电动机电源后，立即在直流电动机的电枢中通入正转的电流，从而达到使直流电动机在正、反转的情况下立即停车的目的。

并励直流电动机双向反接制动控制电路原理图如图 3-53 所示。在图中，当合上电源总开关 QS 时，断电延时时间继电器 KT_1、KT_2，电流继电器 KA 通电闭合；当按下正转启动按钮 SB_1 时，接触器 KM_1 通电闭合，直流电动机 M 串电阻 R_1、R_2 启动运转；经过一定时间，接触器 KM_6 闭合，切除电阻 R_1，直流电动机 M 串电阻 R_2 继续启动运转；又经过一定时间，接触器 KM_7 通电闭合，切除电阻 R_2，直流电动机全速全压运行，电压继电器 KV 闭合，继而接触器 KM_4 通电闭合，完成正转启动过程。

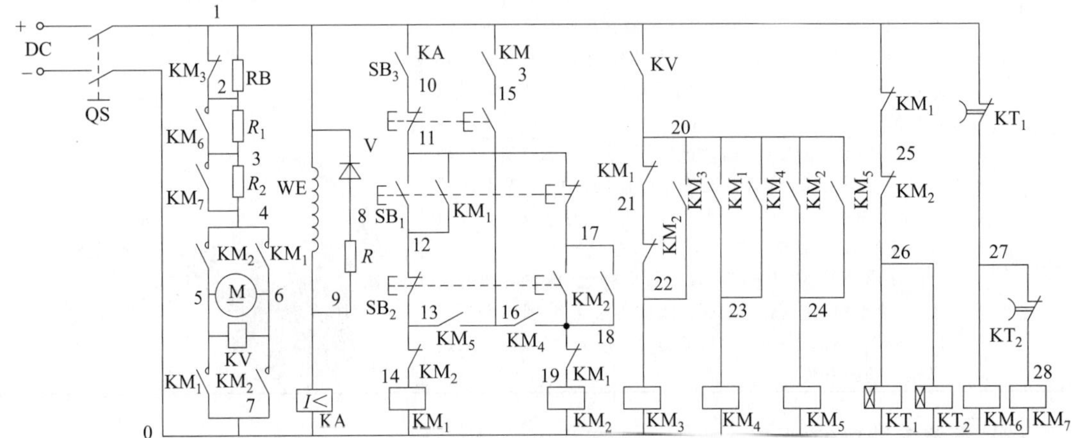

图 3-53　并励直流电动机双向反接制动控制电路原理图

③ 回馈制动　回馈制动也叫发电制动，当电动机励磁不变时，由于电动机的负载发生变化，从而使电动机的实际转数大于理想的空载转数，当转数增大到一定程度时电源电压小于电枢反电势，使电流改变方向，于是电动机作为发电机运行。

回馈制动过程中，将机组的动能转变成电能回馈给电网，因此比较经济。这种制动常出现在由直流电动机拖动的电力机车下坡或调压调速过程中。

(3) 直流电动机的调速

直流电动机的调速方法有三种，即在电枢中串入电阻调速、改变电枢电压调速和改变电动机主磁通调速，见表 3-23。

表 3-23　直流电动机调速及应用

调速方法	应用
在电枢中串入电阻调速	设备简单，但调速是有级的，调速的平滑性很差 这种调速方法近来在较大容量的电动机上很少使用，只是在调速平滑性要求不高、低速工作时间不长、电动机容量不大、采用其他调速方法又不值得的地方采用这种调速方法
改变电枢电压调速	①调节的平滑性较高，可以得到任何所需要的转速 ②理想空载转速随外加电压的平滑调节而改变，调速的范围相对较大 ③可以靠调节电枢两端电压来启动电动机而不用另外添加启动设备 ④这种调速方法的主要缺点是需要独立可调的直流电源，因而初投资相对较大 由于这种调速方法具有调速平滑、特性硬度大、调速范围宽等特点，使这种调速方法具备良好的应用基础，在冶金、机床、矿井提升以及造纸机等方面得到了广泛应用
改变电动机主磁通调速	这种调速方法是恒功率调节，适于恒功率性质的负载。这种调速方法是改变励磁电流，所以损耗功率极小，经济效果较高 由于控制比较容易，可以平滑调速，因而在生产中可得到广泛应用

3.4.3 直流电动机的使用与维护

(1) 直流电动机的选用

合理地选择电动机是正确使用的先决条件。选择恰当，电动机就能安全、经济、可靠地运行；选择得不合适，轻者造成浪费，重者烧毁电动机。在不同使用场合，要依据直流电动机的特性来合理选用电动机。

① 并励式直流电动机基本上是一种恒定转速的电动机，因此在需要转速稳定的场所，如金属切削机床、球磨机等，应选用并励式直流电动机。

② 串励式直流电动机启动转矩大、过载能力强，基本上是恒功率电动机，但转速随负载变化明显，负载转矩增大时转速会自动下降。城市无轨电车、叉车、起重机、电梯等，可选用串励式直流电动机。

③ 以并励为主的复励式直流电动机转速变化不大，且有较大的启动转矩，主要用于冲床、刨床、印刷机等。

④ 以串励为主的复励式直流电动机具有与串励式电动机相近的特性，但没有“飞车”危险，常用于吊车、电梯中。

(2) 直流电动机使用前的检查

① 用压缩空气或手动吹风机吹净电动机内部灰尘、电刷粉末等，清除污垢杂物。

② 拆除与电动机连接的一切接线，用绝缘电阻表测量绕组对机座的绝缘电阻。若小于0.5MΩ，应进行烘干处理，测量合格后再将拆除的接线恢复。

③ 检查换向器的表面是否光洁，如发现有机械损伤或火花灼痕应进行必要的处理。

④ 检查电刷是否严重损坏，刷架的压力是否适当，刷架的位置是否位于标记的位置。

⑤ 根据电动机铭牌检查直流电动机各绕组之间的接线方式是否正确，电动机额定电压与电源电压是否相符，电动机的启动设备是否符合要求，是否完好无损。

(3) 直流电动机的使用

① 直流电动机在直接启动时因启动电流很大，这将对电源及电动机本身带来极大的影响。因此，除功率很小的直流电动机可以直接启动外，一般的直流电动机都要采取减压措施来限制启动电流。

② 当直流电动机采用减压启动时，要掌握好启动过程所需的时间，不能启动过快，也不能过慢，并确保启动电流不能过大（一般为额定电流的1～2倍）。

③ 在电动机启动时就应做好相应的停车准备，一旦出现意外情况时应立即切除电源，并查找故障原因。

④ 在直流电动机运行时，应观察电动机转速是否正常，有无噪声、振动等，有无冒烟或发出焦臭味等现象，如有应立即停机查找原因。

⑤ 注意观察直流电动机运行时电刷与换向器表面的火花情况。直流电动机在运行时，在电刷与换向器接触的地方，往往会因为换向而产生火花，按照国家技术标准规定，直流电动机的火花分为五个等级，见表3-24。在直流电动机从空载到额定负载运行的所有情况下，换向器上的火花等级不应超过$1\frac{1}{2}$级；在短时过电流或短时过转矩时，火花不应超过2级；在直接启动或逆转的瞬间，如果换向器与电刷的状态仍能适用于以后的工作，允许火花为3级。当火花超过上述限度时，便会使电刷与换向器损坏。

⑥ 串励电动机在使用时，应注意不允许空载启动，不允许用带轮或链条传动；并励或他励电动机在使用时，应注意励磁回路绝对不允许开路，否则都可能因电动机转速过高而导致严重后果的发生。

表 3-24 直流电动机火花等级

火花等级	电刷下火花程度	换向器及电刷的状态	允许运行方式
1 级	无火花	换向器上没有黑痕；电刷上没有灼痕	允许长期连续运行
$1\frac{1}{4}$级	电刷边缘仅小部分有微弱的点状火花或有非放电性的红色小火花		
$1\frac{1}{2}$级	电刷边缘大部分或全部有轻微的火花	换向器上有黑痕出现，用汽油可以擦除；在电刷上有轻微灼痕	
2 级	电刷边缘大部分或全部有较强烈的火花	换向器上有黑痕出现，用汽油不能擦除；同时电刷上有灼痕 短时出现这一级火花，换向器上不出现灼痕，电刷不致烧焦或损坏	仅在短时过载或有冲击负载时允许出现
3 级	电刷的整个边缘有强烈的火花，即环火，同时有大火花飞出	换向器上有黑痕且相当严重，用汽油不能擦除；同时电刷上有灼痕 如在这一级火花短时运行，则换向器上将出现灼痕，电刷将被烧焦或损坏	仅在直接启动或逆转的瞬间允许出现，但不得损坏换向器及电刷

(4) 直流电动机的常见故障及排除

直流电动机的常见故障及排除见表 3-25。

表 3-25 直流电动机的常见故障及排除

故障现象	可 能 原 因	排 除 方 法
不能启动	①电源无电压 ②励磁回路断开 ③电刷回路断开 ④有电源但电动机不能转动	①检查电源及熔断器 ②检查励磁绕组及启动器 ③检查电枢绕组及电刷换向器接触情况 ④负载过重或电枢被卡死或启动设备不合要求，应分别进行检查
转速不正常	①转速过高 ②转速过低	①检查电源电压是否过高，主磁场是否过弱，电动机负载是否过轻 ②检查电枢绕组是否有断路、短路、接地等故障；检查电刷压力及电刷位置；检查电源电压是否过低及负载是否过重；检查励磁绕组回路是否正常
电刷火花过大	①电刷不在中性线上 ②电刷压力不当或与换向器接触不良或电刷磨损或电刷型号不对 ③换向器表面不光滑或云母片凸出 ④电动机过载或电源电压过高 ⑤电枢绕组或磁极绕组或换向极绕组故障 ⑥转子动平衡未校正好	①调整刷杆位置 ②调整电刷压力、研磨电刷与换向器接触面、替换电刷 ③研磨换向器表面、下刻云母槽 ④降低电动机负载及电源电压 ⑤分别检查原因 ⑥重新校正转子动平衡
过热或冒烟	①电动机长期过载 ②电源电压过高或过低 ③电枢、磁极、换向极绕组故障 ④启动或正、反转过于频繁	①更换功率较大的电动机 ②检查电源电压 ③分别检查原因 ④避免不必要的正、反转
机座带电	①各绕组绝缘电阻太低 ②出线端与机座相接触 ③各绕组绝缘损坏造成对地短路	①烘干或重新浸漆 ②修复出线端绝缘 ③修复绝缘损坏处

3.5 伺服电动机及其应用

3.5.1 伺服电动机简介

(1) 伺服电动机的功能及作用

我们平常看到的普通的电动机，断电后它还会因为自身的惯性再转一会儿，然后停下。而伺服电动机可以做到说停就停，说走就走，反应极快。

伺服电动机是指在伺服系统中控制机械元件运转的微特电动机，其功能是把输入的电压信号变换成为电动机轴上的角位移或角速度输出，在控制系统中常作为执行元件，所以伺服电动机又称执行电动机。

伺服电动机的最大特点是可控性，改变输入电压的大小和方向就可以改变转轴的转速和转向。伺服电动机在封闭的环里面使用，它随时把信号传给系统，同时利用系统给出的信号来修正自己的运转。因此，伺服电动机可使控制速度及位置精度非常准确。

伺服电动机也可用单片机来控制。

(2) 伺服电动机的类型

伺服电动机的工作电源种类可分为交、直流两大类。直流伺服电动机按结构及工作原理又分为有刷和无刷电动机，交流伺服电动机还可分为单相电动机和三相电动机。

(3) 自动控制系统对伺服电动机的要求

自动控制系统对伺服电动机的要求有以下四个方面。

① 无自转现象（控制电压为零时，应迅速自停）。

② 大斜率的机械特性，宽转速范围内稳定运行。

③ 线性的机械特性和调节特性，以保精度。

④ 快速响应性好。

(4) 伺服电动机的应用领域

伺服电动机的应用领域很多，只要是要有动力源的，而且对精度有要求的一般都可能涉及伺服电动机。如机床、印刷设备、包装设备、纺织设备、激光加工设备、机器人、自动化生产线等对工艺精度、加工效率和工作可靠性等要求相对较高的设备。

3.5.2 直流伺服电动机

(1) 直流伺服电动机的优缺点

① 优点：精确的速度控制，转矩速度特性很硬，原理简单，使用方便，价格较低。

② 缺点：电刷换向，速度限制，附加阻力，产生磨损微粒（对于无尘室）。

(2) 直流伺服电动机的结构

直流伺服电动机的工作原理、基本结构及内部电磁关系与一般用途的直流电动机相同。直流伺服电动机有电磁式和永磁式两种，其结构如图 3-54 所示。电磁式直流伺服电动机在定子的励磁绕组上用直流电流进行励磁；永磁式直流伺服电动机采用永久磁铁作磁极（省去了励磁绕组）。

(3) 直流伺服电动机的控制方式

直流伺服电动机的控制方式有改变电枢电压的电枢控制和改变磁通的磁场控制两种。

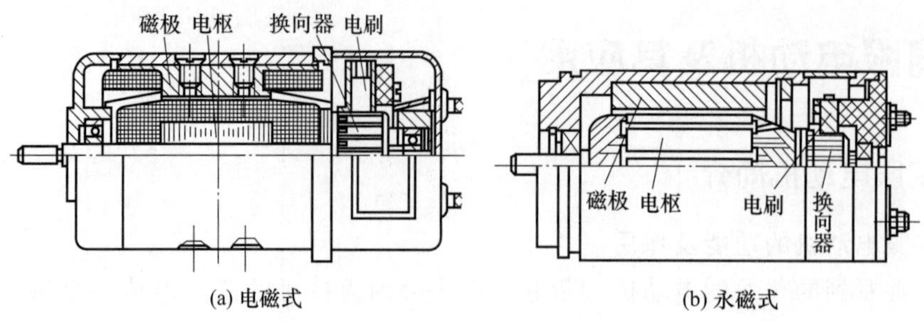

(a) 电磁式 (b) 永磁式

图 3-54 直流伺服电动机的结构

电枢控制具有机械特性和控制特性线性度好，而且特性曲线为一组平行线，空载损耗较小，控制回路电感小，响应迅速等优点，所以自动控制系统中多采用电枢控制。磁场控制只用于小功率电动机。

直流伺服电动机的调速方式有晶闸管相控整流器和大功率晶体管斩波器（PWM 调速单元）两种。

(4) 直流伺服电动机的选用

选用直流伺服电动机，要注意选择电动机的额定电压、额定转矩、额定转速及机座号等参数，并确定其型号。对于特殊用途电动机还要注明使用条件和特殊要求等。

直流伺服电动机的品种和规格很多，为便于选用，表 3-26 介绍了国产品种的伺服电动机名称、性能特点、应用范围和应用说明。

表 3-26 国产直流伺服电动机的选用

序号	电动机名称	性能特点	应用范围	应用说明
1	电磁式直流伺服电动机	电动机的磁场由直流电励磁，需要直流电源，磁通不随时间变化，但是受温度的影响	可用作中、大功率直流伺服系统的执行元件，适用于要求快速响应的伺服系统	若采用电枢控制方法，要特别注意在使用时首先要接通励磁电源，然后才能加电枢电压，避免长时间电枢电流过大而烧坏电动机 在电动机启动和运行过程中，绝对要避免励磁绕组断线以免电枢电流过大和造成“飞车”事故
2	永磁式直流伺服电动机	磁极由永久磁钢制成，无需直流励磁电源，只是磁性随时间而退化。机械特性和调节特性线性度好；机械特性下垂，在整个调速范围内都能稳定运行，气隙小，磁通密度高，单位体积输出功率大、精度高，电枢齿槽效应会引起转矩脉动，运行基本平稳；电枢电感大，高速换向困难	可用作小功率一般直流伺服系统的执行元件，但不适合于要求快速响应的系统	由于永磁式直流伺服电动机磁极是采用永久磁钢制成的，所以永磁材料性能的好坏直接影响永磁电动机运行的可靠性 在安装和使用这类电动机时，要注意防止剧烈振动和冲击；同时尽量不与热源（例如功放管）和铁磁性物质相接触，否则也会引起磁性衰退，从而影响电动机的永磁材料性能
3	直流力矩电动机	除具有永磁式直流伺服电动机的特点外，还具有的特点为：精度较高，输出功率大，能在低速下长期稳定运行，甚至可以堵转运行；响应速度快、转矩和转速波动小；运行可靠，维护方便，机械噪声小	它和直流测速发电机配合可用于高精度的低速系统，还可作高精度位置和低速随动系统中的执行元件	可用作较大功率的伺服系统的驱动及执行元件
4	空心杯电枢直流伺服电动机	由于电枢比较轻，转动惯量极低，机电时间常数小；电枢电感小，电磁时间小，无齿槽效应，转矩波动小，运行平衡，换向良好，噪声低；机械特性和调节特性线性度好，机械特性下垂，气隙大，单位体积的输出功率小	适用于快速响应的伺服系统	用于小功率（10W 以下）设备，可用干电池供电，用于便携式仪器

3.5.3 交流伺服电动机

(1) 交流伺服电动机简介

长期以来，在要求调速性能较高的场合，一直占据主导地位的是应用直流电动机的调速系统。但直流伺服电动机都存在一些固有的缺点，如电刷和换向器易磨损，需经常维护；换向器换向时会产生火花，使电动机的最高速度受到限制，也使应用环境受到限制，而且直流伺服电动机结构复杂，制造成本高。而交流伺服电动机没有上述缺点，且转子惯量较直流伺服电动机小，使得动态响应更好。在同样体积下，交流伺服电动机输出功率可比直流伺服电动机提高10%～70%，此外，交流伺服电动机的容量可比直流电动机的容量大，达到更高的电压和转速。现代数控机床都倾向采用交流伺服驱动，交流伺服驱动已有取代直流伺服驱动的趋势。

交流伺服电动机的输出功率一般是0.1～100W。当电源频率为50Hz，电压有36V、110V、220V、380V；当电源频率为400Hz，电压有20V、26V、36V、115V等多种。

(2) 交流伺服电动机的种类

交流伺服电动机可分为同步电动机和异步电动机。

① 同步型交流伺服电动机虽较感应电动机复杂，但比直流电动机简单。它的定子与感应电动机一样，都在定子上装有对称三相绕组。而转子却不同，按不同的转子结构又分电磁式及非电磁式两大类。非电磁式又分为磁滞式、永磁式和反应式多种，数控机床中多用永磁式同步电动机。

② 异步型交流伺服电动机指的是交流感应电动机。它有三相和单相之分，也有笼式和线绕式，通常多用笼式三相感应电动机。优点是结构简单，与同容量的直流电动机相比，质量轻1/2，价格仅为直流电动机的1/3。缺点是不能经济地实现范围很广的平滑调速。

(3) 交流伺服电动机的结构

交流伺服电动机的结构主要可分为两部分，即定子部分和转子部分。其中定子的结构与电容分相式单相异步电动机相似，在定子铁芯中也安放着空间互成90°电角度的两相绕组。一个是励磁绕组，它始终接在交流电压上；另一个是控制绕组，连接控制信号电压，如图3-55所示。

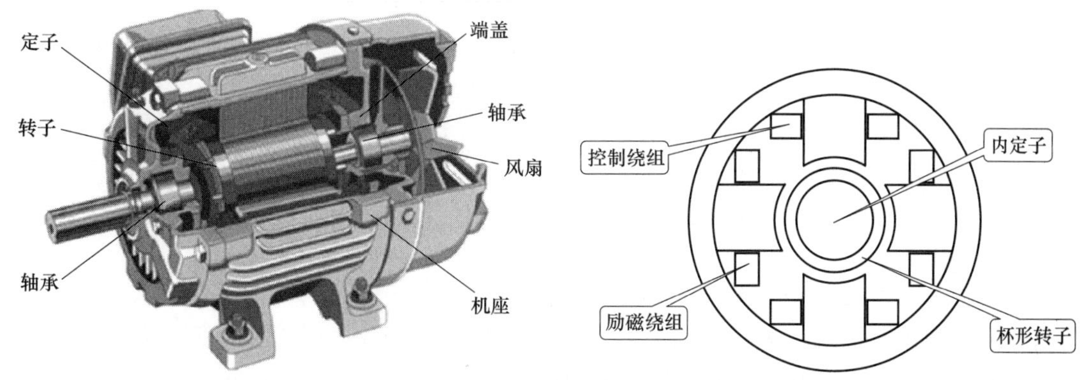

图3-55 交流伺服电动机的结构

交流伺服电动机的定子部分与异步电动机类似。交流伺服电动机的转子有以下两种结构形式，见表3-27。

表 3-27 交流伺服电动机的转子结构形式

结构形式	说明
笼型转子	与三相异步电动机的笼型转子相似，其笼型转子的导条采用高电阻率的导电材料制造；且电动机做成细长型，以减小转子的转动惯量
空心杯转子	空心杯转子位于内外绕组之间，通常用非磁性材料（如铜、铝或铝合金）制成。 在电动机旋转磁场的作用下，杯形转子内感应产生涡流与主磁场作用产生电磁转矩，使杯形转子转动

(4) 交流伺服电动机的选用

一旦伺服系统要求确定后，无论选择何种形式的伺服电动机，首先要考虑的是选择多大的电动机合适，主要考虑负载的物理特性，包括负载转矩、惯量等。在伺服电动机中，通常以转矩或者力来衡量电动机大小，所以首先要计算出折算到电动机轴端负载转矩或者力的大小，计算出转矩以后需要留出一部分余量。选用时一般遵循以下原则：

① 电动机最大转速>系统所需的最高移动转速。

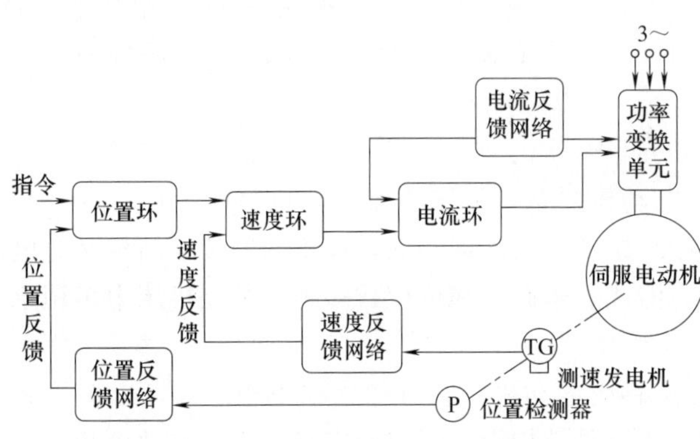

图 3-56 位置、速度、电流三环结构示意图

② 电动机的转子惯量与负载惯量相匹配。

③ 连续负载工作扭力≤电动机额定扭力。

④ 电动机最大输出扭力>系统所需最大扭力（加速时扭力）。

(5) 交流伺服电动机在机床进给伺服中的应用

机床进给伺服系统常常采用交流伺服电动机来控制，位置、速度、电流三环结构示意图如图 3-56 所示。

3.6 步进电动机及其应用

3.6.1 步进电动机简介

(1) 步进电动机的作用

步进电动机是将电脉冲激励信号转换成相应的角位移或线位移的离散值控制电动机，这种电动机每当输入一个电脉冲就动一步，所以又称脉冲电动机。

步进电动机主要用于数字控制系统中，精度高，运行可靠。如采用位置检测和速度反馈，亦可实现闭环控制。步进电动机已广泛地应用于数字控制系统中，如数模转换装置、数控机床、计算机外围设备、自动记录仪、钟表等之中，另外在工业自动化生产线、印刷设备等中亦有应用。

(2) 步进电动机的优缺点

步进电动机的优点是没有累积误差，结构简单，使用维修方便，制造成本低，步进电动机带动负载惯量的能力大，适用于中小型机床和速度精度要求不高的地方。

步进电动机的缺点是效率较低，发热大，有时会“失步”。

(3) 步进电动机的种类

步进电动机分为机电式、磁电式及混合式三种基本类型，见表 3-28。

表 3-28 步进电动机的种类

种类	说 明
机电式	转子为软磁材料，无绕组，定、转子开小齿，应用最广泛
磁电式	转子为永磁材料，转子的极数和每相定子极数相同，不开小齿，步距角较大，力矩较大
混合式	转子为永磁式，开小齿。混合式的转矩大、动态性能好、步距角小，但结构复杂，成本较高

(4) 步进电动机的结构

如图 3-57 所示，步进电动机主要由定子和转子构成，均由磁性材料构成，分别有 6 个、4 个磁极等。定子的 6 个磁极上有控制绕组，两个相对的磁极组成一相。

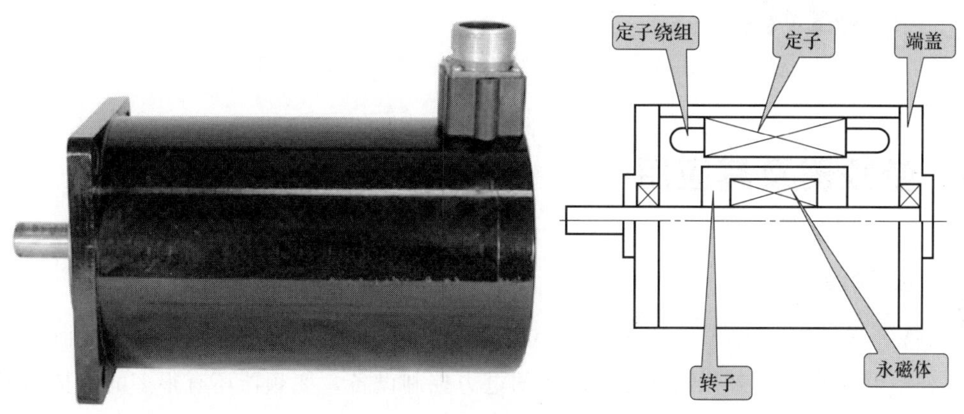

图 3-57 步进电动机的结构

3.6.2 步进电动机的应用

采用脉冲信号控制的方法，通过改变脉冲频率的高低，可以在较大范围内调节电动机的转速，并能实现快速启动、制动、反转，而且具有自锁能力，不需要机械制动装置。

步进电动机的使用至少需要两个方面的配合：一是电脉冲信号发生器，它按照给定的设置重复为步进电动机输送电脉冲信号，目前这种信号大多数由可编程控制器或单片机来完成；二是驱动器（信号功率放大器），它除了对电脉冲信号进行放大、驱动步进电动机转动以外，还可以通过它改善步进电动机的使用性能，如图 3-58 所示。

例如，在经济型数控机床中，用步进电动机驱动的开环伺服系统，具有结构简单、容易调整的特点。步进电动机可以将进给脉冲转换为具有一定方向、大小和速度的机械角位移，带动工作台移动。

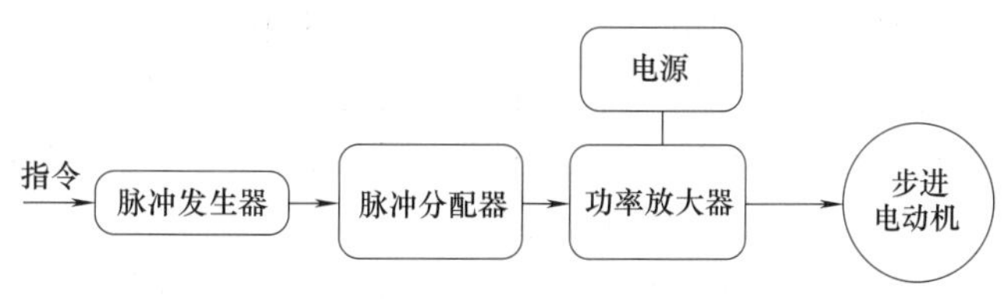

图 3-58 步进电动机开环控制结构示意图

又如，在连续工作的包装机中，步进电动机是连续转动的，包装膜被均匀地连续输送，当改变包装袋长时，只需通过拨码开关就可以实现。

第4章 变频器、PLC和软启动器及应用

4.1 变频器及其应用

4.1.1 变频器简介

变频器（Variable-frequency Drive，VFD）是应用变频技术与微电子技术，通过改变电动机工作电源频率方式来控制交流电动机的电力控制设备，变频器还有很多的保护功能，如过流、过压、过载保护等，因而得到了非常广泛的应用。

交流电动机变频调速已成为当代电动机调速的潮流，它以体积小、重量轻、转矩大、精度高、功能强、可靠性高、操作简单、便于通信等功能，优于以往的任何调速方式，如：变极调速、调压调速、滑差调速等等，因而在各行各业，如有色、石油、石化、化纤、纺织、电力、机械、建材、煤炭、医药、造纸、注塑、卷烟、吊车、城市供水、中央空调及污水处理行业得到了普遍应用。

由于变频器的优异功能，目前变频器的应用已由工厂扩展到了社区酒店、商厦和写字楼，如音乐喷泉、无塔供水、中央空调都用了不少变频器，而且变频器的用量还将不断增加，有相当大的市场潜力。

(1) 变频器的作用

变频器是利用电力半导体器件的通断作用，将50/60Hz工频交流电转换成电压、频率均可变的适合交流电动机调速的电力电子变换装置，英文简称VVVF。

变频器能实现对交流异步电动机的软启动、变频调速、提高运转精度、改变功率因数、过流/过压/过载保护等功能。

变频器的作用主要是调整电动机的功率、实现电动机的变速运行，以达到省电的目的。同时变频器还可以降低电力线路电压波动，因为电压下降将会导致同一供电网络中的电压敏感设备故障跳闸或工作异常。采用了变频器后，电动机能在零频零压时逐步启动，这样能最大限度地消除电压下降，发挥更大的优势。

(2) 变频调速的优缺点

① 变频调速的优点　变频器是工控系统的重要组成设备，安装在电动机的前端以实现调速和节能。变频器的控制对象是三相交流异步电动机和三相交流同步电动机，标准适配电动机极数是2/4极。变频调速具有以下优点。

a. 平滑软启动，降低启动冲击电流，减少变压器占有量，确保电动机安全。

b. 在机械允许的情况下，可通过提高变频器的输出频率，提高工作速度。

c. 真正的无级调速，调速精度大大提高。

d. 电动机正反向不需要通过接触器切换。

e. 非常方便接入通信网络控制，实现生产自动化控制。

② 变频调速的缺点

a. 从目前看，变频器的初投资太高，是应用于泵或风机调速节能中的主要障碍。但随着电子技术的发展，产品成本逐步提高，其应用前景日益广阔。

b. 因变频器输出的电流或电压的波形为非正弦波而产生的高次谐波，对电动机及电源会产生种种不良影响。若采用 PWM 型变频器或采用多重化技术的电流型变频器，则这个问题可以得到大大的改善。

(3) 变频器的分类

变频器的分类方法很多，常用的分类方法见表 4-1。

表 4-1 变频器的分类

<table>
<tr><th>分类方法</th><th colspan="2">种 类</th></tr>
<tr><td rowspan="2">按变换的环节分</td><td>交-交变频器</td><td>将工频交流直接变换成频率电压可调的交流，又称直接式变频器</td></tr>
<tr><td>交-直-交变频器</td><td>先把工频交流通过整流器变成直流，然后再把直流变换成频率电压可调的交流，又称间接式变频器，是目前广泛应用的通用型变频器</td></tr>
<tr><td rowspan="2">按直流电源性质分</td><td>电流型变频器</td><td>电流型变频器的特点是中间直流环节采用大电感作为储能环节，缓冲无功功率，即扼制电流的变化，使电压接近正弦波，由于该直流内阻较大，故称电流源型变频器（电流型）。电流型变频器的优点是能扼制负载电流频繁而急剧的变化，常用于负载电流变化较大的场合</td></tr>
<tr><td>电压型变频器</td><td>电压型变频器的特点是中间直流环节的储能元件采用大电容，负载的无功功率将由它来缓冲，直流电压比较平稳，直流电源内阻较小，相当于电压源，故称电压型变频器，常用于负载电压变化较大的场合</td></tr>
</table>

(4) 变频器的组成及基本原理

变频器由主电路和控制电路两大部分组成，如图 4-1 所示。主电路包括二极管整流模块、滤波器（电容器）、制动器以及 IGBT（绝缘栅双极晶体管）逆变器等，控制电路包括单片机系统、驱动保护电路、故障信号检测电路以及操作与显示电路等。

① 变频器主电路的基本原理　整流电路与三相交流电源相连接，先将固定的交流电整流成脉动的直流电，再将直流电逆变成频率连续可调的交流电，这就是变频器的基本工作原理。

整流电路有两种类型，由晶闸管组成的可控整流电路和由二极管组成的不可控整流电路。图 4-1 所示的整流电路属于不可控整流电路。

a. 交流/直流（AC/DC）变换。三相交流电从 R、S、T 端输入，经 $VD_1 \sim VD_6$ 组成的三相桥式整流电路整流后成为脉动的电信号，再经阻容滤波电路滤波后成为直流电。图中，R_1 为限流电阻，它在电容器充电的瞬间发挥作用，使电容器的充电电流限制在允许范围内。当滤波电容器充电到一定量时，电子开关 VS 导通，将 R_1 短路，电路继续工作。

b. 直流/交流（DC/AC）变换。$VT_1 \sim VT_6$ 组成三相逆变桥路，将 $VD_1 \sim VD_6$ 整流后的直流电再变换成频率可调的交流电（称之为逆变），这是变频器的核心所在。图中，$VD_8 \sim VD_{13}$ 可为感性负载的无功电流返回直流电源提供通道，还可为电动机频率下降或再生制动所产生的电流进行整流并馈送给直流电路。每个逆变三极管的 c、e 极之间还设有缓

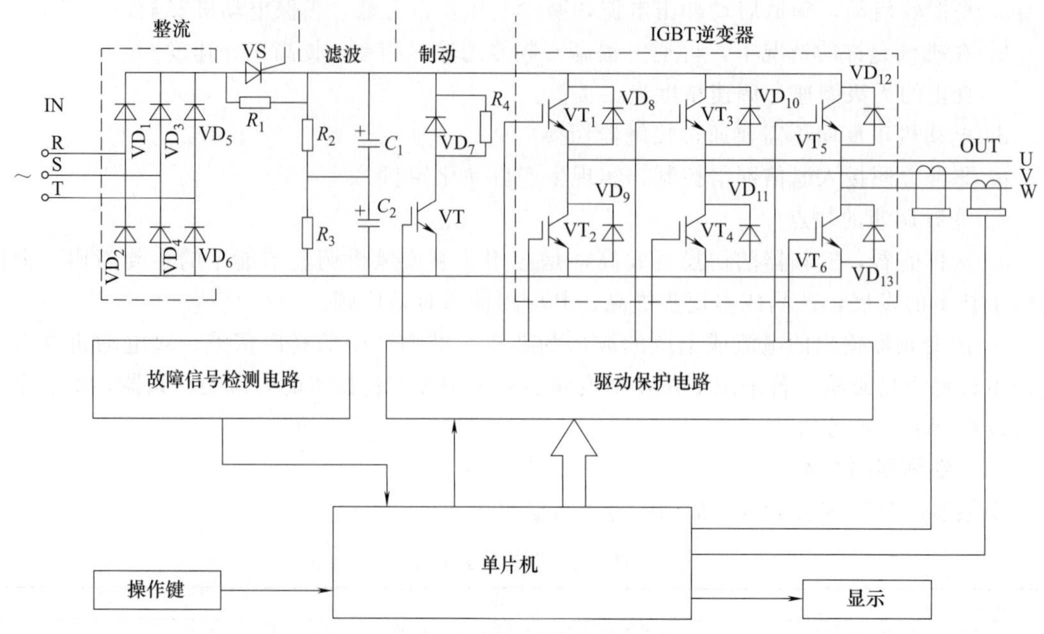

图 4-1　变频器原理框图

冲电路，图中均省略。

c. 制动电路。电动机在工作频率下降的过程中将处于再生制动状态，拖动系统的动能反馈到直流电路中，使直流电压不断上升，甚至到达损坏变频器的地步。为此，在电路中设置了制动电阻 R_4 和制动单元 VT。制动电阻可以消耗掉多余的能量，使得直流电压保持在许可范围内；制动单元 VT 为放电电流流经 R_4 提供通路。

② 变频器控制电路的基本原理　U/f 控制是在改变频率的同时控制变频器输出电压，使电动机磁通保持一定，在较宽的调速范围内，电动机的转矩、效率、功率因数不下降。因为是控制电压（U）和频率（f）的比，所以称为 U/f 控制。市场上把这类变频器称为 VVVF，表示变压变频之意。

作为变频器调速控制方式，U/f 控制比较简单，在进行电动机调速时，通常考虑的一个重要因素是希望保持电动机中每极磁通量为额定值，并保持不变。

电源电路为变频器的控制电路及执行器件提供所需直流电源。近年来广泛采用开关电源技术，它首先将电源电压整流成直流电，再利用 DC/DC 变换技术将较高电压的直流电变成所需各种等次的直流电压，如±5V、±15V 等。

如图 4-2 为电压型变频器异步电动机调速系统的构成图。图中，ASIC 为专用集成电路，它把控制软件和系统监控软件以及部分逻辑电路全部集成在一片芯片中，使控制电路板更为简洁，并具有保密性能。频率设定信号和系统的电压、电流检测经 A/D 变换送入控制电路。系统的计算由 32 位 DSP（数字信号处理器）完成，它的计算结果和计算所需的原始数据经过数据总线和 ASIC 中的 CPU 进行变换，把程序和中间数据存放在 ROM 和 RAM 中。系统的设定功能可由遥控器进行远程操作，此外系统配有控制输入输出接口。

(5) 变频器的接口

变频器的接口主要有控制回路接口和主回路接口，如图 4-3 所示。

① 主回路接口　变频器的主回路接口接线方法如图 4-4 所示。

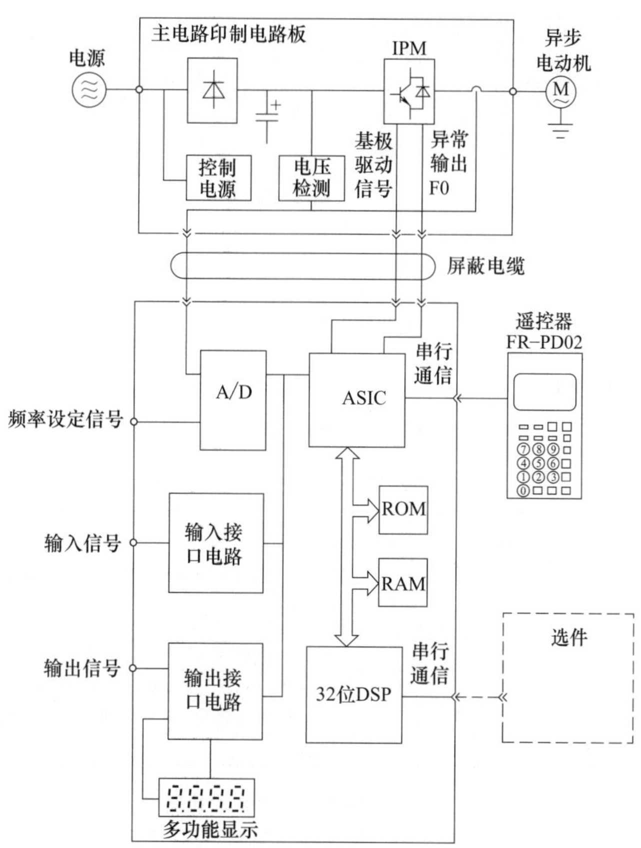

图 4-2 电压型变频器异步电动机调速系统的构成图

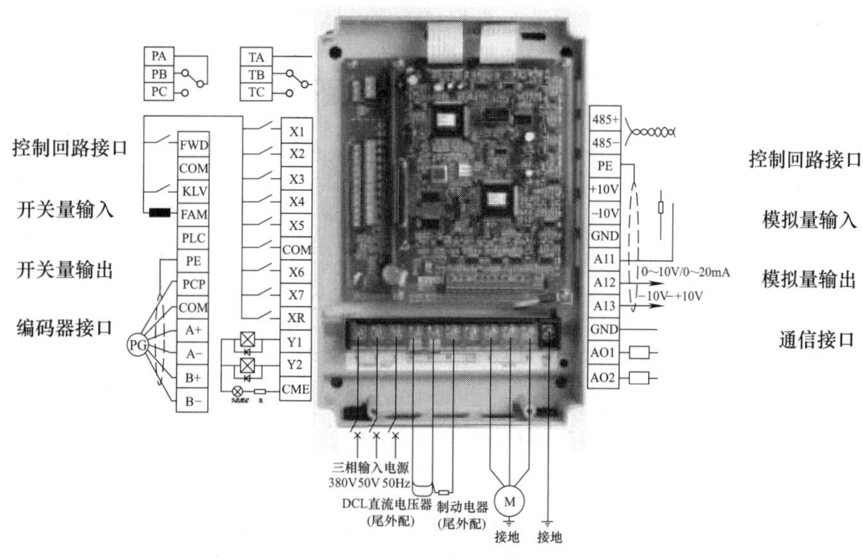

图 4-3 变频器的接口

② 变频器控制回路接口　变频器控制回路接口的类型及功能见表 4-2。

(6) 变频器的主要控制功能

以节能为主要目的的通用变频器的基本功能见表 4-3。

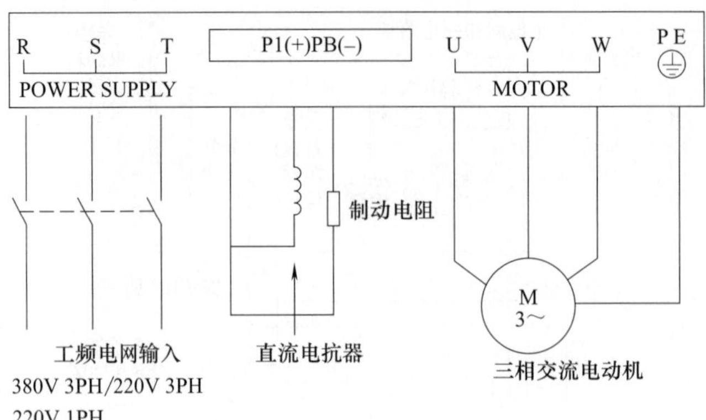

图 4-4 变频器的主回路接口接线方法

表 4-2 变频器控制回路接口的类型及功能

接口类型	主 要 特 点	主 要 功 能
开关量输入	无源输入,一般由变频器内部24V供电	启/停变频器,接收编码器信号、多段速、外部故障等信号或指令
开关量输出	集电极开路输出、继电器输出	变频器故障、就绪、变速等,参与外部控制
模拟量输入	0～10V/4～20mA	频率给定/PID给定、反馈,接收来自外部的给定或控制
模拟量输出	0～10V/4～20mA	运行频率、运行电流的输出,用于外界显示仪表和外部设备控制
脉冲输出	PWM波输出	功能同模拟量输出(只有个别变频器提供)
通信口	RS485/RS232	组网控制

表 4-3 通用变频器的基本功能

功　　能	功 能 说 明
转矩提升(补偿)功能	不同品牌产品的功能含义有所不同,但在转矩提升功能中,均有许多提升模式供用户选择,同一厂家不同系列的产品,其出厂设定也有所不同。如果在系统调试时忽视了该参数的设定修改,当负载启动转矩较大时,将导致过电流跳闸,造成启动失败。在通用变频器使用中经常会遇到因转矩提升功能设定不当而造成启动失败的问题。由于不同负载的启动情况各异,在设定转矩提升时,应事先分析启动过程特点,利用监视器显示启动电流,一般在满足启动要求的前提下,设定的提升值越小越好,这样可减小电动机损耗及对系统的冲击,避免造成不适当的过电流保护动作
防失速功能	通用变频器的防失速功能包括加速过程中的防失速功能、恒速运行过程中的防失速功能和减速过程中的防失速功能3种。加速过程中防失速是指U/f控制的通用变频器,在电动机加速时,通用变频器会限制输出电流增大,使电动机得不到足够的转矩加速而维持原来的运行状态,达到防失速、无跳闸的目的。恒速运行过程中如果没有按照设定的速度运行,电动机也会出现失速。加速过程中的防失速功能的基本作用是:当由于电动机加速过快或负载过大等原因出现过电流时,通用变频器将自动降低其输出频率,限制输出电流增大,以避免通用变频器因为电动机过电流而出现保护电路动作和停止工作。电动机减速时同样会发生失速现象,只不过是因惯性产生的能量回馈导致的不是过电流而是直流中间电路的电压上升导致过电压,从而过电压保护动作使通用变频器停止工作。因此,减速过程中防失速功能的基本作用是:在电压保护电路未动作之前暂时停止降低通用变频器的输出频率或减小输出频率的降低速率,从而达到防止失速的目的。通用变频器具有上述防失速功能,可以充分发挥通用变频器的驱动能力和运行安全
转矩限定功能	通用变频器的转矩限定功能可以对电动机的输出转矩极限值进行设定,使得当电动机的输出转矩达到该设定值时,通用变频器停止工作并给出报警信号。变频器在运行中按照输出电压和电流及电动机的电阻计算负载转矩,控制输出频率,即使负载急剧变化,通用变频器也不会跳闸,能维持转矩在设定值以下运行
无速度传感器控制功能	无速度传感器控制功能的作用是在不加速度传感器的情况下,提高通用变频器的速度控制精度和动态速度响应。具有该功能时,通用变频器通过检测电动机电流而得到负载转矩,并根据负载转矩进行必要的转差补偿,从而达到提高速度控制精度和动态响应的目的

续表

功能	功能说明
减少机械振动、降低冲击的功能	为了在启动、运行和降速等过程中降低冲击、减少噪声和机械振动、保护机械设备的目的，通用变频器设置了包括选择S形加减速模式、停止方式选择、载波频率调节、瞬时过电流限制和设定跳越频率等功能，用户可以根据实际情况选定其中一项或多项进行调节。如S形加减速模式的目的是减小加减速过程对系统的冲击，使输出频率平滑变化
瞬时停电再启动功能	通用变频器的瞬时停电再启动功能的作用是当保护功能起作用后或发生电网瞬时停电时，变频器停止输出，当电源恢复时，通用变频器可以按照设定自动跟踪转速再启动，通过自寻速功能对电动机速度进行检测，输出与电动机速度相当的频率，使电动机平稳无冲击地启动，直至电动机恢复原有状态。若连续几次再启动失败，跳脱次数达到设定的次数后，通用变频器才停机。通常可以根据需要设定10次以内的再启动次数，这在生产流水线上有很好的用途，但要谨慎使用，不可滥用
外部信号启、停控制功能	通用变频器通常都具有通过外部信号对变频器进行启、停控制的功能，包括外部信号运行控制和外部异常停止信号控制。当被驱动机械设备出现异常时，也可以利用外部异常停止信号使通用变频器停止工作，在这种情况下可以将电动机设定为以不同频率减速停止的停止模式等。另外，在通用变频器中通常有2线控制方式、3线控制方式及PLC控制功能
频率设定功能	通用变频器和频率设定有关的功能主要有：多段转速设定功能、频率上下限设定功能、频率跳跃功能、加减速时间设定功能、禁止加减速功能、S形加减速功能和模糊加减速功能等
PID控制功能	PID控制功能是一种对生产过程参数进行比例、积分、微分控制的方法，其原理与通用的PID调节器一样，它可以通过控制对象的传感器检测被控制量，将其与目标值进行比较，若有偏差，则将偏差置为“0”，即是一种反馈量与目标值一致的通用比例(P)、积分(I)、微分(D)线性组合控制方式。操作量(输出频率)与偏差之间有比例关系的动作，称为P控制；操作量的变化速度和偏差成比例关系的控制称为I控制；操作量和偏差的微分值成比例地控制称为D控制。PID控制算法有多种，在通用变频器内一般是固定一种算法。通用变频器的PID控制功能适用于流量控制、压力控制、温度控制等过程控制。实际使用时可根据需要使用P控制、PI控制、PD控制和PID控制等组合控制方式
与保护有关的功能	新型通用变频器的保护功能越来越多，在诸多的保护功能中，有些保护功能是通过变频器内部软件和硬件直接完成的，而另外一些保护功能则与通用变频器的外部工作环境密切相关，它们需要和外部信号配合完成，或者需要用户根据系统要求对其动作条件进行设定。前一类保护功能主要是针对通用变频器本身的保护，而后一类保护功能则主要是对电动机的保护以及对整个系统的保护等。另外，通用变频器还拥有较强的故障诊断功能，对通用变频器内部各主要部件和电动机等故障进行诊断和保护。通用变频器在保护跳闸后故障复位前，将一直显示故障代码，根据故障指示代码确定故障原因，可缩小故障查找范围，减少故障查找时间
与运行有关的功能	与运行方式有关的功能包括：直流制动功能、自寻速跟踪功能、载波频率调整、频率偏置及频率到达输出功能等 ①直流制动功能。该功能的作用是在不使用机械制动器和制动电阻的条件下，使电动机制动。制动时，通用变频器给电动机加上直流电压，在电动机绕组中流过直流电流，从而使电动机进入直流制动状态，达到直流制动的目的 ②自寻速跟踪功能。具有这种自寻速跟踪功能的通用变频器可以在没有速度传感器的情况下，在电动机进入自由运行状态时自动寻找电动机的实际转速，并根据电动机转速自动进行加速，直至电动机转速达到所需转速，而无需等到电动机停止后再启动 ③载波频率调整。新型通用变频器多采用正弦脉宽调制，即SPWM，载波频率可调范围一般为1～16kHz，若通用变频器输出频率与载波频率同步称之为同步SPWM，否则称之为异步SPWM。同步SPWM在载波频率切换点会产生冲击，不适合精密调速，而异步SPWM可实现全程平滑调速 通用变频器IGBT功率模块的功率损耗与载波频率有关，载波频率越高，功率损耗越大，温度上升，运行效率下降；变频器的工作电压越高，功率损耗也会加大。因此，当使用的载波频率较高，而且环境温度也较高的情况下，对功率模块的安全运行是不利的。同时变频器随着运行载波频率的高低及环境温度的大小不同，其允许的最高输出电流将相应降低。一般在调整载波频率时应遵循电动机功率大，选用的载波频率低的原则，以利于减少电磁干扰。由于通用变频器与电动机回路中存在分布寄生电容，回路连接的导线越长、载波频率越高，分布寄生电容和对地电容电流就越大，漏电流亦越大。所以应尽可能地缩短通用变频器与电动机之间的导线长度，尽可能降低通用变频器的载波频率。线路长度与现场环境有关，一般当载波频率为16kHz时，线路最长不能超过50m，当载波频率为1kHz时，线路最长不能超过150m ④频率偏置、频率到达输出功能。频率偏置功能即对应于最小控制信号的频率值。频率到达输出功能是当变频器输出频率达到设定值时发出的信号，它是利用频率到达输出端子实现的。可利用频率到达输出端子发出本机启动完成信号，利用该信号控制其他设备自动启动

续表

功　能	功能说明
自动节能功能	自动节能功能的基本原理是当异步电动机在某一频率下工作时，总存在着一个最小电流或功率工作点，该工作点可以通过改变异步电动机的相电压进行搜索，异步电动机在该工作点运行时效率最高，故最节能。具有自动节能控制功能的通用变频器内部设有实时功率测量电路，该电路将与内部运算电路得到的电动机功率损耗最小值相比较，将其偏差作为电压指令，根据电压指令，自动节能功能电路能自动搜寻最小实时功率，使电动机的功耗为最小 实际上，通用变频器的自动节能运行功能，是通过电压自动调节功能使异步电动机总是运行在最小电流工作点附近，从而使异步电动机总是处于最节能的状态。但也应注意到，通用变频器运行时的工作电流最小和输出转矩最大是难以兼顾的，前者追求节能效果，后者立足于带负载能力。一般来说，自动节能运行功能主要应用于风机、水泵等降转矩负载中 通用变频器在参数项里以节能百分数给出，如0～30%，参数设定时可任意设定节能百分数
参数自动检测功能	通用变频器的矢量控制方式依赖于异步电动机的参数模型。参数自动检测功能即通用变频器通过执行目标子程序来控制通用变频器输出电压、电流测试信号，然后经过对采样数据进行计算，求出电动机参数值，并自动送至内部寄存器寄存，向控制系统提供电动机参数数据，从而达到电动机参数自动测定的目的
通信功能	通用变频器的通信功能主要有3种方式 ①带有显示器和键盘的控制面板，其中显示器用于监视通用变频器的运行状态和故障诊断，键盘则用于操作通用变频器和参数设定，是通用变频器本身的基本通信方式 ②通过模拟和数字输入、输出端子实现通信 ③串行通信接口，主要有RS485/RS422/RS232串行通信接口方式，多数采用RS485，并使用生产厂商自己特定的通信协议，传送距离最大可达1200m，并可根据需要选用现场总线通信卡选件实现网络通信
参数锁定功能	通用变频器的参数锁定功能用于在设置完参数后，通过设置禁止改写参数功能，防止无授权者修改所设置的参数。参数设置锁定功能一般有4种密码设置、3级权限功能，包括设置密码、解除密码、用户密码、管理员密码等。普通权限是可对由管理员规定的参数项进行修改的权限，仅可对部分参数进行修改，主要用于操作者对一些运行参数的修改；最高权限可修改全部的参数项以及设置普通权限的参数权限

4.1.2 变频器选用及外围配置

(1) 合理选用变频器

变频器的合理选用，应按照被控对象的类型、调速范围、静态速度精度、启动转矩等来考虑，使之在满足工艺和生产要求的同时，既好用，又经济。为减少主电源干扰，在中间电路或变频器输入电路中增加电抗器，或安装前置隔离变压器。一般当电动机与变频器距离超过50m时，应在它们中间串入电抗器、滤波器或采用屏蔽防护电缆。

① 根据被控制的电动机选用变频器

a. 电动机的极数。一般电动机极数以不多于4极为宜，否则变频器容量就要适当加大。

b. 转矩特性、临界转矩、加速转矩。在同等电动机功率情况下，相对于高过载转矩模式，变频器规格可以降格选取。

c. 变频器功率值与电动机功率值相当时最合适，以利变频器在高的效率值下运转，在变频器的功率分级与电动机功率分级不相同时，则变频器的功率要尽可能接近电动机的功率，但应略大于电动机的功率。

d. 当电动机属频繁启动、制动工作或处于重载启动且较频繁工作时，可选取大一级的变频器，以利于变频器长期、安全地运行。经测试，电动机实际功率确实有富余，可以考虑选用功率小于电动机功率的变频器，但要注意瞬时峰值电流是否会造成过电流保护动作。

e. 当变频器与电动机功率不相同时，则必须相应调整节能程序的设置，以利达到较高的节能效果。

② 变频器箱体结构的选用　变频器的箱体结构要与使用条件相适应，必须考虑温度、湿度、粉尘、酸碱度、腐蚀性气体等因素。变频器箱体结构主要有敞开型和封闭型两大类，选用的一般方法见表 4-4。

表 4-4　变频器箱体结构选用

箱体结构		适用场合
敞开型		本身无机箱，可装在电控箱内或电气室内的屏、盘、架上，尤其适于多台变频器集中使用时选用，但环境条件要求较高
封闭型	IP20 型	适于一般用途，可有少量粉尘或少许温度、湿度变化的场合
	IP45 型	适于工业现场条件较差的环境
	IP65 型	适于环境条件差，有水、灰尘及一定腐蚀性气体的场合

③ 变频器容量的确定　合理地选择变频器容量本身就是一项节能降耗措施。变频器容量选定过程，实际上是一个变频器与电动机的最佳匹配过程。选择变频器容量可按照以下三大步骤进行：

a. 了解负载性质和变化规律，计算出负载电流的大小或作出负载电流图。

b. 预选变频器容量。

c. 校验预选变频器。必要时进行过载能力和启动能力的校验，若都通过，则预选的变频器容量便选定了；否则从步骤 b 开始重新进行，直到通过为止。

在满足生产机械要求的前提下，变频器的容量越小越经济。在选型前，首先要根据机械对转速（最高、最低）和转矩（启动、连续及过载）的要求，确定机械要求的最大输入功率（即电动机额定功率的最小值）。

$$P=nT/9950$$

式中，P 为机械要求的输入功率，kW；n 为机械的转速，r/min；T 为机械的最大转矩，N·m。

然后，选择电动机的极数和额定功率。电动机的极数决定了同步转速，要求电动机的同步转速尽可能地覆盖整个调速范围，使连续负载容量大一些。为了充分利用设备潜能，避免浪费，可允许电动机短时超出同步转速，但必须小于电动机允许的最高转速。转矩应取设备在启动、连续运行、过载或最高速等状态下的最大转矩。

最后，根据变频器的输出功率和额定电流稍大于电动机的功率和额定电流确定变频器的参数与型号。根据现有资料和经验，比较简便的方法有以下 3 种。

a. 电动机实际功率确定法。首先测定电动机的实际功率，以此来选用变频器的容量。

b. 公式法。设定安全系数，通常取 1.05，则变频器的容量 P_b 为

$$P_b=1.05P_m/(P_W\cos\varphi)$$

式中，P_m 为电动机负载；P_W 为电动机功率；$\cos\varphi$ 为电动机功率因数。

计算出 P_b 后，按变频器产品目录选择具体规格。

c. 对于轻负载类，变频器电流一般应按 $1.1I_n$（I_n 为电动机额定电流）来选择，或按厂家在产品中标明的与变频器的输出功率额定值相配套的最大电动机功率来选择。

当一台变频器用于多台电动机时，应至少要考虑一台最大电动机启动电流的影响，以避免变频器过电流保护动作。

(2) 变频器的外围配置

变频器的外围配置通常包括低压断路器、接触器、快速熔断器、电抗器、滤波器、制动

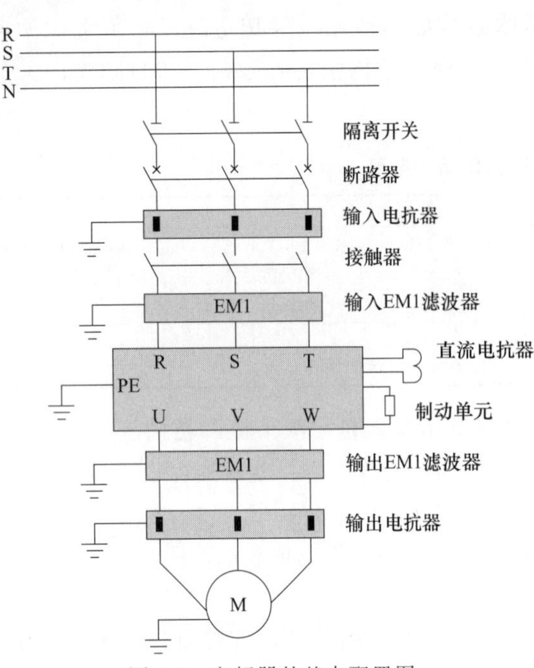

图 4-5 变频器的基本配置图

单元和制动电阻等，如图 4-5 所示为变频器基本配置的示意图。

① 低压断路器

a. 功用：合上时，用于向变频器供电，过电流时断路器能自动脱扣保护。断开时，隔绝变频器的供电电源。低压断路器如图 4-6 所示。

b. 选择方法：由于低压断路器具有过电流保护功能，为了避免不必要的误动作，取

$$I_{QN}\geqslant(1.3\sim1.4)I_N$$

式中，I_{QN}为低压断路器的额定电流；I_N 为变频器的额定电流。

② 接触器

a. 输入侧接触器。

功用：可通过按钮开关方便地控制变频器的通电与断电；当变频器发生故障时，可自动切断电源。接触器如图 4-7 所示。

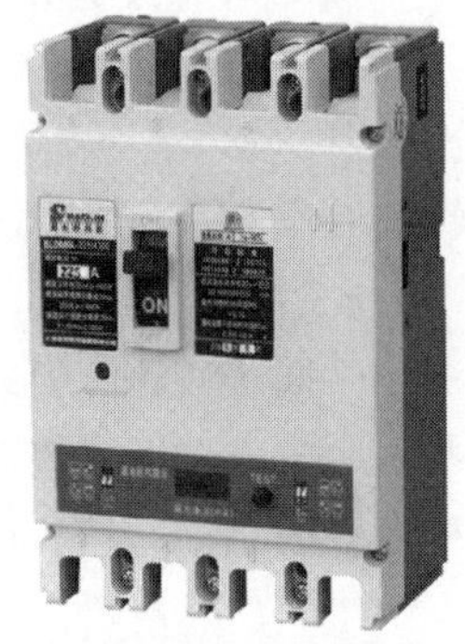

图 4-6 低压断路器

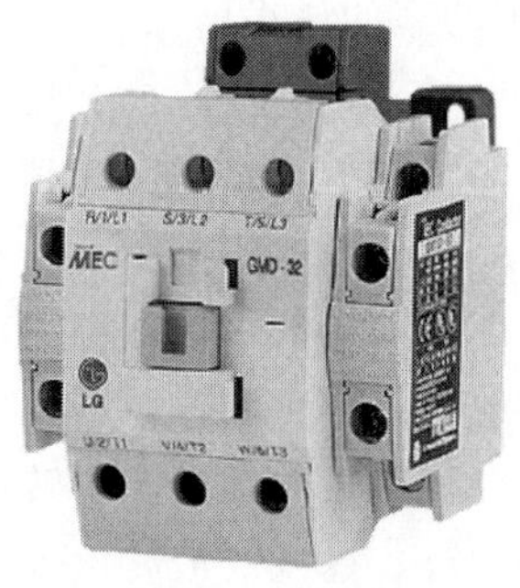

图 4-7 接触器

选择方法：

$$I_{KN}\geqslant I_N$$

式中，I_{KN}为触点的额定电流。

b. 输出侧接触器。

功用：仅用于和工频电源切换等特殊情况下，一般不用。

选择方法：因为输出电流中含有较强的谐波成分，故取

$$I_{KN}\geqslant1.1I_{MN}$$

式中，I_{MN}为电动机的额定电流。

③ 快速熔断器 用于在变频器内部或外部故障，而变频器不能有效进行保护时切断故障电流，目的是防止变频器的故障进一步扩大。

④ 交流电抗器 交流电抗器分输入电抗器和输出电抗器两种。输入电抗器可以有效降低电源的畸变率，保护变频器免遭电网浪涌电流的冲击，可将功率因数提高到 0.85 以上。

输出电抗器则能有效降低变频器的输出谐波，改善输出电流的波形。

一般来说，当变频器到电动机的线路超过 100m 时，需要选用交流电抗器。在供电变压器容量大于 500kV·A，或供电母线上接有相控调压装置、电容切换装置，或三相电源电压不平衡度大于 3%时应接入输入交流电抗器，如图 4-8 所示。

图 4-8 交流电抗器

图 4-9 直流电抗器

常用交流电抗器的规格见表 4-5。

表 4-5 常用交流电抗器的规格

电动机容量/kW	30	37	45	55	75	90
允许电流/A	60	75	90	110	150	170
电感量/mH	0.32	0.26	0.21	0.18	0.13	0.11
电动机容量/kW	110	132	160	200	220	
允许电流/A	210	250	300	380	415	
电感量/mH	0.09	0.08	0.06	0.05	0.05	

⑤ 直流电抗器　如图 4-9 所示，直流电抗器可将功率因数提高至 0.9 以上。由于直流电抗器体积较小，因此许多变频器已将其直接装在变频器内。

直流电抗器除了提高功率因数外，还可削弱在电源刚接通瞬间的冲击电流。如果同时配用交流电抗器和直流电抗器，则可将变频调速系统的功率因数提高至 0.95 以上。

在电网品质恶劣或容量偏小的场合，例如宾馆中央空调、电动机功率大于 55kW 以上时，如不选用交流输入电抗器和直流电抗器，可能会造成干扰、三相电流偏差大、变频器频繁炸机。

常用直流电抗器的规格见表 4-6。

表 4-6 常用直流电抗器的规格

电动机容量/kW	30	37～55	75～90	110～132	160～200	220	280
允许电流/A	75	150	220	280	370	560	740
电感量/μH	600	300	200	140	110	70	55

⑥ 滤波器　变频器的输入和输出电流中都含有很多高次谐波成分。这些高次谐波电流除了增加输入侧的无功功率、降低功率因数（主要是频率较低的谐波电流）外，频率较高的谐波电流将以各种方式把自己的能量传播出去，形成对其他设备的干扰信号，严重的甚至使某些设备无法正常工作，因此需要设置滤波器，如图 4-10 所示。

根据使用位置的不同，可以分为输入滤波器和输出滤波器。输入滤波器有线路滤波器和辐射滤波器两种。线路滤波器串联在变频器的输入侧，由电感线圈组成，增大电路的阻抗，

图 4-10 变频器专用滤波器

减少频率较高的谐波电流；在需要使用外控端子控制变频器时，如果控制回路电缆较长，外部环境的干扰有可能从控制回路电缆侵入，造成变频器误动作，此时将线路滤波器串联在控制回路电缆上，可以消除干扰。辐射滤波器并联在电源与变频器的输入侧，由高频电容组成，可以吸收频率较高、具有辐射能量的谐波成分，用于降低无线电噪声。线路滤波器与辐射滤波器同时使用效果较好。

⑦ 漏电保护器 由于变频器输入输出引线和电动机内部均存在分布电容，并且变频器使用的载波频率较高，造成变频器的对地漏电电流较大，有时会导致保护电路的误操作。遇到这类问题时，除适当降低载波频率，缩短引线外，还应当安装漏电保护器。

漏电保护器应当安放在变频器的输入侧，置于低压断路器之后较为合适。

漏电保护器的动作电流应大于该线路在工频电源下不使用变频器时漏电流（包括电动机等漏电流的总和）的 10 倍。

⑧ 制动单元和制动电阻

a. 功用：当电动机因频率下降或重物下降（如起重机械）而处于再生制动状态时，避免在直流回路中产生过高的泵生电压。制动电阻如图 4-11 所示。

在以下情况一般要选用制动单元和制动电阻（如图 4-12 所示）：提升负载；频繁快速加减速；大惯量（自由停车需要 1min 以上），恒速运行电流小于加速电流的设备。

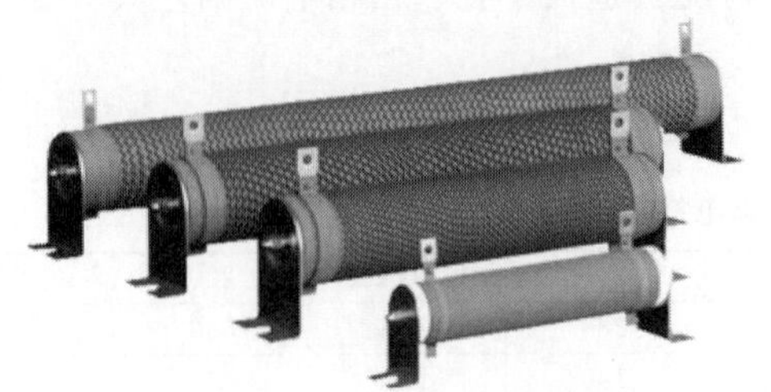

图 4-11 变频器制动电阻

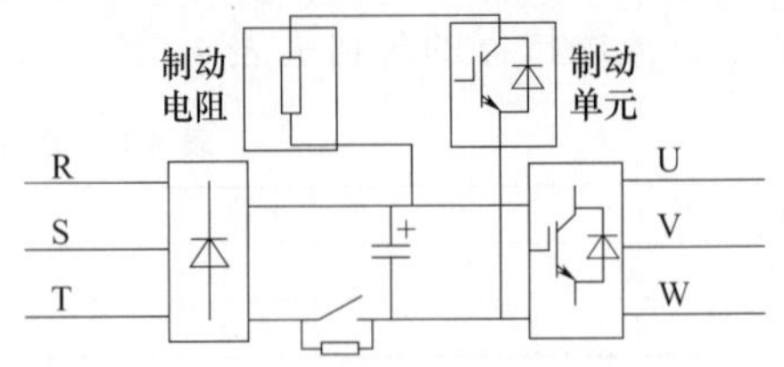

图 4-12 制动单元和制动电阻

b. 选择。电路的阻值 R_B 为

$$R_B = U_{DH}/2I_{MN} \sim U_{DH}/I_{MN}$$

式中，U_{DH} 为直流回路电压的允许上限值，V；在我国，$U_{DH} \approx 600V$。

电阻的容量 P_B 为

$$P_B = U_{DH}^2/(\gamma R_B)$$

式中，γ 为修正系数。

在不反复制动的场合：设 t_B 为每次制动所需时间；t_C 为每个制动周期所需时间。如每次制动时间小于 10s，可取 $\gamma=7$；如每次制动时间超过 100s，可取 $\gamma=1$；如每次制动时间在两者之间，即 $10s<t_B<100s$，则 γ 大体上可按比例算出。

在反复制动的场合：如 $t_B/t_C\leqslant 0.01$，取 $\gamma=5$；如 $t_B/t_C\geqslant 0.15$，取 $\gamma=1$；如 $0.01<t_B/t_C<0.15$，则 γ 大体上可按比例算出。

常用制动电阻的阻值与容量的参考值见表 4-7。

表 4-7 常用制动电阻的阻值与容量的参考值

电动机容量/kW	电阻值/Ω	电阻容量/kW	电动机容量/kW	电阻值/Ω	电阻容量/kW
0.40	1000	0.14	37	20.0	8
0.75	750	0.18	45	16.0	12
1.50	350	0.40	55	13.6	12
2.20	250	0.55	75	10.0	20
3.70	150	0.90	90	10.0	20
5.50	110	1.30	110	7.0	27
7.50	75	1.80	132	7.0	27
11.0	60	2.50	160	5.0	33
15.0	50	4.00	200	4.0	40
18.5	40	4.00	220	3.5	45
22.0	30	5.00	280	2.7	64
30.0	24	8.00	315	2.7	64

由于制动电阻的容量不易准确掌握，如果容量偏小，则极易烧坏。所以，制动电阻箱内应附加热继电器 FR，如图 4-13 所示。

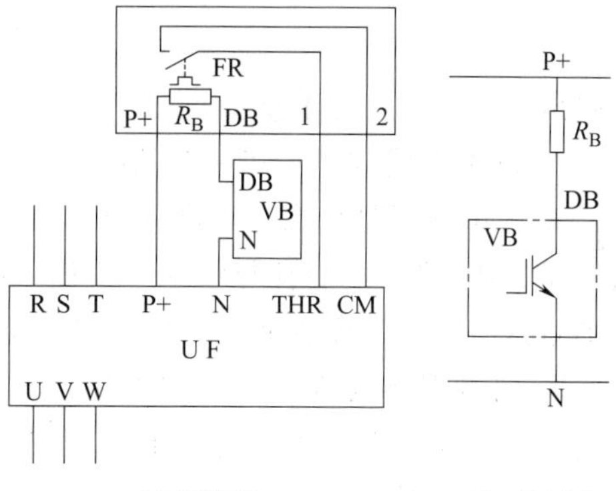

(a) 接线图 (b) 原理图

图 4-13 附加热继电器 FR 的接线图和原理图

4.1.3 变频器安装与接线

(1) 变频器的安装

变频器安装方式为壁挂式。单台变频器的安装间隔及距离要求如图 4-14（a）所示；两台变频器采用上下安装时，中间应采用导流隔板，如图 4-14（b）所示。

(2) 变频器的接线

① 接线要求

a. 输入端的三相电源接到端子 R、S、T 上，若接错，会损坏变频器。

b. 变频器必须通过接地端子（PE）与接地线连接。

变频器工作在高频开关状态，其漏感有可能在散热板上或在壳体上感应出危险电压。为了防止触电现象发生，必须将箱体上的 PE 端子可靠接地。接地方式有专用接地和共同接地两种方式，如图 4-15 所示，一般采用专用接地效果最佳。

c. 端子和导线的连接，必须使用压接端子。

d. 配线完毕，应再次检查接线是否正确，有无漏接，端子和导线是否短路或接地。

e. 通电后，需要更改接线时，即使已关断电源，主电路直流端子滤波电容器放电也需要时间，所以很危险，应等充电指示灯熄灭后，用万用表确认直流电压降到安全电压

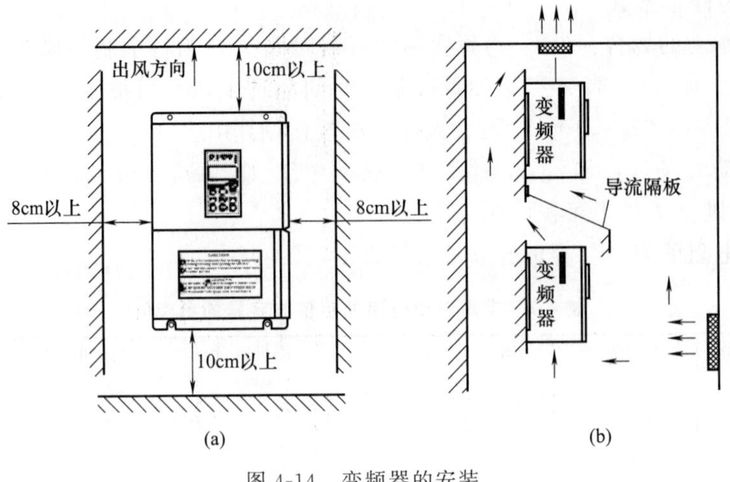

图 4-14 变频器的安装

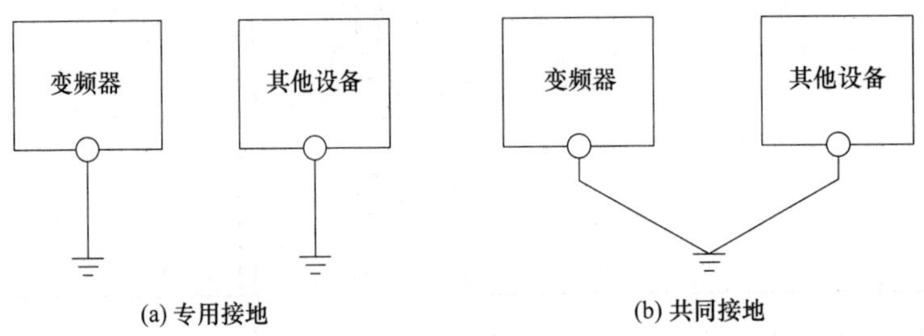

图 4-15 变频器接地

（DC36V 以下）后再作业。

② 基本接线方法 变频器的接线端子可分为强电端子和弱电端子两大类。

a. 强电端子是指高电压高功率的接线端子，通常包括 RST 供电电源端子、UVW 电动机端子、P+和 N−直流母线端子、PB 制动电阻端子、E 散热铝片接地端子等。变频器的能量通过这些端子传递进来，处理后传递出去给电动机。

b. 弱电端子包括+24V、COM、+10V、GND 这类弱电电源端子，FWD 正转、REV 反转、多功能定义端子、内部继电器输出端子、模拟量输出端子、RS485 通信端子等，这类也叫控制端子。

各种变频器具体的接线方法大同小异，BT12S 系列变频器基本的接线方法如图 4-16 所示。

③ 主电路端子的接线 BT12S 系列变频器端子排如图 4-17 所示，其主电路端子功能说明见表 4-8。

表 4-8 BT12S 变频器主电路端子功能说明

符号	端子功能说明
R、S、T	主电路电源端子，连接三相电源（AC380V，50/60Hz）
U、V、W	变频器输出端子，连接三相电动机
P1、P+	连接改善功率因数的直流电抗器（选用件）
P+、DB	连接外部制动电阻（选用件）
P+、N	连接外部制动单元
PE	变频器的安全接地端子

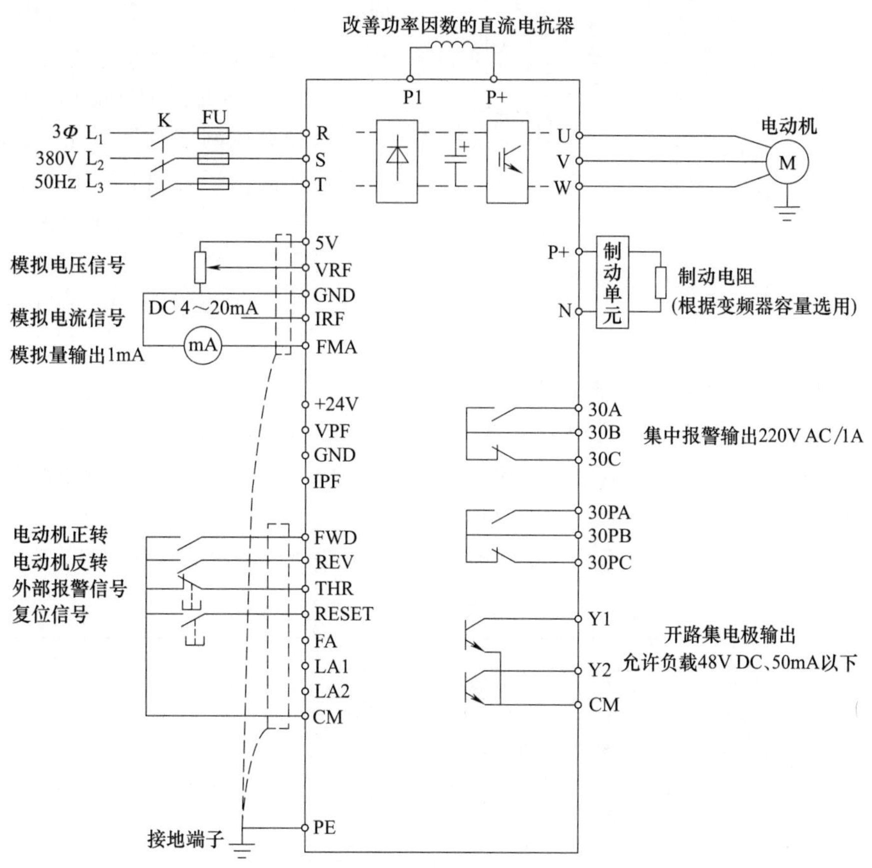

图 4-16 BT12S 系列变频器通用接线图

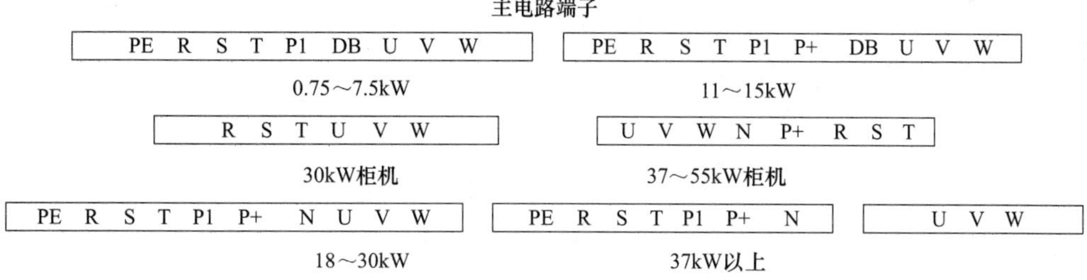

主控制板端子

30PA	30PB	30PC	VRF	IRF	VRF	IRF	Y2	REV	FA	RESET	LA2
30A	30B	30C	+5V	GND	FMA	+24V	Y1	FWD	CM	THR	LA1

扩展控制板端子

7KM2	6KM2	5KM2	4KM2	3KM2	2KM2	1KM2	
7KM1	6KM1	5KM1	4KM1	3KM1	2KM1	1KM1	C220V

图 4-17 BT12S 系列变频器主控板和控制电路端子排

进行主电路连接时应注意以下几点：

a. 主电路电源端子 R、S、T，经接触器和断路器与电源连接，不用考虑相序。变频器输出端子（U、V、W）最好经热继电器再接至三相电动机上，当旋转方向与设定不一致

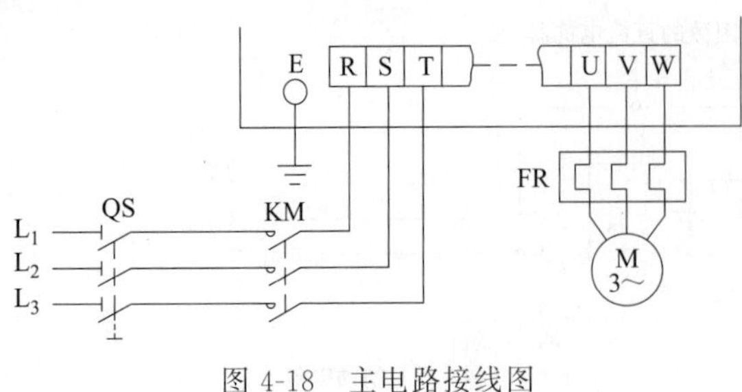

图 4-18　主电路接线图

时，要调换 U、V、W 三相中的任意二相。主电路接线如图 4-18 所示。

b. 变频器的保护功能动作时，继电器的常闭触点控制接触器电路，会使接触器断开，从而切断变频器的主电路电源。

c. 不应以主电路的通断来进行变频器的运行、停止操作。需用控制面板上的运行键（RUN）和停止键（STOP）或用控制电路端子 FWD（REV）来操作。

d. 变频器的输出端子不要连接到电力电容器或浪涌吸收器上。

e. 从安全及降低噪声的需要出发，及防止漏电和干扰侵入或辐射出去，必须接地。根据电气设备技术标准规定，接地电阻应小于或等于国家标准规定值，且用较粗的短线接到变频器的专用接地端子 PE 上。

④ 控制电路端子的接线　BT12S 变频器控制端子功能说明见表 4-9。

表 4-9　BT12S 变频器控制端子功能说明

符号	名　称	端子功能说明
5V	5V 电源	作为频率设定器(可调电阻:1～5kΩ)用电源
GND	5V、24V 地	作为 VRF、IRF、VPF、IPF、FMA 的公共端
VRF	模拟电压输入	模拟电压信号输入端(DC0～5V 或 DC0～10V),输入电阻 10kΩ
IRF	模拟电流输入	模拟电流信号输入端(DC 4～20mA),输入电阻 240kΩ
VPF	传感器信号输入	传感器反馈电压信号输入
IPF	传感器信号输入	传感器反馈电流信号输入
FA	消防运转信号	接通 FA 与 CM 时,变频器以第二设定值运行
LA1	低水位信号	接通 LA1 与 CM 时,变频器启动
LA2	高水位信号	接通 LA2 与 CM 时,变频器停止
RESET	复位	短接 RESET 与 CM 一次,复位一次
THR	外部报警	断开 THR 与 CM 即产生外部报警信号,变频器将立即关断输出
REV	反转运行端	接通 REV 与 CM,反转运转,断开则减速停止。当 F02＝1 或 2 时有效
FWD	正转运行端	接通 FWD 与 CM,正向运转,断开则减速停止。当触摸面板控制运行时 FWD 作控制转向用。短接 FWD 与 CM 为反转,断开为正转。当 F02＝1 或 2 时有效,REV、FWD 同时接通 CM 时,变频器停止
CM	公共端	控制输入端及运行状态输出端的公共地
30A 30B 30C	故障继电器输出	30A、30B 为动合触点,30B、30C 为动断触点 当面板故障代码为 ouu(过压)、Lou(欠压)、oLE(外部报警)、FL(自保护)、oL(过载)时有效
30PA 30PB 30PC	压力上下限报警输出	当压力反馈信号＞F64×F48 或＜F65×F48 时有效;30PA 与 30PB 为动合触点,30PB 与 30PC 为动断触点
Y1、Y2	多功能输出端子	集电极开路输出
＋24V	传感器用电源	作为传感器控制电源
FMA	模拟信号输出	频率/电流/负载率模拟 1mA 信号输出
*N*KM1	多台电动机 变频控制输出	*N*＝1～6,*T*＝1～2 1KM1～6KM1 为多台电动机变频运行控制信号输出 1KM2～6KM2 为多台电动机工频运行控制信号输出 7KM1 为附属电动机变频运行控制信号输出 7KM2 为附属电动机工频运行控制信号输出
*N*KM2	多台电动机 工频控制输出	
7KMT	附属电动机	
AC220V	控制电源	

进行变频器控制端子接线应注意以下几点：

a. 控制电路端子上的连接电线用 0.75mm^2 及以下规格的屏蔽线或绞合在一起的聚乙烯线。屏蔽线接线时，把一端连接到各自的共用端子上，另一端不接，如图 4-19 所示。

b. 模拟频率设定端子是连接从外部输入模拟电压、电流、频率设定器（电位器）的端子，在这种电路上设接点时，要使用微小信号的成对接点。

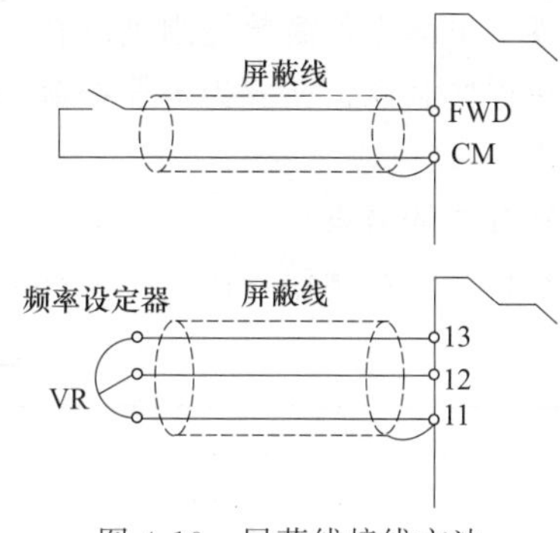

图 4-19　屏蔽线接线方法

4.2　PLC 及其应用

4.2.1　PLC 简介

(1) PLC 的定义

可编程控制器（Programmable Logic Controller），简称为 PLC，它是专为在工业环境应用而设计的一种数字运算操作的电子系统，如图 4-20 所示。它采用可编程的存储器，用于其内部存储程序、执行逻辑运算、顺序控制、定时、计数与算术操作等面向用户的指令，并通过数字或模拟式输入/输出控制各种类型的机械或生产过程。

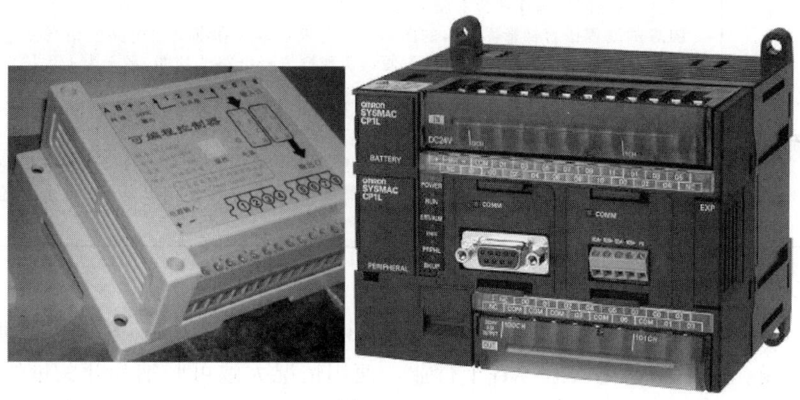

图 4-20　PLC

(2) PLC 和 PC 有何不同

PLC 实质是一种专用于工业控制的计算机，和 PC（普通计算机）一样，PLC 由硬件及软件构成。

硬件方面，PLC 和普通计算机的主要差别在于 PLC 的输入输出口是为方便与工业控制系统接口专门设计的。

软件方面和普通计算机的主要差别为 PLC 的应用软件是由使用者编制，用梯形图或指令表表达的专用软件。PLC 工作时采用应用软件的逐行扫描执行方式，这和普通计算机等待命令工作方式也有所不同。

作为通用工业控制计算机，可编程控制器从无到有，实现了工业控制领域接线逻辑到存储逻辑的飞跃；其功能从弱到强，实现了逻辑控制到数字控制的进步；其应用领域从小到大，实现了单体设备简单控制到胜任运动控制、过程控制及集散控制等各种任务的跨越。今天的可编程控制器正在成为工业控制领域的主流控制设备，在世界工业控制中发挥着越来越大的作用。

(3) PLC的特点

可编程逻辑控制器（PLC）具有鲜明的特点，见表4-10。

表4-10 PLC的特点

序号	特点	说明
1	可靠性高，抗干扰能力强	高可靠性是电气控制设备的关键性能。PLC由于采用现代大规模集成电路技术，采用严格的生产工艺制造，内部电路采取了先进的抗干扰技术，具有很高的可靠性。从PLC的机外电路来说，使用PLC构成控制系统，和同等规模的继电接触器系统相比，电气接线及开关接点已减少到数百甚至数千分之一，故障也就大大降低。此外，PLC带有硬件故障自我检测功能，出现故障时可及时发出警报信息。在应用软件中，应用者还可以编入外围器件的故障自诊断程序，使系统中除PLC以外的电路及设备也获得故障自诊断保护
2	功能完善，适用性强	目前，PLC已经形成了大、中、小各种规模的系列化产品，可以用于各种规模的工业控制场合。除了逻辑处理功能以外，现代PLC大多具有完善的数据运算能力，可用于各种数字控制领域。近年来PLC的功能单元大量涌现，使PLC渗透到了位置控制、温度控制、CNC等各种工业控制中。加上PLC通信能力的增强及人机界面技术的发展，使用PLC组成各种控制系统变得非常容易
3	对系统控制方便	PLC控制逻辑的建立是程序，用程序代替硬件接线。编程序比接线、更改程序比更改接线当然要方便得多。对软件来讲，它的程序可编，也不难编；对硬件来讲，它的配置可变，而且也易于变 PLC的硬件是高度集成化的，已集成为种种小型化的模块，且这些模块是配套的，已实现了系列化与规格化。种种控制系统所需的模块，PLC厂家多有现货供应，市场上即可购得。所以，硬件系统配置与建造也非常方便 PLC的编程语言梯形图语言的图形符号与表达方式和继电器电路图相当接近，只用PLC的少量开关量逻辑控制指令就可以方便地实现继电器电路的功能，易于为工程技术人员接受
4	能耗低，性价比高	超小型PLC的底部尺寸小于100mm，重量小于150g，功耗仅数瓦。由于体积小很容易装入机械内部，是实现机电一体化的理想控制设备 使用PLC的投资虽大，但它的体积小、所占空间小，辅助设施的投入少；使用时省电，运行费少；工作可靠，停工损失少；维修简单，维修费少；还可再次使用以及能带来附加价值等，从中可得更大的回报。所以，PLC的性价比高

(4) PLC的应用领域

目前，PLC在国内外已广泛应用于钢铁、石油、化工、电力、建材、机械制造、汽车、轻纺、交通运输、环保及文化娱乐等各个行业，使用情况大致可归纳为开关量逻辑控制、模拟量控制、运动控制、闭环过程控制、数据处理和通信及联网几大类，见表4-11。

表4-11 PLC的应用

应用种类	应用情况说明
开关量的逻辑控制	这是PLC最基本、最广泛的应用领域，它取代传统的继电器电路，实现逻辑控制、顺序控制，既可用于单台设备的控制，也可用于多机群控及自动化流水线，如组合机床、磨床、包装生产线、电镀流水线等
模拟量控制	在工业生产过程当中，有许多连续变化的量，如温度、压力、流量、液位和速度等都是模拟量。为了使可编程控制器处理模拟量，必须实现模拟量(Analog)和数字量(Digital)之间的A/D转换及D/A转换。PLC厂家都生产配套的A/D和D/A转换模块，使可编程控制器用于模拟量控制
运动控制	PLC可以用于圆周运动或直线运动的控制。从控制机构配置来说，早期直接用于开关量I/O模块连接位置传感器和执行机构，现在一般使用专用的运动控制模块，如可驱动步进电动机或伺服电动机的单轴或多轴位置控制模块。世界上各主要PLC厂家的产品几乎都有运动控制功能，广泛用于各种机械、机床、机器人、电梯等场合

续表

应用种类	应用情况说明
过程控制	过程控制是指对温度、压力、流量等模拟量的闭环控制。作为工业控制计算机，PLC能编制各种各样的控制算法程序，完成闭环控制。PID调节是一般闭环控制系统中用得较多的调节方法。大中型PLC都有PID模块，目前许多小型PLC也具有此功能模块。PID处理一般是运行专用的PID子程序。过程控制在冶金、化工、热处理、锅炉控制等场合有非常广泛的应用
数据处理	现代PLC具有数学运算（含矩阵运算、函数运算、逻辑运算）、数据传送、数据转换、排序、查表、位操作等功能，可以完成数据的采集、分析及处理。这些数据可以与存储在存储器中的参考值比较，完成一定的控制操作，也可以利用通信功能传送到别的智能装置，或将它们打印制表。数据处理一般用于大型控制系统，如无人控制的柔性制造系统；也可用于过程控制系统，如造纸、冶金、食品工业中的一些大型控制系统
通信及联网	PLC通信含PLC间的通信及PLC与其他智能设备间的通信。近年来生产的PLC都具有通信接口，通信非常方便 PLC可与个人计算机相连接进行通信，可用计算机参与编程及对PLC进行控制的管理，使PLC用起来更方便。为了充分发挥计算机的作用，可实行一台计算机控制与管理多台PLC，多的可达32台。也可一台PLC与两台或更多的计算机通信，交换信息，以实现多地对PLC控制系统的监控 PLC与PLC也可通信。可一对一PLC通信，也可多到几十、几百台PLC通信 PLC与智能仪表、智能执行装置（如变频器）也可联网通信，交换数据，相互操作；可连接成远程控制系统，系统范围面可大到10km或更大 可组成局部网，不仅PLC，而且高档计算机、各种智能装置也都可进网。可用总线网，也可用环形网。网还可套网，网与网还可桥接。联网可把成千上万的PLC、计算机、智能装置组织在一个网中

（5）PLC控制与继电-接触器控制的区别

PLC控制与继电-接触器控制的区别见表4-12。

表4-12　PLC控制与继电-接触器控制的区别

区别	PLC控制	继电-接触器控制
控制逻辑不同	PLC控制为“软接”技术，同一个器件的线圈和它的各个触点动作不同时发生	继电-接触器控制为硬接线技术，同一个继电器的所有触点与线圈通电或断电同时发生
控制速度不同	PLC控制速度极快	继电-接触器控制速度慢
定时/计数不同	PLC控制定时精度高，范围大，有计数功能	继电-接触器控制定时精度不高，范围小，无计数功能
设计与施工不同	PLC现场施工与程序设计同步进行，周期短，调试及维修方便	继电-接触器控制设计、现场施工、调试必须依次进行，周期长，且修改困难
可靠性和维护性不同	PLC连线少，使用方便，并具有自诊断功能	继电-接触器连线多，使用不方便，不具有自诊断功能
价格不同	PLC价格贵（具有长远利益）	继电-接触器价格便宜（具有短期利益）

（6）PLC的主要缺点

PLC的主要缺点是软、硬件体系结构是封闭而不是开放的，如专用总线、专家通信网络及协议，I/O模板不通用，甚至连机柜、电源模板亦各不相同。

编程语言虽多数是梯形图，但组态、寻址、语言结构均不一致，因此各公司的PLC互不兼容。

（7）PLC的分类

PLC产品种类繁多，其规格和性能也各不相同。对PLC的分类，通常根据其结构形式的不同、功能的差异和I/O点数的多少等进行大致分类。

① 按硬件的结构形式分类　PLC按硬件的结构形式分类见表4-13。

表 4-13　PLC 按硬件的结构形式分类

种类	结　构	特　点	缺　点	使用场合
单元式结构	把 CPU、RAM、ROM、输入输出端子及其他 I/O 接口、电源、指示灯甚至编程器等都装配在一起的整体装置，一个箱体就是一台完整的 PLC，如图 4-21 所示	结构紧凑，体积小、成本低、安装方便	输入输出接口数是固定的，不一定适合具体的控制现场的需要	一般用于规模较小、输入输出点数固定、以后也少有扩展的场合
模块式结构	把 PLC 的每个工作单元都制成独立的模块，机器上有一块带有插槽的母板，如图 4-22 所示	系统构成非常灵活，安装、扩展、维修都很方便	体积比较大	一般用于规模较大、输入输出点数较多、输入输出点数比例比较灵活的场合
叠装式结构	是单元式和模块式相结合的产物。把某一系列 PLC 工作单元的外形都做成外观尺寸一致的，CPU、I/O 口及电源也可做成独立的，不使用模块式 PLC 中的母板，采用电缆连接各个单元，在控制设备中安装时可以一层层地叠装，如图 4-23 所示	具有单元式结构和模块式结构的优点	成本较高	从近年来的市场上看，单元式及模块式有结合为叠装式的趋势

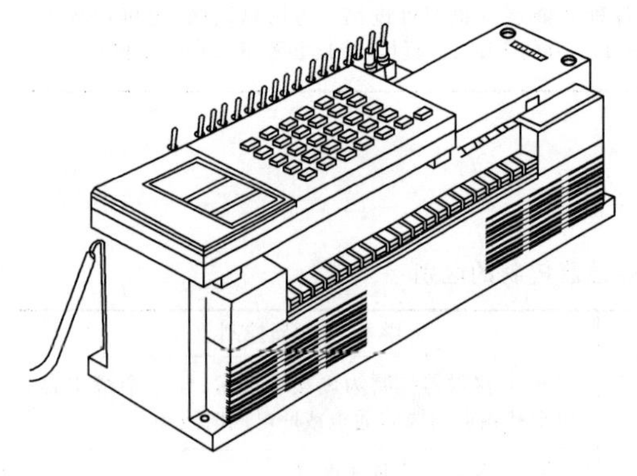

图 4-21　单元式结构 PLC

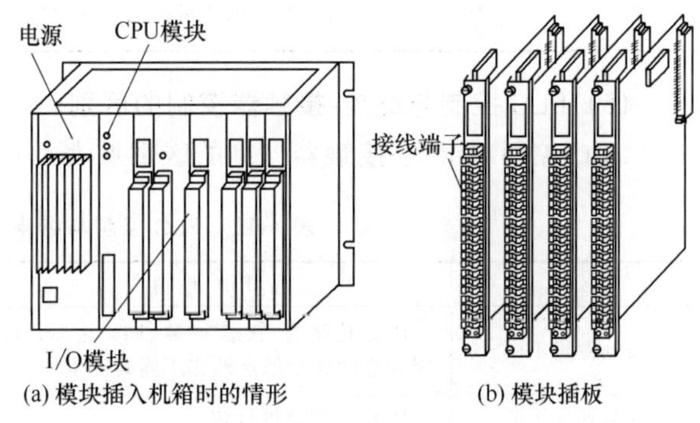

图 4-22　模块式结构 PLC

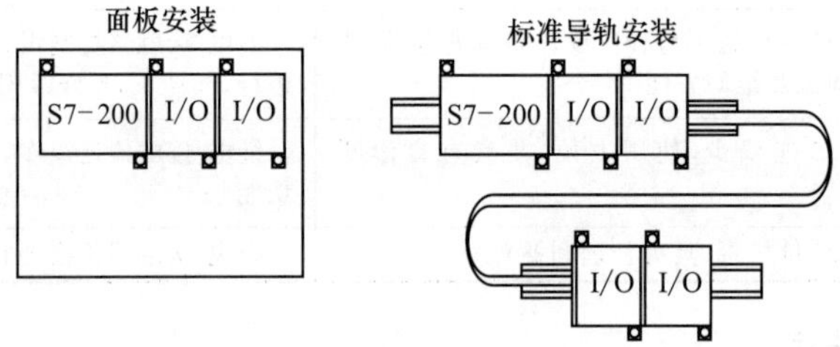

图 4-23　叠装式结构 PLC

② 按 I/O 点数的多少分类　按照机器 I/O 点数（一般将一路信号叫做一个点，将输入点和输出点数的总和称为机器的点数）的多少，可将 PLC 分为超小（微）、小、中、大、超大等五种类型，见表 4-14。

表 4-14　PLC 按 I/O 点数规模分类

类型	超小型	小型	中型	大型	超大型
机器点数	64 点以下	64～128 点	128～512 点	512～8192 点	8192 点以上

③ 按功能分类　PLC 按功能不同，可为低档机、中档机及高档机，见表 4-15。

表 4-15 PLC 按功能分类

序号	类型	功能简介	应用场合
1	低档 PLC	具有逻辑运算、定时、计数、移位以及自诊断、监控等基本功能,还可有少量模拟量输入/输出、算术运算、数据传送和比较、通信等功能	主要用于逻辑控制、顺序控制或少量模拟量控制的单机控制系统
2	中档 PLC	除具有低档 PLC 的功能外,还具有较强的模拟量输入/输出、算术运算、数据传送和比较、数制转换、远程 I/O、子程序、通信联网等功能,有些还可增设中断控制、PID 控制等功能	适用于比较复杂的控制系统
3	高档 PLC	除具有中档机的功能外,还增加了带符号算术运算、矩阵运算、位逻辑运算、平方根运算及其他特殊功能	适用于复杂控制系统

4.2.2 PLC 的硬件

PLC 的硬件主要由中央处理器（CPU）、存储器、输入单元、输出单元、通信接口、扩展接口、电源等部分组成。其中，CPU 是 PLC 的核心，输入单元与输出单元是连接现场输入/输出设备与 CPU 之间的接口电路，通信接口用于与编程器、上位计算机等外设连接。

对于整体式 PLC，所有部件都装在同一机壳内，其组成框图如图 4-24 所示；对于模块式 PLC，各部件独立封装成模块，各模块通过总线连接，安装在机架或导轨上。无论是哪种结构类型的 PLC，都可根据用户需要进行配置与组合。

尽管整体式与模块式 PLC 的结构不太一样，但各部分的功能作用是相同的，下面对 PLC 主要组成各部分进行简单介绍。

(1) 电源

可编程控制器的电源一般采用开关式电源，其特点是输入电压范围宽、体积小、重量轻、效率高、抗干扰性能好。

PLC 的电源在整个系统中起着十分重要的作用，可把外部供应的电源变换成系统内部各单元所需的电源。有的电源单元还向外提供 24V 隔离直流电源，可供开关量输入单元连接的现场无源开关等使用。

(2) 中央处理单元（CPU）

PLC 中所配置的 CPU 随机型不同而不同，常用有三类：通用微处理器（如 Z80、8086、80286 等）、单片微处理器（如 8031、8096 等）和位片式微处理器（如 AMD29W 等）。小型 PLC 大多采用 8 位通用微处理器和单片微处理器；中型 PLC 大多采用 16 位通用微处理器或单片微处理器；大型 PLC 大多采用高速位片式微处理器。

中央处理单元（CPU）是 PLC 的控制中枢，它的作用如下。

① 从程序存储器读取程序指令，编译、执行指令。

② 将各种输入信号取入。

③ 把运算结果送到输出端。

④ 响应各种外部设备的请求。

为了进一步提高 PLC 的可靠性，近年来对大型 PLC 还采用双 CPU 构成冗余系统，或采用三台 CPU 构成表决式系统。这样，即使某个 CPU 出现故障，整个系统仍能正常运行。

(3) 存储器

在 PLC 中，存储器主要用于存放系统程序、用户程序及工作数据。为避免 PLC 提供的用户存储器容量不够用，许多 PLC 还提供有存储器扩展功能。

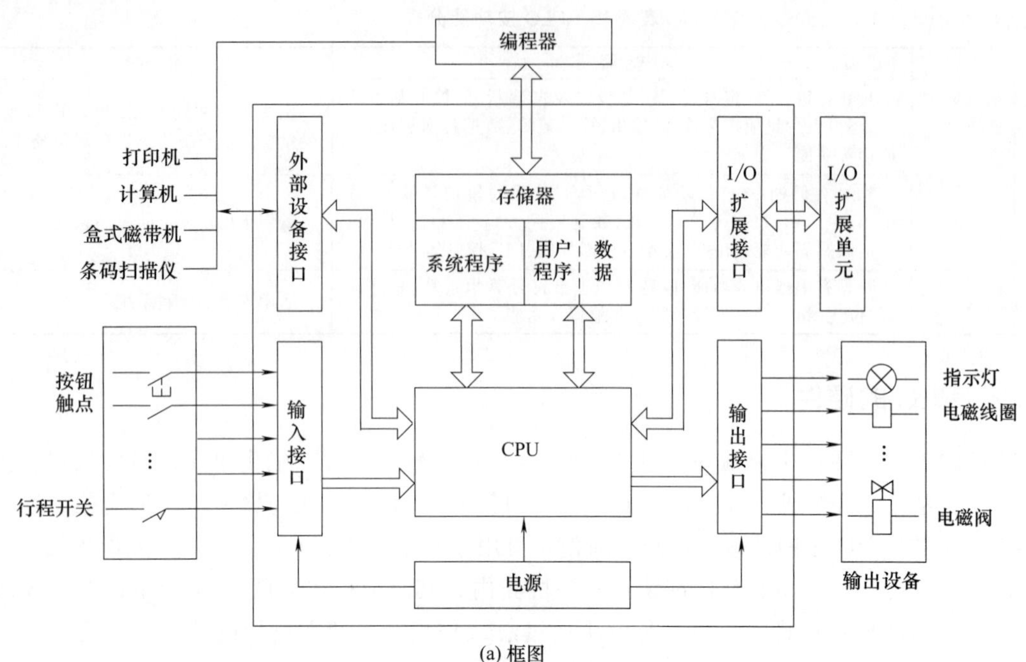

(a) 框图

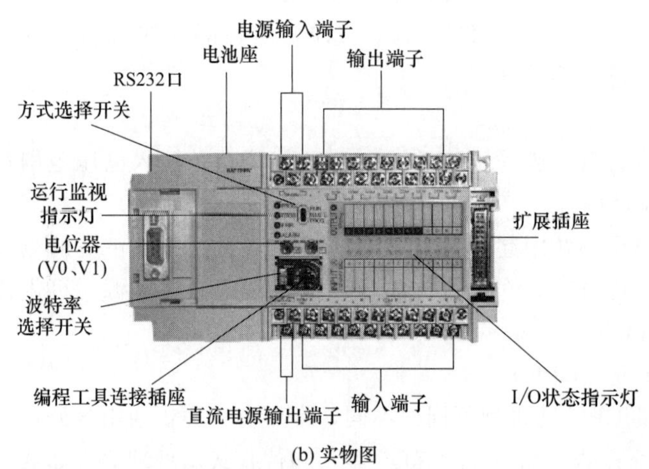

(b) 实物图

图 4-24 PLC 的结构

PLC 的存储器有两种：一种是可进行读/写操作的随机存取的存储器 RAM；另一种为只能读出不能写入的只读存储器 ROM，包括 PROM、EPROM、EEPROM。

RAM：存储各种暂存数据、中间结果、用户正调试的程序。

ROM：存放监控程序和用户已调试好的程序。

(4) 输入输出接口电路

输入输出接口（也称 I/O 单元或 I/O 模块，包括输入接口、输出接口、外部设备接口、扩展接口等）是 PLC 与工业现场控制或检测元件和执行元件连接的接口电路。PLC 提供了多种操作电平和驱动能力的 I/O 接口，有各种各样功能的 I/O 接口供用户选用。I/O 接口的主要类型有：数字量（开关量）输入、数字量（开关量）输出、模拟量输入、模拟量输出等。

PLC 的输入接口有直流输入、交流输入、交直流输入等类型；输出接口有晶体管输出、晶闸管输出和继电器输出等类型。晶体管和晶闸管输出为无触点输出型电路，晶体管输出型用于高频小功率负载，晶闸管输出型用于高频大功率负载；继电器输出为有触点输出型电路，用于低频负载。

现场控制或检测元件输入给 PLC 各种控制信号，如限位开关、操作按钮、选择开关以及其他一些传感器输出的开关量或模拟量等，通过输入接口电路将这些信号转换成 CPU 能够接收和处理的信号。输出接口电路将 CPU 送出的弱电控制信号转换成现场需要的强电信号输出，以驱动电磁阀、接触器等被控设备的执行元件。

(5) 功能模块和通信接口

功能模块有计数、定位等模块。

通信接口有以太网、RS485、Profibus-DP 等，PLC 通过这些通信接口可与监视器、打印机、其他 PLC、计算机等设备实现通信。

(6) 编程装置

编程装置的作用是编辑、调试、输入用户程序，也可在线监控 PLC 内部状态和参数，与 PLC 进行人机对话，它是开发、应用、维护 PLC 不可缺少的工具。编程装置可以是专用编程器，也可以是配有专用编程软件包的通用计算机系统。

专用编程器是由 PLC 厂家生产，专供该厂家生产的某些 PLC 产品使用的，它主要由键盘、显示器和外存储器接插口等部件组成。专用编程器有简易编程器和智能编程器两类，如图 4-25 所示。

(a) 简易编程器

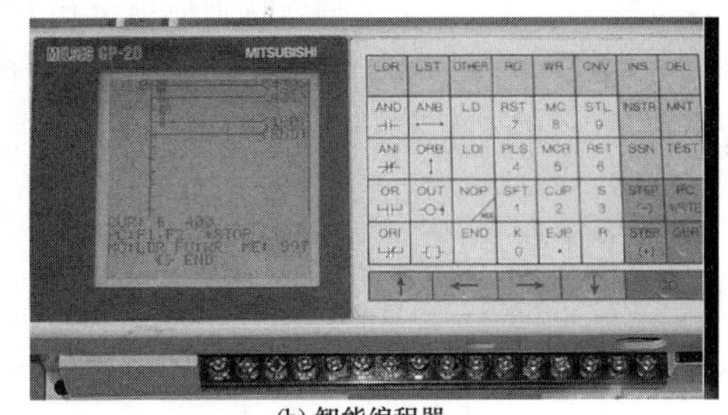

(b) 智能编程器

图 4-25 PLC 编程器

简易编程器体积小，携带方便，但只能用语句形式进行联机编程，适合小型 PLC 的编程及现场调试。智能编程器又称图形编程器，它既可用语句形式编程，又可用梯形图编程，同时还能进行脱机编程。如三菱的 GP-80FX-E 智能型编程器，它既可联机编程，又可脱机编程。

目前 PLC 制造厂家大都开发了计算机辅助 PLC 编程支持软件，当个人计算机安装了 PLC 编程支持软件后，可用作图形编程器，进行用户程序的编辑、修改，并通过个人计算机和 PLC 之间的通信接口实现用户程序的双向传送、监控 PLC 运行状态等。

用户可以通过编程器的键盘输入和调试程序；在运行时，编程器还可以对整个控制过程进行监控。

(7) 其他外部设备

除了以上所述的部件和设备外，PLC 还有许多外部设备，如 EPROM 写入器、外存储器、人/机接口装置等。

4.2.3 PLC的软件系统

(1) PLC的软件类型

PLC常用的软件有系统软件和应用软件，见表4-16。

表4-16 PLC常用的软件

软件种类		功能	说明
系统软件	系统管理程序	用来完成机内运行相关时间分配、存储空间分配管理、系统自检等工作	系统软件在用户使用PLC之前就已装入机内，并永久保存，在各种控制工作中不需要做更改
	用户指令的解释程序	用来完成用户指令变换为机器码的工作	
	供系统调用的专用标准程序块	—	
应用软件	用户软件或用户程序	是由用户根据控制要求，采用PLC专用的程序语言编制的应用程序，以实现所需的控制目的	

(2) 常用的PLC编程语言

PLC没有采用FORTRAN、COBOL等计算机高级程序语言，而是开发了面向控制过程、面向问题、简单直观的PLC编程语言，常用的有梯形图、指令语句表、控制流程图等几种。

① 梯形图　梯形图语言是一种以图形符号及图形符号在图中的相互关系表示控制关系的编程语言，是从继电器电路图演变过来的。

梯形图与继电-接触器控制系统的电路图很相似（梯形图中用了继电-接触器线路的一些图形符号，这些图形符号被称为编程组件，每一个编程组件对应有一个编号），具有直观易懂的优点，很容易被工厂电气人员掌握，特别适用于开关量逻辑控制。

不同厂家的PLC的编程组件的多少及编号方法不尽相同，但基本的组件及功能相差不大。例如，对图4-26（a）所示的继电-接触器控制电路，如果用PLC完成其控制动作，则梯形图如图4-26（b）所示。

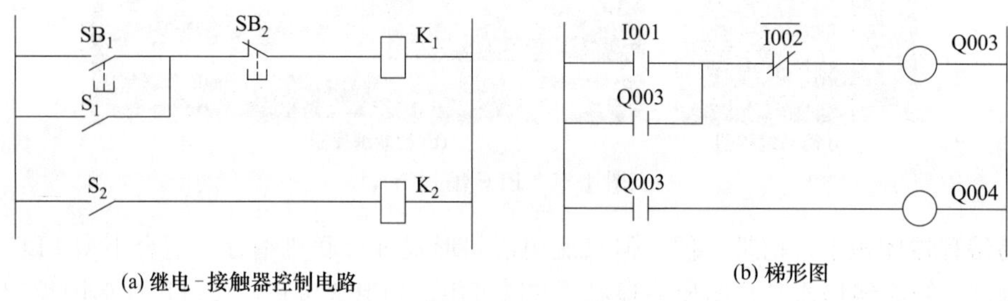

图4-26　继电-接触器控制电路和梯形图

PLC梯形图具有以下特点。

a. 梯形图按自上而下、从左到右的顺序排列。每一个继电器线圈为一个逻辑行，称为一个梯形。每一个逻辑行起始于左母线，然后是触点的各种连接，最后是线圈与右母线相连，整个图形呈阶梯形。

b. 梯形图中的继电器不是继电器控制线路中的物理继电器，它实质上是变量存储器中的位触发器，因此称为“软继电器”。梯形图中继电器的线圈又是广义的，除了输出继电器、内部继电器线圈，还包括定时器、计数器、移位寄存器以及各种比较运算的结果。

c. 在梯形图中，一般情况下（除有跳转指令和步进指令的程序段外）某个编号的继电器线圈只能出现一次，而继电器触点则可无限引用，既可是动合触点又可是动断触点。

d. 其左右两侧母线不接任何电源，图中各支路没有真实的电流流过。但为了方便，常用“有电流”或“得电”等来形象地描述用户程序运算中满足输出线圈的动作条件，所以仅仅是概念上的电流，而且认为它只能由左向右流动，层次的改变也只能先上后下。

e. 输入继电器用于接收 PLC 的外部输入信号，而不能由内部其他继电器的触点驱动。因此，梯形图中只出现输入继电器的触点而不出现输入继电器的线圈。输入继电器的触点表示相应的外电路输入信号的状态。

f. 输出继电器供 PLC 作输出控制，但它只是输出状态寄存器的相应位，不能直接驱动现场执行部件，而是通过开关量输出模块相应的功率开关去驱动现场执行部件。当梯形图中的输出继电器得电接通时，则相应模块上的功率开关闭合。

g. PLC 的内部继电器不能作输出控制用，它们只是一些逻辑运算用中间存储单元的状态，其触点可供 PLC 内部使用。

h. PLC 在运算用户逻辑时就是按梯形图从上到下、从左到右的先后顺序逐行进行处理的，即按扫描方式顺序执行程序，因此存在几条并列支路的同时动作，这在设计梯形图时可以减少许多有约束关系的联锁电路，从而使电路设计大大简化。

下面简要介绍梯形图的画法。

a. 触点的画法。垂直分支不能包含触点，触点只能画在水平线上。

如图 4-27（a）所示，触点 C 被画在垂直路径上，难以识别它与其他触点的关系，也难以确定通过触点 C 的能流方向，因此无法编程。可按梯形图设计规则将触点 C 改画于水平分支，如图 4-27（b）所示。

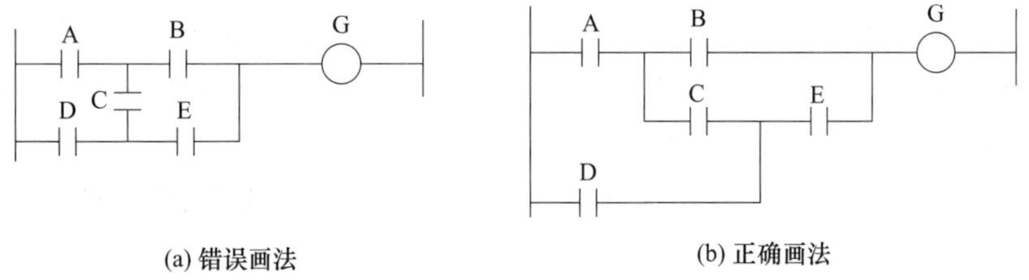

图 4-27　触点的画法

b. 分支线的画法。水平分支必须包含触点，不包含触点的分支应置于垂直方向，以便于识别节点的组合和对输出线圈的控制路径，如图 4-28 所示。

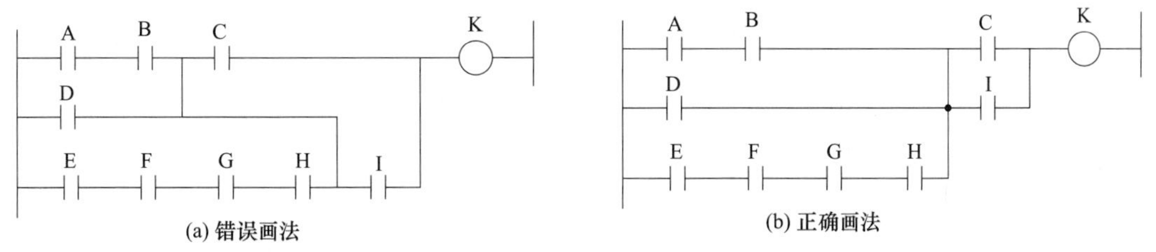

图 4-28　分支线的画法

c. 梯形图中分支的安排。每个“梯级”中的并行支路（水平分支）的最上一条并联支路与输出线圈或其他线圈平齐绘制，如图 4-29 所示。

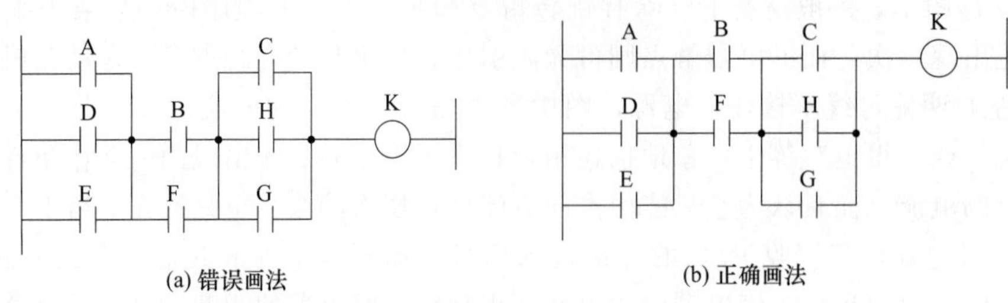

图 4-29 梯形图中分支的安排

d. 触点数量的优化。因 PLC 内部继电器的触点数量不受限制，也无触点的接触损耗问题，因此在程序设计时，以编程方便为主，不一定要求触点数量为最少。例如图 4-30（a）和图 4-30（b）在不改变原梯形图功能的情况下，两个图之间就可以相互转换，这大大简化了编程。显然，图 4-30（a）中的梯形图所用语句比图 4-30（b）中的要多。

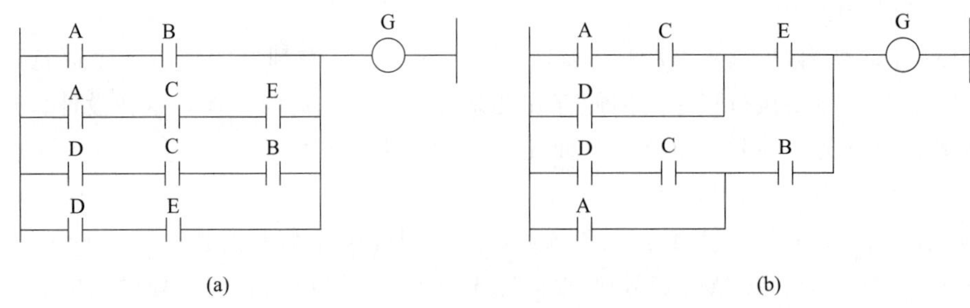

图 4-30 梯形图的优化

② 指令语句表　指令表也叫做语句表，它和单片机程序中的汇编语言有点类似，由语句指令依一定的顺序排列而成。但 PLC 的语句表比计算机汇编语言更通俗易懂，一般的 PLC 可以使用梯形图编程也可以使用语句表编程，并且梯形图和语句表可以相互转化，因此也是一种应用较多的编程语言。

一条指令一般可分为助记符和操作数两个部分。也有只有助记符的，称为无操作数指令。

对指令表运用不熟悉的人可先画出梯形图，再转换为语句表。程序编制完毕装入机内运行时，简易编程设备都不具备直接读取图形的功能，梯形图程序只有改写为指令表才有可能送入可编程控制器运行。

图 4-30（a）所示的继电-接触器控制电路，用 PLC 完成其控制动作，则语句表程序如下：

```
LD      I001
OR      Q003
ANDN    I002
OUT     Q003
LD      Q003
OUT     Q004
END
```

③ 控制流程图　PLC 控制流程图又称为顺序功能图。所谓顺序控制，就是按照生产工

艺预先规定的顺序，在各个输入信号的作用下，根据内部状态和时间的顺序，在生产过程中各个执行机构自动地、有秩序地进行操作。

PLC 控制流程图主要由过程与动作、有向连线、转换条件组成，见表 4-17。

表 4-17 PLC 控制流程图的组成

组成部分	说　明
过程与动作	顺序控制设计法最基本的思想是将系统的一个工作周期划分为若干个相连的阶段，这些阶段称为过程。过程是根据输出量的状态变化来划分的，在任何一个过程之内，各输出量的 ON/OFF 状态不变，但是相邻两过程输出量的状态是不同的。过程的这种划分使代表各过程的编程组件的状态与各输出量之间的逻辑关系极为简单。当系统正处于某一过程所在的阶段时，该过程处于活动状态，称该过程为"活动"过程。当处于活动状态时，相应的动作被执行，处于不活动状态时，相应的非存储型动作被停止执行
有向连线	在顺序功能图中，随着时间的推移和转换条件的实现，进展按有向连线规定的路线和方向进行，在画顺序功能图时，将代表各过程的方框按它们成为活动过程的先后次序顺序排列，并用有向连线将它们连接起来
转换条件	使系统由当前过程进入下一过程的信号称为转换条件，顺序控制设计法用转换条件控制代表各过程的编程组件。转换条件可以是外部的输入信号，如按钮、指令开关、限位开关的接通/断开等，也可以是可编程控制器内部产生的信号，如定时器、动合触点的接通等，转换条件也可能是若干个信号的与、或、非逻辑组合

一个控制系统的整体功能可以分解成许多相对独立的功能块，每一块又由几个条件、几个动作按照相应的逻辑关系、动作顺序连接组合而成，块与块之间可以顺序执行，也可以按条件判断分别执行或者循环转移执行。这样把一个系统的各个动作功能按动作顺序以及逻辑关系用一个图来描述出来，就是 PLC 控制流程图。PLC 流程图类似"与""或""非"等逻辑图，也比较直观易懂。例如图 4-30（a）所示的继电-接触器控制电路，其 PLC 控制流程图如图 4-31 所示。

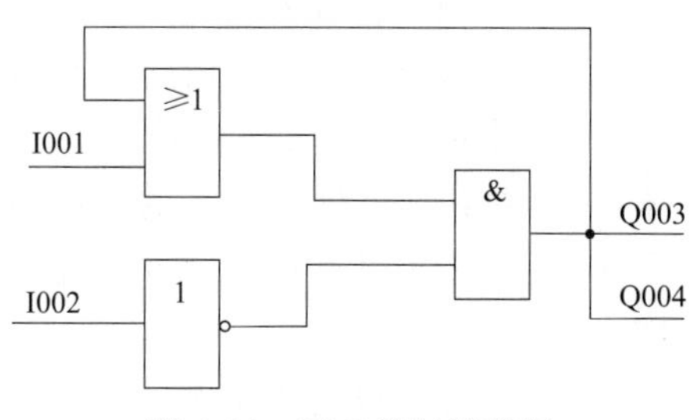

图 4-31 PLC 控制流程图

4.2.4 PLC 的工作原理

PLC 作为一种专用的工业控制计算机，它是从继电-接触器系统发展而来的，采用了周期性循环扫描的工作方式，即 PLC 从 00000 号存储地址开始执行程序，直到遇到 END 指令，程序运行结束，然后再从头执行，这样周而复始，一直到停机或切换到停止（STOP）状态为止。每一个扫描周期分为输入采样、程序执行、输出刷新三个阶段，如图 4-32 所示。

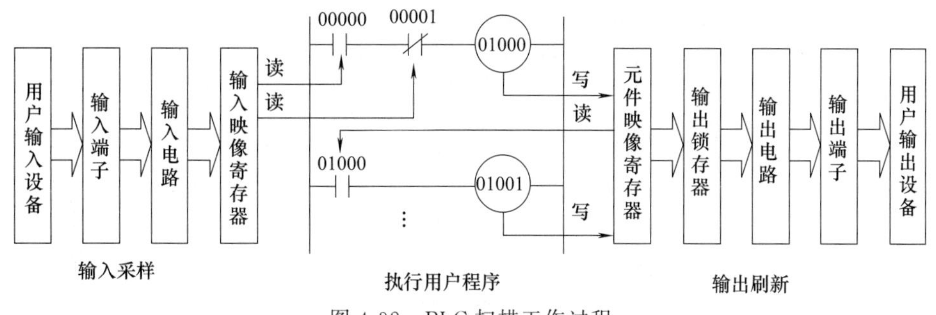

图 4-32 PLC 扫描工作过程

(1) 输入采样

在程序执行前把 PLC 全部输入端子的通断状态读入输入映像寄存器，当程序执行时，输入映像寄存器的内容不会因为输入端状态的变化而发生改变。输入信号变化的状态只有经过一个周期进入下一个输入采样阶段才能被刷新。

(2) 程序执行

PLC在完成输入采样工作后，在没有接到跳转指令时，根据用户程序存储器中的指令将有关软件的通、断状态从输入映像寄存器或其他软元件的映像寄存器读出，然后按照从上到下、先左后右的顺序进行顺序运算或逻辑运算（即从第一条指令开始逐条顺序执行用户程序），并将运算结果写入有关的映像寄存器保存。也就是说，各软元件的映像寄存器中所寄存的内容是随着程序的执行而不断变化的，这个结果在全部程序没有执行完毕之前是不会送到输出端子的。

(3) 输出刷新

输出刷新也称为输出处理，在程序执行完毕后，将输出映像寄存器中的内容送到输出锁存器中进行输出，并通过隔离电路、功率放大电路驱动外部负载。

(4) PLC对I/O处理的原则

根据PLC机工作过程的特点可知PLC对I/O处理的原则为：输入映像寄存器的数据取决于输入端子板上各输入点在上一个刷新周期的接通/断开状态；程序如何执行取决于用户所编程序和输入/输出映像寄存器的内容及其他各元件映像寄存器的内容；输出映像寄存器的数据取决于输出指令的执行结果；输出锁存器中的数据由上一次输出刷新期间输出映像寄存器中的数据决定；输出端子的接通/断开状态由输出锁存器决定。

PLC采取这种集中采样、集中输出（刷新）的工作方式可以减少外界干扰的影响，提高PLC的抗干扰能力。

(5) PLC的扫描过程示例

如图4-33（a）所示为PLC控制电动机正反转的接线图。SB_1为正转启动按钮，SB_2为反转启动按钮，SB_3为停止按钮，它们的动合触点分别接在编号为X0、X1和X2的PLC的输入端。正转接触器KM_1、反转接触器KM_2的线圈分别接在编号为Y0、Y1的PLC的输出端。如图4-33（b）所示为这5个输入/输出变量对应的I/O映像寄存器。如图4-33（c）所示为PLC的梯形图程序，图中的X0等是梯形图中的编程元件，X0～X2是输入继电器，Y0～Y1是输出继电器。输入/输出端子的编号与存放其信息的映像寄存器的编号一致。

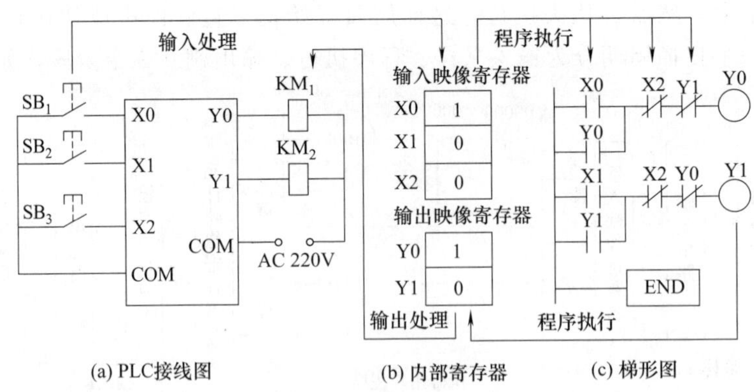

图4-33 PLC外部接线图和梯形图

梯形图以指令的形式存储在PLC的用户程序存储器中。图4-33（c）中的梯形图与下面的指令表相对应。

序号	助记符	操作数
0	LD	X0
1	OR	Y0
2	ANI	X2
3	ANI	Y1
4	OUT	Y0
5	LD	X1
6	OR	Y1
7	ANI	X2
8	ANI	Y0
9	OUT	Y1
10	END	

在输入采样阶段，CPU 将 SB_1、SB_2、SB_3 的动合触点的状态（ON、OFF）读入相应的输入映像寄存器中，外部触点接通时存入寄存器的是二进制数 1，反之存入 0。

输入采样结束后进入程序执行阶段，执行第一条指令时，从输入映像寄存器 X0 中取出二进制数“1”或“0”并存入操作器中。执行第二条指令时，从输出映像寄存器 Y0 中取出二进制数“1”或“0”，并与操作器中的内容相“或”，结果存入操作器中……在程序执行过程中产生的输出 Y0、Y1 并没有立即送到输出端子进行输出，而是存放在输出映像寄存器 Y0、Y1 中。当执行到第 11 条指令时，程序执行结束，进入输出刷新阶段，CPU 将各输出映像寄存器的内容传送给输出锁存器并锁存，送到输出端子驱动外部对象，输出刷新结束。PLC 又重复上述过程，循环往复，直到停机或由运行（RUN）状态切换到停止（STOP）状态为止。

4.2.5 PLC 机型的选择

在作出电气系统控制方案的决策之前，要详细了解被控对象的控制要求，从而决定是否选用 PLC 进行控制。在控制系统逻辑关系较复杂（需要大量中间继电器、时间继电器、计数器等）、工艺流程和产品改型较频繁、需要进行数据处理和信息管理（有数据运算、模拟量的控制、PID 调节等）、系统要求有较高的可靠性和稳定性、准备实现工厂自动化联网等情况下，使用 PLC 控制是很有必要的。

目前，国内外众多的生产厂家提供了多种系列功能各异的 PLC 产品，使用户眼花缭乱、无所适从。所以全面权衡利弊、合理地选择机型才能达到经济实用的目的。一般选择机型要以满足系统功能需要为宗旨，不要盲目贪大求全，以免造成投资和设备资源的浪费。

PLC 机型选择的基本原则是在满足功能要求及保证可靠、维护方便的前提下，力争最佳的性能价格比。

(1) 结构形式的选择

PLC 主要有整体式和模块式两种结构形式。

整体式 PLC 的每一个 I/O 点的平均价格比模块式的便宜，且体积相对较小，一般用于系统工艺过程较为固定的小型控制系统中。

模块式 PLC 的功能扩展灵活方便，在 I/O 点数、输入点数与输出点数的比例、I/O 模块的种类等方面选择余地大，且维修方便，一般用于较复杂的控制系统。

(2) 安装方式的选择

PLC 系统的安装方式分为集中式、远程 I/O 式以及多台 PLC 联网的分布式。

集中式不需要设置驱动远程 I/O 硬件，系统反应快、成本低；远程 I/O 式适用于大型系统，系统的装置分布范围很广，远程 I/O 可以分散安装在现场装置附近，连线短，但需要增设驱动器和远程 I/O 电源；多台 PLC 联网的分布式适用于多台设备分别独立控制，又要相互联系的场合，可以选用小型 PLC，但必须要附加通信模块。

(3) PLC 相应功能的选择

一般小型（低档）PLC 具有逻辑运算、定时、计数等功能，对于只需要开关量控制的设备都可满足。

对于以开关量控制为主，带少量模拟量控制的系统，可选用能带 A/D 和 D/A 转换单元，具有加减算术运算、数据传送功能的增强型低档 PLC。

对于控制较复杂，要求实现 PID 运算、闭环控制、通信联网等功能，可视控制规模大小及复杂程度，选用中档或高档 PLC。但是中、高档 PLC 价格较贵，一般用于大规模过程控制和集散控制系统等场合。

(4) PLC 响应速度的选择

不同档次 PLC 的响应速度一般都能满足其应用范围内的需要。如果要跨范围使用 PLC，或者某些功能或信号有特殊的速度要求时，则应该慎重考虑 PLC 的响应速度，可选用具有高速 I/O 处理功能的 PLC，或选用具有快速响应模块和中断输入模块的 PLC 等。

(5) I/O 总点数的选择

盲目选择点数多的机型会造成一定浪费。要先弄清楚控制系统的 I/O 总点数，再按实际所需总点数的 15%～20%留出备用量（为系统的改造等留有余地）后确定所需 PLC 的点数。

另外要注意，一些高密度输入点的模块对同时接通的输入点数有限制，一般同时接通的输入点不得超过总输入点的 60%；PLC 每个输出点的驱动能力也是有限的，有的 PLC 其每点输出电流的大小还随所加负载电压的不同而异；一般 PLC 的允许输出电流随环境温度的升高而有所降低等。在选型时要考虑这些问题。

PLC 的输出点可分为共点式、分组式和隔离式三种接法。隔离式的各组输出点之间可以采用不同的电压种类和电压等级，但这种 PLC 平均每点的价格较高。如果输出信号之间不需要隔离，则应选择前两种输出方式的 PLC。

(6) 存储容量的选择

对用户存储容量只能作粗略的估算。在仅对开关量进行控制的系统中，可以用输入总点数乘 10 字/点＋输出总点数乘 5 字/点来估算；计数器/定时器按 3～5 字/个估算；有运算处理时按 5～10 字/量估算；在有模拟量输入/输出的系统中，可以按每输入（或输出）一路模拟量需 80～100 字的存储容量来估算；有通信处理时按每个接口 200 字以上的数量粗略估算。

对于仅有开关量输入/输出信号的电气控制系统，将所需的输入与输出点数之和乘以 8，就是所需 PLC 存储器的存储容量（单位为 bit）。

一般可以按估算容量的 50%～100%留有余量。对缺乏经验的设计者，选择容量时留有余量要大些。

(7) I/O 响应时间的选择

PLC 的 I/O 响应时间包括输入电路延迟、输出电路延迟和扫描工作方式引起的时间延迟（一般在两三个扫描周期）等。对开关量控制的系统，PLC 的 I/O 响应时间一般都能满足实际工程的要求，可不必考虑 I/O 响应问题。但对模拟量控制的系统，特别是闭环控制系统就要考虑这个问题。

(8) 根据输出负载的特点选择 PLC

不同的负载对 PLC 的输出方式有相应的要求。例如，频繁通断的感性负载，应选择晶体管或晶闸管输出型的，而不应选用继电器输出型的。但继电器输出型的 PLC 有许多优点，如导通压降小，有隔离作用，价格相对较便宜，承受瞬时过电压和过电流的能力较强，其负载电压灵活（可交流、可直流）且电压等级范围大等。所以动作不频繁的交、直流负载可以选择继电器输出型的 PLC。

(9) 在线或离线编程的选择

离线编程是指主机和编程器共用一个 CPU，通过编程器的方式选择开关来选择 PLC 的编程、监控和运行工作状态。编程状态时，CPU 只为编程器服务，而不对现场进行控制。专用编程器编程属于这种情况。

在线编程是指主机和编程器各有一个 CPU，主机的 CPU 完成对现场的控制，在每一个扫描周期末尾与编程器通信，编程器把修改的程序发给主机，在下一个扫描周期主机将按新的程序对现场进行控制。

计算机辅助编程既能实现离线编程，也能实现在线编程。在线编程需购置计算机，并配置编程软件。采用哪种编程方法应根据需要决定。一般来说，对产品定型、工艺过程不变动的系统可以选择离线编程，以降低设备的投资费用。

4.2.6 PLC 与外围设备的连接

正确地连接输入/输出电路，是保证 PLC 安全可靠工作的前提。

(1) PLC 与输入元件的连接

PLC 的外部设备主要是指控制系统中的输入输出设备，其中输入设备是对系统发出各种控制信号的主令电器，在编写控制程序时必须注意外部输入设备使用的是动合还是动断触点，并以此为基础进行程序编制，否则易出现控制错误。

输入元器件是 PLC 信号输入部分，主要有按钮、行程开关、继电器触点、光电开关、霍尔开关、接近开关、数字开关、旋转编码器等。

① PLC 与按钮、行程开关等输入元件的连接　下面以 CPM1A-40CDR 为例，介绍 PLC 与输入设备接线方法，如图 4-34 所示。图中只画出了 000 通道的部分输入点与按钮的连接，001 通道的接线方法与其相似。电源 U 可接在主机 24V 直流电源的正极，COM 接电源的负极。

PLC 的输入点大部分是共点式的，即所有输入点具有一个公共端 COM，图 4-34 就是共点式输入点的接法。

② PLC 与拨码器的连接　如果 PLC 控制系统中的某些数据需要经常修改，可使用多位拨码开关与 PLC 连接，在 PLC 外部进行数据设定。如图 4-35（a）所示是一位拨码开关的示意图，一位拨码开关能输入一位十进制数的 0～9，或一位十六进制数的 0～F。

在图 4-35（b）中，4 位拨码开关组装在一起构成拨码器，把各位拨码开关的 COM 端

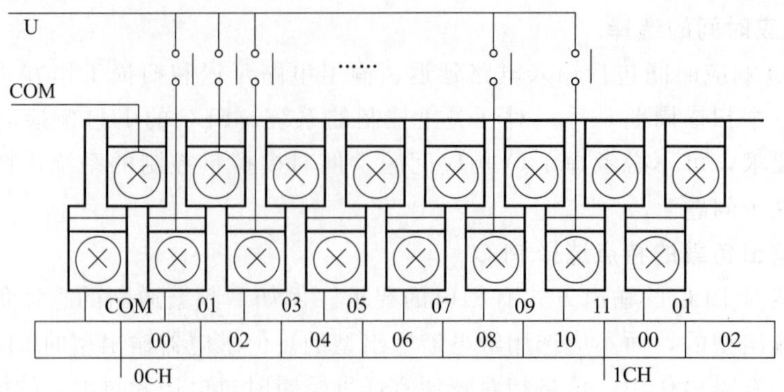

图 4-34　PLC 与输入元件的接线示例

连在一起后，接在 PLC 输入侧的 COM 端子上。每位拨码开关的 4 条数据线按一定顺序接在 PLC 的 4 个输入点上。由图可见，使用拨码器要占用许多 PLC 的输入点，因此，不是十分必要的场合，一般不要采用这种方法。

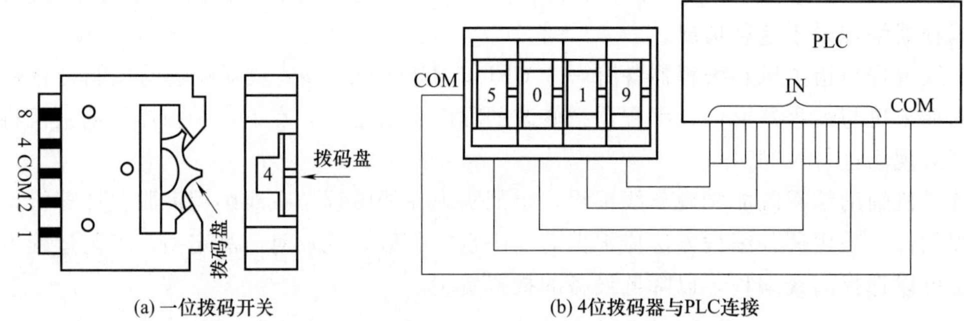

图 4-35　拨码开关、拨码器与 PLC 连接

如图 4-36 所示是拨码器与 PLC 的接线示意图。图中 4 个虚线框是 4 个拨码器的等效电

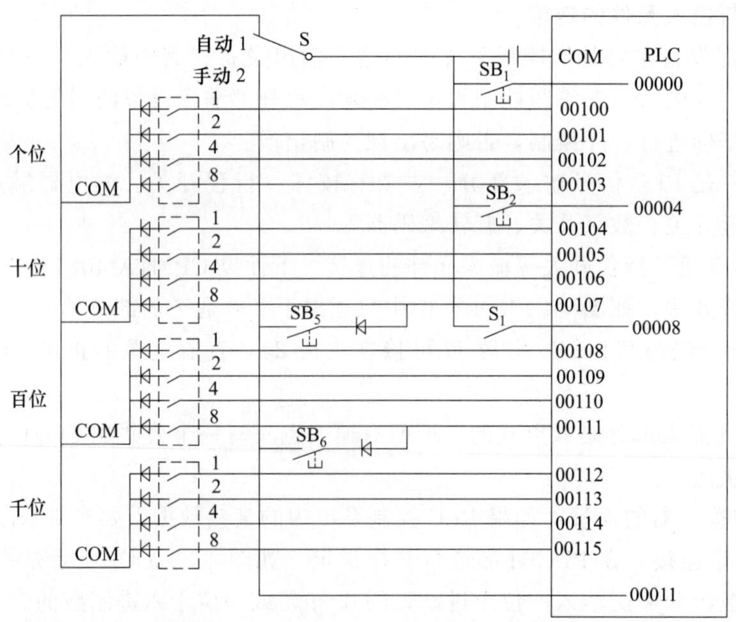

图 4-36　拨码器与 PLC 的接线示意图

路，4个拨码器分别用来设定千、百、十、个位数，利用每个拨码开关的拨码盘调整各位拨码开关的值。例如，要设定数据为5019时，把千位拨码器拨为5，此时千位中对应8、2的开关断开，对应4、1的开关闭合，则该位数字输入为0101；把百位拨码器拨为0，此时百位中所有开关均断开，则该位数字输入为0000；把十位拨码器拨为1，此时十位中对应8、4、2的开关均断开，对应1的开关闭合，则该位数字输入为0001；把个位拨码器拨为9，此时个位中对应8和1的开关闭合，对应4、2的开关断开，则该位数字输入为1001。

使用拨码器时，为了提高PLC输入点的利用率，应采用分组控制法输入拨码器的数据。否则，在输入4位数字时拨码器占用的一个通道是不能做他用的。图4-36就是采用分组控制法向PLC输入拨码器数据的。图中当转换开关S扳到1号位时，拨码器的数据输入到通道001中，SB_1、SB_2、S_1（这里只画了这几个）的信息输入到通道000中，PLC按自动运行方式执行程序；当转换开关S扳到2号位时，拨码器与PLC脱离，利用SB_5、SB_6等按钮可以进行手动操作。显然，自动方式下通道001输入的是拨码器的数据，而手动方式时通道001又可以接收手动控制信息。

如果PLC的输入通道不足16位，例如只有12位，在用拨码器进行大于3个数字的数据设定时须占用2个输入通道。这时用一个通道接收低3位数字，用另一个通道的4个位接收最高位数字。在编程时可用MOV指令将低3位数字传送到目的通道的00～11位中，而用位传送指令MOVB或数字传送指令MOVD将最高位数字传送到目的通道的12～15位中。这样，接收最高位数字的输入通道中，没使用的其他位可以安排别的用途。

③ PLC与旋转编码器的连接　旋转编码器是一种光电式旋转测量装置，它将被测的角位移直接转换成数字信号（高速脉冲信号），因此可将旋转编码器的输出脉冲信号直接输入给PLC，利用PLC的高速计数器对其脉冲信号进行计数，以获得测量结果。不同型号的旋转编码器，其输出脉冲的相数也不同，有的旋转编码器输出A、B、Z三相脉冲，有的只有A、B相两相，最简单的只有A相。

如图4-37所示是输出三相脉冲的E6A2-C系列旋转编码器与CPM1A的连接示意图。编码器有5条引线，其中3条是脉冲输出线，一条是COM端线，一条是接电源的线。编码器电源的“－”极要与编码器的COM端连接。CPM1A的DC24V电源的“＋”极要与PLC输入侧的COM端相接，PLCDC24V电源的“－”极要与编码器电源的“－”极相接。编码器的电源可以外接，也可直接使用PLC的DC24V电源。有的旋转编码器还有一条屏蔽线，使用时要将屏蔽线接地。

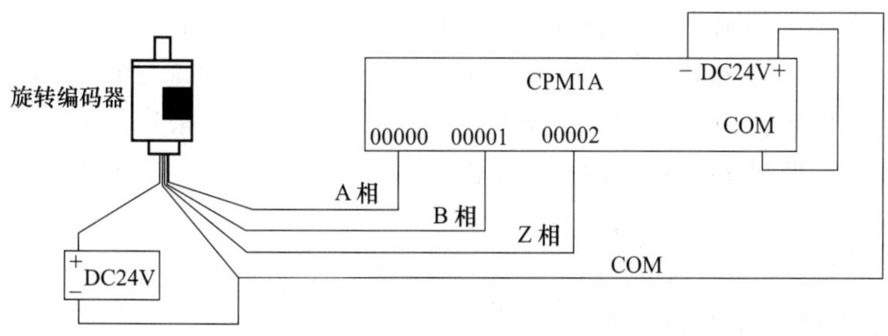

图4-37　PLC与旋转编码器的连接

④ PLC与传感器的连接　传感器的种类很多，其输出方式也各不相同。当接近开关、光电开关等两线式传感器的漏电流较大时，可能出现错误的输入信号而导致PLC的误动作。当漏电流不足1.0mA（00000～00002不足2.5mA）时可以不考虑其影响，当超过1.0mA

（00000～00002 超过 2.5mA）时，要在 PLC 的输入端并联一个电阻，如图 4-38 所示。R 的估算方法为：

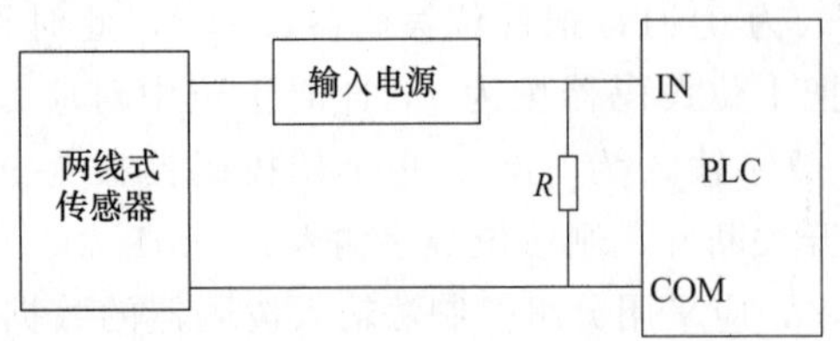

图 4-38 输入设备有漏电流时的接线

$$R<\frac{L_C\times 5.0}{IL_C-5.0}$$

$$P>\frac{2.3}{R}$$

式中，I 为漏电流，mA；L_C 为 PLC 的输入阻抗，kΩ，L_C 的值根据输入点的不同而存在差异；P 为 R 的功率，W；5.0（V）为 PLC 的 Off 电压。

（2）PLC 与输出设备的连接

PLC 与输出设备连接时，不同组（不同公共端）的输出点，其对应输出设备（负载）的电压类型、等级可以不同，但同组（相同公共端）的输出点，其电压类型和等级应该相同。要根据输出设备电压的类型和等级来决定是否分组连接。如图 4-39 所示，以 FX2N 为例说明 PLC 与输出设备的连接方法。图中接法是输出设备具有相同电源的情况，所以各组的公共端连在一起，否则要分组连接。图中只画出 Y0～Y7 输出点与输出设备的连接，其它输出点的连接方法相似。

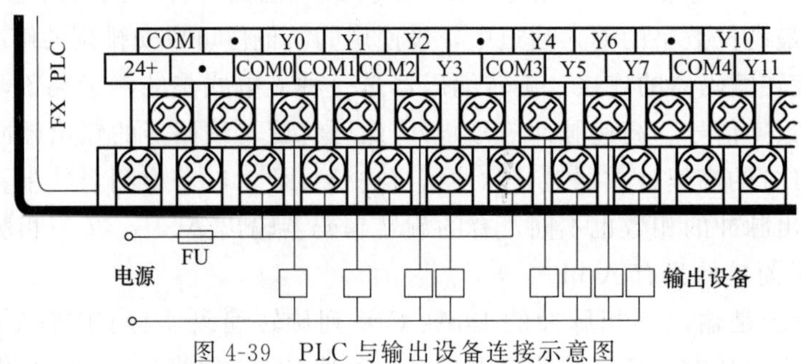

图 4-39 PLC 与输出设备连接示意图

PLC 的输出端经常连接的是感性输出设备（感性负载），为了抑制感性电路断开时产生的电压使 PLC 内部输出元件损坏。因此当 PLC 与感性输出设备连接时，如果是直流感性负载，应在其两端并联续流二极管（可选择 1A 的二极管）；如果是交流感性负载，应在其两端并联阻容吸收电路，阻容吸收电路的电阻可取 50～120Ω，电容值可取 0.1～0.47μF，电容的耐压应大于电源的峰值电压。感性负载时的接线如图 4-40 所示。

PLC 可直接用开关量输出与七段 LED 显示器的连接，但如果 PLC 控制的是多位 LED 七段显示器，所需的输出点是很多的。如图 4-41 所示电路中，采用具有锁存、译码、驱动功能的芯片 CD4513 驱动共阴极 LED 七段显示器，两个 CD4513 的数据输入端 A～D 共用 PLC 的 4 个输出端，其中 A 为最低位，D 为最高位。LE 是锁存使能输入端，在 LE 信号的上升沿将数据输入端输入的 BCD 数锁存在片内的寄存器中，并将该数译码后显示出来。如果输入的不是十进制数，显示器熄灭。LE 为高电平时，显示的

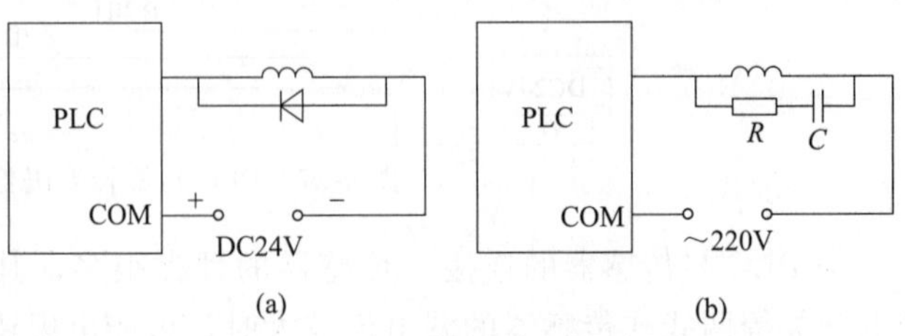

图 4-40 感性负载时的接线

数不受数据输入信号的影响。显然，N 个显示器占用的输出点数为 $P=4+N$。

注意：如果PLC使用继电器输出模块，应在与CD4513相连的PLC各输出端接一下拉电阻，以避免在输出继电器的触点断开时CD4513的输入端悬空。PLC输出继电器的状态变化时，其触点可能抖动，因此应先送数据输出信号，待该信号稳定后再用。

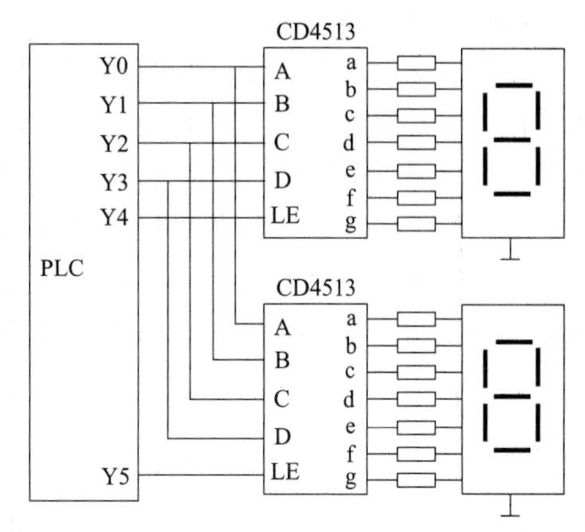

图4-41 PLC与多位LED七段显示器的连接

(3) PLC电源的连接

PLC的电源包括CPU单元及I/O扩展单元的电源、输入设备及输出设备的电源。输入/输出设备、CPU单元及I/O扩展单元最好分别采用独立的电源供电，如图4-42所示是CPU单元、I/O扩展单元及输入/输出设备电源的接线示意图。

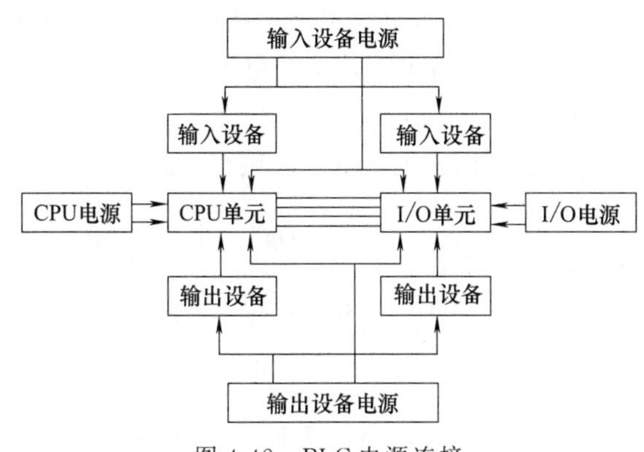

图4-42 PLC电源连接

4.2.7 PLC应用注意事项

PLC是一种用于工业生产自动化控制的设备，一般不需要采取什么措施，就可以直接在工业环境中使用。但当生产环境过于恶劣，电磁干扰特别强烈，或安装使用不当，就可能造成程序错误或运算错误，从而产生误输入并引起误输出，这将会造成设备的失控和误动作，从而不能保证PLC的正常运行。

要提高PLC控制系统的可靠性，一方面要求PLC生产厂家提高设备的抗干扰能力；另一方面，要求设计、安装和使用维护中引起高度重视，多方配合才能完善解决问题，有效地增强系统的抗干扰性能。

(1) PLC安装与布线应注意的问题

① 远离高压电器和高压电源线　PLC不能在高压电器和高压电源线附近安装，更不能与高压电器安装在同一个电气柜中。PLC与高压电器或高压电源线之间至少应有200mm的距离。与PLC装在同一个柜子内的电感性负载，如功率较大的继电器、接触器的线圈，应并联RC消弧电路。

② PLC的电源及输入/输出回路的配线　电源是外部干扰侵入PLC的重要途径，应经过隔离变压器后再接入PLC，最好加滤波器先进行高频滤波，以滤除高频干扰。

PLC的电源和输入/输出回路的配线，必须使用压接端子或单股线，不能用多股绞合线直接与PLC的接线端子连接，否则容易出现火花。

③ 正确布线　输入/输出线、PLC的电源线、动力线最好放在各自的电缆槽或电缆管中，线中心距要保持至少大于300mm的距离。输入/输出线绝对不准与动力线捆在一起敷设。

模拟量输入/输出最好加屏蔽，且屏蔽层应一端接地。

PLC的基本单元与扩展单元之间的电缆传送的信号电压低、频率高，很容易受到高频干扰，因此不能将它同别的线敷设在一起。

(2) PLC 正确接地

良好的接地是保证 PLC 可靠工作的重要条件，可以避免偶然发生的电压冲击危害。接地的目的通常有两个，其一是为了安全，其二是为了抑制干扰。完善的接地系统是 PLC 控制系统抗电磁干扰的重要措施之一，为此，PLC 应设有独立的、良好的接地装置，如图 4-43 (a)所示。接地电阻要小于 100Ω，接地线的截面积应大于 $2mm^2$。PLC 应尽量靠近接地点，其接地线不能超过 20m。PLC 不要与其他设备共用一个接地体，像图 4-43 (b) 那样 PLC 与别的设备共用接地体的接法是错误的。

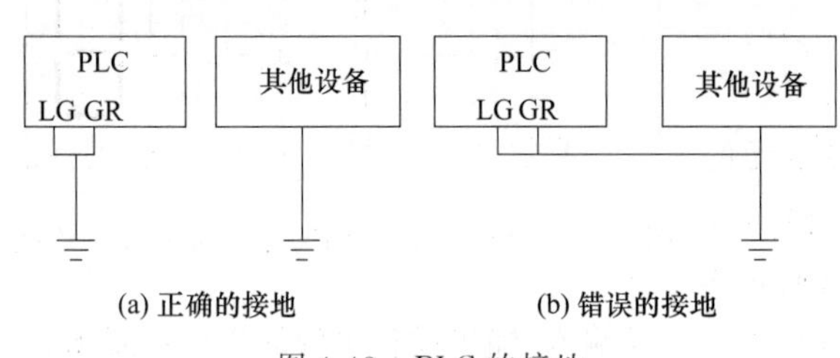

图 4-43 PLC 的接地

PLC 控制系统的地线包括系统地、屏蔽地、交流地和保护地等。接地系统混乱对 PLC 系统的干扰主要是各个接地点电位分布不均，不同接地点间存在地电位差，引起地环路电流，影响系统正常工作。例如电缆屏蔽层必须一点接地，如果电缆屏蔽层两端 A、B 都接地，就存在地电位差，有电流流过屏蔽层，当发生异常状态如雷击时，地线电流将更大。

主机面板上有一个噪声滤波的中性端子（有的 PLC 标 LG)，通常不要求接地，但是当电气干扰严重时，这个端子必须与保护接地端子（有的 PLC 标 GR）短接在一起之后接地。

CPU 单元必须接地。若使用了 I/O 扩展单元等，则 CPU 单元应与它们具有共同的接地体，而且从任一单元的保护接地端到地的电阻都不能大于 100Ω，其接线如图 4-44 所示。

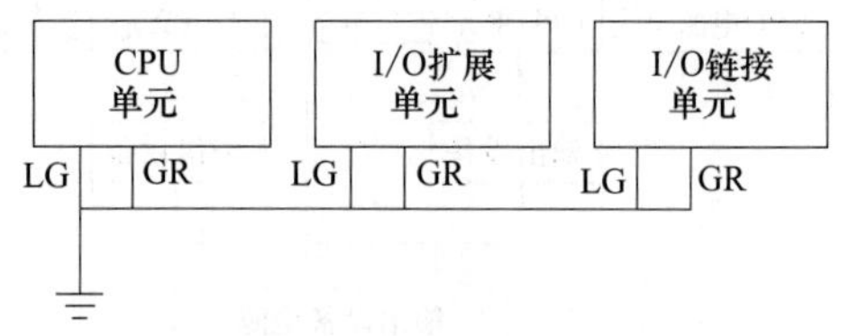

图 4-44 各种单元的接地

(3) PLC 对工作环境的要求

PLC 对工作环境的要求见表 4-18。

表 4-18 PLC 对工作环境的要求

工作环境	要 求
温度	环境温度应控制在 0～55℃，安装时不能放在发热量大的元件下面，四周通风散热的空间应足够大
湿度	为了保证 PLC 的绝缘性能，空气的相对湿度应小于 85%（无凝露）
振动	应使 PLC 远离强烈的振动源，防止振动频率为 10～55Hz 的频繁或连续振动。当使用环境不可避免振动时，必须采取减振措施，如采用减振胶等
空气	应避免有腐蚀和易燃的气体，例如氯化氢、硫化氢等。对于空气中有较多粉尘或腐蚀性气体的环境，可将 PLC 安装在封闭性较好的控制室或控制柜中
干扰源	PLC 应远离干扰源，例如大功率晶闸管装置、高频电焊机、大型动力设备。对于电源引入的电网干扰可以安装一台带屏蔽层的变比为 1∶1 的隔离变压器，以减少设备与地之间的干扰，还可以在电源输入端串接 LC 滤波电路，如图 4-45 所示。一般 PLC 都有直流 24V 输出提供给输入端，当输入端使用外接直流电源时，应选用直流稳压电源。因为普通的整流滤波电源，由于纹波的影响，容易使 PLC 接收到错误信息
电磁场	PLC 应远离强电磁场，否则不能安装 PLC

4.2.8 PLC 常见故障处理

(1) 查找故障的设备

编程器是主要的诊断工具，它能方便地插到 PLC 上面。在编程器上可以观察整个控制系统的状态，当去查找 PLC 为核心的控制系统的故障时，作为一个习惯，应带一个编程器。

以下以无锡华光电子工业有限公司生产的 SR 系列 PLC 为例进行介绍，其余各型 PLC 大同小异。

(2) 查找故障的步骤

① 查找故障的基本步骤　提出下列问题，并根据发现的合理动作逐个否定，一步一步地更换 SR 中的各种模块，直到故障全部排除。所有主要的修正动作能通过更换模块来完成。除了一把螺丝刀（螺钉旋具）和一个万用电表外，并不需要特殊的工具，不需要示波器、高级精密电压表或特殊的测试程序。

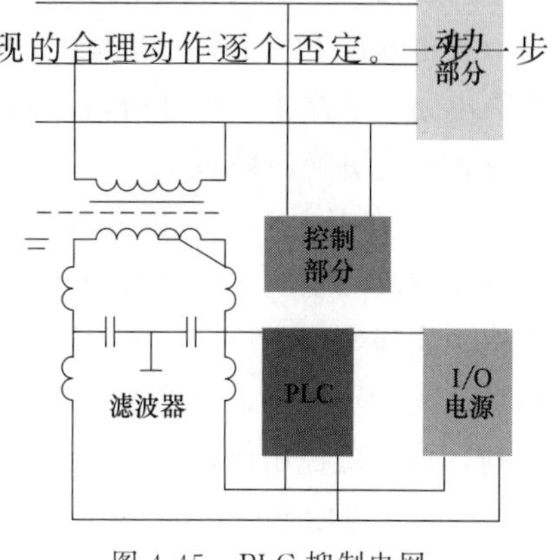

图 4-45　PLC 抑制电网引入的干扰的措施

a. PWR（电源）灯亮否？如果不亮，在采用交流电源的框架的电压输入端（98～162VAC 或 195～252VAC）检查电源电压；对于需要直流电压的框架，测量+24VDC 和 0VDC 端之间的直流电压。如果不是合适的 AC 或 DC 电源，则问题发生在 SR PLC 之外；如 AC 或 DC 电源电压正常，但 PWR 灯不亮，检查熔丝，如必要的话，就更换 CPU 框架。

b. PWR（电源）灯亮否？如果亮，检查显示出错的代码，对照出错代码表的代码定义，做相应的修正。

c. RUN（运行）灯亮否？如果不亮，检查编程器是不是处于 PRG 或 LOAD 位置，或者是不是程序出错。如 RUN 灯不亮，而编程器并没插上，或者编程器处于 RUN 方式且没有显示出错的代码，则需要更换 CPU 模块。

d. BATT（电池）灯亮否？如果亮，则需要更换锂电池。由于 BATT 灯只是报警信号，即使电池电压过低，程序也可能尚没改变。更换电池以后，检查程序或让 PLC 试运行。如果程序已有错，在完成系统编程初始化后，将录在磁带上的程序重新装入 PLC。

e. 在多框架系统中，如果 CPU 是工作的，可用 RUN 继电器来检查其他几个电源的工作。如果 RUN 继电器未闭合（高阻态），按上面讲的第一步检查 AC 或 DC 电源，如 AC 或 DC 电源正常而继电器是断开的，则需要更换框架。

② 查找故障一般步骤　首先，插上编程器，并将开关打到 RUN 位置，然后按下列步骤进行。

a. 如果 PLC 停止在某些输出被激励的地方，一般是处于中间状态，则查找引起下一步操作发生的信号（输入，定时器，鼓轮控制器等），编程器会显示那个信号的 ON/OFF 状态。

b. 如果输入信号，将编程器显示的状态与输入模块的 LED 指示作比较，结果不一致，则更换输入模块。如发现在扩展框架上有多个模块要更换，那么，在更换模块之前，应先检查 I/O 扩展电缆和它的连接情况。

c. 如果输入状态与输入模块的 LED 指示一致，就要比较 LED 与输入装置（按钮、限位开关等）的状态。如果二者不同，应测量输入模块，如发现有问题，需要更换 I/O 装置，现场接线或电源；否则，要更换输入模块。

d. 如没有输出信号，就得用编程器检查输出的驱动逻辑，并检查程序清单。检查应按从右到左进行，找出第一个不接通的触点，如没有通的那个是输入，就按第二和第三步检查该输入点，以此类推，就按第四步和第五步检查。要确认使主控继电器不影响逻辑操作。

e. 如果信号是定时器，而且停在小于 999.9 的非零值上，则要更换 CPU 模块。

f. 如果该信号控制一个计数器，首先检查控制复位的逻辑，然后是计数器信号。按上述第 2～5 步进行。

(3) 西门子 PLC 典型故障的判断与处理

通过软件 PC 程序可以判断 PLC 是否是软件故障，如果是硬件故障，则需要专用的芯片级电路板维修工程师才可对其进行修复工作，PLC 一般都是模块化结构，较为简单的处理方式就是更换故障板卡。

① PLC 软故障的判断和处理　西门子 PLC 都留有通信 PC 接口，通过专用伺服编程器即可以解决几乎所有的软件问题。PLC 具有自诊断能力，发生模块功能错误时往往能报警并按预先程序作出反应，通过故障指示灯就可判断。当电源正常，各指示灯也指示正常，特别是输入信号正常，但系统功能不正常（输出无或乱）时，本着先易后难、先软后硬的检修原则，首先检查用户程序是否出现问题。

西门子 PLCS5 的用户程序储存在 RAM 中，是掉电易失性的，当后备电池故障系统电源发生故障时，程序丢失或紊乱的可能性就很大，强烈的电磁干扰也会引起程序出错。有 EPROM 存储卡及插槽的 PLC 恢复程序就相当简单，将 EPROM 卡上的程序拷回 PLC 后一般都能解决问题；没有 EPROM 子卡的用户就要利用 PC 的联机功能将正确的程序发送到 PLC 上。

需要特别说明的是，有时简单的程序覆盖不能解决问题，这时在重新拷贝程序前总清一下 RAM 中的用户程序是相当必要的。通过将 PLC 上的“RUN”“ST”开关按 RUN—ST—RUN—ST—RUN 的顺序拨打一遍或在 PG 上执行“Object—Blocks—Delete—inPLC－all-blocks—overall－Reset”功能，就完成了 RAM 中程序的总清。另外，保存在 EPROM 中的程序并不是万无一失的，过分相信 EPROM 上的程序有时会给检修带来困惑。所以，经常检查核对 EPROM 中的程序，特别是 PC 中的备份程序就显得尤为重要。

② PLC 硬件故障的判断和处理　PLC 的硬件故障较为直观，维修的基本方法就是更换模块。根据故障指示灯和故障现象判断故障模块是检修的关键，盲目的更换会带来损失。

a. 电源模块故障。工作正常的电源模块，其上面的工作指示灯如“AC”“24VDC”“5VDC”“BATT”等应该是绿色长亮的。哪一个灯的颜色发生了变化或闪烁或熄灭，就表示哪一部分的电源有问题。

“AC”灯表示 PLC 的交流总电源，“AC”灯不亮时，可能是无工作电源，整个 PLC 停止工作。这时就应该检查电源熔断器是否熔断，若熔断器熔断，要用同规格同型号的熔断器更换。无同型号的熔断器时，要用电流相同的快速熔断器代换。如重复烧熔断器，说明电路板短路或损坏，要更换整个电源。

“5VDC”“24VDC”灯熄灭表示无相应的直流电源输出。当电源偏差超出正常值 5%时指示灯闪烁，此时虽然 PLC 仍能工作，但应引起重视，必要时停机检修。

“BATT”变色灯是后备电源指示灯，绿色正常，黄色电量低，红色故障。黄灯亮时就应该更换后备电池。维修手册规定两到三年更换锂电池一次。

当红灯亮时表示后备电源系统故障，需要更换整个模块。

b. I/O 模块故障。输入模块一般由光电耦合电路组成；输出模块根据型号不同有继电输出、晶体管输出、光电输出等。每一点输入输出都有相应的 LED 指示。有输入信号但该点不亮或确定有输出但输出灯不亮时就应该怀疑 I/O 模块有故障。输入和输出模块有 6～24 个点，如果只是因为一个点的损坏就更换整个模块在经济上不合算。通常的做法是找备用点替代，然后在程序中更改相应的地址。但要注意，程序较大时查找具体地址有困难。特别强调的是，无论是更换输入模块还是更换输出模块，都要在 PLC 断电的情况下进行，带电插拔模块是绝对不允许的。

c. CPU 模块故障。通用型 PLC 的 CPU 模块上往往包括有通信接口、EPROM 插槽、运行开关等，故障的隐蔽性更大，因为更换 CPU 模块的费用很大，所以对它的故障分析、判断要尤为仔细。例如，一台 PLC 合上电源时无法将开关拨到 RUN 状态，错误指示灯先闪烁后常亮，断电复位后故障依旧，更换 CPU 模块后运行正常。在进行芯片级维修时更换了 CPU 但故障灯仍然不停闪烁，直到更换了通信接口板后功能才恢复正常。

③ 外围线路故障　据有关文献报道，在 PLC 控制系统中出现的故障率为：CPU 及存储器占 5%，I/O 模块占 15%，传感器及开关占 45%，执行器占 30%，接线等其他方面占 5%。由此可见，80%以上的故障出现在外围线路。

外围线路由现场输入信号（如按钮开关、选择开关、接近开关及一些传感器输出的开关量、继电器输出触点或模数转换器转换的模拟量等）和现场输出信号（电磁阀、继电器、接触器、电动机等），以及导线和接线端子等组成。接线松动、元器件损坏、机械故障、干扰等均可引起外围电路故障，排查时要仔细，替换的元器件要选用性能可靠、安全系数高的优质器件。一些功能强大的控制系统采用故障代码表表示故障，对故障的分析排除带来了极大便利，应好好利用。

4.3 软启动器及其应用

电动机软启动器控制，无论从功能、性能、负载适应能力，还是从维护及可靠性方面，都是传统的星-三角降压启动、自耦降压器无法比拟的。

软启动器之所以优异于星-三角启动器和自耦减压启动器，是由于其具有许多功能，有很高的“智商”，能实现人机“对话”，通过键盘、电脑或人工远距离操作，不仅能达到软启动、软停止，还具有许多保护功能等。

4.3.1 软启动器简介

(1) 软启动器的工作原理

电动机软启动器是一种集电动机软启动、软停车、轻载节能和多种保护功能于一体的新颖电动机控制装置，如图 4-46 所示。

软启动器采用三相反向并联的晶闸管作为调压器，将其接入电源和电动机定子之间。使用软启动器启动电动机时，晶闸管的输出电压逐渐增加，电动机逐渐加速，直到晶闸管全导通，电动机工作在额定电压的机械特性上，实现平滑启动，降低启动电流，避免启动过流跳闸。待电动机达到额定转数时，启动过程结束，软启动器自动用旁路接触器取代已完成任务的晶闸管，为电动机正常运转提供额定电压，以降低晶闸管的热损耗，延长软启动器的使用寿命，提高其工作效率，又使电网避免了谐波污染。

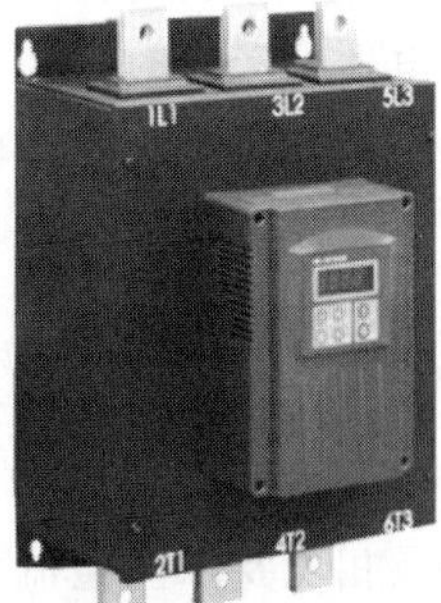

图 4-46　电动机软启动器

软启动器同时还提供软停车功能，软停车与软启动过程相反。晶闸管在得到停机指令后，从全导通逐渐地减小导通角，经过一定时间过渡到全关闭的过程。电压逐渐降低，转数逐渐下降到零，从而避免了电动机自由停车引起的转矩冲击。电动机停车的时间根据实际需要可在 0～120s 之间调整。

下面介绍 WJR 系列软启动器的工作原理。

WJR 节电型软启动器基于单片机控制技术，通过其内置的专用优化控制软件，动态调整电动机运行过程中的电压和电流。在不改变电动机转速的条件下，保证电动机的输出转矩与负荷需求匹配，其空载有功节电率高达 50%以上。它不仅具备完善的软启动和软停车功能，可保证电动机连续平滑启动，避免电动机启动时所产生的电流和机械冲击；还具有断相、过流、过载、三相不平衡、晶闸管过热、电源逆相等多项保护功能，并有故障状态输出（BK）、运行状态输出（TR），可以用来控制其他联锁的设备。

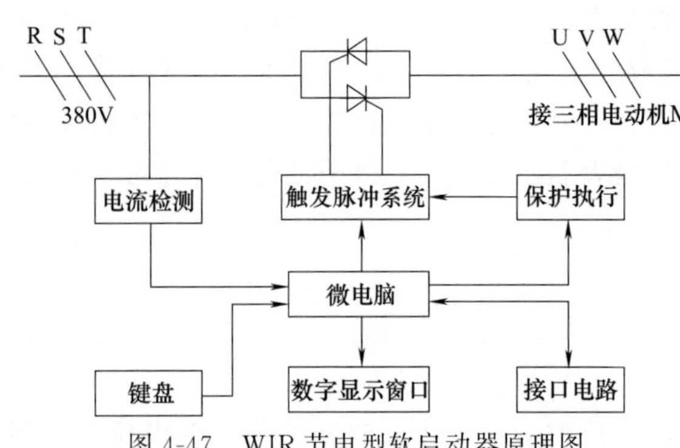

图 4-47　WJR 节电型软启动器原理图

WJR 节电型软启动器可智能地检测到电动机运行过程中出现的故障，运行状态及故障状态均由面板上的 LED 显示，其工作原理图如图 4-47 所示。

WJR 旁路型软启动器具有电源逆相、晶闸管过热、电动机过载、三相不平衡、断相等保护功能，并有故障状态输出（ERROR），可用来控制（保护）其他联锁的设备（输出继电器触点容量为 250V/5A）。内部线路板上有容易识别的故障诊断指示灯，可智能检测到运行过程中出现的故障。当软启动完成后，旁路接触器投入正常运行。旁路接触器在闭合和断开时，触点无电弧产生，这是采用了电子灭弧器技术而达到的特殊效果。WJR 旁路型软启动器原理框图如图 4-48 所示。

WJR 系列软启动单元是三相交流异步电动机专用控制产品，启动采用电压时间斜坡方式，并兼有启动电流限制模式。该单元具有软启动、软停止和启动电流限制功能。启动和运行时，具有故障诊断和故障保护功能，可通过外接无源触点开关进行远距离操作（异地控制）。该单元不需另配电动机保护器或热继电器，运行时需用交流接触器旁路。旁路接触器在吸合和分断时无电弧产生。WJR 系列软启动单元工作原理图如图 4-49 所示。

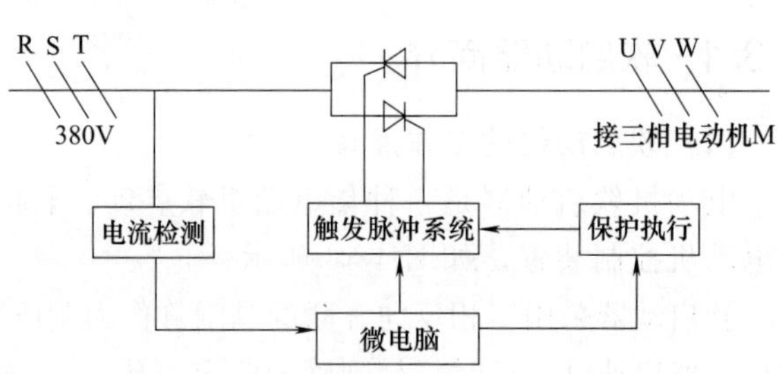

图 4-48　WJR 旁路型软启动器原理框图

当停止端悬空（按钮 SB_1 不接）时，按下启动按钮（SB_2）后电动机开始启动并运行。抬起启动按钮（SB_2），则进入软停状态（若软停时间设置为零则电动机自由停车）。此方式可用于点动或继电器控制。主电路三个电流互感器（TA_1、TA_2、TA_3）的二次电流（0～5A）输出端，分别接到软启动单元的“互感器 1”“互感器 2”“互感器 3”的端子上，无相序及相位要求。电流互感器二次线的公共端应可靠接地。

当外接电源、外接电动机及软启动单元出现故障时，自动停机，故障继电器动作，其

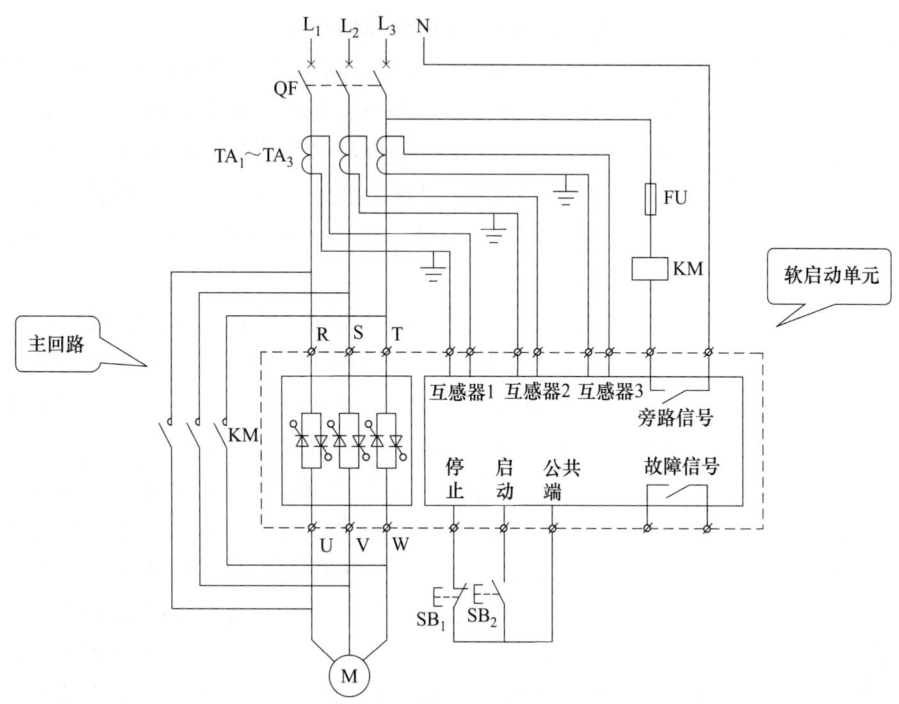

图 4-49 WJR 系列软启动单元工作原理图

“故障信号输出”端子输出无源开关闭合信号，可用此信号控制外部联锁设备。

(2) 软启动器的启动方式

运用串接于电源与被控电动机之间的软启动器，控制其内部晶闸管的导通角，使电动机输入电压从零以预设函数关系逐渐上升，直至启动结束，赋予电动机全电压，即为软启动。在软启动过程中，电动机启动转矩逐渐增加，转速也逐渐增加。电动机软启动的几种启动方式见表 4-19。

表 4-19 常用的电动机软启动方式

启动方式	说 明
斜坡电压启动	电压由小到大斜坡线性上升，它是将传统的降压启动从有级变成了无级，主要用在重载启动。这种启动方式的缺点是初始转矩小，转矩特性抛物线型上升对拖动系统不利，且启动时间长有损于电动机
转矩控制启动	将电动机的启动转矩由小到大线性上升，它的优点是启动平滑，柔性好，对拖动系统有更好的保护，同时降低了电动机启动时对电网的冲击，是最优的重载启动方式，它的缺点是启动时间较长
转矩加突跳控制启动	与转矩控制启动相仿也是用于重载启动，不同的是在启动的瞬间用突跳转矩克服电动机静转矩，然后转矩平滑上升，缩短启动时间。它的缺点突跳时会给电网发送尖脉冲，干扰其他负荷，应用时要特别注意
电压控制启动	用于轻载启动的场合，在保证启动压降下发挥电动机的最大启动转矩，尽可能地缩短了启动时间，是最优的轻载软启动方式

从表 4-19 中不难看出，最适用最先进的启动方式是电压控制启动和转矩控制启动及转矩加突跳控制启动。

(3) 软启动器和变频器的区别

软启动器和变频器是两种完全不同用途的产品。变频器主要用于需要调速的地方，其输出不但改变电压而且同时改变频率；软启动器只是改变电源电压，相当于降压启动器，它用于电动机启动时，输出只改变电压并没有改变频率。

变频器也具备软启动功能，是通过改变电源频率实现的。即变频器具有软启动器的功能，但它的价格比软启动器贵得多，结构也复杂得多。

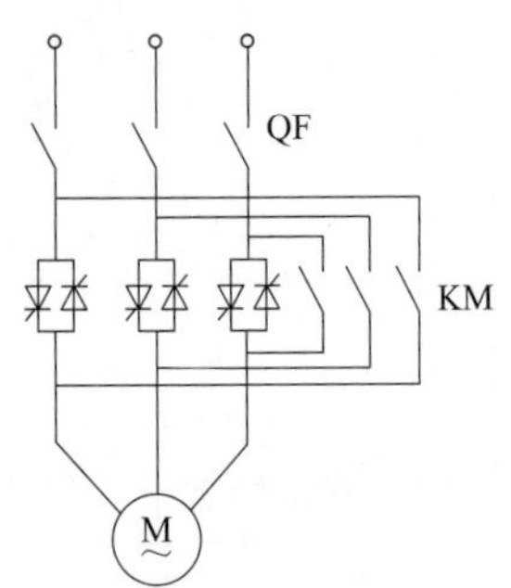

图 4-50 电动机控制中心 MCC 原理图

(4) 举例说明软启动器的应用

① 软启动器在电动机控制中心（MCC）的应用 将断路器、软启动器、旁路接触器和控制电路组成电动机控制中心（MCC），这是目前最流行、推广最多的做法，其原理如图 4-50所示。特点：在启动和停车阶段，晶闸管投入工作，实现软启动，停车，启动结束，旁路接触器合闸，将晶闸管短接，电动机接受全电压，投入正常运行。

这种组合的优点是，在运行期间，电动机直接与电网相连，无谐波；旁路接触器还可以作为一种备用手段，紧急关头或晶闸管故障时，使电动机投入直接启动，增加了运行的可靠性和应用场合；可满足绝大多数工况使用。

② 软启动器在泵类负载软停车中的应用 在泵类负载系统中，例如，高扬程水泵、大型泵站、污水泵站、电动机直接停车时，在有压管路中，由于流体的运动速度发生急剧变化，引起动量急剧变化，管路中出现水击现象，对管道、阀门与泵形成很大的冲击，此即“水锤”效应，严重时，会对大楼产生很大的震撼与巨响，甚至造成管道与阀门的损坏。

采用软停车，停车时软启动器由大到小逐渐减小晶闸管的导通角，使被控电动机的端电压缓缓下降，电动机转速有一个逐渐降低的过程，这样就避免了管路里流体动量的急剧变化，抑制了“水锤”效应。

③ 软启动器作为正反转无触点电子开关应用 软启动器串接于供电电源与被控电动机之间，当晶闸管全导通时，电动机得到全电压，晶闸管关断时，电动机被切断电源，其作用类似于一个无触点电子开关。如果再增加两组反并联晶闸管，组成如图 4-51 所示的电路，当 A_1、B_1、C_2 三组晶闸管投入运行时，三相电源 L_1、L_2、L_3 与电动机的 U、V、W 端相连，电动机顺时针旋转，那么当 A_2、B_1、C_1 三组晶闸管投入运行时，由于电动机输入反相序电源而逆时针旋转，交替地使上述两套晶闸管配置投入运行，即可实现被控电动机的正反转运行，由于不使用接触器切换电源，故设备可靠性很高。应用场合：需要频繁正反转的金属型材轧制机构。

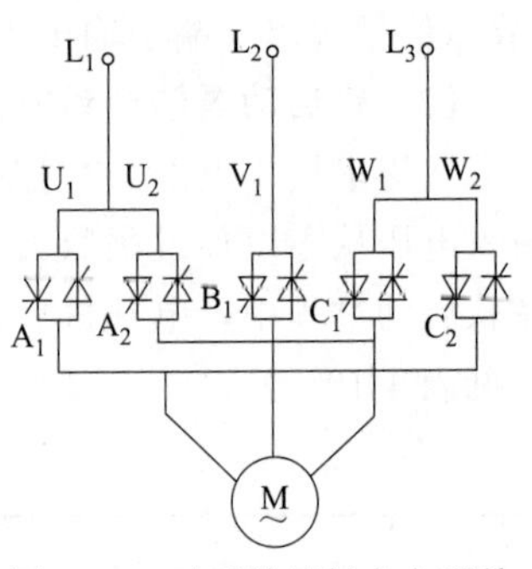

图 4-51 正反转无触点电开关

④ 软启动器与 PC 结合组成复合功能的应用 以一台 PC 程控器与两台或多台软启动器组合，可完成一用一备或两用一备，甚至多用多备的方案，与 PC 结合，可同时实现软启动、软停车，一用一备，与中央控制室组成遥控监视系统。

在许多大型排水系统中，平时排水量不大，仅要求少量排水泵投入运行，有时则要求根据水位，逐级增加投入的水泵，直至全部水泵投入运行；反之，则要求逐级减少运行的水泵数量。

其结合的方案有以下两种。

a. 采用一台 PC 控制一台软启动器，软启动器始终与一台电动机相连，如图 4-52 所示。当需要时，PC 控制首先启动电动机 M_1，启动结束，合上旁路接触器 KM_{10}，使电动机直接与电网相连，然后通过接触器 KM_{11}，使软启动器与该电动机分离，与下一电动机相连，由 PC 控制启动下一台电动机。此方法可以根据上下水位逐一启动各台电动机。停机时，除与软启动器相连的电动机可以实现软停车外，其余电动机都是直接停车。

该方案优点：一次投资小，控制柜结构紧凑。缺点：一旦软启动器故障，会影响到全部电动机的启动与运行。

b. 每一台电动机均配一台软启动器，由 PLC 程控器根据水位或其他控制量依次逐一启动各台电动机，直至全部投入运行；反之，则逐一关闭各台电动机，如图 4-53 所示。

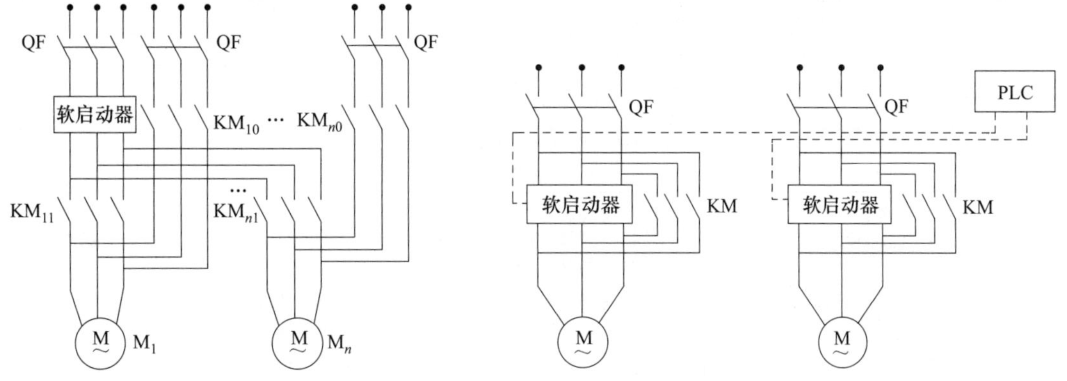

图 4-52 软启动器与程控器联合控制多台电动机

图 4-53 软启动器与程控器联合控制

该方案优点：可靠性比前一方案高，即使有一台软启动器故障，也不会影响其他电动机的运行，如果 PC 程控器发生故障，不能进入自控状态，那么采用柜前手动操作的方式，照样可使各台电动机投入工作。

4.3.2 软启动器的使用与维护

(1) WJR 节电型软启动器的接线

① 主回路端子接线 如图 4-54 所示为 WJR 节电型软启动器主回路端子接线图。在安装时，注意输入电源 R、S、T 有相序区别，不可将交流电源连接至输出端子 U、V、W。同时，接地线越短越好。

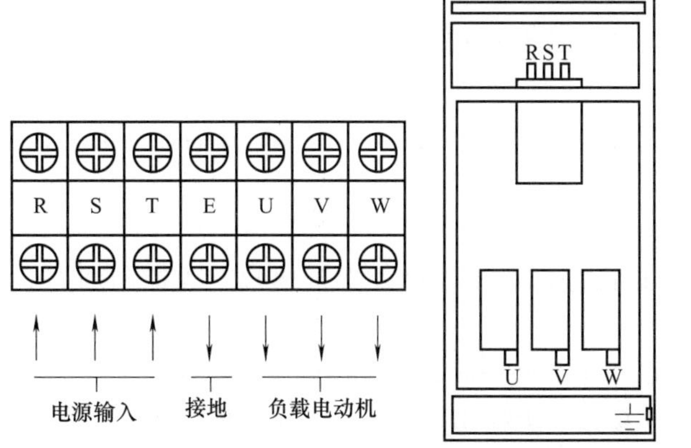

(a) 22～132kW主回路端子接线图 (b) 150～315kW主回路端子接线图

图 4-54 WJR 节电型软启动器主回路端子接线图

② 控制回路端子接线 控制回路接线端子如图 4-55 所示，图中的 380V 是指交流输入电源。端子功能说明见表 4-20。

(2) 软启动器的日常检查与维护项目

在进行软启动器的日常检查与维护操作时，应首先断开软启动器柜内电源空开，确保主回路和控制回路无电。

表 4-20　端子功能说明

端子号	功能说明
AK1、AG1、AK2、AG2	A 相晶闸管触发
BK1、BG1、BK2、BG2	B 相晶闸管触发
CK1、CG1、CK2、CG2	C 相晶闸管触发
AL1、AL2	A 相互感器二次信号输入
BL1、BL2	B 相互感器二次信号输入
CL1、CL2	C 相互感器二次信号输入
AL	外部设备故障输入点(闭合时有效)
HEAT	温度开关(70℃，动合型闭合时有效)
START、STOP	外接启动、停止按钮接线端子，不用时将 STOP 与 COM 短接，否则面板启/停控制无效。如同时运用面板启/停和外接控制启/停功能，应将 STOP 接停止按钮动断点，START 接启动按钮动合点
FAN	无源动合点输出(AC 250V/5A)，用于控制冷却风扇，按下启动按钮时动合点闭合
BK	故障状态输出(AC 250V/5A)，整机出现故障时继电器动作
TR	运行状态输出(AC 250V/5A)，启动完成后继电器动作

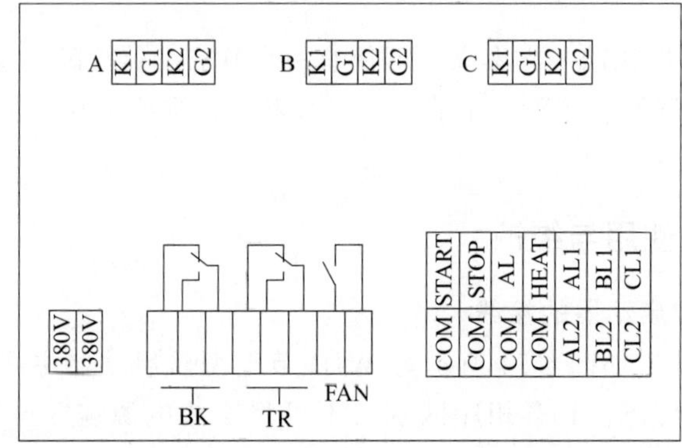

图 4-55　WJR 节电型软启动器控制回路接线端子图

① 打开软启动器前面板，线路板用毛刷刷后再用风机除尘，注意风压不能过大，以免造成小的控制线绝缘磨坏。

② 拆下软启动器输出端和电动机处电缆，用 500V 摇表摇测电缆、电动机对地和相间绝缘，正常时绝缘电阻均不低于 0.5MΩ。

③ 检查项目

a. 主回路端子应接触良好，铜排连接处无过热痕迹，控制回路各插件不松动，连接可靠。

b. 电力电缆、控制电缆绝缘外护套无划伤痕迹或烧焦现象。

c. 操作面板与主板连接排线无损伤，无断线，显示信息清晰、完整。

d. 消弧罩内部触点无烧焦、损坏，灭弧罩完好。

第5章 常用电气设备运行与检修

5.1 电气故障诊断与排除方法

电气控制电路故障的查找是一项技术性较强的工作，也是实际工作中一项十分重要的工作。具体故障的查找方法，不仅因人而异、因时而异，而且不同故障不同的控制系统查找方法也不同。当控制系统出现故障后如果一时难以弄清是什么地方出了问题，就需要进行故障点的查找，而故障点的查找又有一定的规律可循。

电工实践证明，“六诊”“八法”“三先三后”是一套行之有效的电气设备诊断的思想方法和工作方法。

5.1.1 一般电气故障诊断法

(1) 电气故障诊断六诊法

电路出现故障切忌盲目乱动，在检修前要对故障发生的情况进行尽可能详细的调查。简单地讲就是通过问、看、听、闻、摸、测“六诊”来调查发现电气设备的异常情况，从而找出故障原因和故障所在的部位。具体方法见表 5-1。

表 5-1 电气故障调查“六诊”法

诊断法	方法说明
问	当一台设备的电气系统发生故障后，检修人员应和医生看病一样，首先要了解详细的“病情”。即向设备操作人员或用户了解设备使用情况、设备的“病历”和故障发生的全过程 如果故障发生在有关操作期间或之后，还应询问当时的操作内容以及方法、步骤 通过询问，往往能得到一些很有用的信息 总之，了解情况要尽可能详细和真实，这些往往是快速找出故障原因和部位的关键
看	“看”包括两个方面：一是看现场；二是看图纸资料 看现场时，主要观察触点是否烧蚀、熔毁；线头是否松动、松脱；线圈是否发热、烧焦，熔体是否熔断，脱扣器是否脱扣等；其他电气元件是否烧坏、发热、断线，导线连接螺钉是否松动，电动机的转速是否正常。还要观察信号显示和仪表指示等 对于一些比较复杂的故障，首先弄清电路的型号、组成及功能，看懂原理图，再看接线图，以“理论”指导“实践”
听	在电路和设备还能勉强运转而又不致扩大故障的前提下，可通电启动运行，倾听有无异响；如果有异响，应尽快判断出异响的部位后迅速停车，如图 5-1 所示 利用听觉判断故障，是一件比较复杂的工作，在日常生产中要积累丰富的经验，才能在实际运用中发挥作用
闻	用嗅觉器官检查有无电气元件发高热和烧焦的异味。如过热、短路、击穿故障，则有可能闻到烧焦味，火烟味和塑料、橡胶、油漆、润滑油等受热挥发的气味。对于注油设备，内部短路、过热、进水受潮后油样的气味也会发生变化，如出现酸味、臭味等

续表

诊断法	方法说明
摸	刚切断电源后，尽快触摸线圈、触点等容易发热的部分，看温升是否正常 如设备过载，则其整体温度会上升；如局部短路或机械摩擦，则可能出现局部过热；如机械卡阻或平衡性不好，其振幅就会加大 在实际操作时要遵守有关安全规程和掌握设备特点，该摸的摸，不能摸的切不能乱摸，以免危及人身安全和损坏设备
表测	用仪表仪器对电气设备进行检查。根据仪表测量某些电参数的大小，经与正常数据对比后来确定故障原因和部位

图 5-1　听电动机的运行声音

下面重点介绍表 5-1 中部分方法的应用实例。

①“问”法的应用　操作人员报告某台离心泵不能启动，需要及时处理。这时维修人就要询问，水罐是否有水，上班和本班是否曾经运行，具体使用情况，是否运行一段时间后停止，还是未运行就不能开启。还要询问故障历史等。了解具体情况后，到现场进行处理就会有条理，轻松解决问题。

②“看”法的应用　某车间有一台螺杆泵，操作工说按下按钮时听到电动机有振动声而泵不动。根据所述情况判断，通电做短暂试验不致发生事故，可以通电试验来核实所反映的情况。螺杆泵是空载启动，因机械故障不能运行的可能性较小，最可能的原因是电动机或电源断相。首先查看电柜保险是否熔断；如完好，查一下控制电动机的接触器进线是否三相有电；如有，然后通电核实所述情况。

③“摸”法的应用　在实际操作中，应注意遵守有关安全规程和掌握设备特点，掌握摸（触）的方法和技巧，该摸的摸，不能摸的切不能乱摸。手摸用力要适当，以免危及人身安全和损坏设备。手感温法估计温度（以电动机外壳为例）见表 5-2。

表 5-2　手感温法估计温度

温度/℃	感觉	具体程度
30	稍冷	比人体温度低，感觉稍冷
40	稍暖和	比人体温度高，感到稍暖和
45	暖和	手背触及感到很暖和
50	稍热	手背可以长久触及，但长时间手背变红
55	热	手背可停留 5～7s
60	较热	手背可停留 3～4s
65	很热	手背可停留 2～3s
70	十分热	用手指可停留约 3s
75	极热	用手指可停留 1.5～2s
80	担心电动机坏	手背不能碰，手指勉强停 1～1.5s
85～90	过热	不能碰，因条件反射瞬间缩回

④“表测”法的应用　在电气修理中，对于电路的通断、电动机绕组、电磁线圈的直流电阻，触点的接触电阻等是否正常，可用万用表相应的电阻挡检查；对电动机三相空载电流、负载电流是否平衡，大小是否正常，可用钳形电流表或其他电流表检查；对于三相电压是否正常，是否一致，对于工作电压、线路部分电压等可用万用表检查；对线路、绕组的有关绝缘电阻，可用绝缘电阻表检查。

利用仪表检查电路或电器的故障有速度快、判断准确、故障参数可量化等优点，因此，在电器维修中应充分发挥仪表检查故障的作用。

a. 测量电压法。如图 5-2 所示为某电动机启停控制电路，电路各点间正常电压见表5-3。如果实际测得的电压与表中的数值不符，则说明电路工作不正常。

表 5-3 电路各点间正常电压 V

测试状态	AE	AB	BE	BC	CE	CD	DE
KM 吸合	220	0	220	0	220	0	220
KM 释放	220	0	220	0	220	220	0

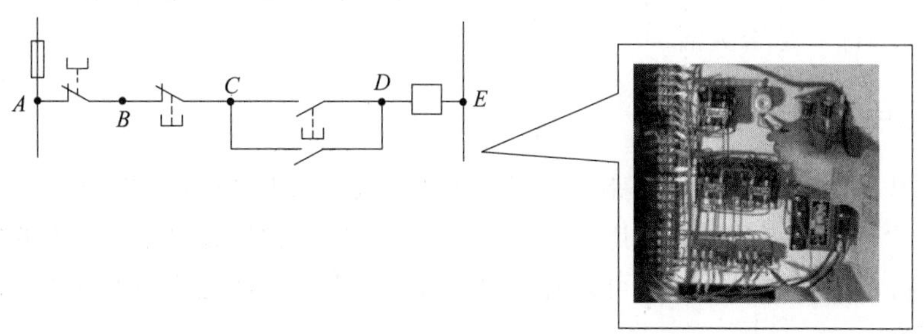

图 5-2 电动机启停控制电路

应用电压法来检修电气线路，首先了解线路正常工作电压，通过比较判断故障所在。

b. 测量电阻法。断开电源后，用万用表欧姆挡测量有关部位电阻值。若所测量电阻值与要求电阻值相差较大，则该部位有可能就是故障点。

如图 5-3 所示为接触器联锁正反转控制电路。在电路正常时，电阻法检查电动机正反转控制电路所测阻值见表 5-4。

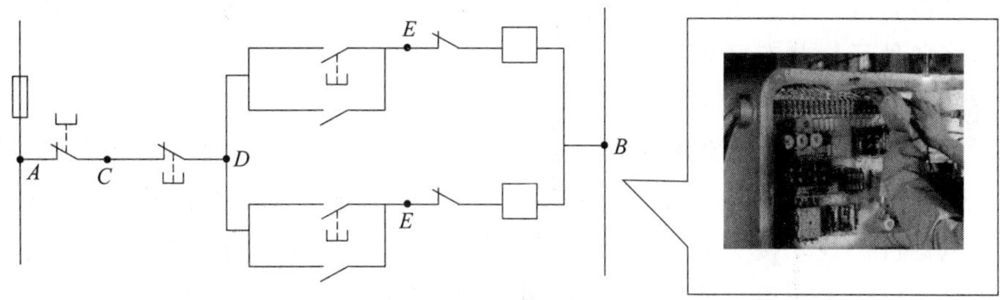

图 5-3 接触器联锁正反转控制电路故障诊断

表 5-4 电阻法检查电动机正反转控制电路所测阻值

检查目的	操作步骤	AD	DE	DF	EB	FB
检查正转回路接线	万用表测 AD、DE、EB 点阻值	0	∞	—	1300	—
检查反转回路接线	万用表测 AD、DF、FB 点阻值	0	—	∞	—	1300
检查互锁	断开 KM_2 的动断触点	—	—	—	∞	—
	断开 KM_1 的动断触点	—	—	—	—	∞

测量时注意事项如下：

• 不能在线路带电的情况测量电阻，否则不仅有可能损坏万用表，还有可能引起被测量线路故障。因此，用电阻测量法检查故障时，一定要断开电源开关。

• 如果被测的电路与其他电路并联，必须将该电路与其他电路断开，否则所测得的电阻值是不准确的。

• 测量高电阻值的电气元件时，要选择适合的电阻挡。

(2) 电气控制线路断电检查的内容

① 检查熔断器的熔体是否熔断、是否合适以及接触是否良好。

② 检查开关、刀闸、触点、接头是否接触良好。

③ 用万用表欧姆挡测量有关部位的电阻，用绝缘电阻表测量电气元件和线路对地的电阻以及相间绝缘电阻（低压电器绝缘电阻不得小于0.5MΩ），以判断电路是否有开路、短路或接地现象。

④ 检查改过的线路或修理过的元器件是否正确。

⑤ 检查热继电器是否动作，中间继电器、交流接触器是否卡阻或烧坏。

⑥ 检查转动部分是否灵活。

5.1.2 特殊电气故障诊断法

电气控制线路的常见故障有断路、短路、接地、接线错误和电源故障等5种。有的故障比较明显，检修比较简单；有的故障比较特殊、隐蔽，检修过程比较复杂。下面介绍诊断检修电气设备特殊故障的8个方法，读者可针对不同的故障特点，灵活运用多种方法予以检修。

(1) 分析法

根据电气设备的工作原理、控制原理和控制线路，结合初步感官诊断故障现象和特征，弄清故障所属系统，分析故障原因，确定故障范围。分析时，先从主电路入手，再依次分析各个控制回路，然后分析信号电路及其余辅助回路，分析时要善用逻辑推理法。

任何电气设备都处在一定的状态下工作，对状态可以简单地划分为：工作状态和不工作状态，或运行状态和停止状态。查找电气故障应根据设备的不同状态进行分析，这就要求对设备的工作状态做更详细、更具体的划分。状态划分得越细，对查找电气故障越有利。

对于一种设备或一种装置，其中的部件和零件可能处于不同的运行状态，查找其中的电气故障必须将各种运行状态区别清楚。

下面举例说明分析法的应用。

例如，新买的一台交流弧焊机和50m电焊线，由于焊接工作地点就在电焊机附近，没有把整盘电焊线打开，只抽出一个线头接在电焊机二次侧上。试车试验，电流很小不能起弧。经检查电焊机接线，接头处都正常完好，电焊机的二次侧电压表指示空载电压为70V。检查了很长时间，仍不知道毛病出在哪里。最后整盘电焊线打开拉直，一试车，一切正常。其实道理很简单，按照电工原理：整盘的电焊线不打开，就相当于一个空心电感线圈，必然引起很大的感抗，使电焊机的输出电压减小，不能起弧。

又如，某电工如图5-4所示组装了一个桥式整流可逆能耗制动电路，试机时，合上电源开关QS，电动机就发出“嗡嗡”声，过一段时间“嗡嗡”声音消失。

该“嗡嗡”声一般是接通电源后电动机通入直流电而发出的声音。检查时发现接触器KM_3已吸合，说明KM_3控制回路接线错误。从原理图中可以看出，按钮SB_1的动合触点接在KM_3控制回路中，如果SB_1动合触点不能接通，接触器KM_3不会吸合，所以首先检查SB_1动合触点是否接通以及其两端的控制接线是否接反。检查后发现SB_1动合触点两端的控制接线接反。时间继电器得电延时后，KT的动断触点延时断开，将KM_3控制回路切断，所以过一段时间“嗡嗡”声音就消失了。

(2) 短路法

短路法就是把电气通道的某处短路或某一中间环节用导线跨接，是一种很简捷的检修

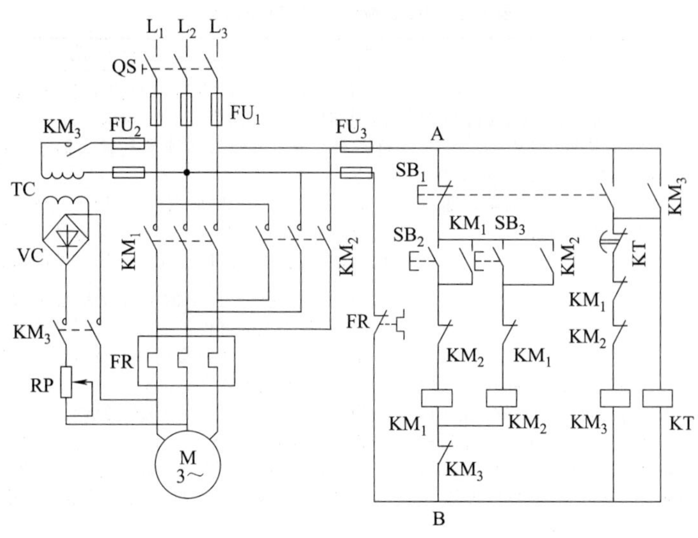

图 5-4　桥式整流可逆能耗制动电路

方法。

采用短路法时需要注意不要影响电路的工况，如短路交流信号通常利用电容器，而不随便使用导线短接。另外在电气及仪表等设备调试中，经常需要使用短路连接线。

在以行程开关、限位开关、光电开关等为控制的自动线路中，遇到多个开关安装，不容易检查分辨的情况下，可采用此类方法进行实际操作。例如，小车控制系统，利用短路法检查就可快速排除故障。

使用短路法的注意事项如下：

① 在必须使用“试验按钮”才能启动时，不能使用导线短路法查找故障。

② 由于短路法是用手拿绝缘导线带电操作的，因此一定要注意安全，避免触电事故发生。

③ 短路法只适用于检查压降极小的导线和触点之间的断路故障。对于压降较大的电器，如电阻、线圈、绕组等断路故障，绝不允许采用短接法，否则会出现短路故障或触电事故。

④ 对于机床的某些要害部位，必须在保障电气设备或机械部位不会出现事故的情况下才能使用短接法。

(3) 断路法

断路法就是甩开与故障疑点连接的后级负载（机械或电气负载），使其空载或临时接上假负载。对于多级连接的电路，可逐级甩开或有选择地甩开后级。

甩开负载后可先检查本级，如电路工作正常，则故障可能出在后级，如电路仍不正常，则故障在开路点之前。此法主要用于检查过载、低压故障；对于电子电路中的工作点漂移、频率特性改变也同样适用。例如，判断大型设备故障时，为了分清是电气原因或是机械原因时常采用此法。比如锅炉引风机就可以脱开联轴器，分别盘车，同时检查故障原因。

(4) 经验法

电工检修常用的经验法较多，见表 5-5。

(5) 菜单法

依据故障现象和特征，将可能引起这种故障的各种原因按顺序罗列出来，然后一个个地查找和验证，直到找出真正的故障原因和故障部位。

表 5-5 电工检修常用的经验法

经验法	操作要点	说 明
弹压活动部件法	主要用于活动部件，如接触器的衔铁、行程开关的滑轮臂、按钮、开关等。通过反复弹压活动部件，使活动部件灵活，同时也使一些接触不良的触点通过摩擦，达到接触导通的目的	例如，对于长期没有启用的控制系统，在启用前，应采用弹压活动部件法全部动作一次，以消除动作卡滞与触点氧化现象，对于因环境条件污物较多或潮气较大而造成的故障，也应使用这一方法 必须注意，弹压活动部件法可用于故障范围的确定，而不常用于故障的排除，因为仅采用这一种方法，故障的排除常常是不彻底的，要彻底排除故障还需要采用另外的措施
替换法	对于值得怀疑的元件（部件），可采用替换的方法进行验证。如果故障依旧，说明故障点怀疑不准，可能该元件没有问题。但如果故障排除，则与该元件相关的电路部分存在故障，应加以确认	当有两台或两台以上的电气控制系统时，可把系统分为几个部分，将各系统的部件进行交换。当交换到某一部分时，电路恢复正常工作，而将故障换到其他设备上时，其他设备出现了相同的故障，说明故障就在这部分 当只有一台设备时，而控制电路内部又存在相同元件时，可以将相同元件调换位置，检查对应元件的功能是否得到恢复，故障是否又转到另外的部分。如果故障转到另外的部分，则说明调换元件存在故障；如果故障没有变化，则说明故障与调换元件无关 通过调换元件，可以不借用其他仪器来检查其他元件的好坏，因此可在条件不具备时使用
电路敲击法	可用一个小的橡皮锤，轻轻地敲击工作中的元件。如果电路故障突然排除，或者故障突然出现，都说明被敲击元件附近或该元件本身存在接触不良现象。对于正常电气设备，一般能经住一定幅度的冲击，即使工作没有异常现象，如果在一定程度的敲击下，发生了异常现象，也说明该电路存在故障隐患，应及时查找并排除	电路敲击法基本同弹压活动部件法，二者的区别主要是前者是在断电的过程中进行的，而后者主要是带电检查 注意敲击的力度要把握好，用力太大或太小都不行
黑暗观察法	在比较黑暗和安静的环境中观察故障线路，如果有火花产生，则可以肯定，产生火花的地方存在接触不良或放电击穿的故障；但如果没有火花产生，则不一定就接触良好	当电路存在接触不良故障时，在电源电压作用下，常产生火花并伴随着一定的声响。因为火花和声音一般比较弱，在光线较为明亮、环境噪声稍大的场所，常不易察觉，因此应在比较黑暗和安静的情况下，观察电路有无火花产生，聆听是否有放电时的“嘶嘶”声或“噼啪”声 黑暗观察法只是一个辅助手段，对故障点的确定有一定帮助，要彻底排除故障还需要采用另外的措施
对比法	如果电路中有两个或两个以上的相同部分时，可以对两部分的工作情况作对比。因为两部分同时发生相同故障的可能性较小，因此通过比较，可以方便地测出各种情况下的参数差异，通过合理分析，确定故障范围和故障情况	根据相同元件的发热情况、振动情况、电流、电压、电阻及其他数据，可以确定该元件是否过荷、电磁部分是否损坏、线圈绕组是否匝间短路、电源部分是否正常等。使用这一方法时应特别注意，两电路部分工作状况必须完全相同时才能互相参照，否则不能比较，至少是不能完全比较
加热法	当电气故障与开机时间呈一定的对应关系时，可采用加热法促使故障更加明显。因此随着开机时间的增加，电气线路内部的温度上升。在温度的作用下，电气线路中的故障元件或侵入污物的电气性能不断改变，从而引发故障。因此可用加热法，加速电路温度的上升，起到诱发故障的作用	使用电吹风或其他加热方式，对怀疑的元件进行局部加热，如果诱发故障，说明被怀疑元器件存在故障，如果没有诱发故障，则说明被怀疑元器件可能没有故障，从而起到确定故障点的作用 使用这一方法时应注意安全，加热面不要太大，温度不能过高，以电路正常工作时所能达到的最高温度为限，否则可能会造成绝缘材料及其他元器件损坏

例如，某电工对一台 17kW、4 极交流电动机进行检修保养，检修后通电试运转时，发现电动机的空载电流三相相差 1/5 以上，振动比正常时剧烈，但无“嗡嗡”声，也无过热冒烟。

根据“空载电流不平衡，三相相差 1/5 以上”的故障现象，初步分析影响电动机空载电流不平衡有以下 5 个原因，于是用菜单的形式列出来。

① 电源电压不平衡。

② 定子转子磁路不平均。

③ 定子绕组短路。

④ 定子绕组接线错误。

⑤ 定子绕组断路（开路）。

经现场观察，电源三相电压之间相差尚不足 1%，因此不会因电压不平衡引起三相空载电流相差 1/5 以上。另外，仅定子与转子磁路不平均，也不会使三相空载电流相差 1/5 以上。其次，定子绕组短路还会同时发生电动机过热或冒烟等现象，可是本电动机既不过热，又无冒烟，可以断定定子绕组无短路故障。关于绕组接线错误，对于以前使用正常，只进行一般维护保养而未进行定子绕组重绕，不存在定子绕组连线错误的问题。经过以上分析和筛选，完全排除了前 4 种原因。

经过分析定子绕组断路情况，当定子绕组为△形连接时，若某处断路，定子绕组将成为 Y 形连接，由基本电工理论可知，A 相电流大，B、C 二相电流小，且基本相当。此时，若定子绕组接线正确，定子绕组每相所有磁极位置是对称的，一相整个断电，转子所受其他两相的转矩仍然是平衡的，电动机不会产生剧烈振动。但本电动机振动比平常剧烈，而电动机振动剧烈是由于转子所受转矩不平衡，因此可断定三相空载电流相差 1/5 以上，不是由于定子绕组整相断路所致。如图 5-5 所示，如果 B、C 相绕组在 y 处断路，三相负载电流仍然是 A 相大，B、C 二相小，并且此时转子所受转矩不平衡，电动机较正常时振动剧烈。这是因为，在 y 处不发生断路时，双路绕组在定子内的位置是对称的；若 y 处发生断路，原来定子绕组分布状态遭到破坏，此时转子只受到一边的转矩，所以发生振动。从以上分析可以确定，这台电动机的故障是定子双路并联绕组中有一路断路，引起三相空载电流不平衡，并使电动机发生剧烈振动。

(6) 试电笔检查法

试电笔是电工诊断检修电气故障最常用的工具之一。灵活应用试电笔，可以安全、快捷、方便地找到故障部位。

① 试电笔检查交流电路断路故障的方法如图 5-6 所示。测试时，应根据电路原理图，用试电笔依次测量各个测试点，测到哪点试电笔不亮，即表示该点为断路处。

② 试电笔检查直流电路断路故障时，可以先用试电笔检测直流电源的正、负极。氖管

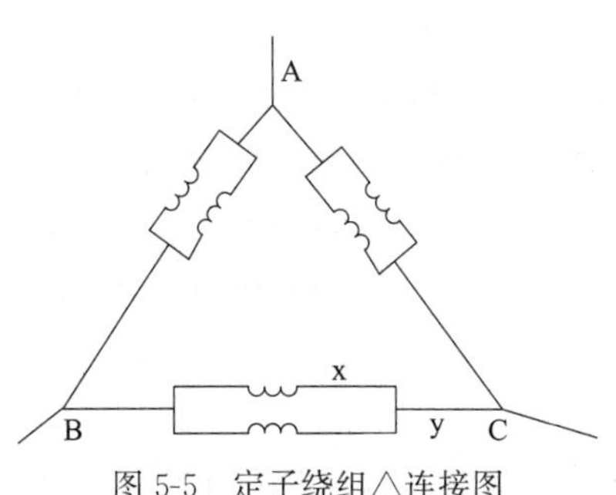

图 5-5 定子绕组△连接图

图 5-6 试电笔检查法

前端明亮时为负极，氖管后端（手持端）明亮时为正极。也可从亮度判断，正极比负极亮一些。试电笔测量交流电、直流电时的发光情况如图 5-7 所示，交流氖管通身亮，直流氖管亮一端。

测量交流电时的发光情况
+
−
检测直流电压时，
前段明亮是负极，
后端明亮为正极

图 5-7　试电笔判断交流电、直流电

确定了正、负极后，根据直流电路中正、负电压的分界点在耗能元件两端的道理，逐一对故障段上的元件两端进行测试，若在非耗能元件两端分别测得正、负电压，则说明断路点就在该元件内。在用试电笔测到直流接触器的正、负两端时，如果测出两端分别是正、负电压，而接触器 KM 不吸合，则一般为 KM 线圈断路。

【提示】

用电子式感应电笔查找控制线路的断路故障非常方便。手触感应断点检测按钮，用笔头沿着线路在绝缘层上移动，若在某一点处显示窗显示的符号消失，则该点就是断点位置。

(7) 推理法

推理法是根据电气设备出现的故障现象，由表及里，寻根溯源，层层分析和推理的方法。推理法可以分为顺推理法和逆推理法。

顺推理法一般是根据故障设备，从电源、控制设备及电路，一一分析和查找的方法。逆推理法则采用相反的程序推理，即由故障设备倒推至控制设备及电路、电源等，从而确定故障的方法。

这两种方法都是常用的方法。在某些情况下，逆推理法要快捷一些。因为逆推理时，只要找到了故障部位，就不必再往下查找了。

(8) 图形变换法

查找电气设备和装置的电气故障，常常需要将实物和图进行对照。然而，电气图形种类繁多，因此需要从查找故障方便出发，将一种形式的图变换成另一种形式的图。其中最常用的是将设备布置接线图变换成电路图，将集中式布置图变换成分开式布置电气图。

设备布置接线图是一种按设备大致形状和相对位置画成的图，这种图主要用于设备的安装和接线，对查找电气故障也十分有用。但从这种图上，不易看出设备和装置的工作原理及工作过程，而了解其工作原理和工作过程是查找电气故障的理论基础，对查找电气故障是至关重要的。电路图是主要描述设备和装置电气工作原理的图，因而需要将设备布置接线图变换为电路图。

5.1.3　电气故障检修原则

在确定故障点以后，无论是修复还是更换，排除故障对电气维修人员相对来说，一般比查找故障要简单得多。但在排除故障中一般不可能只用单一的方法，往往多种方法综合运用。

分析电气故障点时应遵循“三先三后”的检修原则。

(1) 先易后难

先易后难，也可理解为“先简单后复杂”。根据客观条件，容易实施的手段优先采用，不易实施或较难实施的手段必要时采用，即检修故障要先用最简单易行、自己最拿手的方法处理，再用复杂、精确的方法；排除故障时，先排除直观、显而易见、简单常见的故障，后排除难度较高、没有处理过的疑难故障。

电气设备经常容易产生相同类型的故障就是“通病”。由于通病比较常见，积累的经验较丰富，因此可以快速地排除，这样就可以集中精力和时间排除比较少见、难度高、古怪的疑难杂症。简化步骤，缩小范围，有的放矢，提高检修速度。

(2) 先动后静

先动后静，即着手检查时首先考虑电气设备的活动部分，其次才是静止部分。电气设备的活动部分比静止部分在使用中的故障概率要高得多，所以诊断时首先要怀疑的对象往往是经常动作的零部件或可动部分，如开关、熔丝、闸刀、插接件、机械运动部分。在具体检测操作时，却要“先静态测试，后动态测量”。静态，是指发生故障后，在不通电的情况下，对电气设备进行检测；动态，是指通电后对电气设备的检测。

(3) 先电源后负载

先电源后负载，即检查的先后次序从电路的角度来说，是先检查电源部分，后检查负载部分。因为电源侧故障势必会影响到负载，而负载侧故障则未必会影响到电源。例如：电源电压过高、过低、波形畸变、三相不对称等都会影响电气设备的正常工作。对于用电设备，通常先检查电源的电压、电流、电路中的开关、触点、熔丝、接头等，故障排除后，才根据需要检查负载。

通过直观观察无法找到故障点，断电检查仍未找到故障时，可对电气设备进行通电检查。通电检查前要先切断主电路，让电动机停转，尽量使电动机和其所传动的机械部分脱开，将控制器和转换开关置于零位，行程开关还原到正常位置；然后用万用表检查电源电压是否正常，是否缺相或严重不平衡。

进行通电检查的顺序为先检查控制电路，后查主电路；先检查辅助系统，后检查主传动系统；先检查交流系统，后检查直流系统；先检查开关电路，后检查调整系统。通电检查控制电路的动作顺序，观察各元件的动作情况，或断开所有开关，取下所有熔断器，然后按顺序逐一插入要检查部位的熔断器，合上开关，观察各电气元件是否按要求动作。

(4) 诊断方法灵活用

掌握诊断要诀，一要有的放矢，二要机动灵活。“六诊”要有的放矢；“八法”要机动灵活；“三先三后”也并非一成不变。

在电气控制线路中，可能发生故障的线路和电器较多。有的明显，有的隐蔽；有的简单，易于排除；有的复杂，难于检查。在诊断检修故障时，应灵活使用上述修理方法，及时排除故障，确保生产的正常进行。

检修中注意书面记录，积累有关资料，不断总结经验，才能成为诊断电气设备故障的行家里手。

5.1.4 电气故障排除步骤及方法

(1) 电气故障排除步骤

排除故障没有固定的模式，但在一般情况下，还是有一定规律的。通常采用的步骤大致可分为：症状分析→设备检查→确定故障点→故障排除→确认效果。

① 症状分析

a. 询问操作人员。通过询问操作人员，以获得设备使用及变化过程、损坏或失灵前后情况的信息，还可以了解到一些过去类似的故障现象、原因以及曾经采取的措施等方面的情况。

b. 观察和初步检查。对设备进行全面的观察，往往会得到有价值的线索。

c. 开动设备。一般情况下应要求操作人员按正常操作程序开动设备。如果故障不是整机性的致使电气控制系统瘫痪，可以采用试运转的方法开动设备，帮助维修人员对故障的原始状态有个综合的印象。

② 设备检查　根据症状分析中得到的初步结论和疑问，对设备进行更详细的检查，特别是那些被认为最有可能存在故障的区域。要注意这个阶段应尽量避免对设备做不必要的拆卸，防止因不慎重的操作引起更多的故障。

③ 确定故障点　根据故障现象，结合设备的原理及控制特点进行分析和判断，确定故障发生在什么范围，是电气故障，还是机械故障？是直流回路，还是交流回路？是主电路还是控制电路或辅助电路？是电源部分还是参数调整不合适造成的？是人为造成还是随机性的？等等。根据前面所讲的症状分析和对设备的检查，再灵活运用本节所讲述的电气故障诊断法，逐步缩小故障范围，直至找到故障点。

④ 故障排除　在确定故障点以后，无论是修复还是更换，排除故障对电气维修人员相对来说，一般比查找故障要简单得多。但在排除故障中一般不可能只用单一的方法，往往多种方法综合运用。

a. 在排除故障的过程中，应先动脑，后动手。具体应遵循先外部后内部→先机械后电气→先静后动→先公用后专用→先简单后复杂→先一般后特殊的原则。

b. 一般情况下，以设备的动作顺序为排除时分析、检测的次序。依此为前提，先检查电源，再检查线路和负载；先检查公共回路再检查各分支回路；先检查主电路再检查控制电路；先检查容易检测的部分（如各控制柜），再检查不易检测的部分（如某一设备的控制器件）。

⑤ 确认效果　故障排除完以后，维修人员在送电前还应做进一步的检查，通过检查证实故障确实已经排除，然后由操作人员来试运行操作，以确认设备是否能正常运转，同时还应向有关人员说明应注意的问题。

(2) 电气故障排除常用方法

排除电气故障常用的方法一般有以下几种：

① 常规检查法　依靠人的感觉器官，这种方法在维修中最常用。

② 替换法　即怀疑某个器件或电路板有故障时，可替换试验，看故障是否消失。

③ 直接检查法　了解故障原因或根据经验，判断出现故障的位置，然后直接检查所怀疑的故障点。

④ 逐步排除法　如有短路故障出现时，可逐步切除部分线路以确定故障范围和故障点。

⑤ 调整参数法　有些情况，出现故障时，线路中元器件不一定坏，线路接触也良好，只是由于某些物理量调整的不合适或运行时间长了有可能因外界因素致使系统参数发生改

变，从而造成系统不能正常工作，这时应根据设备的具体情况进行调整。

综合上述步骤及方法，下面介绍电气故障检修的几则实例。

【例 1】 一台 CJ10-20 交流接触器，通电后没有反应，不能动作。

原因分析：电磁机构中，线圈通电后会产生磁场。在磁场的作用下，固定铁芯与衔铁之间产生吸力，带动触点动作。接触器通电后不动作的原因有线圈断线、电源没有加上、机械部分卡死等。

检修方法：首先查外电源，结果正常；再查接触器线圈引线两端电压，结果正常；再拆下电源引线，查线圈电阻，为无限大，确定线圈断线。打开接触器底盖，取出铁芯，检查线圈，发现引线从线端根部簧片处折断，其余部分完好。将簧片重新焊上，装好接触器，通电试验，恢复正常。

【例 2】 一台 CJ10-20 交流接触器通电后，线圈内时有火花冒出，伴随冒火现象，接触器跳动。

原因分析：有火花冒出，说明接触器线圈回路在接触器通电时有断路或短路现象，而接触器跳动，说明线圈通电过程中有间断现象。据此，问题应出在电气回路。

检修方法：拆开接触器，取下铁芯，检查线圈回路，发现线圈引线与端头簧片之间已断裂，只是由于引线本身的弹力，使断头仍与引线端头相连，在接触器动作时，受到振动才造成线圈回路时断时开，并在断头处产生火花。取出线圈与卡簧，焊牢组装后通电试验，恢复正常。

【例 3】 一台内燃机启动器，通电后能工作，但输出电压只有 25V，达不到正常时的 36V。

原因分析：电压较低有多方面的原因。这是一台晶闸管控制的直流电源，因此造成输出电压较低的原因可能有：外电源电压低；变压器故障；整流部分故障。

检修方法：依据先易后难的原则，先查电源进线，三相之间电压均为 380V，结果正常；再查螺旋式熔断器后电源电压，三相之间也为 380V，结果也正常；最后检查变压器输入电压，除 U、V 相之间为 380V 外，其余相间均不正常，偏低较多。再查接触器主触点，主触点均有不同程度的烧蚀现象，其中有一对触点已烧坏，不能接通。更换接触器，故障排除。

【例 4】 某一电动机采取能耗制动，在操作停止电动机运行中，能耗制动一直启动，不能自动复位。

原因分析：对照图 5-8 并结合故障现象进行分析，造成该故障可能存在两个方面的原因：一是接触器 KM_2 主触点熔焊或被动作机械卡死；二是时间继电器线圈故障，使 KT 动作触点无法工作。

检修方法：本着“先易后难”的维修原则，首先断开电源，用万用表 R×10 挡单独对时间继电器 KT 线圈进行测试，电阻值正常，说明该故障不是 KT 线圈开路或短路引起的。

接下来打开接触器 KM_2 灭弧盖，检查其主触点，发现已经熔焊。为稳妥起见，进一步检查了 KM_2 的动作机构，没有发现有卡死或动作不灵活现象。设法人工分开触点，并更换合格的新动、静触点后，故障排除。

【例 5】 某一台 CJ10-20 交流接触器，通电后没有反应，不能动作。

原因分析：电磁机构中，线圈通电后会产生磁场。在磁场的作用下，固定铁芯与衔铁之间产生吸力，带动触点动作。接触器通电后不动作的原因有线圈断线、电源没有加上、机械部分卡死等。

检修方法：检修时，首先查外电源，结果正常；再查接触器线圈引线两端电压，结果正常；再拆下电源引线，查线圈电阻，为无限大，确定线圈断线。打开接触器底盖，取出铁

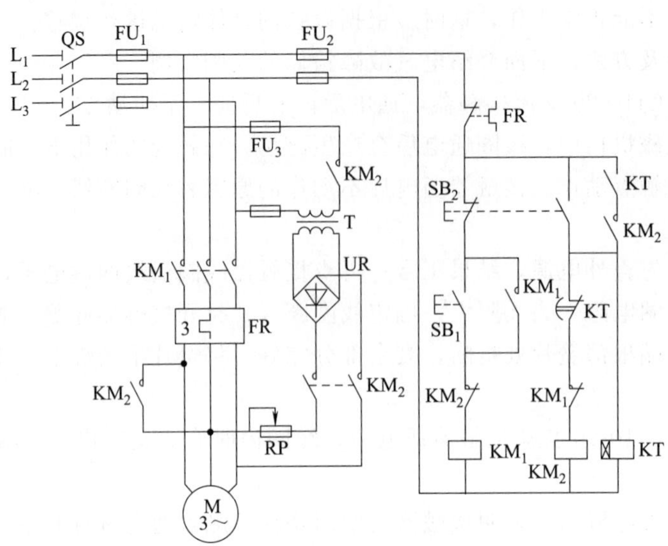

图 5-8 某一电动机能耗制动控制电路

芯，检查线圈，发现引线从线端根部簧片处折断，其余部分完好。将簧片重新焊上，装好接触器，通电试验，恢复正常。

5.2 机床电气控制系统维护与保养

5.2.1 普通机床维护与保养

各种机床的电气设备在运行过程中会产生各种各样的故障。引起机床电气设备故障的原因,除一部分是机床电气元件的自然老化引起的外，有相当一部分是因为忽视了对机床电气设备的日常维护和保养，以致使小毛病发展成大事故，还有些故障则是电气维修人员在处理电气故障时的操作方法不当，或因误判断、误测量而扩大了事故范围所造成的。所以为了保证机床正常运行，减少因电气修理的停机时间，提高机床的利用率和劳动生产率，必须重视对机床电气设备的维护和保养。机床电气设备的日常维护对象包括：电动机、电气元件和连接导线。

(1) 机床的分类

机床分类方法很多，最常用的分类方法是按机床的加工性质和所用刀具来分类。按照这种方法分类，我国将机床分成为 12 大类，它们是：车床、钻床、镗床、磨床、齿轮加工机床、螺纹加工机床、铣床、刨插床、拉床、特种加工机床、锯床和其他机床。

每一类机床，又可按其结构、性能和工艺特点的不同细分为若干组，如车床类就有：普通车床、立式车床、六角车床、多刀半自动车床和单轴自动车床等。

(2) 机床电气控制系统的特点

① 机床的种类很多，有车床、铣床、刨床、镗床等。各种机床的加工工序和工艺都不相同，即它们所具有的功能都不相同，对电动机的驱动控制方式也不一样，因此不同种类不同型号的机床具有不同的电气控制电路。

② 从电路结构上看，用电动机拖动的生产机械和机床电路有多种，有的简单，也有的

复杂，但电气系统与机械系统的联系都非常密切。

③ 有些机床，如龙门刨床、万能铣床的工作台要求在一定距离内能自动往返循环，实现对工件的连续加工，常采用行程开关控制的电动机正、反转自动循环控制线路。

④ 为了使电动机的正、反转控制与工作台的前进、后退运动相配合，控制线路中常设置行程开关，按要求安装在固定的位置上。当工作台运动到预定位置时，行程开关动作，自动切换电动机正、反转控制线路，通过机械传动机构使工作台自动往返运动。

⑤ 在机床电气控制电路中，复合按钮使用数量较多。

(3) 机床电动机日常维护与保养

电动机是机床设备的主要动力源，是机床电气的重要组成部分。因为电动机的修复工作往往既费力又费时，所以必须充分重视电动机的日常维护保养工作，其主要内容见表 5-6。

表 5-6 机床电动机日常维护与保养

序号	要点	说　明
1	随时保持表面清洁	日常保养时，应将电动机周围和机体的油、水清理干净，确保电动机本身及动力线不接触油、水，避免电动机的绝缘受到影响 因为即使是正常条件下的电动机，如果表面积灰过多，也会影响其散热性能，导致绕组过热。同时，也不允许有水滴、油污或金属屑落入电动机内部
2	检查散热情况	电动机本身所带的散热槽内太脏，影响电动机散热，会减短电动机使用寿命 电动机都应保持良好的通风条件，不利于电动机散热的杂物应进行清理。电动机的进、出风口必须保持畅通无阻，风扇应完好无损 对于伺服电动机的要求更高，其环境应保持干燥
3	检查绝缘电阻	对工作环境较差的电动机应经常检查绝缘电阻 三相 380V 的电动机及各种低压电动机，其绝缘电阻至少为 0.5MΩ，方可使用 高压电动机定子绕组绝缘电阻为 1MΩ/kV，转子绝缘电阻至少有 0.5MΩ，方可使用。对工作在正常环境下的电动机，也应定期进行检查绝缘电阻，要求标准同上 若发现电动机的绝缘电阻低于规定标准，应做相应处理，重新检查绝缘电阻，达到标准规定的数值后方可继续使用
4	运行电流监测	经常查看电动机是否有超负荷运行的情况，用钳形电流表查看三相电流是否正常，是否平衡
5	温升检查	对感觉温升较高又找不出明显原因时，可根据铭牌上所示的电动机绝缘等级检测电动机的温升
6	轴承检查	检查电动机轴承部位的工作情况，是否有发热、漏油现象 轴承应定期检查，轴承润滑脂应定期补充或更换（一般一年左右）
7	监听声音及启动情况	检查运行中的电动机是否有摩擦声、尖叫声和其他杂声，并注意观察电动机的启动是否困难
8	检查电刷和滑环	绕线式异步电动机，应重点观察电刷与滑环间的接触是否良好及电刷的磨损情况，当发现有不正常火花时，应进一步检查电刷或清理滑环表面，并校正电刷弹簧压力
9	检查换向器装置	对直流电动机，应注意换向器装置的工作情况。换向器表面应保持光洁，但是换向器在负荷下长期运行后，其表面将产生一层深褐色的氧化膜，这层薄膜很坚硬，既可增强换向器的耐磨能力，又不影响其导电性能，应视为正常状态 只有当换向器表面出现明显的灼痕，或因火花烧损出现凹凸不平的现象时，才需要对其表面用 0 号砂布进行细心的研磨或车床重新车光，而后再将换向器片间的云母片下刻 1～1.5mm 深，并将表面的毛刺、杂物清理干净后才能重新装配使用
10	清洗切削液水箱	切削液水箱长时间不清理，过脏导致电动机过载。因此，应添加并恢复冷却液，保证电动机的正常使用
11	润滑检查	针对于电动机的种类，有加油口的进行直接加油，没有加油口的可将电动机两侧的端盖卸下来，把滚珠轴承拿出用煤油清洗完毕后，给轴承添加黄油或润滑脂，轴承有损坏的还需更换轴承
12	接线检查	对电动机接线端损坏的现象进行及时修复、挂警告牌或计划性修复，定期检查启动设备的触点和接线有无烧伤、氧化，接触是否良好，避免因电气故障发生的人身伤亡事故

（4）机床电气元件维护与保养

① 电气柜的门、盖、锁及门框周边的耐油密封垫均应良好。门、盖应关闭严密，不得有水滴、油污和金属屑等进入电气柜内，以免损坏电器造成事故。

② 机床的按钮站、操纵台上的按钮、主令开关的手柄、信号灯及仪表护罩等部位都应保持清洁完好。

③ 每季度对机床电气柜内的电气元件进行维护保养，其保养项目见表 5-7。

表 5-7 机床电气柜内的电气元件季度保养项目

序号	保养内容
1	清扫电气柜内的积灰异物。将电气柜内部灰尘及底部铁屑、杂物清理干净，内部用干抹布擦净。用风枪或棉布、酒精轻轻将电气元件上的灰尘清理掉，同时清理渗入内部的油液 认真检查确保相序之间没有可导电的杂物 添加防护罩，保证电气柜密封良好
2	修复或更换即将损坏的电气元件
3	整理内部接线，使之整齐美观。特别是在平时应急修理采取的临时措施，应尽量复原成正规状态
4	紧固熔断器的可动部分，使其接触良好
5	紧固接线端子和电气元件上的压线螺钉，使所有压接线头牢固可靠，以减小接触电阻
6	通电试车，使电气元件的动作程序正确可靠

④ 每年对机床电气柜内的电气元件进行维护保养，其保养项目见表 5-8。

表 5-8 机床电气柜内的电气元件年保养项目

序号	保养内容
1	检查动作频繁且电流较大的接触器、继电器触点 为了承受频繁切合电路所受的机械冲击和电流的烧损，多数接触器和继电器的触点均采用银或银基合金制成，其表面会自然形成一层氧化银或硫化银，它并不影响导电性能，这是因为在电弧的作用下它还能还原成银，因此不要随意涂掉。即使这类触点表面出现烧毛或凹凸不平的现象，仍不会影响触点的良好接触，不必修整锉平。但铜质触点表面烧毛后则应及时修平
2	检修有明显噪声的接触器和继电器，找出原因并修复后方可继续使用，否则应更换新件
3	校验热继电器，看其是否正常动作。校验结果应符合热继电器的动作特性
4	校验时间继电器，看其延时时间是否符合要求。如误差超过允许值，应预调整或修理，使之重新达到要求
5	紧固接地线，保证机床良好地接地

（5）连接线的维护与保养

① 注意连接导线有无断裂脱落，绝缘是否老化。

② 经常检查电气设备的接地或接零是否可靠。

③ 机床各部件之间的连接导线、电缆或保护导线的软管，不得被冷却液、油污等腐蚀，管接头处不得产生脱落或散头等现象。在巡视时，如发现类似情况应及时修复，以免绝缘损坏造成短路故障。

5.2.2 数控机床维护与保养

采用计算机数控技术的自动控制系统为计算机数控系统，其被控对象可以是生产过程或设备。如果被控对象是机床，则称为数控机床。

要发挥数控机床的高效益，就必须正确地操作和精心地维护，这样才能保证设备的利用率。正确的操作使用能够防止机床非正常磨损，避免突发故障；做好日常维护保养，可使设备保持良好的技术状态，延缓劣化进程，及时发现和消灭故障隐患，从而保证安全运行。

（1）数控机床的基本组成

数字控制机床是集机械、电气、液压、气动、微电子和信息等多项技术为一体的机电一体化产品，在机械制造设备中具有高精度、高效率、高自动化和高柔性化等优点。数控机床的基本组成应包括：输入/输出装置、数控装置、伺服驱动和反馈装置、辅助控制装置以及机床本体等部分，如图 5-9 所示。

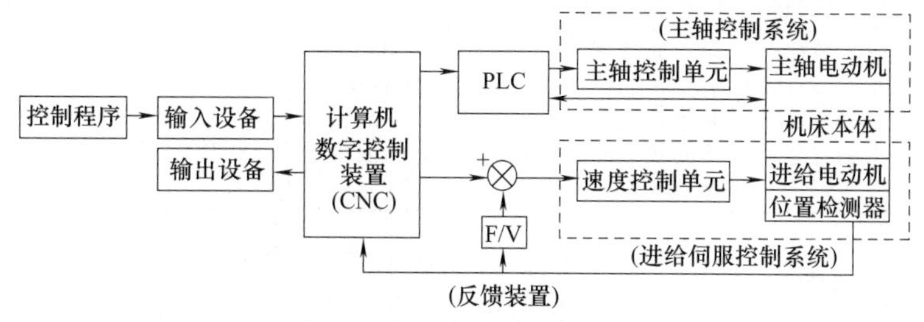

图 5-9　数控机床的基本组成

加工中心与数控机床的结构布局相似，主要是刀库的结构和位置上有区别，一般由床身、主轴箱、工作台、底座、立柱、横梁、进给机构、自动换刀装置、辅助系统（气液、润滑、冷却）、控制系统等组成，如图 5-10 所示，数控电火花成形加工机床的基本组成如图 5-11 所示。

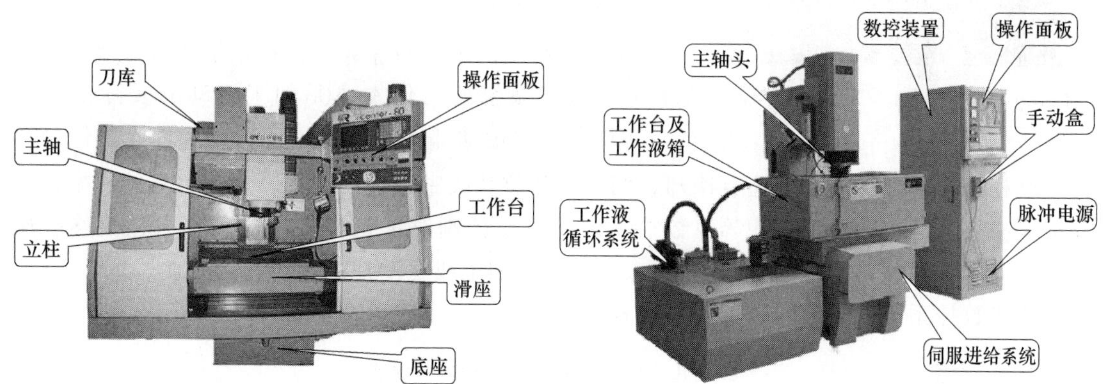

图 5-10　加工中心的基本组成　　　　图 5-11　数控电火花成形加工机床基本组成

(2) 数控机床的分类

① 按加工工艺方法分类：金属切削类数控机床、特种加工类数控机床、板材加工类数控机床。

② 按控制运动轨迹分类：点位控制数控机床、直线控制数控机床、轮廓控制数控机床。

③ 按驱动装置的特点分类：开环控制数控机床、闭环控制数控机床、半闭环控制数控机床、混合控制数控机床。

(3) 使用数控机床的注意事项

使用数控机床应注意的几个事项见表 5-9。

表 5-9　使用数控机床的注意事项

注意事项	说　明
使用环境要好	为提高数控设备的使用寿命，一般要求避免阳光的直接照射和其他热辐射，避免太潮湿、粉尘过多或有腐蚀气体的场所。腐蚀气体易使电子元件受到腐蚀变质，造成接触不良或元件间短路，影响设备的正常运行。精密数控设备要远离振动大的设备，如冲床、锻压设备等
电源波动小	为了避免电源波动幅度大（大于±10%）和可能的瞬间干扰信号等影响，数控设备一般采用专线供电（如从低压配电室分一路单独供数控机床使用）或增设稳压装置等，减少供电质量的影响和电气干扰

续表

注意事项	说　明
严格遵守操作规程	操作规程是保证数控机床安全运行的重要措施之一，操作者一定要按操作规程操作。机床发生故障时，操作者要注意保留现场，并向维修人员如实说明出现故障前后的情况，以利于分析、诊断出故障的原因，及时排除
不宜长期封存不用	数控机床不宜长期封存不用，购买数控机床以后要充分利用，尤其是投入使用的第一年，使其容易出故障的薄弱环节尽早暴露，在保修期内得以排除。在没有加工任务时，数控机床也要定期通电，最好是每周通电 1～2 次，每次空运行 1h（小时）左右，以利用机床本身的发热量来降低机内的湿度，使电子元件不致受潮，同时也能及时发现有无电池报警发生，以防止系统软件、参数的丢失，如图 5-12 所示

图 5-12　数控机床要定期通电维护

(4) 数控机床的维护保养内容

数控机床种类繁多，各类数控机床因其功能、结构及系统的不同，各具不同的特性。其维护保养的内容和规则也各有特色，具体应根据其机床种类、型号及实际使用情况，并参照机床使用说明书要求，制订和建立必要的定期、定级保养制度。下面介绍一些常见的、通用的日常维护保养要点。

① 数控系统的维护与保养　数控系统是所有数控设备的核心。数控系统的工作本体是加工运动的实际执行部件，主要包括主运动部件、进给运动执行部件、工作台及床身立柱等支撑部件，此外还有冷却、润滑、转位和夹紧等辅助装置，存放刀具的刀架、刀库或交换刀具的自动换刀机构等。数控系统的主要控制对象是坐标轴的位移（包括移动速度、方向和位置等），其控制信息主要来源于数控加工或运动控制程序。

机床数控系统的日常维护与保养内容见表 5-10。

表 5-10　机床数控系统的维护与保养

序号	内　容	说　明
1	守规程和制度	操作人员严格遵守数控机床的操作规程和日常维护制度，有利于保证机床正常运行，延长机床的使用寿命
2	尽量少开数控柜和强电柜的门	机加工车间的空气中一般都会有油雾、灰尘甚至金属粉末，一旦它们落在数控系统内的电路板或电子器件上，容易引起元器件间绝缘电阻下降，甚至导致元器件及电路板损坏。有的用户在夏天为了使数控系统能超负荷长期工作，采取打开数控柜的门来散热，这是一种极不可取的方法，其最终将导致数控系统加速损坏
3	定时清扫数控柜的散热通风系统	应该检查数控柜上的各个冷却风扇工作是否正常。每半年或每季度检查一次风道过滤器是否有堵塞现象，若过滤网上灰尘积聚过多，不及时清理，会引起数控柜内温度过高
4	定期维护数控系统的输入/输出装置	20 世纪 80 年代以前生产的数控机床，大多带有光电式纸带阅读机，如果读带部分被污染，将导致读入信息出错。为此，必须按规定对光电式级带阅读机进行维护
5	定期检查和更换直流电动机的电刷	直流电动机电刷的过度磨损，会影响电动机的性能，甚至造成电动机损坏。为此，应对电动机电刷进行定期检查和更换。数控车床、数控铣床、加工中心等，应每年检查一次
6	定期更换存储用电池	一般数控系统内对 CMOSRAM 存储器件设有可充电电池来维护电路，以保证系统不通电期间能保持其存储器的内容。在一般情况下，即使尚未失效，也应每年更换一次，以确保系统正常工作。电池的更换应在数控系统供电状态下进行，以防更换时 RAM 内信息丢失
7	定期维护备用电路板	备用的印制电路板长期不用时，应定期装到数控系统中通电运行一段时间，以防损坏

② 机械部件的维护　数控机床机械部件的维护见表 5-11。

表 5-11 数控机床机械部件的维护

序号	项目	说明
1	主传动链的维护	定期调整主轴驱动带的松紧程度，防止因带打滑造成的丢转现象；检查主轴润滑的恒温油箱，调节温度范围，及时补充油量，并清洗过滤器；主轴中刀具夹紧装置长时间使用后，会产生间隙，影响刀具的夹紧，需及时调整液压缸活塞的位移量
2	滚珠丝杠螺纹副的维护	定期检查、调整丝杠螺纹副的轴向间隙，保证反向传动精度和轴向刚度；定期检查丝杠与床身的连接是否有松动；丝杠防护装置有损坏要及时更换，以防灰尘或切屑进入
3	刀库及换刀机械手的维护	严禁把超重、超长的刀具装入刀库，以避免机械手换刀时掉刀或刀具与工件、夹具发生碰撞；经常检查刀库的回零位置是否正确，检查机床主轴回换刀点位置是否到位，并及时调整；开机时，应使刀库和机械手空运行，检查各部分工作是否正常，特别是各行程开关和电磁阀能否正常动作；检查刀具在机械手上的锁紧是否可靠，发现不正常应及时处理 数控机床的刀库有盘式刀库、链式刀库和格子式刀库，如图 5-13 所示
4	液压、气压系统的维护	定期对各润滑、液压、气压系统的过滤器或分滤网进行清洗或更换；定期对液压系统进行油质化验检查和更换液压油；定期对气压系统分滤气器放水
5	机床精度的维护	定期进行机床水平和机械精度检查并校正。机械精度的校正方法有软硬两种，其软方法主要是通过系统参数补偿，如丝杠反向间隙补偿、各坐标定位精度定点补偿、机床回参考点位置校正等；硬方法一般要在机床大修时进行，如进行导轨修刮、滚珠丝杠螺母副预紧调整反向间隙等

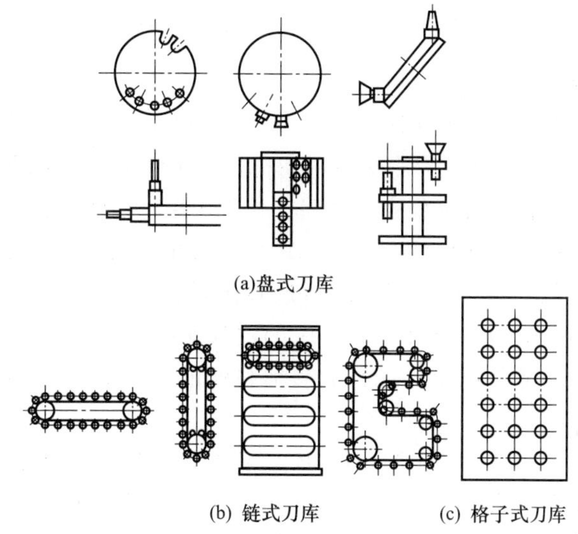

图 5-13 数控机床刀库示意图

5.3 常用机床电气系统运行与检修

5.3.1 CW6140 车床电气系统运行与检修

(1) 主要结构及运动形式

CW6140 普通车床主要由床身、主轴箱、进给箱、溜板箱、刀架、丝杠、光杠、尾架等部分组成。普通车床有两个主要的运动部分；一个是车床主轴运动，即卡盘或顶尖带着工件的旋转运动；另一个是溜板带着刀架的直线运动，称进给运动。如图 5-14 所示为 CW6140 车床的实物图，如图 5-15 所示为 CW6140 车床电气原理图。

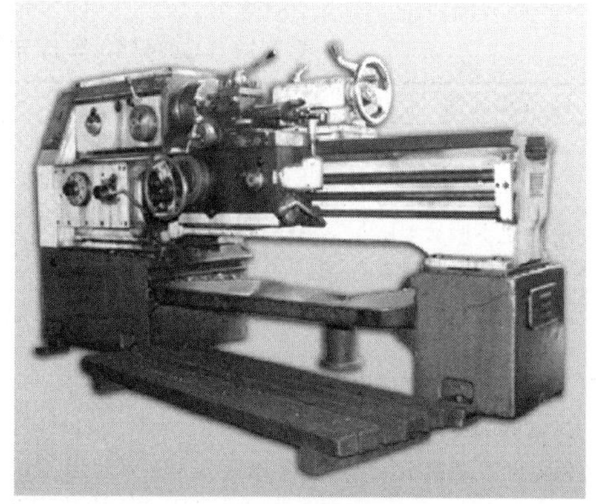

图 5-14 CW6140 车床的实物图

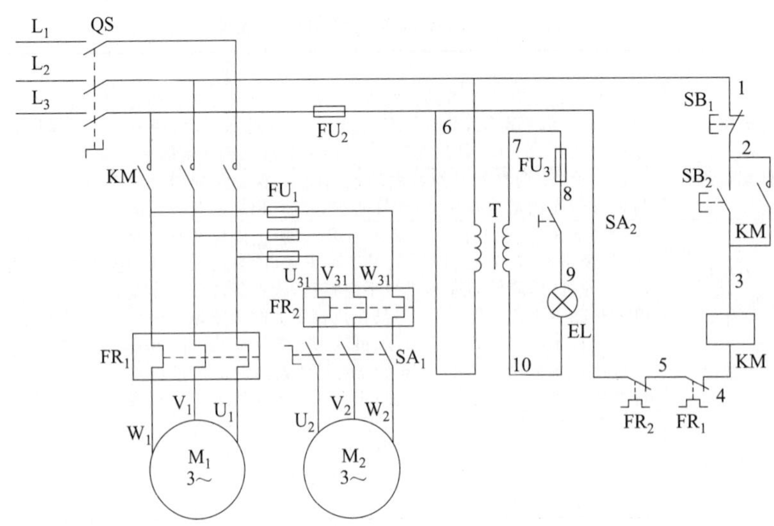

图 5-15　CW6140 车床电气原理图

(2) 电气控制线路分析

CW6140 型车床是常用的普通车床之一，M_1 为主轴电动机，拖动主轴旋转，并通过进给机构实现车床的进给运动；M_2 为冷却泵电动机，在车削工件时拖动冷却泵输送冷却液。

CW6140 车床电气控制线路可分成主电路、控制电路、照明电路三大部分。

① 主电路　主电路中共有两台电动机：M_1 为主轴电动机，带动主轴旋转和刀架作进给运动；M_2 为冷却泵电动机。三相交流电源通过转换开关 QS 引入，主轴电动机 M_1 由接触器控制启动，热继电器 FR_1 为主轴电动机 M_1 的过载保护。

冷却泵电动机 M_2 由组合开关 SA_1 控制启动和停止，热继电器 FR_2 为它的过载保护。

② 控制电路

a. 主轴电动机的控制。按下启动按钮 SB_2，接触器 KM 的线圈获电动作，同时 KM 的动合触点闭合自锁，KM 主触点闭合时电动机 M_1 启动。按下停止按钮 SB_1，M_1 停止运转。

b. 冷却泵电动机的控制。旋转组合开关 SA_1 90°，使冷却泵电动机 M_2 启动运行。

③ 照明电路　控制变压器 T 的二次侧输出 36V 电压，作为机床低压照明灯电源。EL 为机床的低压照明灯，由开关 SA_2 控制。

(3) 常见电气故障分析与检修

CW6140 车床电气控制线路的常见故障及检修方法见表 5-12。

表 5-12　CW6140 车床电气控制线路的常见故障及检修方法

故障现象	故障原因	检修方法
接触器不吸合，主轴电动机不启动	①熔断器 FU_1 熔断或接触不良 ②热继电器 FR_1、FR_2 已动作，或动断触点接触不良 ③接触器 KM 线圈断线或接头接触不良 ④按钮 SB_1、SB_2 接触不良或按钮线路有断线处	①更换熔芯或旋紧熔断器 ②检查热继电器 FR_1、FR_2 动作原因及动断触点接触情况，并予以修复 ③检查接触器 KM 线圈断线或接头接触情况，并予以修复；接触器衔铁若卡死应拆下重装 ④检查按钮触点或线路断线处，并予以修复
接触器能吸合，但主轴电动机不启动	①接触器主触点接触不良 ②热继电器电热丝烧断 ③电动机损坏、接线脱落或断线	①将接触器主触点拆下，用砂纸打磨使其接触良好 ②更换热继电器 ③检查电动机或接线，并予以修复

续表

故障现象	故障原因	检修方法
主轴电动机能启动，但不能自锁（按下启动按钮主电动机运转，松开启动按钮主电动机停转）	①接触器 KM 的自锁触点（2-3）接触不良或其接头松动 ②按钮接线脱落	①检查接触器自锁触点，并予以修复；紧固接线端 ②检查按钮接线，并予以修复
主轴电动机缺相运行（主轴电动机转速很慢，并发出“嗡嗡”声）	①供电电源缺相 ②接触器有一相接触不良 ③热继电器电热丝烧断 ④电动机损坏、接线脱落或断线	①用万用表检测电源是否缺相，检修供电电源 ②检查接触器触点，并予以修复 ③更换热继电器 ④检查电动机或接线，并予以修复
主轴电动机不能停转（按 SB_1 电动机不停转）	①接触器主触点熔焊、衔铁部位有异物卡住 ②接触器未擦去铁芯的防锈油致使衔铁粘住	①切断电源使电动机停转，更换接触器主触点或将异物取出 ②将接触器铁芯的防锈油擦干净
照明灯不亮	①照明灯 EL 损坏或熔断器 FU_3 熔断 ②变压器一、二次绕组断线或松脱、短路	①更换灯或熔体 ②用万用表检测变压器一、二次电压是否正常，检查变压器断线、短路及接线，并予以修复

5.3.2 M7130平面磨床电气系统运行与检修

(1) M7130型平面磨床的基本结构及电气组成

磨床是一种利用砂轮的周边或端面对工件进行加工的精密机床，M7130 型平面磨床是用砂轮来磨削加工各种工件平面的一种机床，其外形结构及控制电路如图 5-16 所示。

M7130 型平面磨床主要由床身、工作台、电磁吸盘、砂轮箱、滑座和立柱等部分组成。在床身上固定有立柱，沿立柱的导轨上装有滑座，在滑座内部装有液压传动机构，以实现横向进给。滑座可在立柱导轨上作上下移动，并可由垂直进刀手轮操纵，砂轮箱能沿滑座水平导轨作横向移动。在床身中装有液压传动装置，以使矩形工作台在床身导轨上通过压力油推动活塞杆作纵向往复运动。

① 电动机控制电路　由电源开关 QS 控制整个机床电源的接通和断开。主电路中共有 3 台电动机，其控制电路如图 5-17 所示，M_1 为砂轮电动机，M_2 为冷却泵电动机，M_3 为液压泵电动机，均要求单向旋转。三台电动机共用熔断器 FU_1 作短路保护，M_1 和 M_2 共用热继电器 FR_1 作过载保护。电动机 M_1 和 M_2 同时由接触器 KM_1 的主触点控制。由于冷却泵箱和床身是分装的，所以冷却泵电动机 M_2 经插座 X_1 与砂轮电动机 M_1 的电源线相连接（接在接触器 KM_1 主触点的下方），并和 M_1 在主电路实现顺序控制，且 M_2 实现单独关断控制。由于冷却泵电动机的容量较小，没有单独设置过载保护。液压泵电动机 M_3 由接触器 KM_2 的主触点控制，并由热继电器 FR_2 作过载保护。

② 电磁吸盘电路　如图 5-18 所示为电磁吸盘控制电路，它由整流装置、控制装置和保护装置等组成。电磁吸盘整流装置由整流变压器 T_2 与桥式全波整流器 UR 组成。整流变压器 T_2 将 220V 交流电压降为 127V 交流电压，再经桥式整流电路后变成 110V 直流电压，通过转换开关 SA_3 切换，实现电磁吸盘处于吸合（充磁）、放松（失电）和去磁 3 种工作状态。

电源总开关 QS 闭合，电磁吸盘整流电源就输出 110V 直流电压，接点 15 为电源正极，接点 14 为电源负极。

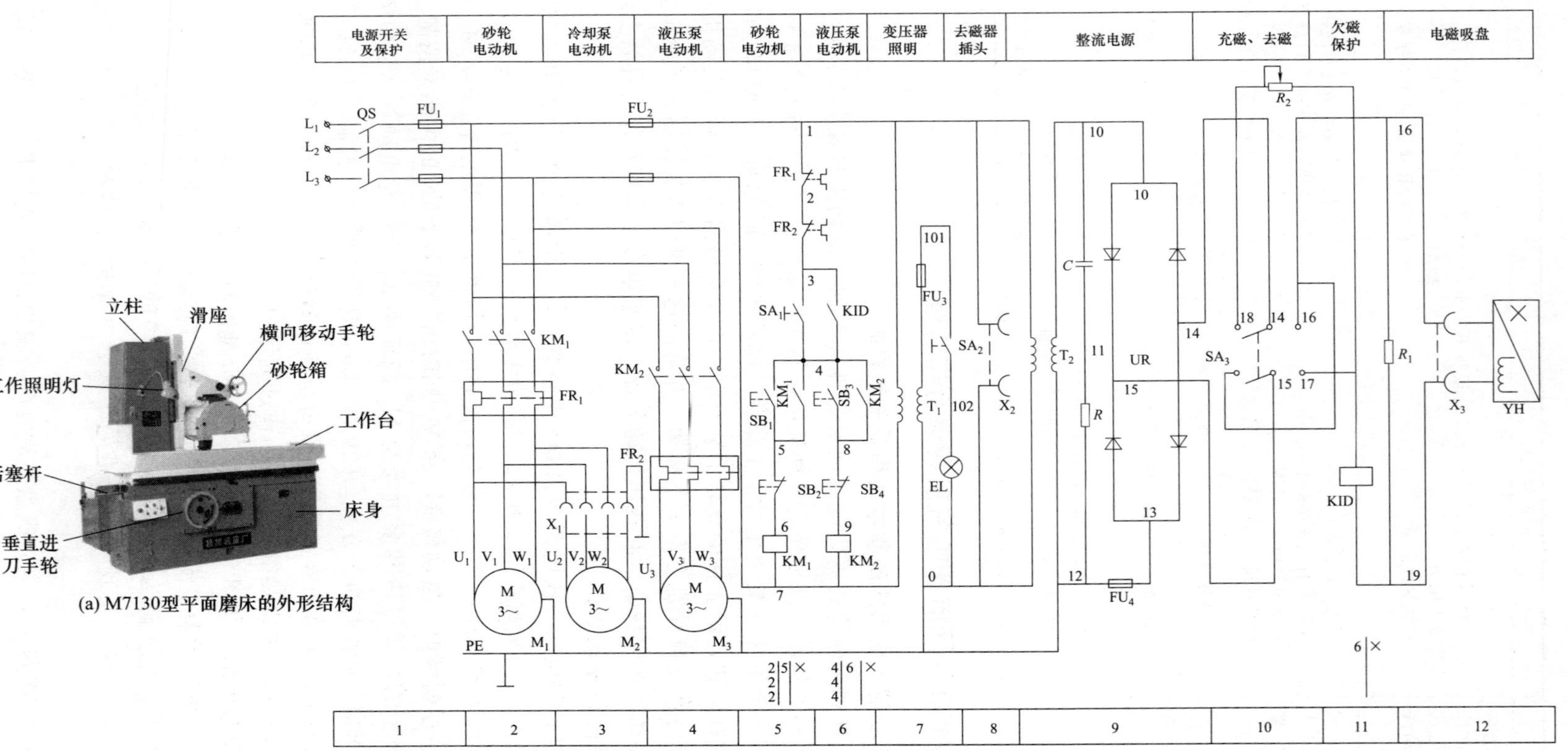

(a) M7130型平面磨床的外形结构

(b) M7130型平面磨床的电气控制线路

图 5-16　M7130 型平面磨床的外形结构及控制电路

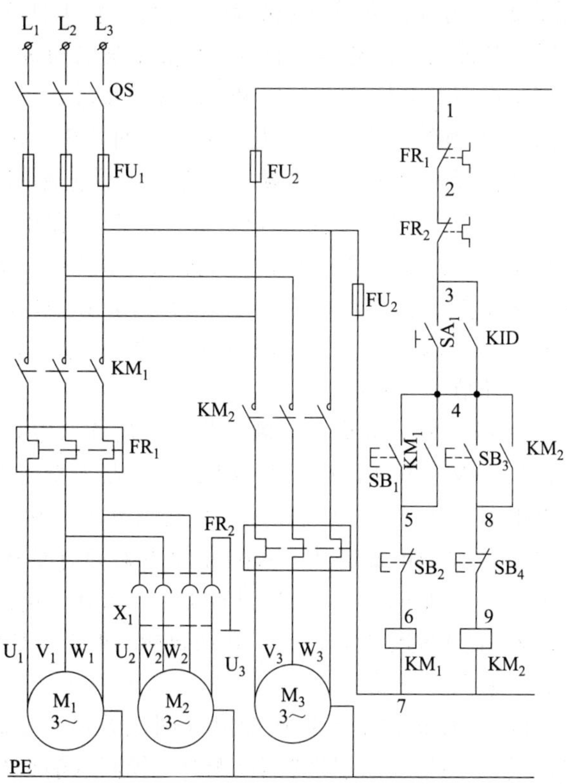

图 5-17 电动机 M_1～M_3 的控制电路

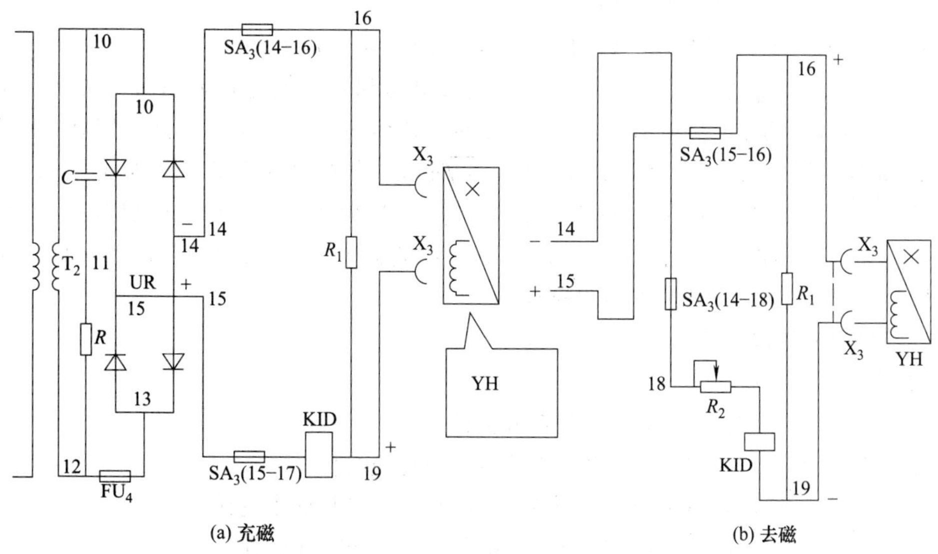

图 5-18 电磁吸盘的充磁和去磁电路

当转换开关 SA_3 置于“吸合”位置（SA_3 开关向右）时，SA_3 的触点 14-16、15-17 接通，110V 直流电压接入电磁吸盘 YH，工件被牢牢吸住。其电流通路为：电源正极接点 15→已闭合的 SA_3 开关触点 SA_3（17-15）→欠流继电器 KID 线圈→接点 19→经插座 X_3→YH 线圈→插座 X_3→接点 16→已闭合的 SA_3 开关触点 SA_3（16-14）→电源负极 14。欠电流继电器 KID 线圈通过插座 X_3 与电磁吸盘 YH 线圈串联。若电磁吸盘电流足够大，则欠电流继电器 KID 动作，其动合触点闭合，表示电磁吸盘吸力足以将工件吸牢，这时才可以分别操作控制按钮 SB_1 和 SB_3，从而启动砂轮电动机 M_1 和液压泵电动机 M_3 进行磨削加工。当加工结束后，分别按下停止按钮 SB_2、SB_4，M_1 和 M_3 停止旋转。

当转换开关 SA_3 置于“去磁”位置（SA_3 开关向左）时，SA_3 的触点 14-18、15-16 接通，电磁吸盘 YH 通入较小的反向电流进行去磁（因为并联了去磁电阻 R_1）。

去磁结束，将转换开关 SA_3 置于“放松”位置（SA_3 开关置中），SA_3 所有触点都断开，此时可以就可将被加工的工件取下来。若工件对去磁要求严格，则在取下工件后，还要用交流去磁器进行处理。交流去磁器是平面磨床的一个附件，在使用时，将交流去磁器插在床身备用插座 X_2 上，再将工件放在交流去磁器上来回移动若干次，即可完成去磁任务。

下面介绍电磁吸盘保护环节。

a. 电磁吸盘的欠电流保护。为了防止在磨削过程中，电磁吸盘回路出现失电或线圈电流减小，引起电磁吸力消失或吸力不足，造成工件飞出，引起人身与设备事故，在电磁吸盘线圈电路中串入欠电流继电器 KID 作欠电流保护。若励磁电流正常，则只有当直流电压符合设计要求，电磁吸盘具有足够的电磁吸力，KID 的动合触点才能闭合，为启动 M_1、M_3 电动机进行磨削加工作准备，否则不能开动磨床进行加工。若在磨削过程中出现线圈电流减小或消失，则欠电流继电器 KID 将因此而释放，其动合触点断开，KM_1、KM_2 失电，M_1、M_2、M_3 电动机立即停转，避免事故发生。

b. 电磁吸盘线圈的过电压保护。由于电磁吸盘线圈匝数多、电感大，在得电工作时，线圈中储存着大量磁场能量。因此，当线圈脱离电源时，线圈两端将会产生很大的自感电动势，出现高电压，使线圈的绝缘及其他电气设备损坏。为此，在线圈两端并联了电阻 R_1，作为放电电阻，以吸收线圈储存的能量。

c. 电磁吸盘的短路保护。短路保护由熔断器 FU_4 来实现。

d. 整流装置的过电压保护。交流电路产生过电压和直流侧电路通断时，都会在整流变压器 T_2 的二次侧产生浪涌电压，该浪涌电压对整流装置 UR 有害。为此，应在 T_2 的二次侧接上 RC 阻容吸收装置，以吸收尖峰电压，同时通过电阻 R 来防止产生振荡。

③ 照明电路　照明电路由照明变压器 T_1 将 380V 降为 24V 的安全电压，供给照明电路。照明灯 EL 一端接地，并由开关 SA_2 控制。熔断器 FU_3 作为照明电路的短路保护，照明变压器一次侧由熔断器 FU_2 作为短路保护。

(2) 常见电气故障分析

① 电动机无法启动

a. 电源总开关 QS 接触不良，需调整或更换。

b. 熔断器 FU_1、FU_2 或 FU_3 的熔体已断，应更换熔体。

c. 欠电流继电器 KID 或转换开关 SA_3 接触不良，需调整或更换。

d. 控制按钮 SB_1、SB_2、SB_3 或 SB_4 接触不良，需调整或更换。

② 电磁吸盘无吸力

a. 电源接触不良或损坏，需调整或更换。

b. 熔断器 FU_1、FU_2 及 FU_3 的熔体已断，应更换熔体。

c. 插座 X_3 接触不良，需调整或更换。

d. 欠电流继电器 KID 的线圈或电磁吸盘的线圈断开，需调整或更换。

③ 电磁吸盘吸力不足

a. 交流电源的电压较低导致直流电压降低，造成电磁吸盘吸力不足。

b. 桥式整流电路发生断路或短路故障，造成过电流致使电磁吸力不足甚至吸力消失。

c. 插座 X_3 接触不良，需调整或更换。

④ 电磁吸盘的退磁效果差　这一故障将会造成被加工的工件难以从电磁吸盘上取下，其原因可能是：

a. 去磁电压过高或去磁回路断路造成无法去磁，需调整电路。

b. 去磁时间过长或过短，应调整去磁时间。

⑤ 照明灯不亮

a. 照明灯已损坏，应更换新的。

b. 照明灯开关 SA_2 未按下或已损坏，应按下开关 SA_2 或更换新的开关。

c. 变压器 T_1 绕组已损坏，应更换新的变压器。

下面介绍 M7130 型平面磨床出现电磁吸盘吸力不足或无吸力的故障的分析与检修方法。

① 确定故障范围。将开关 SA_3 置于“断开”位置，测量 UR 的直流输出端有无 120V 左右的直流电，若无直流电或直流电压偏低，说明故障在整流电路之前。

② 查找故障点。测量交流侧电压，若交流侧电压不正常，则应检查电源电压是否过低，熔断器 FU_2 的熔体是否熔断，变压器一、二次侧是否开路或短路；若交流侧电压正常，则故障必定在整流桥上。

③ 若 UR 的直流侧电压正常，可将开关 SA_3 置于“充磁”位置，然后测量插座 X_3 有无电压。若无电压，则表明 UR 的输出端到插座 SA_3 间有开路故障，应停电后用万用表或电池灯检查，可重点检查开关 SA_3 是否接触不良以及 UR 至 SA_3 间的连接导线是否松脱。

④ 若插座 SA_3 两端电压正常，则应检查插头与插座是否接触不良，电磁吸盘 YH 线圈是否短路或断路。

5.3.3　Z3040 摇臂钻床电气系统运行与检修

Z3040 型摇臂钻床是钻床中应用最广泛的一种机床，该机床具有操作方便、灵活、适用范围广等特点，特别适用于生产中带有多孔的大型零件的孔加工。

(1) Z3040 型摇臂钻床的主要结构

Z3040 型摇臂钻床的外形结构如图 5-19 所示，它主要由内立柱、外立柱、主轴箱、摇臂、工作台和底座等部分组成。主轴箱由主传动电动机、主轴和主轴传动机构、进给和变速机构以及机床的操作机构等部分组成，主轴箱安装在摇臂的水平导轨上，内立柱固定在底座的一端，外立柱套在它的外面，并可绕内立柱回转 360°，摇臂的一端为套筒，套装在外立柱上，不能绕外立柱转动，而只能与外立柱一起绕内

图 5-19　Z3040 型摇臂钻床的外形结构

立柱回转，还可借助丝杠的正、反转沿外立柱作上下垂直移动。

(2) 摇臂钻床的运动形式

钻削加工时，钻头一边进行旋转切削，一边进行纵向进给，其运动形式如下。

主运动——摇臂钻床的主运动是指主轴的旋转运动。

进给运动——摇臂钻床的进给运动是指主轴的纵向进给运动。

辅助运动——包括摇臂与外立柱一起绕内立柱的回转运动、摇臂沿外立柱上导轨的上下垂直移动和主轴箱沿摇臂长度方向的左右移动。

(3) 电力拖动系统组成

① 摇臂钻床采用直接启动的方式启动 4 台电动机进行拖动：主轴电动机，带动主轴旋转；摇臂升降电动机，带动摇臂进行升降；液压泵电动机，拖动液压泵供出压力油，使液压系统的夹紧机构实现夹紧与放松；冷却泵电动机，驱动冷却泵供给机床冷却液。

② 摇臂钻床的主运动和进给运动均为主轴的运动，可由 1 台主轴电动机拖动，并通过传动机构分别实现主轴的旋转和进给。

③ 主轴电动机和冷却泵电动机只需要正向旋转，摇臂升降电动机和液压泵电动机，因需分别实现升降和夹紧与放松，要求能正/反向旋转。

④ 具备完善的保护环节和照明电路。

(4) 常见电气故障分析

Z3040 型摇臂钻床的电气控制电路如图 5-20 所示。下面简要介绍其常见故障的检修思路。

① 主轴电动机无法启动

a. 电源总开关接触不良，需调整或更换，如图 5-21 所示。

b. 控制按钮 SB_1 或 SB_2 接触不良，需调整或更换。

c. 接触器 KM_1 线圈断线或触点接触不良，需重接或更换。

d. 低压断路器的熔体已断，应更换熔体。

② 摇臂不能升降

a. 行程开关 SQ_2 的位置移动，使摇臂松开后没有压下 SQ_2。

b. 电动机的电源相序接反，导致行程开关 SQ_2 无法压下。

c. 液压系统出现故障，摇臂不能完全松开。

d. 控制按钮 SB_3 或 SB_4 接触不良，需调整或更换。

e. 接触器 KM_2、KM_3 线圈断线或触点接触不良，重接或更换。

③ 摇臂升降后不能夹紧

a. 行程开关 SQ_3 的安装位置不当，需进行调整，如图 5-22 所示。

b. 行程开关 SQ_3 发生松动而过早地动作，液压泵电动机 M_3 在摇臂还未充分夹紧时就停止了旋转。

④ 液压系统的故障　电磁阀芯卡住或油路堵塞，造成液压控制系统失灵，需检查疏通。

5.3.4 X62W 万能铣床电气系统运行与检修

铣床可以用来加工工件上各种形式的表面，如平面、成形面及各种类型的沟槽等；装上分度头之后，可以加工直齿轮或螺旋面；如果装上回转圆工作台，还可以加工凸轮和弧形槽。铣床按其结构形式和加工性能的不同，一般可以分为卧式铣床、立式铣床、龙门铣床、仿形铣床以及各种专用铣床，其中 X62W 型卧式万能铣床是实际应用最多的铣床之一。

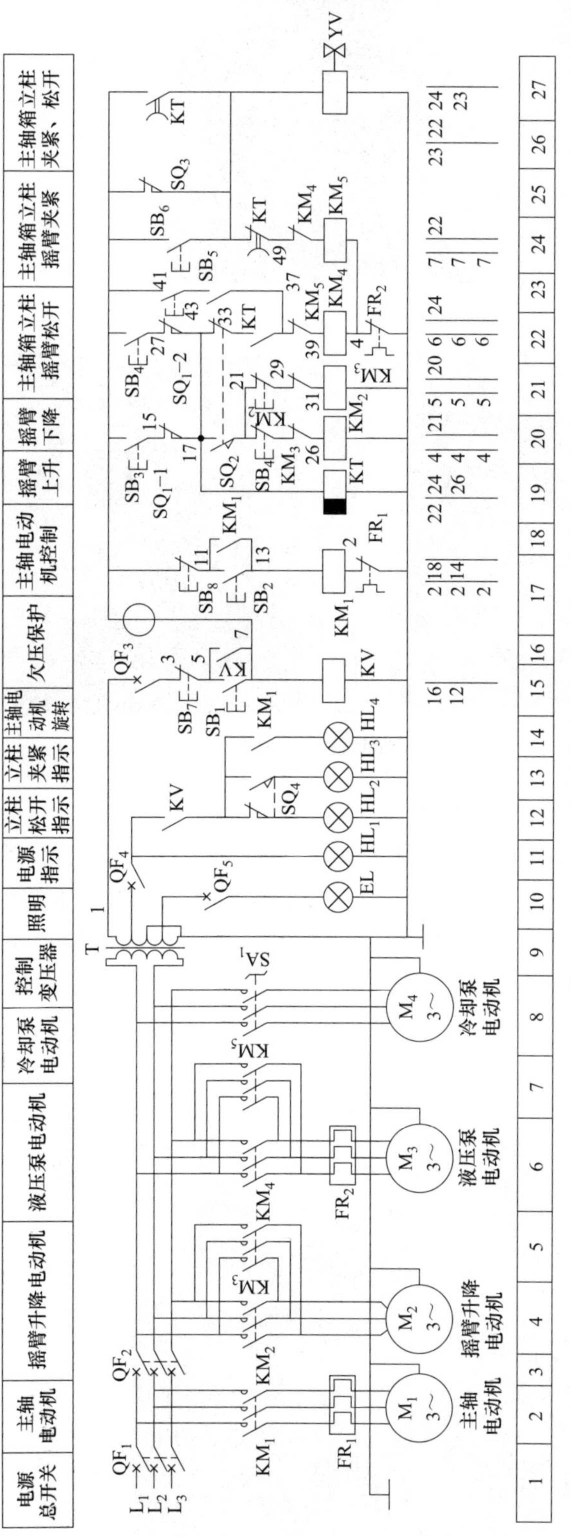

图 5-20 Z3040 型摇臂钻床的电气控制电路

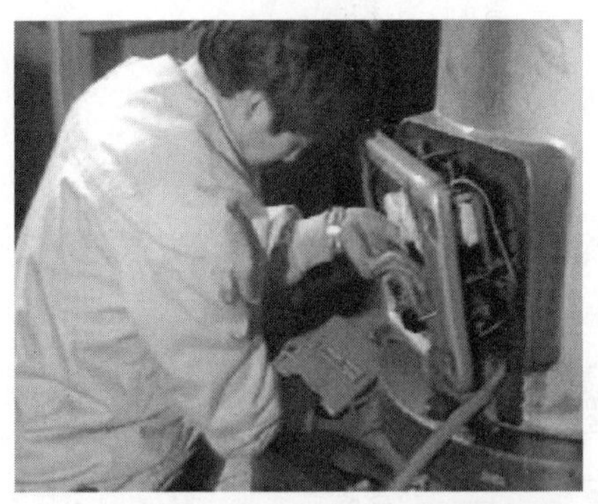

图 5-21 更换电源总开关

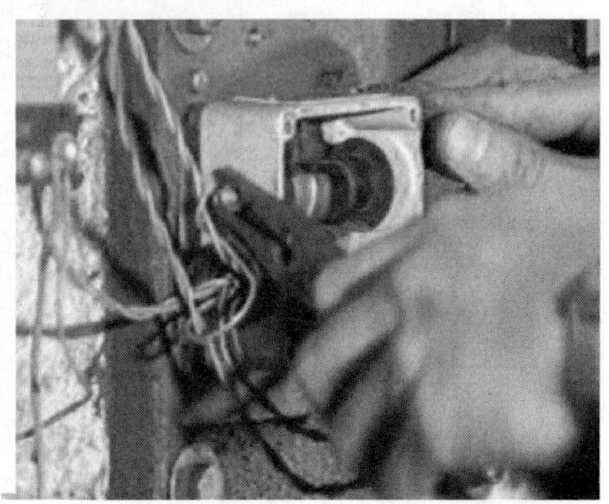

图 5-22 行程开关及其调整

(1) X62W 型卧式万能铣床的主要结构

X62W 型卧式万能铣床主要由底座、床身、主轴、悬梁、刀杆支架、工作台、手柄、溜板和升降台等部分组成，如图 5-23 所示。床身固定在底座上，其内装有主轴的传动机构和变速操纵机构。床身的顶部安装带有刀杆支架的悬梁，悬梁可沿水平导轨移动，以调整铣刀的位置。床身的前方（右侧面）装有垂直导轨，升降台可沿导轨作上、下垂直移动。在升降台上面的水平导轨上，装有可在平行于主轴线方向（横向或前后）移动的溜板。溜板上面是可以转动的回转台，工作台装在回转台的导轨上，它可以作垂直于主轴线方向（纵向或左右）的移动。在工作台上有固定工件的 T 形槽。这样，安装在工作台上的工件，可以作上、下、左、右、

图 5-23 X62W 型卧式万能铣床外形

前和后 6 个方向的位置调整或工作进给。此外，该机床还可以安装圆形工作台，溜板也可以绕垂直轴线方向左右旋转 45°，便于工作台在倾斜方向进行进给，完成螺旋槽的加工。

(2) X62W 型卧式万能铣床的运动形式

X62W 型卧式万能铣床有 3 种运动形式。

主运动——主轴带动铣刀的旋转运动。

进给运动——工作台带动工件在相互垂直的 3 个方向上的直线运动。

辅助运动——工作台带动工件在相互垂直的 3 个方向上的快速移动。

(3) X62W 型卧式万能铣床的电力拖动系统

① 主轴电动机　主轴是由主轴电动机经弹性联轴器和变速机构的齿轮传动链来拖动的。

a. 铣削加工有顺铣和逆铣两种方式，要求主轴能正、反转，但又不能在加工过程中转换铣削方式，必须在加工前选好转向，故采用倒顺开关即正、反转转换开关控制主轴电动机的转向。

b. 为使主轴迅速停车，对主轴电动机采用速度继电器测速的串电阻反接制动。

c. 主轴转速要求调速范围广，采用变速孔盘机构选择转速。为使变速箱内齿轮易于啮合，减少齿轮端面的冲击，要求主轴电动机在主轴变速时稍微转动一下，称为变速冲动。这时也是利用限流电阻，以限制主轴电动机的启动电流和启动转矩，减小齿轮间的冲击。为此，主轴电动机有 3 种控制：正/反转启动、反接制动和变速冲动。

主轴变速是用机械机构完成的，如图 5-24 所示。需要变速时，将变速手柄拨向左边，扇形齿轮带动齿条和拨叉使变速孔盘移出，使与扇形齿轮同轴的凸轮触动变速冲动开关，接着转动变速数字盘至所需转速，再迅速将变速手柄推回原处，当手柄接近到达终点位置时，应减慢推动速度，以便变速齿轮啮合将孔盘顺利推入。在推入孔盘时，变速冲动开关又被凸轮触动，在孔盘完全推入到位时，变速冲动开关复位。如遇到孔盘推不进时，可重新扳回手柄，再推 1～2 次。

图 5-24　主轴变速操纵机构

② 工作台进给电动机　工作台进给分为机动和手动两种方式。手动进给是通过操作手轮或手柄实现的，机动进给是由工作台进给电动机配合有关手柄实现的。

a. 工作台在各个方向上能往返，要求工作台进给电动机能正、反转。

b. 进给速度的转换，也采用速度孔盘机构，要求工作台进给电动机也能变速冲动。

c. 为缩短辅助工时，工作台的各个方向上均有快速移动。由工作台进给电动机拖动，用牵引电磁铁使摩擦离合器合上，减少中间传动装置，达到快速移动。为此，工作台进给电动机有 3 种控制：进给、快速移动和变速冲动。

③ 冷却泵电动机　冷却泵电动机拖动冷却泵提供冷却液，对工件、刀具进行冷却、润滑，只需正向旋转。

④ 两地控制　为了能及时实现控制，机床设置了两套操纵系统，在机床正面及左侧面都安装了相同的按钮、手柄和手轮，使操作方便。

⑤ 联锁

a. 要求主轴电动机启动后（铣刀旋转）才能进行工作台的进给运动，即工作台进给电动机才能启动，进行铣削加工。而主轴电动机和工作台进给电动机需同时停止，采用接触器联锁。

b. 工作台 6 个方向的进给也需要联锁，即在任何时候工作台只能有一个方向的运动，是采用机械和电气的共同联锁实现的。

c. 如将圆工作台装在工作台上，其传动机构与纵向进给机构耦合，经机械和电气的联锁，在 6 个方向的进给和快速移动都停止的情况下，可使圆工作台由工作台进给电动机拖动，只能沿一个方向作回转运动。

⑥ 保护环节

a. 3 台电动机均设有过载保护。

b. 控制电路设有短路保护。

c. 工作台的 6 个方向运动，都设有终端保护。当运动到极限位置时，终端撞块碰到相应手柄使其回到中间位置，行程开关复位，工作台进给电动机停转，工作台停止运动。

(4) X62W 型万能铣床常见电气故障与排除

X62W 型卧式万能铣床的电气控制电路如图 5-25 所示，常见故障原因及排除方法见表 5-13。

表 5-13　X62W 型万能铣床常见故障与排除

故障现象	产生原因	排除方法
主轴电动机不启动	①控制电路熔断器 FU_3 的熔丝烧断 ②主轴换向开关 SA_5 在停车位置 ③按钮 SB_1～SB_4 触点接触不良 ④热继电器 FR_1、FR_2 动断触点接触不良或分断 ⑤KM_2 或 KM_3 主触点接触不良	①更换熔丝 ②把 SA_5 拨到已选定方向的运行位置 ③修理或拆换故障按钮 ④修理 FR_1、FR_2 ⑤检修 KM_2、KM_3 主触点，如图 5-26所示
主轴不能制动	①速度继电器损坏，如图 5-27 所示 ②主轴制动电磁离合器线圈烧毁	①拆换速度继电器 ②更换该离合器线圈
主轴不能变速冲动	行程开关移位、撞坏或断线，如图 5-28 所示	使其复位，拆换或检修行程开关接线
按停止按钮，主轴不停转	①接触器 KM_2、KM_3 主触点熔焊 ②按钮 SB_3、SB_4 动断触点粘连	①修理或更换 KM_2、KM_3 主触点 ②检修或更换 SB_3、SB_4
工作台不能进给	①控制电路熔断器 FU_3 熔丝烧断 ②KM_4 线圈开路或主触点接触不良 ③SQ_1～SQ_4 动断触点接触不良、接线松脱 ④热继电器 FR_2 动断触点分断或接触不良 ⑤SQ_6 动断触点 SQ_{6-2} 接触不良或分断 ⑥ 纵向操作手柄或十字手柄操作不到位	①更换 FU_3 熔丝 ②检修或更换 KM_4 ③检修有故障的行程开关、检查接线端子 ④检修 FR_2 动断触点或更换 ⑤检修或更换 SQ_6 ⑥ 检修两个操作手柄的机械连接部分
进给动作不能变速冲动	①进给变速冲动行程开关 SQ_6 移位、撞坏或接线松脱 ②进给操作手柄不在零位，如图 5-29 所示	①使 SQ_6 复位，检修或更换 SQ_6，检查线路 ②使操作手柄回归零位
工作台不能向上、向后进给	SQ_4 动合触点 SQ_{4-1} 不能闭合	检修或更换 SQ_4
工作台不能纵向进给	SQ_{4-2}、SQ_{3-2} 动断触点接触不良或分断后不能闭合	检修故障触点或更换故障行程开关
工作台不能快速进给	①控制电路熔断器 FU_3 的熔丝烧断 ②按钮 SB_5、SB_6 触点接触不良或接线松脱 ③接触器 KM_6 的线圈烧坏或主触点接触不良 ④快速进给电磁铁 YA 损坏 ⑤转换开关 SA_1 损坏	①更换 FU_3 的熔丝 ②检修或更换 SB_5、SB_6，检查相关线路接头 ③更换 KM_6 线圈，检修其主触点 ④更换 YA ⑤检修或更换 SA_1

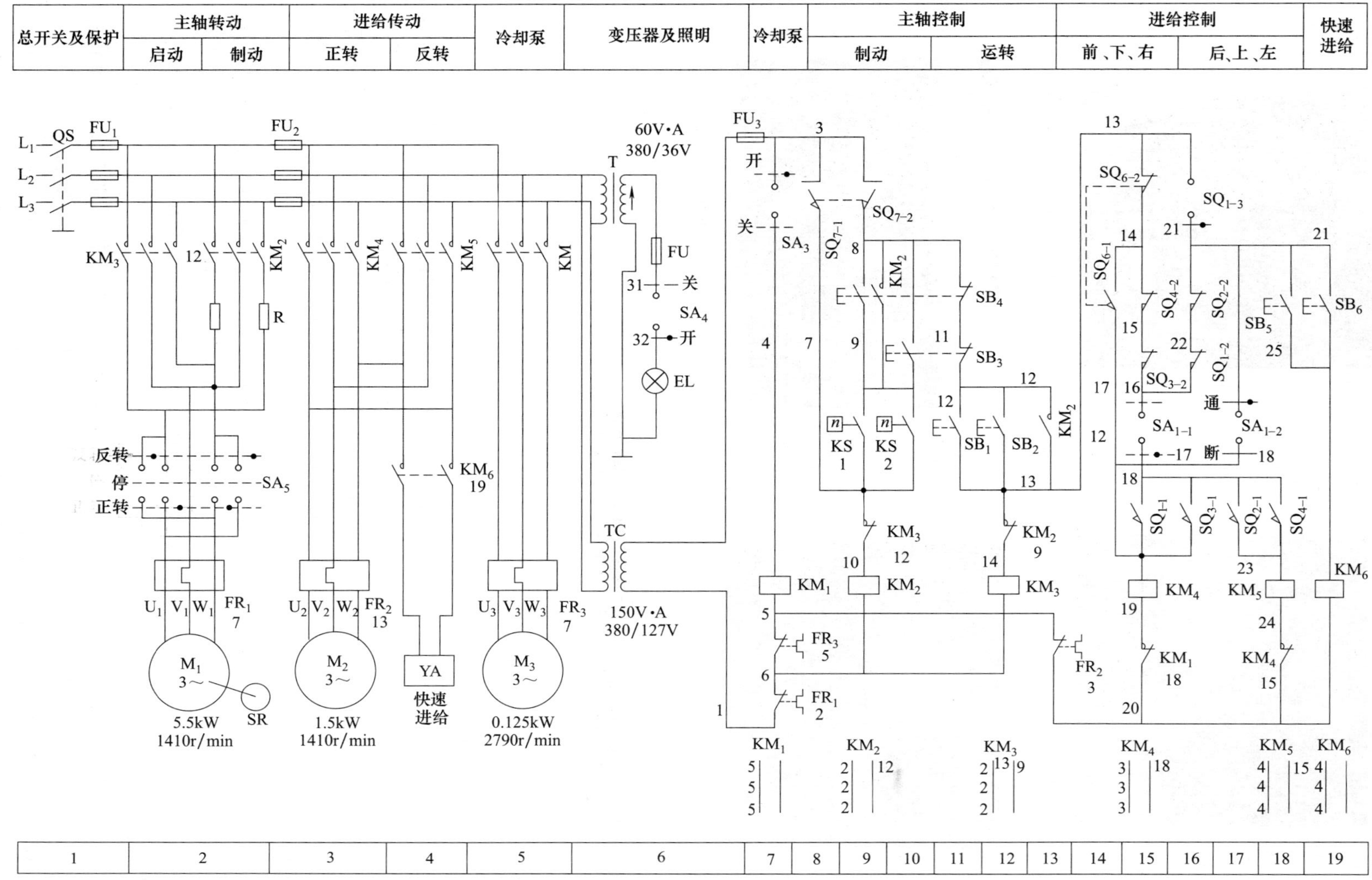

图 5-25 X62W 型万能铣床电气控制电路图

图 5-26 检查继电器触点

图 5-27 速度继电器螺钉、销钉松动

图 5-28 行程开关 SQ_7 移位

图 5-29 操作手柄不在零位

5.4 配电变压器运行维护与检修

5.4.1 配电变压器运行检查

(1) 变压器外部检查

① 检查油枕内和充油套管内油面的高度，密封处有无渗漏现象。如油面过高，一般是冷却装置运行不正常或变压器内部故障等所造成的油温过高引起的。如油面过低，应检查变压器各密封处是否有严重漏油现象，油阀门是否关紧。油标计内的油色应是透明微带黄色，如呈红棕色，可能是油位计脏污造成的，也可能是变压器油运行时间过长，油温过高使油质变坏引起的。

② 检查变压器上层油温（如图 5-30 所示）。变压器上层油温一般应在 85℃以下，对强迫油循环水冷却的变压器应为 75℃。如油温突然升高，则可能是冷却装置有故障，也可能是变压器内部有故障。对油浸自冷变压器，如散热装置各部分的温度有明显不同，则可能是管路有堵塞现象。

③ 检查变压器的响声是否正常。变压器正常运行时，一般有均匀的“嗡嗡”声音，这是由于交变磁通引起铁芯振动而发出的声音。如果运行中有其他声音，则属于声音异常。

④ 检查绝缘套管是否清洁，有无破损裂纹及放电烧伤痕迹，如图 5-31 所示。

⑤ 检查冷却装置运行情况是否正常，对于强迫油循环水冷或风冷的变压器，应检查油、

图 5-30 检查油温

图 5-31 变压器外部检查

水、温度、压力等是否符合规定。冷却器中，油压应比水压高（1～1.5）$\times 9.8\times 10^4$ Pa。冷却器出水中不应有油，水冷却器部分应无漏水。

⑥ 一、二次母线的连接点应接触良好，不过热。

⑦ 呼吸器应畅通，硅胶吸潮不应达到饱和（通过观察硅胶是否变色来鉴别）。

⑧ 防爆管上的防爆膜应完整无裂纹、无存油。

⑨ 瓦斯继电器是否动作。

⑩ 外壳接地应良好。

(2) 变压器的负荷检查

① 室外安装的变压器，如没有固定安装的电流表时，应测量最大负荷及代表性负荷的电流。

② 室内安装的变压器装有电流表、电压表的，应记录每小时负荷，并画出日负荷曲线。

③ 测量三相电流的平衡情况，对 Yyn0 连接的变压器，中性线上的电流不应超过低压绕组额定电流的 25%。

④ 变压器的运行电压不应超过额定电压的±5%。如果电源电压长期过高或过低，应调整变压器分接头，使二次侧电压趋于正常。

(3) 变压器特殊巡视

① 大风时检查变压器附近有无容易被吹动飞起的杂物，防止吹落到带电部分，并注意引线的摆动情况。

② 大雾天检查套管有无闪络、放电现象。

③ 大雪天检查变压器顶盖至套管连线间有无积雪、挂冰情况，油位表（如图 5-32 所示）、温度计、瓦斯继电器有无积雪覆盖情况。

④ 雷雨后检查变压器各侧避雷器计数器动作情况，检查套管有无破损、裂缝及放电痕迹。

图 5-32 设置在油枕上的油位表

⑤ 气温突变时，检查油位变化情况及油温变化情况，目前比较先进的测温度装置是红外线测温仪，如图 5-33 所示，人在较远的距离就可测量变压器及线路的温度。

(4) 变压器停电检查

变压器除巡视检查外，还应有计划地进行停电检查，如图 5-34 所示。变压器停电检查一般应完成以下项目：

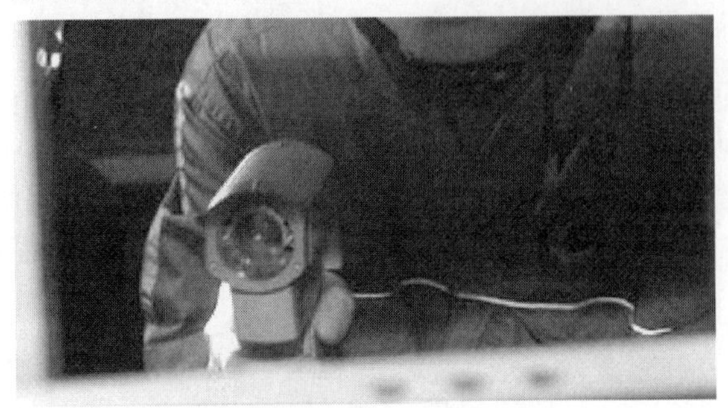

图 5-33 红外线测温仪

图 5-34 停电检查

① 清扫瓷套管及有关附属设备。

② 检查母线及接线端子等连接点接触情况。

③ 摇测绕组的绝缘电阻以及接地电阻。

5.4.2 变压器常见故障及原因

(1) 变压器声音异常的原因

图 5-35 变压器有异常声音

① 当有大容量的动力设备启动时，负荷变化较大，使变压器声音增大，如图 5-35 所示。如变压器带有电弧炉、晶闸管整流器等负荷时，由于有谐波分量，所以变压器声音也会变大。

② 过负荷会使变压器发出很高而且沉重的“嗡嗡”声。

③ 个别零件松动，如铁芯的穿芯螺钉夹得不紧，使铁芯松动，变压器会发出强烈而不均匀的噪声。

④ 内部接触不良，或绝缘有击穿，变压器会发出放电的“噼啪”声。

⑤ 系统短路或接地，通过很大的短路电流时，变压器会有很大的噪声。

⑥ 系统发生铁磁谐振时，变压器发出粗细不匀的噪声。

(2) 变压器油温升高的原因

涡流或夹紧铁芯用的穿芯螺钉绝缘损坏均会使变压器的油温升高。涡流使铁芯长期过热而引起硅钢片间的绝缘破坏，这时铁损增大，油温升高。而穿芯螺钉绝缘破坏后，使穿芯螺钉与硅钢片短接，这时有很大的电流通过穿芯螺钉，使螺钉发热，进而使变压器的油温升高。

变压器散热装置有故障，如蝶阀堵塞或关闭，风扇故障或变压器室的通风情况不良等，会使油温升高。

此外，绕组局部层间或匝间短路，内部连接点有故障，接触电阻加大，二次侧出线上有大电阻短路等等，也会使油温升高。

(3) 油枕或防爆管喷油的原因

当电力系统突然短路而保护装置又拒动，或内部有短路故障而出气孔和防爆管堵塞等，内部的高温和高热会使变压器油突然喷出，喷油后使油面降低，有可能引起瓦斯保护动作。

(4) 三相电压不平衡的原因

① 三相负载不平衡，引起中性点位移，使三相电压不平衡。

② 系统发生铁磁谐振，使三相电压不平衡。

③ 绕组局部发生匝间和层间短路，造成三相电压不平衡。

(5) 瓦斯保护动作的原因

继电保护动作，一般说明变压器内部有故障。瓦斯保护是变压器的主要保护，它能监视变压器内部发生的大部分故障，常常是先轻瓦斯保护动作发出信号，然后重瓦斯保护动作引起跳闸。

轻瓦斯动作的原因有以下几个方面：

① 因滤油、加油和冷却系统不严密，致使空气进入变压器。

② 温度下降和漏油，致使油位缓慢降低。

③ 变压器内部故障，产生少量气体。

④ 变压器内部短路。

⑤ 保护装置二次回路故障。

当外部检查未发现变压器有异常现象时，应查明瓦斯继电器中气体的性质。当变压器的差动保护和瓦斯保护同时动作，在未查明原因和消除故障前，严禁合闸送电。

(6) 绝缘瓷套管闪络和爆炸

套管密封不严，因进水使绝缘受潮而损坏；套管的电容芯子制造不良，内部游离放电；或套管积垢严重，以及套管上有大的裂纹，均会造成套管闪络和爆炸事故。

(7) 分接开关故障

变压器油箱上有“吱吱”的放电声，电流表随响声发生摆动，瓦斯保护可能发出信号，油的闪点降低。这些现象，都可能是因分接开关故障而出现的。

(8) 变压器着火

变压器着火时，应首先将其所有断路器和隔离开关拉开，然后用消防设备进行灭火。若变压器箱盖着火，则应打开其下部油门放油。灭火时，应遵守电气消防的有关规定。

5.4.3 变压器组件的检修

一般来说，在额定条件下使用的电力变压器故障率比较低。电力变压器一旦出现故障，由于检修工作相当复杂，常常是送电力设备修制厂进行维修，这里仅介绍变压器组件的检修工艺和质量标准，供大家参考。

(1) 散热器的检修（见表5-14）

表5-14 散热器的检修

检修工艺	质量标准
采用气焊或电焊，对渗漏点进行补焊处理	焊点准确，焊接牢固，严禁将焊渣掉入散热器内
对带法兰盖板的上、下油室应打开法兰盖板，清除油室内的焊渣、油垢，然后更换胶垫	上、下油室内部洁净，法兰盖板密封良好
清扫散热器表面，油垢严重时可用金属清洗剂(去污剂)清洗，然后用清水冲净晾干，清洗时管接头应可靠密封，防止进水	表面保持洁净
用盖板将接头法兰密封，加油压进行试漏	试漏标准： ①片状散热器：0.05～0.1MPa、10h ②管状散热器：0.1～0.15MPa、10h

续表

检修工艺	质量标准
用合格的变压器油对内部进行循环冲洗	内部清洁
重新安装散热器	注意阀门的开闭位置，阀门的安装方向应统一，指示开闭的标志应明显、清晰。注意安装好散热器的拉紧钢带

(2) 压油式套管的检修（见表5-15）

表5-15　压油式套管的检修（与本体油连通的附加绝缘套管）

检修工艺	质量标准
检查瓷套有无损坏	瓷套应保持清洁，无放电痕迹，无裂纹，裙边无破损
套管解体时，应依次对角松动法兰螺栓	防止松动法兰时受力不均损坏套管
拆卸瓷套前应先轻轻晃动，使法兰与密封胶垫间产生缝隙后再拆下瓷套	防止瓷套碎裂
拆导电杆和法兰螺栓前，应防止导电杆摇晃损坏瓷套，拆下的螺栓应进行清洗，螺纹损坏的应予以更换或修整	螺栓和垫圈的数量要补齐，不可丢失
取出绝缘筒（包括带覆盖层的导电杆），擦除油垢，绝缘筒及在导电杆表面的覆盖层应妥善保管（必要时应干燥）	妥善保管，防止受潮和损坏
检查瓷套内部，并用白布擦拭；在套管外侧根部根据情况喷涂半导体漆	瓷套内部清洁，无油垢，半导体漆喷涂均匀
有条件时，应将拆下的瓷套和绝缘件送入干燥室进行轻度干燥，然后再组装	干燥温度70～80℃，时间不少于4h，升温速度不超过10℃/h，防止瓷套裂纹
更换新胶垫，位置要放正	胶垫压缩均匀，密封良好
将套管垂直放置于套管架上，组装时与拆卸顺序相反	注意绝缘筒与导电杆相互之间的位置，中间应有固定圈防止窜动，导电杆应处于瓷套的中心位置

(3) 充油套管的检修（见表5-16）

表5-16　充油套管的检修

检修工艺		质量标准
更换套管油	①放出套管中的油 ②用热油（温度60～70℃）循环冲洗后放出 ③注入合格的变压器油	①放尽残油 ②至少循环三次，将残油及其他杂质冲出 ③油的质量应符合国家标准的规定
套管解体	①放出内部的油 ②拆卸上部接线端子 ③拆卸油位计上部压盖螺栓，取下油位计 ④拆卸上瓷套与法兰连接螺栓，轻轻晃动后，取下上瓷套 ⑤取出内部绝缘筒 ⑥拆卸下瓷套与导电杆连接螺栓，取下导电杆和下瓷套	①放尽残油 ②妥善保管，防止丢失 ③拆卸时，防止玻璃油位计破损 ④注意不要碰坏瓷套 ⑤垂直放置，不得压坏或变形 ⑥分解导电杆底部法兰螺栓时，防止导电杆晃动，损坏瓷套
检修与清扫	①所有卸下的零部件应妥善保管，组装前应擦拭干净 ②绝缘筒应擦拭干净，如绝缘不良，可在70～80℃的温度下干燥24～48h ③检查瓷套内、外表面并清扫干净，检查铁瓷结合处水泥填料有无脱落 ④为防止油劣化，在玻璃油位计外表涂刷银粉 ⑤更换各部法兰胶垫	①妥善保管，防止受潮 ②绝缘筒应洁净无起层、无漆膜脱落和放电痕迹，绝缘良好 ③瓷套内外表面应清洁，无油垢、杂质，瓷质无裂纹，水泥填料无脱落 ④银粉涂刷应均匀，并沿纵向留一条30mm宽的透明带，以监视油位 ⑤胶垫压缩均匀，各部密封良好
套管组装	①组装与解体顺序相反 ②组装后注入合格的变压器油 ③进行绝缘试验	①导电杆应处于瓷套中心位置，瓷套缝隙均匀，防止局部受力瓷套裂纹 ②油质应符合国家标准的规定 ③按电力设备预防性试验标准进行

(4) 无励磁分接开关的检修（见表 5-17）

表 5-17 无励磁分接开关的检修

检修工艺	质量标准
检查开关各部件是否齐全完整	完整无缺损
松开上方头部定位螺栓，转动操作手柄，检查动触点转动是否灵活，若转动不灵活应进一步检查卡滞的原因；检查绕组实际分接是否与上部指示位置一致，否则应进行调整	机械转动灵活，转轴密封良好，无卡滞，上部指示位置与下部实际接触位置应相一致
检查动静触点间接触是否良好，触点表面是否清洁，有无氧化变色、镀层脱落及碰伤痕迹，弹簧有无松动，发现氧化膜可用碳化钼和白布带穿入触柱来回擦拭清除；触柱如有严重烧损时应更换	触点接触电阻小于 500Ω，触点表面应保持光洁，无氧化变质、碰伤及镀层脱落，触点接触压力用弹簧秤测量应在 0.25～0.5MPa 之间，或用 0.02mm 塞尺检查应无间隙、接触严密
检查触点分接线是否紧固，发现松动应拧紧、锁住	开关所有紧固件均应拧紧，无松动
检查分接开关绝缘件有无受潮、剥裂或变形，表面是否清洁，发现表面脏污应用无绒毛的白布擦拭干净，绝缘筒如有严重剥裂变形时应更换；操作杆拆下后，应放入油中或用塑料布包上	绝缘筒应完好，无破损、剥裂、变形，表面清洁无油垢；操作杆绝缘良好，无弯曲变形
检修的分接开关，拆前做好明显标记	拆装前后指示位置必须一致，各相手柄及传动机构不得互换
检查绝缘操作杆 U 形拨叉接触是否良好，如有接触不良或放电痕迹应加装弹簧片	使其保持良好接触

(5) 吸湿器的检修（见表 5-18）

表 5-18 吸湿器的检修

检修工艺	质量标准
将吸湿器从变压器上卸下，倒出内部吸附剂，检查玻璃罩应完好，并进行清扫	玻璃罩清洁完好
把干燥的吸附剂装入吸湿器内，为便于监视吸附剂的工作性能，一般可采用变色硅胶，并在顶盖下面留出 1/5～1/6 高度的空隙	新装吸附剂应经干燥，颗粒不小于 3mm
失效的吸附剂由蓝色变为粉红色，可置入烘箱干燥，干燥温度从 120℃升至 160℃，时间 5h；还原后再用	还原后应呈蓝色
更换胶垫	胶垫质量符合标准规定
下部的油封罩内注入变压器油，并将罩拧紧（新装吸湿器，应将密封垫拆除）	加油至正常油位线，能起到呼吸作用
为防止吸湿器摇晃，可用卡具将其固定在变压器油箱上	运行中吸湿器安装牢固，不受变压器振动影响

吸湿器的容量可根据下表选择

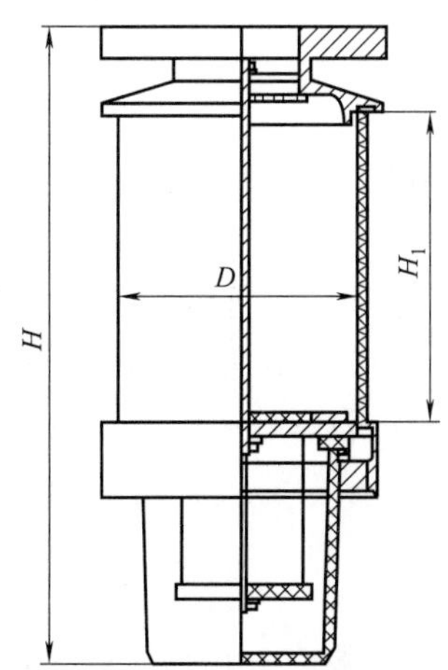

续表

硅胶重/kg	油重/kg	H/mm	H_1/mm	ϕD/mm	玻璃筒/mm	配储油柜直径/mm
0.2	0.15	216	100	105	ϕ80/100×100	≤250
0.5	0.2	216	100	145	ϕ120/140×100	310
1.0	0.2	266	150	145	ϕ120/140×150	440
1.5	0.2	336	200	145	ϕ120/140×200	610
3	0.7	336	220	205	ϕ180/200×220	800
5	0.7	436	300	205	ϕ180/200×300	900

(6) 安全气道的检修（见表5-19）

表5-19 安全气道的检修

<table>
<tr><th>检修工艺</th><th>质量标准</th></tr>
<tr><td>放油后将安全气道拆下进行清扫，去掉内部的锈蚀和油垢，并更换密封胶垫</td><td>检修后进行密封试验，注满合格的变压器油，并倒立静置4h不渗漏</td></tr>
<tr><td>内壁装有隔板，其下部装有小型放水阀门</td><td>隔板焊接良好，无渗漏现象</td></tr>
<tr><td>上部防爆膜片应安装良好，均匀地拧紧法兰螺栓，防止膜片破损</td><td>防爆膜片应采用玻璃片，禁止使用薄金属片，玻璃片厚度可参照下表
<table><tr><td>管径/mm</td><td>150</td><td>200</td><td>250</td></tr><tr><td>玻璃片厚度/mm</td><td>2.5</td><td>3</td><td>4</td></tr></table></td></tr>
<tr><td>安全气道与储油柜间应有联管或加装吸湿器，以防止由于温度变化引起防爆膜片破裂，对胶囊密封式储油柜，防止由吸湿器向外冒油</td><td>联管无堵塞；接头密封良好</td></tr>
<tr><td>安全气道内壁刷绝缘漆</td><td>内壁无锈蚀，绝缘漆涂刷均匀有光泽</td></tr>
</table>

(7) 阀门及塞子检修（见表5-20）

表5-20 阀门及塞子检修

检修工艺	质量标准
检查阀门的转轴、挡板等部件是否完整、灵活和严密，更换密封垫圈，必要时更换零件	经0.05MPa油压试验，挡板关闭严密、无渗漏，轴杆密封良好，指示开、闭位置的标志清晰、正确
阀门应拆下分解检修，研磨接触面，更换密封填料，缺损的零件应配齐，对有严重缺陷无法处理者应更换	阀门检修后应做0.15MPa压力试验不漏油
对变压器本体和附件各部的放油(气)塞、油样阀门等进行全面检查，并更换密封胶垫，检查螺纹是否完好，有损坏而又无法修理者应更换	各密封面无渗漏

5.5 变频器调试与维护

变频器是将工频交流电变为频率和电压可调的三相交流电的电气设备，用来驱动交流异步（同步）电动机进行变频调速。变频器不但能满足不同生产工艺的需要，而且节能效果显著，因而应用很广泛，如图5-36所示为两种通用型变频器。

5.5.1 变频器安装及功能设置

(1) 变频器的安装

① 变频器的工作环境温度范围一般为－10～＋40℃，当环境温度大于变频器规定的温

度时，变频器要降额使用或采取相应的通风冷却措施。

② 变频器应安装在不受阳光直射、无灰尘、无腐蚀性气体、无可燃气体、无油污、无蒸汽滴水等环境中。变频器在振动场所应用时要采取相应的防振措施。

③ 变频器用螺栓垂直安装在坚固的物体上。从正面就可以看到变频器文字键盘，不能上下颠倒或平放安装。变频器在运行过程中会产生热量，为保持冷风畅通，周围要留有一定空间，如图 5-37（a）所示。

图 5-36 通用型变频器

④ 如果将变频器安装在控制柜中，柜的上方要安装排风扇。一个柜内安装多台变频器时，要横向安装，且排风扇安装位置要正确，如图 5-37（b）所示。

⑤ 在多灰尘的场所安装变频器时，应采取防尘措施。

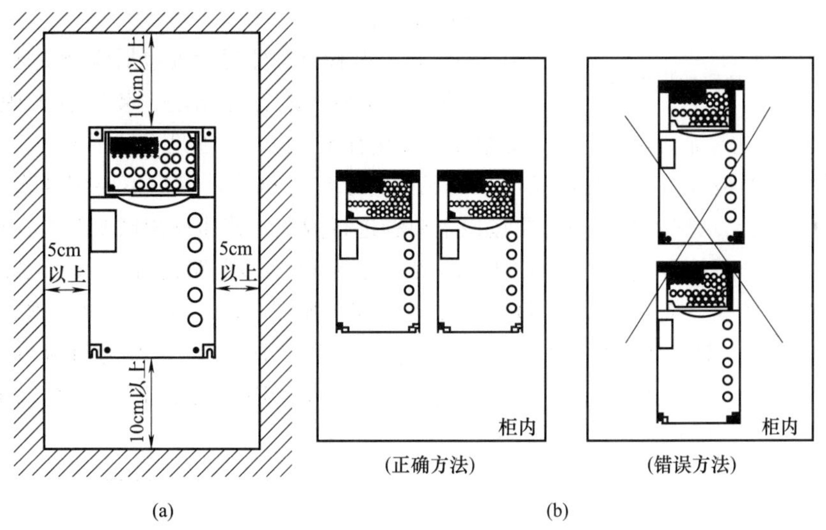

图 5-37 变频器的安装

(2) 变频器的功能设置

变频器的功能主要是通过操作面板上的功能键和外功能端子来设置的，下面以频率控制功能为例加以说明。

频率控制功能是变频器的基本功能之一，变频器根据控制的要求，输出频率的变化范围有的为 0～60Hz，有的为 0～250Hz 或 0～400Hz。控制变频器输出频率的方法有 4 种，见表 5-21。

【提示】

与频率有关的量还有最高频率、基本频率、上限频率和下限频率、加速时间和减速时间等，其功能参数设置，可参考相关变频器说明书进行。

表 5-21 控制变频器输出频率的方法

控制方法	操作说明
由操作面板上的功能键控制频率	利用变频器操作面板上的数字增加键（∧或△）或数字减小键（▽或∨）可进行升速或降速操作
预置操作	通过面板上的预置功能键将需要的频率进行预置，然后按下运行键（RUN），变频器即可升速到给定频率
由操作面板上的功能电位器控制频率	有的变频器操作面板上装有频率控制电位器，如图 5-38 所示，当通过预置程序将变频器的频率控制预置为操作面板电位器控制时，则可通过操作面板上的电位器来控制变频器输出频率
利用外功能端子控制频率	外功能端子控制频率一般适合远距离操作或引入自动控制。外功能频率控制端子分为模拟信号控制端子和接点控制端子两种。在使用这些端子进行频率控制时，首先通过操作面板上的预置功能键将频率预置为相应的外端子控制，即可由外端子（模拟端子或数字端子）进行控制

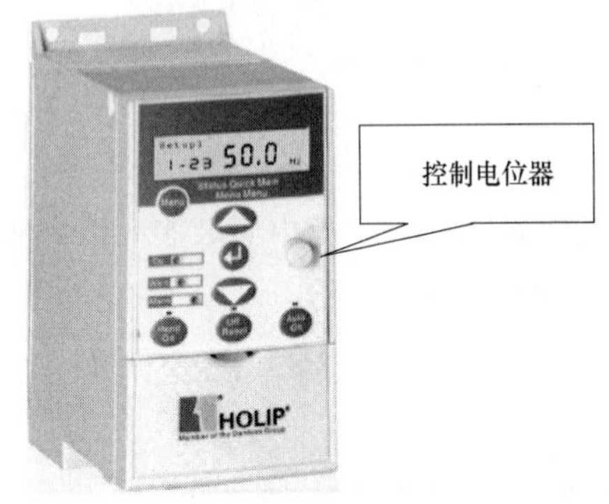

图 5-38 变频器的操作面板

5.5.2 变频器的调试

变频器系统的调试工作，其方法步骤和一般的电气设备调试基本相同，应遵循“先空载、再轻载、后重载”的规律。

(1) 通电前的检查

变频器系统安装、接线完成后，通电前应进行下列检查。

① 外观检查　外观检查包括检查变频器的型号是否有误、安装环境有无问题、装置有无脱落或破损、电缆直径和种类是否合适、电气连接有无松动、接线有无错误、接地是否可靠等。

② 绝缘电阻的检查　一般在产品出厂时已进行了绝缘试验，尽量不要用摇表（绝缘电阻表）测试，万不得已用摇表测试时，要按以下要领进行测试，若违反测试要领会损坏设备。

a. 主电路。全部卸开主电路、控制电路等端子座和外部电路的连接线；用公共线连接主电路端子 R、S、T、P_1、P、N、DB、U、V、W，如图 5-39 所示；其中，R、S、T 为主回路电源输入端子，U、V、W 为变频器输出端子（接电动机），P、N 为直流电源端子。用绝缘电阻表测试时，仅在主电路公用线和大地（接地端子 PE）之间进行；绝缘电阻表若指示 5MΩ 以上，就属正常。

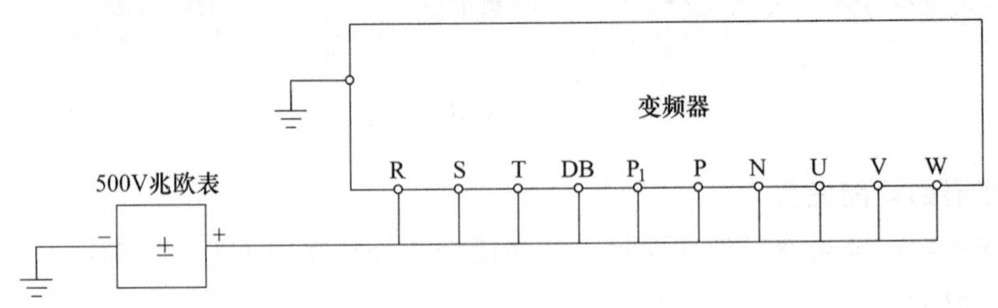

图 5-39 用绝缘电阻表测试主电路的绝缘电阻

b. 控制电路。不能用绝缘电阻表对控制电路进行测试，否则会损坏电路的零部件。测试仪器要用高阻量程万用表，其方法是：全部卸开控制电路端子的外部连接，进行对地之间电路测试，测量值若在 1MΩ 以上，就属正常。

用万用表测试接触器、继电器等控制电路的连接是否正确。

(2) 通电检查

在断开电动机负载的情况下，对变频器通电，主要进行以下检查。

① 观察显示情况　各种变频器在通电后，显示屏的显示内容都有一定的变化规律，应对照说明书，观察其通电后的显示过程是否正常。变频器的显示内容可以切换显示，通过操作面板上的操作按钮进行显示内容切换，观察显示的输出频率、电压、电流、负载率等是否正常，如图 5-40 所示。

图 5-40　观察显示屏的显示内容

② 观察风机　变频器内部都有风机排出内部的热空气，可用手在风的出口处试探风机的风量，并注意倾听风机的声音是否正常。

③ 测量进线电压　测量三相进线电压是否正常，若不正常应查出原因，确保供电电源正常。

④ 进行功能预置　根据生产机械的具体要求，对照产品说明书，进行变频器内部各功能的设置。

(3) 空载试验

将变频器的输出端与电动机相接，电动机不带负载，主要测试以下项目。

① 测试电动机的运转　对照说明书在操作面板上进行一些简单的操作，如启动、升速、降速、停止、点动等。观察电动机的旋转方向是否与所要求的一致，如不一致，则更正之。控制电路工作是否正常。通过逐渐升高运行频率，观察电动机在运行过程中是否运转灵活，有无杂音，运转时有无振动现象，是否平稳等。

② 电动机参数的自动检测　对于需要应用矢量控制功能的变频器，应根据说明书的指导，在电动机的空转状态下测定电动机的参数。有的新型系列变频器也可以在静止状态下进行自动检测。

(4) 带负载测试

变频调速系统的带负载试验是将电动机与负载连接起来进行试车。负载试验主要测试的内容如下。

① 低速运行试验　低速运行是指该生产机械所要求的最低转速。电动机应在该转速下运行 1～2h（视电动机的容量而定，容量大者时间应长一些）。主要测试的项目有：生产机械的运转是否正常；电动机在满负载运行时，温升是否超过额定值。

② 全速启动试验　将给定频率设定在最大值，按“启动按钮”，使电动机的转速从零一直上升至生产机械所要求的最大转速，测试以下内容。

a. 启动是否顺利。电动机的转速是否从一开始就随频率的上升而上升。如果在频率很低时，电动机不能很快旋转起来，说明启动困难，应适当增大 U/f 比，或增大启动频率。

b. 启动电流是否过大。将显示内容切换至电流显示，观察在启动全过程中的电流变化。如因电流过大而跳闸，应适当延长升速时间；如机械对启动时间并无要求的话，最好将启动电流限制在电动机的额定电流以内。

c. 观察整个启动过程是否平稳。整个启动过程是否在某一频率时有较大的振动。如有，则将运行频率固定在发生振动的频率下，以确定是否发生机械谐振以及是否有预置回避频率的必要。

d. 停机状态下是否旋转。如图 5-41 所示，对于风机，应注意观察在停机状态下，风叶是否因自然风而反转？如有反转现象，则应预置启动前的直流制动功能。

图 5-41 变频器风机

③ 全速停机试验 在停机试验过程中，注意观察以下内容。

a. 直流电压是否过高。把显示内容切换至直流电压显示，观察在整个降速过程中，直流电压的变化情形。如因电压过高而跳闸，应适当延长降速时间。如降速时间不宜延长，则应考虑加入直流制动功能，或接入制动电阻和制功单元。

b. 拖动系统能否停住。当频率降至 0Hz 时，机械是否有“蠕动”现象，并了解该机械是否允许蠕动，如需要制止蠕动时，应考虑预置直流制动功能。

④ 高速运行试验 把频率升高至与生产机械所要求的最高转速相对应的值，运行 1～2h，并观察电动机的带载能力和机械运转是否平稳。

5.5.3 变频器的维护

变频器是以半导体元件为中心构成的静止装置，由于温度、湿度、灰尘、振动等使用环境的影响，以及其零部件长年累月的变化，为了确保变频器的正常运行，必须对变频器进行日常检查和定期检查。

(1) 变频器日常维护项目

对于连续运行的变频器，可以从外部目视检查运行状态，通常应作如下检查。

① 环境温度是否正常，要求在－10～＋40℃范围内，以 25℃左右为好。

② 变频器在显示面板上显示的输出电流、电压、频率等各种数据是否正常。

③ 显示面板上显示的字符是否清楚，是否缺少字符。

④ 用测温仪器检测变频器是否过热，是否有异味。

⑤ 变频器风扇运转是否正常，有无异常，散热风道是否通畅。

⑥ 变频器运行中是否有故障报警显示。

⑦ 检查变频器交流输入电压是否超过最大值。极限是 418V（380V×1.1），如果主电路外加输入电压超过极限，即使变频器没运行，也会对变频器线路板造成损坏。

(2) 变频器定期保养项目及注意事项

① 作定期检查时，操作前必须切断电源，变频器停电后待操作面板电源指示灯熄灭后，等待 4min（变频器的容量越大，等待时间越长，最长为 15min）使得主电路直流滤波电容器充分放电，用万用表确认电容器放电完后，再进行操作。

② 将变频器控制板、主板拆下，用毛刷、吸尘器清扫变频器线路板及内部 IGBT 模块、输入输出电抗器等部位。线路板污损的地方，用抹布蘸上中性化学剂擦，用吸尘器吸去电路板、散热器、风道上的粉尘，保持变频器散热性能良好，如图 5-42 所示。

③ 检查变频器内部导线绝缘是否有腐蚀过热的痕迹及变色或破损等，如发现应及时进行处理或更换。

④ 变频器由于振动、温度变化等影响，螺钉等紧固部件往往松动，应将所有螺钉全部紧固一遍。

⑤ 检查输入输出电抗器、变压器等是否过热，变色烧焦或有异味。

⑥ 检查中间直流回路滤波电解电容器小凸肩（安全阀）是否胀出，外表面是否有裂纹、

(a) 清洁前

(b) 清洁后

图 5-42　电路板清洁前后对比

漏液、膨胀等。一般情况下滤波电容器使用周期大约为 5 年，检查周期最长为一年，接近寿命时，检查周期最好为半年。电容器的容量可用数字电容表测量，当容量下降到额定容量的 80%以下时，应予更换。

⑦ 检查冷却风扇运行是否完好，如有问题则应进行更换。冷却风扇的寿命受限于轴承，根据变频器运行情况需要 2～3 年更换一次风扇或轴承。检查时如发现异常声音、异常振动，同样需要更换。

⑧ 检查变频器绝缘电阻是否在正常范围内（所有端子与接地端子），注意不能用绝缘电阻表对线路板进行测量，否则会损坏线路板的电子元器件。

⑨ 将变频器的 R、S、T 端子和电源端电缆断开，U、V、W 端子和电动机端电缆断开，用绝缘电阻表测量电缆每相导线之间以及每相导线与保护接地之间的绝缘电阻是否符合要求，正常时应大于 1MΩ。

⑩ 变频器在检修完毕投入运行前，应带电动机空载试运行几分钟，并校对电动机的旋转方向。

通用变频器维护保养周期标准见表 5-22。"说明" 的内容为我们的建议。从表中可以看出，除日常的检查外，所推荐的检查周期主要为 1 年。在众多的检查项目中，重点要检查的是主回路的平滑电容器，逻辑控制回路、电源回路、逆变驱动保护回路中的电解电容器，冷却系统中的风扇等。除主回路的电容器外，其他电容器的测定比较困难，因此主要以外观变化和运行时间为判断的基准。

表 5-22　通用变频器维护保养周期标准

检查部位	检查项目	检查事项	检查周期			说明
			日常	定期		
				1 年	2 年	
整机	周围环境	确认周围温度、湿度、尘埃、有毒气体、油雾等	√			如有积尘应用压缩空气清扫并考虑改善安装环境
	整机装置	是否有异常振动、异常声音	√			
	电源电压	主回路电压、控制电压是否正常	√			测量各相线电压，不平衡应在 3%以内
主回路	整体	用绝缘电阻表检查主回路端子与接地端子间电阻			√	与接地端子之间的电阻应为 5MΩ
		各个接线端子有无松动		√		
		各个零件有无过热的迹象		√		
		清扫				

续表

检查部分	检查项目	检查事项	检查周期 日常	定期 1年	定期 2年	说明
主回路	连接导体、电线	导体有无歪倒		√		
		电线表皮有无破损、劣化、裂缝、变色等		√		
	变压器、电抗器	有无异臭、异常嗡嗡声	√	√		
	端子盒	有无损伤		√		
	平滑电容器	有无漏液		√		有异常时及时更换新件，一般寿命为5年
		安全阀是否突出、膨胀		√		
		测定静电容量和绝缘电阻		√		静电容量应在初期值的80%以上，与接地端子的绝缘电阻不小于5MΩ
	继电器、接触器	动作时有无嘶嘶声		√		
		计时器的动作时间是否正确		√		有异常时及时更换新件
		接点是否粗糙、接触不良		√		
	制动电阻	电阻的绝缘是否损坏		√		有异常时及时更换新件
		有无断线		√		阻值变化超过10%时应更换
逻辑控制、电源、逆变驱动与保护回路	动作确认	变频器单独运行时，各相输出电压是否平衡		√		各相之间的差值应在2%以内
		做回路保护动作试验，判断保护回路是否异常		√		
	零件 全体	有无异臭、变色		√		
		有无明显生锈		√		
	零件 铝电解电容器	有无漏液、变形现象				如电容器顶部有凸起，体部中间有膨胀现象应更换新板，一般寿命期为5年
冷却系统	冷却风扇	有无异常振动、异常声音	√			有异常时及时更换新，一般使用2～3年应考虑更换
		接线部位有无松动		√		
		用压缩空气清扫	√			
显示	显示	显示是否缺损或变淡	√			显示异常或变暗时更换新板
		清扫		√		
	外接表	指示值是否正常	√			

(3) 零部件的更换

变频器中不同种类零部件的使用寿命不同，并随其安置的环境和使用条件而改变，建议下列零部件在其损坏之前应予以更换：

① 冷却风扇使用3年应更换。

② 直流滤波电容器使用5年应更换。

③ 电路板上的电解电容器使用7年应更换。

④ 其他零部件根据情况适时进行更换。

(4) 检测变频器时测量仪表的选用

由于变频器输入、输出电压或电流中均含有不同程度的谐波分量，用不同类别的测量仪器仪表会测量出不同的结果，并有很大差别，有些甚至是错误的。因此，在选择测量仪表时应区分不同的测量项目和测试点，选择不同的测试仪表，见表5-23。

(5) 变频器主电路的测量

变频器主电路的测量电路如图5-43所示。变频器输入电源为50Hz的交流电源，其测量方法与传统电气测量方法基本相同，但变频器的输入、输出侧的电压和电流中均含有谐波分量，应按图中的要求选择不同的测量仪表和测量方法，并注意校正。

表 5-23　主电路测量推荐使用的仪表

测定项目	测定位置	测定仪表	测定值基准
电源侧电压 U_1 和电流 I_1	R-S、S-T、T-R 间电压和 R、S、T 中的电流	电磁式仪表	变频器的额定输入电压和电流值
电源侧功率 P_1	R、S、T	电动式仪表	$P_1=P_{11}+P_{12}+P_{13}$（三功率表法）
输出侧电压 U_2	U-V、V-W、V-U 间	整流式仪表	各相间的差值应在最高输出电压的 1%以下
输出侧电流 I_2	U、V、W 的线电流	电磁式仪表	各相间的差值应在变频器额定电流 10%以下
输出侧功率 P_2	U、V、W 和 U-V、V-W	电动式仪表	$P_2=P_{21}+P_{22}$，二功率表法（或三功率表法）
整流器输出	直流电源正（DC＋）、负（DC－）极之间	磁电式仪表	$1.35U_1$，再生时最大 950V（390V 级），仪表机身 LED 显示发光

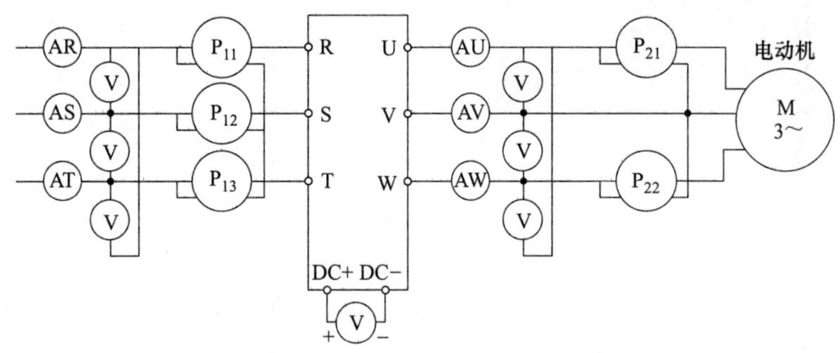

图 5-43　变频器主电路的测量

① 输出电流的测量　变频器的输出电流中含有较大的谐波，因此应选择能测量畸变电流波形有效值的仪表，如 0.5 级电磁式（动铁式）电流表和 0.5 级电热式电流表，测量结果为包括基波和谐波在内的有效值，当输出电流不平衡时，应测量三相电流并取其算术平均值。当采用电流互感器时，在低频情况下电流互感器可能饱和，应选择适当容量的电流互感器。

② 输入、输出电压的测量　整流式电压表（0.5 级）最适合测量输出电压，数字式电压表不适合输出电压的测量。

输入电压的测量可以使用电磁式电压表或整流式电压表。考虑会有较大的谐波，推荐采用整流式电压表。

③ 输入、输出功率的测量　变频器的输入、输出功率应使用电动式功率表或数字式功率表测量，输入功率采用三功率表法测量，输出功率可采用三功率表法或二功率表法测量。当三相不对称时，用二功率表法测量将会有误差。当不平衡率大于 5%额定电流时，应使用三功率表测量。

④ 输入电流的测量　变频器输入电流的测量应使用电磁式电流表测量有效值。为防止由于输入电流不平衡时的测量误差，应测量三相电流，并取三相电流的平均值。

⑤ 功率因数的测量　对变频器而言，由于输入电流包括谐波，功率因数表测量会产生较大误差，因此应根据测量的功率、电压和电流实际计算功率因数。另外，因为通用变频器的输出随着频率而变化，除非必要，测量变频器输出功率因数无太大意义。

⑥ 直流母线电压的测量　在对变频器维护时，有时需要测量直流母线电压。直流母线电压的测量是在通用变频器带负载运行下进行的，在滤波电容器或滤波电容器组两端进行测

量。把直流电压表置于直流电压正、负端，测量直流母线电压应等于线路电压的 1.35 倍，这是实际的直流母线电压。一旦电容器被充电，此读数应保持恒定。由于是滤波后的直流电压，还应将交流电压表置于同样位置测量交流纹波电压，当读数超过交流 5V 时，这就预示滤波电容器可能失效，应采用 LCR 自动测量仪（如图 5-44 所示）或其他仪器进一步测量电容器容量及其介质损耗等，如果电容量低于标称容量的 95%，应予以更换。

⑦ 电源阻抗的影响　当怀疑有较大谐波含量时应测量电源阻抗值，以便确定是否需要加装输入电抗器，最好采用谐波分析仪进行谐波分析，并对系统综合分析判断，当电压畸变率大于 4%以上时，应考虑加装交流电抗器抑制谐波，也可以加装直流电抗器，提高功率因数，并有减小谐波的作用。

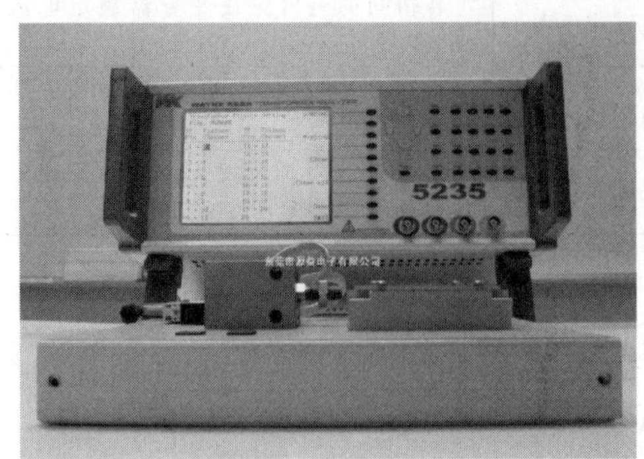

图 5-44　LCR 自动测量仪

⑧ 压频比的测量　测量变频器的压频比可以帮助查找故障。测量时应将整流式电表（万用表、电压表）置于交流电压最大量程，在变频器输出为 50Hz 时，在变频器输出端子（U、V、W）处测量送至电动机的线电压，读数应等于电动机的铭牌额定电压；接着，调节变频器输出为 25Hz，电压读数应为上一次读数的 1/2；再调节变频器输出为 12.50Hz，电压读数应为电动机的铭牌额定电压的 1/4。如果读数偏离上述值较大，则应该进一步检查其他相关项目。

5.5.4　变频器常见故障处理

变频器控制系统常见的故障类型主要有过电流、短路、接地、过电压、欠电压、电源缺相、变频器内部过热、变频器过载、电动机过载、CPU 异常、通信异常等，当发生这些故障时，变频器保护会立即动作并停机，并显示故障代码或故障类型，大多数情况下可以根据显示的故障代码迅速找到故障原因并排除故障。但也有一些故障的原因是多方面的，并不是由单一原因引起的，因此需要从多个方面查找，逐一排除才能找到故障点。如过电流故障是最常见、最易发生，也是最复杂的故障之一，引起过电流的原因往往需要从多个方面分析查找，才能找到故障的根源。

(1) 变频器常见故障诊断

富士通用变频器如图 5-45 所示，其故障诊断过程见表 5-24。其他品牌变频器的故障诊断流程也是一样的，只是故障代码有区别而已。

图 5-45　富士通用变频器

(2) 变频器的事故处理

变频器在运行中出现跳闸，即视为事故。跳闸事故的处理有以下几种方法。

① 电源故障处理　如电源瞬时断电或电压低落出现“欠电压”显示，瞬时过电压出现“过电压”显示，都会引起变频器跳闸停机。待电源恢复正常后即可重新启动。

表 5-24 富士通用变频器常见故障诊断

故障现象	跳闸原因	故障诊断
过电流故障：出现过电流时在面板上显示字符 OC1(加速时过电流)、OC2(减速时过电流)、OC3(恒速时过电流)	过电流或主回路功率模块过热	可能是短路、接地、过负载、负载突变、加/减速时间设定得太短、转矩提升量设定不合理、变频器内部故障或谐波干扰大等
过电压故障：出现过电压时在面板上显示字符 OU1(加速时过电压)、OU2(减速时过电压)、OU3(恒速时过电压)	直流母线产生过电压	电源电压过高、制动力矩不足、中间回路直流电压过高、加/减速时间设定得太短、电动机突然甩负载、负载惯性大、载波频率设定不合适等
欠电压故障：出现欠电压时在面板上显示字符：LU	交流电源欠电压、缺相、瞬时停电	电源电压偏低、电源断相、在同一电源系统中有大启动电流的负载启动、变频器内部故障等
过热故障：出现过热故障时在面板上显示字符：OH	散热器过热	负载过大、环境温度高、散热片吸附灰尘太多、冷却风扇工作不正常或散热片堵塞、变频器内部故障等
变频器过载、电动机过载故障：出现变频器过载、电动机过载故障时在面板上显示字符 OLU、OL1(电动机1过载)、OL2(电动机2过载)	负载过大、保护设定值不正确	负载过大或变频器容量过小、电子热继电器保护设定值太小、变频器内部故障等

② 外部故障处理　如输入信号断路，输出线路开路、断相、短路、接地或绝缘电阻很低，电动机故障或过载等，变频器即显示“外部”故障而跳闸停机，经排除故障后，即可重新启用。

③ 内部故障处理　如内部风扇断路或过热，熔断器断路，器件过热，存储器错误，CPU 故障等，可切换至工频运行，不致影响生产；待内部故障排除后，即可恢复变频运行。

变频装置一旦发生内部故障，如在保修期内，要通知厂家或厂家代理负责保修。根据故障显示的类别和数据进行下列检查。

a. 打开机箱后，首先观察内部是否有断线、虚焊、烧焦气味或变质变形的元器件，如有则及时处理。

b. 用万用表检测电阻的阻值和二极管、开关管及模块通断电阻，判断是否开断或击穿。如有，按原标称值和耐压值更换，或用同类型的代替。

c. 用双踪示波器检测各工作点波形，采用逐级排除法判断故障位置。

④ 功能参数设置不当的处理　当参数预置后，空载试验正常，加载后出现“过电流”跳闸，可能是启动转矩设置得不够或加速时间不足；也有的运行一段时间后，转动惯量减小，导致减速时“过电压”跳闸，修改功能参数，适当增大加速时间便可解决。

下面介绍 JRC2 型变频器检修实例。

【例 1】 JRC2 型变频器在使用时突然不能正常运行，自诊断系统显示“OC”故障。

JR2C 型变频器具有自诊断故障功能，在运行时如检测到故障，就将显示相应的故障显示字符。

导致显示“OC”故障的原因有：电动机的电流大于变频装置的额定电流，使过电流保护电路动作，停止输出；电动机的配线有短路或接地、负载侧发生接地事故，均可能会导致主回路出现过电流或压敏元件（ZCT）接地保护电路动作，停止输出；发生过负载现象，从而使输出停止；加速时间设定得过短，使过电流保护电路动作，停止输出；变频器内部元器件有损坏或变值，不能正常运行或无法运行。当故障发生在主电路或与换流元件有关的部位时，逆变将失败，过电流保护电路动作时也将显示“OC”。

检查变频器负载侧的配线，用万用表测量配线之间的电阻值，结果发现电阻值很小，怀疑电动机损坏。重换一台新的同型号的电动机后，通电试机，“OC”指示不再出现，故障排除。

如果故障属加速时间设定得过短，可重新调整变频调速装置的电位器 7RH，延长加速时间，故障即可被排除。

【例 2】 JRC2 型变频器在使用中突然不能正常运行，且故障自诊断系统显示“OP”。

JRC2 型变频器显示“OP”指示故障的原因主要有：电源电压过高，超过变频装置的限定值时，过电压保护电路动作，停止输出；减速时间过短，使电动机处在超同步状态，此时电动机的再生能量将馈至主电路，使主电路直流电压升高，当超过限定值时，过电压保护电路动作，停止输出。

本例经检查，故障是由上述第 2 个原因引起的。重换调整电位器 8RH（减速时间调整电位器），延长减速时间后，故障被排除。

【提示】

检修变频器注意事项如下：

① 严防虚焊、虚连，或错焊、连焊，或者接错线。特别是别把电源线误接到输出端。

② 通电静态检查指示灯、数码管和显示屏是否正常，预置数据是否适当。

③ 有条件者，可用一小电动机进行模拟动态试验。

④ 做好带负载试验检查。

第6章 电气工程材料及其应用

6.1 导电材料及应用

6.1.1 导电材料简介

(1) 常用导电金属材料的性能

导电材料大部分是金属，在金属中，导电性最佳的是银，其次是铜，再次是铝。由于银的价格比较昂贵，因此只是在一些特殊的场合才使用，一般将铜和铝用作主要的导电金属材料。

常用导电金属材料的主要性能见表 6-1。

表 6-1 常用导电金属材料的主要性能

材料名称	20℃时的电阻率/Ω·m	抗拉强度/(N/mm²)	密度/(g/cm³)	抗氧化耐腐蚀(比较)	可焊性(比较)	资源(比较)
银	1.6×10^{-8}	160～180	10.50	中	优	少
铜	1.72×10^{-8}	200～220	8.90	上	优	少
金	2.2×10^{-8}	130～140	19.30	上	优	稀少
铝	2.9×10^{-8}	70～80	2.70	中	中	丰富
锡	11.4×10^{-8}	1.5～2.7	7.30	中	优	少
钨	5.3×10^{-8}	1000～1200	19.30	上	差	少
铁	9.78×10^{-8}	250～330	7.8	下	良	丰富
铅	21.9×10^{-8}	10～30	11.37	上	中	中

(2) 铜和铝

铜和铝是两种最常用、且用量最大的电工材料。室内线路以铜材料居多，室外线路以铝材料为主，它们几乎各占“半边天”。铜和铝的类别、型号及用途见表 6-2。

表 6-2 铜和铝的类别、型号及用途

材料	类别		型号	用途
铜	普通纯铜	一号铜	T1	导电线芯
		二号铜	T2	仪器仪表导电零部件
	无氧铜	一号无氧铜	TU1	真空器件、电子仪器零件、耐高温导电微细丝
		二号无氧铜	TU2	
	无磁性高纯铜		TWC	高精度仪器仪表动圈漆包线
铝	特一号铝		AL-00	电线电缆、导电结构件及各种导电铝合金、汇流排
	特二号铝		AL-0	
	一号铝		AL-1	

① 铜

a. 铜的导电性能好，在常温时有足够的机械强度，具有良好的延展性，便于加工，化学性能稳定，不易氧化和腐蚀，容易焊接。

b. 纯铜俗称紫铜，含铜量高。根据材料的软硬程度，铜分为硬铜和软铜。

c. 铜广泛应用于制造电动机、变压器和各种电器的线圈。

② 铝

a. 铝的导电系数虽然没有铜的导电系数大，但它的密度小。同样长度的两根线，若要求它们的电阻值一样，则铝导线的截面积约是铜导线的 1.69 倍。

b. 铝资源比较丰富，价格便宜，在铜材紧缺时，铝材是最好的替代品。

③ 影响铜、铝材料导电性能的主要因素

a. “杂质”使铜的电阻率上升，磷、铁、硅等杂质的影响尤其明显。铁和硅是铝的主要杂质，它们使铝的电阻率增加，塑性、耐蚀性降低，但提高了铝的抗拉强度。

b. 温度的升高使铜、铝的电阻率增加。

c. 环境影响。潮湿、盐雾、酸与碱蒸气、被污染的大气都对导电材料有腐蚀作用。铜的耐蚀性比铝好，用于特别恶劣环境中的导电材料应采用铜合金材料。

(3) 导电材料的分类

① 固体：金属固体，非金属固体、部分有机高分子材料。

② 液体：电解质水溶液、汞。

③ 气体：钠、汞蒸气，氖、氩等稀有气体。

(4) 导电材料的规格型号

圆形规格的导电材料以标称截面积（mm^2）表示，扁线以厚（a，mm）、宽（b，mm）表示。

导电材料的型号中一般含有拼音字母，不同字母有不同的含义，例如：T——铜、L——铝、G——钢、Y——硬、R——软、Q——漆等。其型号由材质、构造、状态几部分组成。通用电缆型号及材质见表 6-3。

表 6-3　通用电缆型号及材质

电缆型号	电缆材质
ZQ	纸绝缘裸铅包电力电缆
ZQ1	纸绝缘铅包麻被电力电缆
ZQ2	纸绝缘铅包钢带铠装电力电缆
ZQ20	纸绝缘铅包裸钢带铠装电力电缆
ZQ3	纸绝缘铅包细钢丝铠装电力电缆
ZQ30	纸绝缘铅包裸细钢丝铠装电力电缆
ZQ4	纸绝缘铅包粗钢丝铠装电力电缆
ZQF2	纸绝缘分相铅包钢带铠装电力电缆
ZQF20	纸绝缘分相铅包裸钢带铠装电力电缆
ZQF4	纸绝缘分相铅包粗钢丝铠装电力电缆
ZL	纸绝缘裸铅包电力电缆
ZQD3	纸绝缘铅包细钢丝铠装不滴流电力电缆
ZQD30	纸绝缘铅包裸钢丝铠装不滴流电力电缆
ZQD4	纸绝缘铅包粗钢丝铠装不滴流电力电缆
XQ	橡皮绝缘铅包电力电缆
XQ2	橡皮绝缘铅包钢带铠装电力电缆
XQ20	橡皮绝缘铅包裸钢带铠装电力电缆

续表

电缆型号	电缆材质
VV	聚氯乙烯绝缘及护套电力电缆
VV20	聚氯乙烯绝缘及护套裸钢带铠装电力电缆
VV22	聚氯乙烯绝缘及护套钢带内铠装电力电缆
VV3	聚氯乙烯绝缘及护套细钢丝铠装电力电缆
VV32	聚氯乙烯绝缘及护套细钢丝内铠装电力电缆
VV40	聚氯乙烯绝缘及护套粗钢丝铠装电力电缆
VV42	聚氯乙烯绝缘及护套粗钢丝内铠装电力电缆
YJV	交联聚氯乙烯绝缘聚氯乙烯护套电力电缆
YJ22	交联聚氯乙烯绝缘聚氯乙烯护套内铠装电力电缆
YJ32	交联聚氯乙烯绝缘聚氯乙烯护套细钢丝内铠装电力电缆
YJV-FR	交联聚氯乙烯绝缘聚氯乙烯护套阻燃电力电缆
YJ26-FR	交联聚氯乙烯绝缘聚氯乙烯护套内铠装阻燃电力电缆
YJV40	交联聚氯乙烯绝缘及护套裸粗钢丝铠装电力电缆
YJV42	交联聚氯乙烯绝缘聚氯乙烯护套粗钢丝内铠装电力电缆
XV20	橡胶绝缘聚氯乙烯护套裸钢带铠装电力电缆
YC	重型橡套电缆
CHY	船用橡胶绝缘耐油橡套电缆
KVV	聚氯乙烯绝缘聚氯乙烯护套控制电缆
KVV22	聚氯乙烯绝缘聚氯乙烯护套钢带内铠装控制电缆
KYV	聚氯乙烯绝缘聚氯乙烯护套控制电缆
KYV22	聚氯乙烯绝缘聚氯乙烯护套钢带内铠装控制电缆
PVV	聚氯乙烯绝缘聚氯乙烯护套信号电缆
PVV22	聚氯乙烯绝缘聚氯乙烯护套钢带内铠装信号电缆
KYVP6-22	聚氯乙烯绝缘铜带绕包总屏蔽内铠装聚氯乙烯护套控制电缆
KYJV	交联聚氯乙烯绝缘聚氯乙烯护套控制电缆
KYJV-FR	交联聚氯乙烯绝缘聚氯乙烯护套阻燃控制电缆
KYJVP	交联聚氯乙烯绝缘铜丝编织屏蔽聚氯乙烯护套控制电缆
KYJVP-FR	交联聚氯乙烯绝缘铜丝编织屏蔽聚氯乙烯护套阻燃控制电缆
KYJ26-FR	交联聚氯乙烯绝缘聚氯乙烯护套内钢带铠装阻燃电缆

6.1.2　电线和电缆

电气材料主要是电线和电缆，其品种规格繁多，应用范围广泛。常用的导线有裸导线、电磁线、绝缘电线和电力电缆线等。

(1) 裸导线

裸导线是指仅有金属导体而无绝缘层的电线，如图 6-1 所示。裸导线有单线、绞合线、特殊导线和型线与型材四大类。主要用于电力、交通、通信工程与电机、变压器和电器制造。

图 6-1　裸导线

裸导线的特性及用途如表 6-4 所示。

表 6-4　裸导线的特性及用途

分类	名称	型号	截面积范围/mm²	主要用途	备注
裸单线	硬圆铝单线 半硬圆铝单线 软圆铝单线	LY LYB LR	0.06～6.00	硬线主要作架空线用。半硬线和软线作电线、电缆及电磁线的线芯用；亦可作电机、电器及变压器绕组用	
	硬圆铜单线 软圆铜单线	TY TR	0.02～6.00		可用 LY、LR 代替
	镀锌铁线		1.6～6.0	用作小电流、大跨度的架空线	具有良好的耐腐蚀性
裸绞线	铝绞线	LY	10～600	用作高、低压架空输电线	
	铝合金绞线	HLJ			
	钢芯铝绞线	LGJ	10～400	用于拉力强度较高的架空输配电线路中	
	防腐钢芯铝绞线	LGJF	25～400	架空输电线	
	硬铜绞线	TJ		用作高、低压架空输电线	可用铝制品代替
	镀锌钢绞线	GJ	2～260	用作农用架空线或避雷线	
裸型线	硬铝母线 半硬铝扁线 软铝母线	LBY LBBY LBR	a:0.08～7.01 b:2.00～35.5	用于电机、电气设备绕组	
	硬铝母线 软铝母线	LMY LMR	a:4.00～31.50 b:16.00～125.00	用于配电设备及其他电路装置中	
	硬铜扁线 软铜扁线	TBY TBR	a:0.80～7.10 b:2.00～35.00	用于安装电机、电器、配电设备	
	硬铜母线 软铜母线	TMY TMR	a:4.00～31.50 b:16.00～125.00		
裸软接线	铜电刷线 软铜电刷线 纤维编织镀锡铜电刷线	TS TSR TSX	0.3～16	用于电机、电器及仪表线路上连接电刷	
	纤维编织镀锡铜软电刷线	TSXR	0.6～2.5		
	铜软绞线	TJR	0.06～5.00	电气装置、电子元器件连接线	
	镀锡铜软绞线	TJRX			
	铜编织线	TZ	4～120		
	镀锡铜编织线	TZX			

(2) 绞合线

绞合线是由多股单线绞合而成的导线，其目的是改善使用性能。就其结构而论，可分为简单绞线（LJ）、组合绞线（LGJ）和复合绞线。

架空线用得较多的是铝绞线（LJ）和钢芯铝绞线（LGJ）。LJ 型铝绞线的主要技术数据如表 6-5 所示，LGJ 型钢芯铝绞线的主要技术数据见表 6-6。

表 6-5　LJ 型铝绞线的主要技术数据

标称截面积/mm²	结构尺寸根数/线径/mm	成品外径/mm	直流电阻 20℃/(Ω/km)	拉断力/kN	单位质量/(kg/km)
16	7/1.70	5.10	1.140	5.86	143

续表

标称截面积/mm²	结构尺寸根数/线径/mm	成品外径/mm	直流电阻20℃/(Ω/km)	拉断力/kN	单位质量/(kg/km)
25	7/2.12	6.36	0.733	8.90	222
35	7/2.50	7.50	0.527	12.37	309
50	7/3.00	9.00	0.366	17.81	445
70	19/2.12	10.60	0.273	24.15	609
95	19/2.50	12.50	0.196	33.58	847
120	19/2.80	14.00	0.156	42.12	1062
150	19/3.15	15.70	0.123	51.97	1344
185	37/2.50	17.50	0.101	65.39	1650
240	37/2.85	19.95	0.078	84.97	2145
300	37/3.15	22.05	0.063	101.21	2620
400	61/2.85	25.65	0.047	140.09	3540

注：拉断力是指首次出现任一单线断裂时的拉力。

表 6-6 LGJ 型钢芯铝绞线的主要技术数据

标称截面积/mm²	结构根数/直径/mm		实际铝截面积/mm²		导线直径/mm		直流电阻20℃/(Ω/km)	拉断力/kN	单位质量/(kg/km)	安全载流量/A		
	铝	钢	铝	钢	导线	钢芯				70℃	80℃	90℃
10	6/1.50	1/1.5	10.6	1.77	4.50	1.5	2.774	3.67	42.9	65	77	87
16	6/1.80	1/1.8	15.3	2.54	5.40	1.8	1.926	5.30	61.7	82	97	109
25	6/2.20	1/2.2	22.8	3.80	6.60	2.2	1.289	7.90	92.2	104	123	139
35	6/2.80	1/2.8	37.0	6.16	8.40	2.8	0.796	11.90	149	138	164	183
50	6/3.20	1/3.2	48.3	8.04	9.60	3.2	0.609	15.50	195	161	190	212
70	6/3.80	1/3.8	68.0	11.3	11.40	3.8	0.432	21.30	275	194	228	255
95	28/2.07	7/1.8	94.2	17.8	13.68	5.4	0.315	34.90	401	248	302	345
120	28/2.30	7/2.0	116.3	22.0	15.20	6.0	0.255	43.10	495	281	344	394
150	28/2.53	7/2.2	140.8	26.6	16.72	6.6	0.211	50.80	598	315	387	444
185	28/2.88	7/2.5	182.4	34.4	19.02	7.5	0.163	65.70	774	268	453	522
240	28/3.22	7/2.8	228.0	43.1	21.28	8.4	0.130	78.60	969	420	520	600
300	28/3.80	19/2.0	317.5	59.7	25.20	10.0	0.0935	111.00	1348	511	638	740
400	28/4.17	19/2.2	382.4	72.2	27.68	10.0	0.0778	134.00	1626	570	715	832

注：防腐型钢芯铝绞线标称截面积 25～400mm² 的规格，线芯结构同 LGJ。

(3) 电磁线

电磁线是用于电能与磁能相互转换的有绝缘层的导线。常用电磁线的导电线芯有圆线和扁线两种。目前大多采用铜线，很少采用铝线。

① 漆包线　漆包线的绝缘层是漆膜，广泛应用于中小型电机及微电机、干式变压器和其他电工产品中。漆包线的参数及用途见表 6-7。

表 6-7 漆包线的参数及用途

类别	名称	型号	耐热等级/℃	规格范围/mm	特点	主要用途
油性漆包线	油性漆包圆铜线	Q	A(105)	0.02～2.50	①漆膜均匀，介质损耗角小 ②耐溶剂性和耐刮性差	中、高频线圈及仪表、电器等线圈
缩醛漆包线	缩醛漆包圆铜线	QQ-1 QQ-2	E(120)	0.02～2.50	①热冲击性、耐刮性和耐水解性能好 ②漆膜受卷绕应力易产生裂纹(浸渍前须在 120℃ 左右的温度下加热 1h 以上，以消除应力)	普通中小型电机、微电机绕组和油浸变压器的线圈、电器仪表等线圈
	缩醛漆包圆铝线	QQL-1 QQL-2		0.06～2.50		
	彩色缩醛漆包圆铜线	QQS-1 QQS-2		0.02～2.50		
	缩醛漆包扁铜线	QQB		a:0.8～5.60 b:2.0～18.0		
	缩醛漆包扁铝线	QQLB				

续表

类别	名称	型号	耐热等级/℃	规格范围/mm	特点	主要用途
缩醛漆包线	缩醛漆包扁铝合金线	—	E	a:0.8～5.60 b:2.0～18.0	同上，抗拉强度比铝线大，可承受线圈在短路时较大的应力	大型变压器线圈和换位导线
聚氨酯漆包线	聚氨酯漆包圆铜线	QA-1	E	0.15～1.0	①在高频条件下介质损耗角小 ②可以直接焊接，不须刮去漆膜 ③着色性好 ④过负载性能差	要求 Q 值稳定的高频线圈、电视机线圈和仪表用的微细线圈
	彩色聚氨酯漆包圆铜线	QA-2				
环氧漆包线	环氧漆包圆铜线	QH-1 QH-2	E	0.06～2.50	①耐水解性、耐潮性、耐酸碱腐蚀和耐油性好 ②弹性、耐刮性较差	油浸变压器的线圈和耐化学腐蚀、耐潮湿电机的绕组
聚醛漆包线	聚醛漆包圆铜线	QZ-1 QZ-2	B（130）	0.02～2.50	①在干燥和潮湿条件下，耐电压击穿性能好 ②软化击穿性能好 ③耐水解性，热冲击性较差	通用中小电机的绕组，干式变压器和电器仪表的线圈
	聚酯漆包圆铝线	QZL-1 QZL-2		0.06～2.50		
	彩色聚酯漆包圆铜线	QZS-1 QZS-2		0.06～2.50		
	聚酯漆包扁铜线	QZB		a:0.8～5.60 b:2.0～18.0		
	聚酯漆包扁铝线	QZLB				
	聚酯漆包扁铝合金线	—		a:0.8～5.60 b:2.0～18.0	同上，抗拉强度比铝线大，可承受线圈在短路时较大的应力	干式变压器线圈
聚酯亚胺漆包线	聚酯亚胺漆包圆铜线	QZY-1 QZY-2	F（155）	0.06～2.50	①在干燥和潮湿条件下，耐电压击穿性能好 ②热冲击性能、软化击穿性能好 ③在含水密封系统中易水解	高温电机和制冷装置中电机的绕组，干式变压器和电器仪表的线圈
	聚酯亚胺漆包扁铜线	QZYB		a:0.8～5.60 b:2.0～18.0		
聚酰胺酰亚胺漆包线	聚酰胺酰亚胺漆包圆铜线	QXT-1 QXY-2	C（200）	0.06～2.50	①耐热性、热冲击性及耐刮性好 ②在干燥和潮湿条件下耐击穿电压高 ③耐化学药品腐蚀性能优	高温重负荷电机、牵引电机、制冷设备电机的绕组，干式变压器和电器仪表的线圈，以及密封式电机、电器绕组
	聚酰胺酰亚胺漆包扁铜线	QXYB		a:0.8～5.60 b:2.0～18.0		
特种漆线包	环氧自黏性漆包圆铜线	QHN	E	0.10～0.51	①不需浸渍处理，在一定温度条件下能自行粘合成形 ②耐油性好 ③耐刮性较差	仪表和电器的线圈、无骨架的线圈
	缩醛自黏性漆包圆铜线	QQN	E	0.10～1.00	①能自行粘合成形 ②热冲击性能良	
	聚酯自黏性漆包圆铜线	QZN	B	0.10～1.00	①能自行粘合成形 ②耐电击穿电压性能优	

续表

类别	名称	型号	耐热等级/℃	规格范围/mm	特点	主要用途
聚酰亚胺漆包线	聚酰亚胺漆包圆铜线	QY-1 QY-2	C	0.02～2.50	①漆膜的耐热是目前最好的一种 ②软化击穿及热冲击性优，能承受短时期过载负荷 ③耐低温性、耐辐射性好 ④耐溶剂及化学药品腐蚀性好 ⑤耐碱性较差	耐高温电机、干式变压器、密封式继电器及电子元件
	聚酰亚胺漆包扁铜线	QYB		a:0.8～5.60 b:2.0～18.0		
特种漆包线	自黏直焊漆包圆铜线	QAN	E	0.10～0.44	在一定温度、时间条件下不需刮去漆膜，可直接焊接，同时不需浸渍处理，能自行粘合成形	微型电机、仪表的线圈和电子元件、无骨架的线圈
	无磁性聚氨酯漆包圆铜线	QATWC	E	0.02～0.2	①漆包线中铁的含量极低，对感应磁场所起干扰作用极微 ②在高频条件下介质损耗角小 ③不需剥去漆膜即可直接焊接	精密仪表和电器的线圈，如直镜式检流计、磁通表、测震仪等的线圈

注：1. 在"规格范围"一栏中，圆线规格以线芯直径表示，扁线以线芯窄边（a）及宽边（b）长度表示，下同。
2. 在"型号"一栏中，"-1"表示1级漆膜（薄漆膜），"-2"表示2级漆膜（厚漆膜）。

② 绕包线　绕包线用玻璃丝、绝缘纸或合成树脂薄膜等紧密绕包在导电线芯上形成绝缘层；也有在漆包线上再绕包绝缘层的。绕包线用来制造电工产品中的线圈或绕组的绝缘电线，又称绕组线。绕包线的参数及主要用途见表6-8。

表6-8　绕包线的参数及主要用途

类别	名称	型号	耐热等级/℃	规格范围/mm	特点	主要用途
纸包线	纸包圆铜线	Z	A (105)	1.0～5.60	①在油浸变压器中作线圈，耐电压击穿性能好 ②绝缘纸易破损 ③价廉	用于油浸变压器绕组
	纸包圆铝线	ZL		1.0～5.60		
	纸包扁铜线	ZB		a:0.9～5.60 b:2.0～18.0		
	纸包扁铝线	ZLB				
玻璃丝包线及玻璃丝包漆包线	双玻璃丝包圆铜线 双玻璃丝包圆铝线	SBEC SBELC	B (130)	0.25～6.0	①过负载性好 ②耐电晕性好 ③玻璃丝包漆包线耐潮湿性好	
	双玻璃丝包扁铜线	SBECB		a:0.9～5.60 b:2.0～18.0		用于电工仪表、机器仪表中的绕组
	双玻璃丝包扁铝线	SBELCB				
	单玻璃丝包聚酯漆包扁铜线	QZSBCB				
	单玻璃丝包聚酯漆包扁铝线	QZSBLCB				
	双玻璃丝包聚酯漆包扁铜线	QZSBECB				
	双玻璃丝包聚酯漆包扁铝线	QZSBELCB				

续表

类别	名称	型号	耐热等级/℃	规格范围/mm	特点	主要用途
玻璃丝包线及玻璃丝包漆包线	单玻璃丝包聚酯漆包圆铜线	QZSBC	E（120）	0.53～2.50		用于电工仪表、机器仪表中的绕组
	硅有机漆双玻璃丝包圆铜线	SBEG	H（180）	0.25～6.0	耐弯曲性较差	
	硅有机漆双玻璃丝包扁铜线	SBEGB		a：0.9～5.60 b：2.0～18.0		
	双玻璃丝包聚酯亚胺漆包扁铜线	QYSBEGB				
	双玻璃丝包聚酯亚胺漆包扁铜线	QYSBGB				
丝包线	双丝包圆铜线	SE	A	0.05～2.50	①绝缘层的机械强度较好 ②油性漆包线的介质损耗角小 ③丝包漆包线的电性能好	用于仪表、电信设备的线圈绕组，以及采矿电缆的线芯等
	单丝包油性漆包圆铜线	SQ				
	单丝包聚酯漆包圆铜线	SQZ				
	双丝包油性漆包圆铜线	SEQ				
	双丝包聚酯漆包圆铜线	SEQZ				
薄膜绕包线	聚酰亚胺薄膜绕包圆铜线	Y	（330）	0.25～6.0	①耐热和耐低温性好 ②耐辐射性好 ③高温下耐电压击穿性好	用于高温、有辐射等场所的电机绕组及干式变压器线圈
	聚酰亚胺薄膜绕包扁铜线	YB		a：0.9～5.60 b：2.0～18.0		

③ 无机绝缘线　当耐热等级要求超出有机材料的限度时，通常采用无机绝缘漆涂覆。无机绝缘的参数及主要用途见表 6-9。

表 6-9　无机绝缘的参数及主要用途

类别	名称	型号	规格范围/mm	长期工作温度/℃	特点	主要用途
氧化膜线	氧化膜圆铝线	YML YMLC	0.05～5.0	以氧化膜外涂绝缘漆的涂层性质确定工作温度	①槽满率高 ②耐辐射性 ③弯曲性、耐酸、碱性差 ④击穿电压低 ⑤不用绝缘漆封闭的氧化膜耐潮性差	起重电磁铁、高温制动器、干式变压器线圈，并用于需耐辐射场合
	氧化膜扁铝线	YMLB YMLBC	a：1.0～4.0 b：2.5～6.3			
	氧化膜铝带（箔）	YMLD	厚：0.08～1.00 宽：20～900			
玻璃膜绝缘微细线	玻璃膜绝缘微细锰铜线	BMTM-1 BMTM-2 BMTM-3		−40～+100	①导体电阻的热稳定性好 ②能适应高低温的变化 ③弯曲性差	适用于精密仪器、仪表的无感电阻和标准电阻元件
	玻璃膜绝缘微细镍铬线	BMNG				
陶瓷绝缘线		TC	0.06～0.50	500	①耐高温性能好 ②耐化学腐蚀性、耐辐射性好 ③弯曲性差 ④击穿电压低 ⑤耐潮性差	用于高温以及有辐射场合的电器线圈等

(4) **橡胶、塑料绝缘电线**

具有绝缘包层（单层或多层）的电线称为绝缘电线。绝缘电线能起到隔离、保护的作用，应用较广泛。

橡胶、塑料绝缘电线有铜芯和铝芯、单股和多股、单芯、双芯、多芯等几种，其绝缘包层有橡皮绝缘和塑料绝缘两种。常用绝缘电线的参数及用途见表 6-10。

表 6-10 常用绝缘电线的参数及用途

产品名称	型号	截面积范围/mm²	额定电压(U_0/U)/V	最高允许工作温度/℃	主要用途
铝芯氯丁橡胶线 铜芯氯丁橡胶线	BLXF BXF	2.5～185 0.75～95	300/500	65	固定敷设用，宜用于户外，可明设或暗设
铝芯橡胶线 铜芯橡胶线	BLX BX	2.5～400 1.0～400	300/500		固定敷设，用于照明和动力线路，可明敷或暗敷
铜芯橡胶软线	BXR	0.75～400	300/500	65	用于室内安装及有柔软要求的场合
橡胶绝缘氯丁橡胶护套线	BXHL BLXHL	0.75～185	300/500	65	敷设于较潮湿的场合，可明敷或暗敷
铝芯聚氯乙烯绝缘电线	BLV	1.5～185	450/750	70	固定敷设于室内外照明，电力线路及电气装备内部
铜芯聚氯乙烯绝缘电线	BV	0.75～185			
铜芯聚氯乙烯软线	BVR	0.75～70	450/750	70	室内安装，要求较柔软（不频繁移动）的场合
铝芯聚氯乙烯绝缘聚氯乙烯护套线	BLVV	2.5～10 （2～3 芯）	300/500	70	固定敷设于潮湿的室内和机械防护较高的场合，可明敷或暗敷和直埋地下
铜芯聚氯乙烯绝缘聚氯乙烯护套线	BVV	0.75～10 （2～3 芯） 0.5～6 （4～6 芯）			
铜（铝）芯聚氯乙烯绝缘聚氯乙烯护套平行线	BVVR	0.75～10 （2～3 芯）	300/500	70	固定敷设于室内外照明及小容量动力线，可明敷或暗敷
	BLVVR	2.5～10 （2～3 芯）			
铜（铝）芯耐热 105℃聚氯乙烯绝缘电线	BV-105 BLV-105	0.75～10	450/750	105	敷设于高温环境的场所，可明敷或暗敷
铜芯耐热 105℃聚氯乙烯绝缘软线	BVR-105	0.75～10	450/750	105	同 BV-105，用于安装时要求柔软的场合
纤维和聚乙烯绝缘电线	BSV	0.75～1.5	300/500	65	电器、仪表等做固定敷设的线路用于交流 250V 或直流 500V 场合
纤维和聚乙烯绝缘软线	BSVR				
丁腈聚氯乙烯复合物绝缘电气装置用电（软）线	BVF （BVFR）	0.75～6.0 0.75～70	300/500	65	用于交流 2500V 或直流 1000V 以下的电器、仪表等装置

注：U_0 为相电压，是导体与绝缘屏蔽之间的电压；U 为线电压，是各相导体间的电压，以下同。

橡胶、塑料绝缘连接用软线在家用电器和照明中应用极广泛，在各种交、直流移动电器，电工仪表、电气设备及自动化装置接线中也适用。绝缘软线的参数和主要用途如表 6-11所示。

表 6-11 常用绝缘软电线的参数及主要用途

产品名称	型号	截面范围/mm²	额定电压(U_0/U)/V	最高允许工作温度/℃	主要用途
聚氯乙烯绝缘单芯软线	RV	0.12～10	450/750		
聚氯乙烯绝缘双芯平行软线	RVB	0.12～2.5		70	供各种移动电器、仪表、电信设备、自动化装置接线、移动电具、吊灯的电源连接线
聚氯乙烯绝缘双芯绞合软线	RVS	0.12～2.5	300/300		
聚氯乙烯绝缘及护套平行软线	RVVB	0.5～0.75			
聚氯乙烯绝缘和护套软线	RVV	0.12～6(4芯以下) 0.12～2.5(5～7芯) 0.12～1.5(10～24芯)	300/500	70	同RV，用于潮湿和机械防护要求较高的场合
丁腈聚氯乙烯复合绝缘平行软线	RFB RVFB	0.12～2.5	交流 300/500	70	同RVB，但低温柔软性较好
丁腈聚氯乙烯复合绝缘绞合软线	RFS RVFS	0.12～2.5	直流 300/500	70	同RVB，但低温柔软性较好
橡胶绝缘棉纱编织双绞软线	RXS	0.2～0.4 0.3～0.4	300/500	65	用于灯头、灯座之间，移动家用电器连接线
橡胶绝缘棉纱总编软线(2芯或3芯)	RX				
氯丁橡套软线	RHF		300/500	65	用于移动电器的电源连接线
橡套软线	RH				
聚氯乙烯绝缘软线	RVR-105	0.5～0.6	450/750	105	高温场所的移动电器连接线
氟塑料绝缘耐热电线	AF AFP	0.2～0.4(2～24芯)	300/300	−60～200	用于航空、计算机、化工等行业

(5) 电缆

其实，“电线”和“电缆”并没有严格的界限。通常将芯数少、产品直径小、结构简单的产品称为电线，没有绝缘的称为裸电线，其他的称为电缆；导体截面积较大的（大于6mm²）称为大电线，较小的（小于或等于6mm²）称为小电线，绝缘电线又称为布电线。

电缆按其用途可分为通用电缆、电力电缆和通信电缆等。

电缆主要由缆芯、绝缘层和保护层等组成，如图6-2所示。

① 通用电缆　通用电缆的规格、型号及主要用途见表6-12。

表 6-12 通用电缆的型号、规格及主要用途

产品名称	型号	截面积范围/mm²	额定电压(U_0/U)/V	主要用途
轻型橡套电缆	YQ	0.3～0.75 (2～3芯)	300/300	适用日用电器，小型电动移动设备
	YQW			同上，具有耐油、耐气候特性（户外型）
中型橡套电缆	YZ	0.75～6 (2～5芯)	300/500	各类移动式电气设备
	YZW			同上，户外型
重型橡套电缆	YC	2.5～120 (1～5芯)	450/750	各种移动式电气设备，能承受较大的机械外力
	YCW			同上，户外型
潜水橡套电缆	YHS	0.75～6(2～4芯)	450/750	潜水电机用

② 电力电缆　电力电缆是在电力系列中传输电能用电缆，一般用于发电厂、发电站、工矿企业的电力引入或引出线路中，以及城市地区的输配电线路和工矿企业内部的主干电力

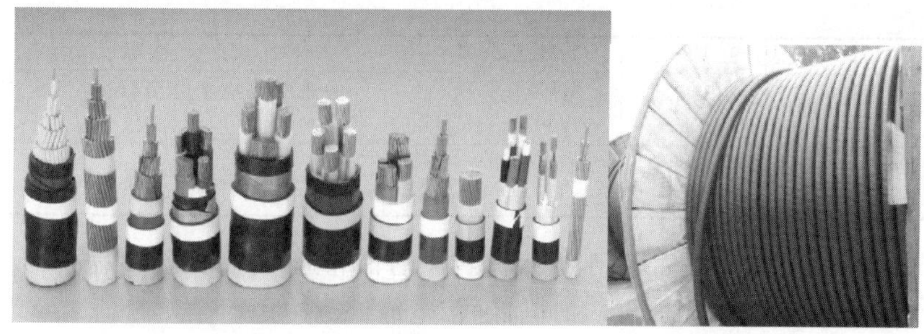

①非铠装硅橡胶绝缘和护套电力电缆

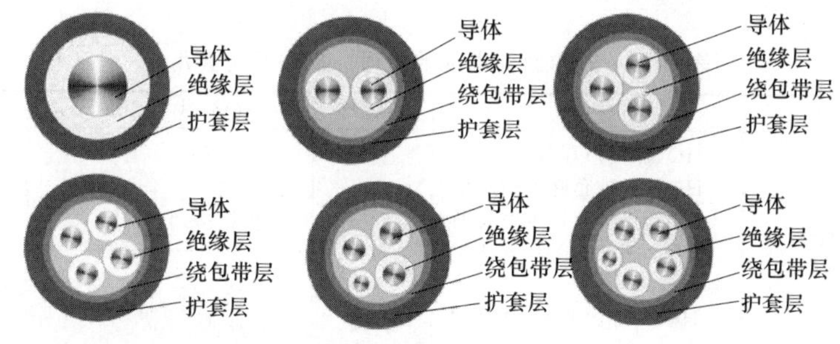

②钢带铠装硅橡胶绝缘和护套电力电缆

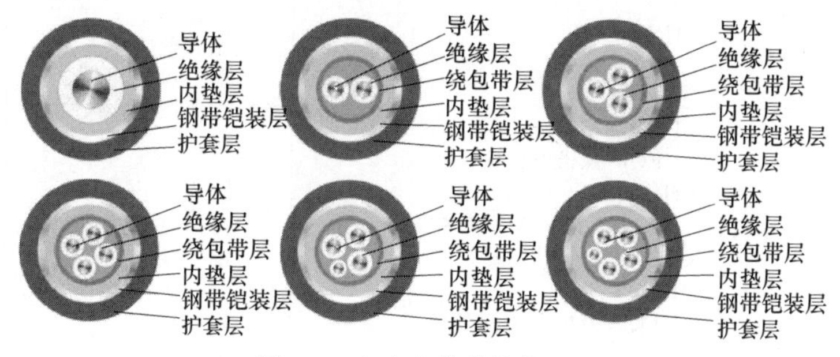

图 6-2　电力电缆的结构

线路中，其规格、型号及主要用途见表 6-13。

表 6-13　电力通用电缆的型号、规格及主要用途

电缆名称	代表产品型号	规格范围	主要用途
油浸纸绝缘电缆统包型	ZQ、ZLQ ZQ_{21}、ZLQ_{21}	电压：1～35kV 截面积：2.5～240mm²	在交流电压的输配电网中作传输电能用。固定敷设在室内、干燥沟道及隧道中（ZQ_{31}、ZQ_{5} 可直埋土壤中）
	ZL、ZLL ZL_{20}、ZLL_{20}	电压：1～10kV 截面积：10～500mm²	
分相铅（铝）包型	ZLLF、ZQF	电压：20～35kV	
不滴流浸渍纸绝缘电缆统包型	ZQD_{31}、$ZLQD_{31}$ ZQD_{30}、$ZLQD_{39}$	电压：1～10kV 截面积：10～500mm²	同上，但常用于高落差和垂直敷设场合
分相铅（铝）包型	ZQDF、ZLLDF	电压：20～35kV	
聚乙烯绝缘聚氯乙烯护套电缆	YV，YLV	电压：6～220kV 截面积：6～240mm²	同上，对环境的防腐蚀性能好，敷设在室内及隧道中，不能承受外力作用
聚氯乙烯绝缘及护套电缆	VV VLV	电压：1～10kV 截面积：10～500mm²	
交联聚乙烯绝缘聚氯乙烯护套电缆	YJV YJLV	电压：6～110kV 截面积：16～500mm² 多芯：6～240mm²	同油浸纸绝缘电缆，但可供定期移动的固定敷设，无敷设位差的限制

续表

电缆名称	代表产品型号	规格范围	主要用途
橡胶绝缘电缆	XQ、XLQ XLV、XV、XLF	电压：0.5～6kV 截面积：1～185mm²	同油浸纸绝缘电缆，但可供定期移动的固定敷设
阻燃型交联聚乙烯绝缘电缆	YJT-FR （WD-YJT）	电压：0.5～6kV 截面积：1.5～240mm²	易燃环境，商业设施等

③ 通信电缆　通信电缆是指用于近距离音频通信和远距离的高频载波和数字通信及信号传输的电缆，可分为对称通信电缆和同轴通信电缆。

对称通信电缆的型号、规格及主要用途如表 6-14 所示，同轴通信电缆的型号、规格及主要用途如表 6-15 所示。

表 6-14　对称通信电缆的型号、规格及主要用途

系列	品种	代表型号	使用频率	规格（线径/mm）	主要用途
市内电话电缆	纸绝缘对绞市内电话电缆	HQ，裸铅护套型 HQ1，铅护套麻被护层型 HQ2，铅护套钢带铠装型 HQ3，铅护套细钢丝铠装型 HQ5，铅护套粗钢丝铠装型	音频	线径：0.4、0.5、0.6、0.7 对数：5～1200	城市内和近距离通信用，其敷设环境由外护层决定
				线径：0.5 对数：5～400	
	聚乙烯绝缘聚氯乙烯护套自承式市内电话电缆	HYVC		线径：0.5 对数：5～100	城市内和近距离通信用，可直接架空敷设
长途对称通信电缆	纸绝缘星绞低频通信电缆	HEQ HEQP，裸铅护套型 HEQ2 HEQP2，铅护套钢带铠装型 HEQ3 HEQ3，铅护套细钢丝铠装型 HEQ5 HEQP5，铅护套粗钢丝铠装型	音频	线径：0.8、0.9、1.0、1.2 组数：12～37	电话，电报收发讯台（站）到终端机室的线路，铁路区段通信线路等使用
		HEL HELP，裸铅护套型 HEL22，铅护套二级外护 HELP22，层钢带铠装型			
	聚乙烯绝缘低频通信电缆	HEYFLW11，皱纹铝护套一级外护层型		线径：0.8、0.9、1.0、1.2 组数：12～37	电话，电报收发讯台（站）到终端机室的线路，铁路区段通信线路等使用
	低绝缘低频综合通信电缆	HEQZ，裸铅护套型 HEQZ2，铅护套钢带铠装型 HEQZ5，铅护套粗钢丝铠装型		线径：0.7、0.8、0.9、1.0、1.2、1.4 电缆中元件有对绞组、加强对绞组、屏蔽对绞组、星绞组、加强星绞组和六线组等，电缆可由不同数量的各种元件组成	低频长途通信、无线电遥控盒广播用
		HELZ，裸铅护套型 HELZ15，裸铅护套粗钢丝铠装一级外护层型 HELZ22，铝护套钢带铠装二级外护层型			

续表

系列	品种	代表型号	使用频率	规格(线径/mm)	主要用途
长途对称通信电缆	纸绝缘高频对称通信电缆	HEQ-252,252kHz,裸铅护套型 HEQ6-252,252kHz 铅护套钢带铠装型 HEQ5-252,252kHz 铅护套粗钢丝铠装型	高频组:16~252kHz	线径:1.2 组数:4、7 线径:1.2 组数:1、3	多层载波长途通信线路用
		HEL-252,252kHz,裸铅护套型 HEL26-252,252kHz,铝护套钢带铠装二级外护套型 HEL15-252,252kHz 铅护套粗钢丝铠装一级外护层型		线径:1.2 组数:4、7	
	聚乙烯绝缘高低频综合通信电缆	HDYFLWZ12,皱纹铝护套钢带铠装一级外护层型 HDYFLZ22,平铝护套钢带铠装二级外护层型	高频组:12~252kHz	线径:0.9、1.2 高频组数:3、4 低频组数:4~11	高频组供多路载波长途通信线路用,低频组用途同低频对称通信电缆
	纸绝缘低频综合通信电缆	HDLZ11,纸绝缘铝护套裸一级外护层型 HDLZ22,纸绝缘铝护套钢带铠装二级外护层型		线径:1.2 高频组数:3 低频组数:11	
	铝芯单四线组高频对称通信电缆	HELLV-252,252kHz,纸绝缘平铝护套聚氯乙烯外护层型	高频组:12~252kHz	线径:2.0	多路载波长途通信线路用
	聚苯乙烯绳带绝缘高频对称电缆	252kHz,聚苯乙烯绳带绝缘铅护套型		线径:1.2 组数:4	
电话设备用电缆	聚氯乙烯配线电缆(或叫成端电缆)	HPVV,聚氯乙烯绝缘聚氯乙烯护套型	音频	线径:0.5 对数:5~404	连接市内电话电缆至配线架(或分线箱)用
	聚氯乙烯局用电缆	HJVV,聚氯乙烯绝缘聚氯乙烯护套型 HJVVP,聚氯乙烯绝缘聚氯乙烯屏蔽型		线径:0.5 芯数:12~210	配线架至交换机或交机内部各级机器间连接用

表 6-15 同轴通信电缆的型号、规格及主要用途

品种	代表型号	使用频率	主要用途	规格
小同轴综合通信电缆(1.2/4.4 同轴对)	HOYPLWZ,皱纹铝护套型 HOYPLZ,平铝护套型 HOYQZ25,铅护套粗钢丝铠装二级外护层型	小同轴对:1.4MHz 以下;高频组:根据具体使用情况而定	小同轴对供较多话路的载波长途通信用;高频组供多路载波长途通信用;低频组供各种低频业务通信用	缆芯有以下 4 种规格: ①4 同轴对+3 高频组+信号线组; ②4 同轴对+4 高频组+9 低频组+信号线组; ③4 同轴对+3 高频组+12 低频组+信号线组; ④8 同轴对+2 低频组+信号线组

续表

品种	代表型号	使用频率	主要用途	规格
中同轴综合通信电缆(2.6/9.5 同轴对)	HOYDQZ，裸铅护套型 HOYDQZ22，铅护套钢带铠装二级外护层型 HOYDQZ25，铅护套粗钢丝铠装二级外护层型	中同轴对：9MHz 以下；高频组：根据具体使用情况而定	中同轴对供大通路载波长途通信用，也可传输电视及其他信息；高频组供多路载波长途通信用	缆芯有以下 2 种规格： ①4 同轴对＋43 高频组＋1 低频组＋信号线； ②8 同轴对＋8 高频对＋7 低频组

(6) 预制分支电缆

预制分支电缆是工厂按照电缆用户要求的主、分支电缆型号、规格、截面积、长度及分支位置等指标，在工厂内一系列专用生产设备的流水生产线上将其制作完成的带分支电缆。预制分支电缆标称截面积为 10～1600mm^2，同时具有 1 芯单支、1 芯多支、多芯多支及多层次多支，如图 6-3 所示。

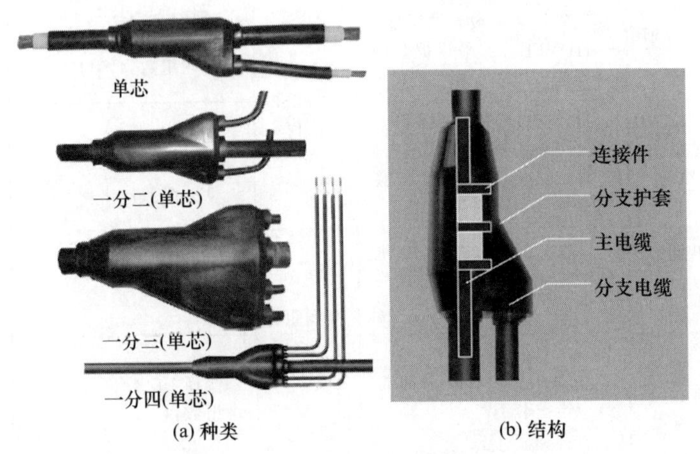

图 6-3 预制分支电缆的种类及结构

预制分支电缆适用于高层建筑、隧道照明及防灾设备用，可在各种场所替代中、小容量铜母线。

6.1.3 熔体材料

(1) 熔体材料的作用

熔体材料是用来保护线路或电器免受过大电流的损害的电工材料，俗称熔丝，用纯金属或合金制成。

在电气线路及电气设备中，熔体材料属于一种特殊的导电材料。正常情况下，熔体材料可以通过额定电流；在电路故障情况下，则熔断，从而保护电路和设备。

熔体是熔断器的主要部件，当通过熔断器中熔体的电流超过熔断值时，经一定时间后（超过电流值越大，熔断时间越短）自动熔断，起保护作用。熔体材料的保护作用见表 6-16。

(2) 熔体材料的形状

熔体材料分为低熔点和高熔点两类。常用低熔点材料有银（Ag）、铅（Pb）、锡（Sn）、铋（Bi）、镉（Cd），或其合金，其熔点低容易熔断，由于其电阻率较大，故制成熔体的截面尺寸较大，熔断时产生的金属蒸气较多，只适用于低分断能力的熔断器。高熔点材料如铜、银，其熔点高，不容易熔断，但由于其电阻率较低，可制成比低熔点熔体较小的截面尺寸，熔断时产生的金属蒸气少，适用于高分断能力的熔断器。

表 6-16 熔体材料的保护作用

保护情形	保护说明
短路保护	一旦电路出现短路情况，熔体尽快熔断，时间越短越好。如保护晶闸管元件的快速熔断器（其熔体常用银丝）
过载与短路保护兼顾	对电动机的保护，出现过载电流时，不要求立即熔断而是要经一定时间后才烧断熔体 短路电流出现时，经较短时间（瞬间）熔断，此处用慢速熔体，如铅锡合金、部分焊有锡的银线（或铜线）等延时熔断器
限温保护	"温断器"用于保护设备不超过规定温度，如保护电炉、电镀槽等不超过规定温度。常用的低熔点合金熔体材料的主要成分是铋（Bi）、铅（Pb）、锡（Sn）、镉（Cd）等

熔体的形状有片状（包括变截面的形状）和丝状（包括网状）两种。其中，丝状熔体多用于小电流的场合；片状熔体一般用薄金属片冲压制成而且常带有宽窄不等的变截面，或在条形薄片上冲成一些小孔，不同的形状可以改变熔断器的保护特性。常用片状熔体的外形如图 6-4 所示。

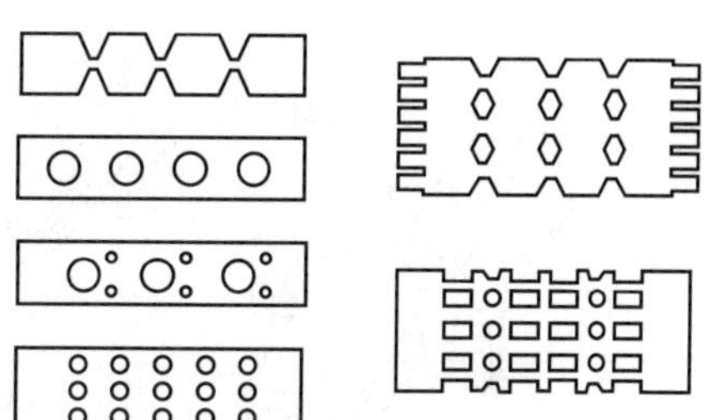

图 6-4 常用片状熔体的外形

片状熔体的工作原理是当熔体通过的电流大于规定值时，截面狭窄处因电阻较大、散热差，故先行熔断从而使整个熔体变成几段掉落下来，造成几段串联短弧，有利于熄弧。狭窄部分的段数与额定电压有关，额定电压越高，要求的段数越多，一般每个断口的电压可承受 200～250V，当并联串数多时一般做成网状。

(3) 常用的熔体材料

常用的熔体材料有纯金属熔体材料和合金熔体材料两大类，见表 6-17。

表 6-17 常用的熔体材料

材料	品种	特性及用途
纯金属熔体材料	银	高导电、导热性好、耐蚀性好、延展性好，可以加工成各种尺寸精确和外形复杂的熔体。银常用来作高质量要求的电力及通信设备的熔断器熔体
	锡和铅	熔断时间长，宜作小型电动机保护用的慢速熔体
	铜	熔断时间短，金属蒸气少，有利于灭弧，但熔断特性不够稳定，只能作要求较低的熔体
	钨	可作自复式熔断器的熔体。故障出现时可熔断、切断电路起保护作用；故障排除后自动恢复，并可多次（5 次以上）使用
合金熔体材料	铅合金	它是最常见的熔体材料，如铅锑熔丝、铅锡熔丝等。低熔点合金熔体材料由铋、铅、锡、镉、汞等按不同比例混合而成

(4) 熔体材料的选用

① 熔丝在各种线路和电气设备中普通使用时，应将熔丝串联在电路中。

② 常用的熔丝是锡铅合金丝。

③ 正确、合理地选择熔体材料，对保证线路和电气设备的安全运行关系重大。当电气设备正常短时过电流时（如电动机启动时），熔体材料不应该熔断。

6.1.4 电刷材料

(1) 电刷的作用

石墨是一种特殊的导体，虽然电导率低，但由于它的化学惰性和高熔点，以及它的制品具有低的摩擦系数、一定的机械强度，被广泛地用作电刷、电极等。

电刷的材料大多由石墨制成，为了增加导电性，有的产品用含铜石墨制成。

电刷可以用于直流电机或交流换向器电机（例如手电钻和角磨机的电机等）。电刷是直流电机或交流换向器电机（例如手电钻和角磨机的电机等）、发电机或其他旋转机械的固定部分和转动部分之间传递能量或信号的装置，它是电机的重要组成部件。其外形一般是方块，卡在金属支架上，里面有弹簧把它紧压在转轴上，如图 6-5 所示。

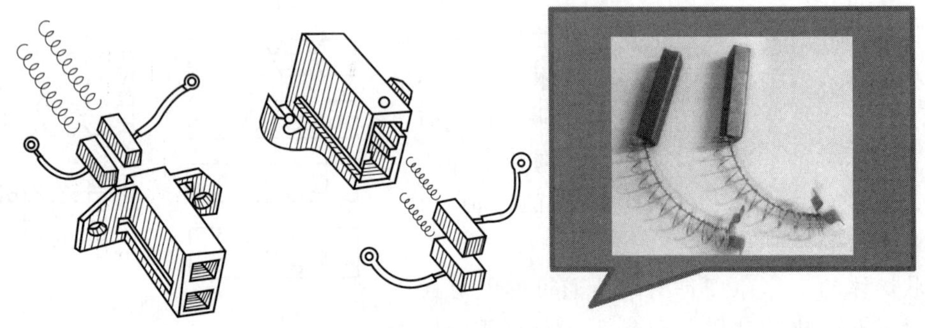

图 6-5 电刷及电刷装置

电刷是电机（除笼式电动机外）传导电流的滑动接触体。在直流电机中，它还担负着对电枢绕组中感应的交变电动势，进行换向（整流）的任务。实践证明：电机运行的可靠性，在很大限度上决定电刷的性能。

除了感应式交流异步电动机没有外电刷装置之外，其他只要转子上有换向环的电动机都有电刷。电刷在电机中有以下 4 个作用。

① 将外部电流（励磁电流）通过炭刷而加到转动的转子上（输入电流）。

② 将大轴上的静电荷经过炭刷引入大地（接地炭刷）（输出电流）。

③ 将大轴（地）引至保护装置供转子接地保护及测量转子正负对地电压。

④ 改变电流方向（在整流子电机中，电刷还起着换向作用）。

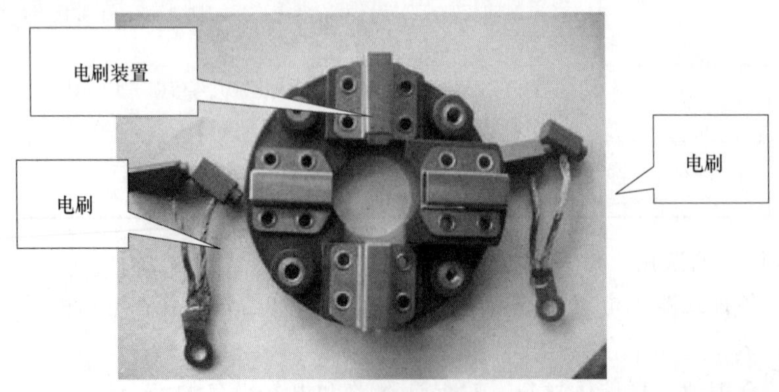

图 6-6 电刷总成示意图

(2) 电刷总成

电刷总成由电刷座、电刷、拉簧等部件组成，如图 6-6 所示。电刷座采用玻璃钢材料制成，两边开口，开口内嵌有炭支杆左右各一支，中间由拉簧连接，适当改变拉簧长度，使电刷作用在滑环上的压力大小适中，在总装时，可通过调整，保证灵敏度要求。

电刷架在电机中起着固定电刷位置的作用，电刷架的质量直接影响着电机的使用性能。

(3) 电刷的种类

常用电刷可分为石墨型电刷（S 系列）、电化石墨型电刷（D 系列）和金属石墨型电刷（J 系列）三类，见表 6-18。

表 6-18 常用电刷的种类及作用

种类	作　用	常用型号
石墨电刷	用天然石墨制成，质地较软，润滑性能较好，电阻率低，摩擦系数小，可承受较大的电流密度，适用于负载均匀的电机	S3、S4、S6 等
电化石墨电刷	以天然石墨焦炭、炭墨等为原料除去杂质，经 2500℃ 以上高温处理后制成。特点是摩擦系数小，耐磨性好，换向性能好，有自润滑作用，易于加工。适用于负载变化大的电机	D104、D172、D202、D207、D213、D214、D215、D308、D309 等
金属石墨电刷	由铜及少量的银、锡、铅等金属粉末渗入石墨中（有的加入黏合剂）均匀混合后采用粉末冶金方法制成。特点是导电性好，能承受较大的电流密度，硬度较小，电阻系数和接触压降低。适用于低电压、大电流、圆周速度不超过 30m/s 的直流电机和感应电机	J101、J102、J164、J201、J204、J206 等

(4) 电刷运行过程中的常见故障及处理方法（见表 6-19）

表 6-19 电刷运行中的常见故障及处理方法

故障现象	故障原因	处理方法
电刷磨损异常	电刷选型不当；换向器偏摆、偏心；换向片、绝缘云母凸起等	应根据电机的运行条件选配合适的电刷，或者排除偏摆、凸起故障
电刷磨损不均匀	电刷质量不均匀或弹簧压力不均匀	更换电刷或调整弹簧压力
电刷处出现火花	①机械原因，如换向器偏摆、偏心；换向片、绝缘云母凸起和振动等 ②电气原因，如负荷变化迅速，电机换向困难，换向极磁场太强或太弱	①排除外部机械故障；选用换向性能好的电刷 ②调整气隙，移动换向极位置等
电刷导线烧坏或变色	①电刷导线装配不良 ②弹簧压力不均	①更换电刷 ②调整弹簧压力
电刷导线松脱	①振动大 ②电刷导线装备不良	①排除振动源 ②更换电刷
换向器工作面拉槽成沟	电刷工作表面有研磨性颗粒，包括外部混入杂质，长期轻载，严重油污，有害气体等损害接触点之间表面的薄膜	清扫电刷，更换电刷，排除故障
电刷或刷握过热	①弹簧压力太大或不均匀 ②通风不良或电机过载 ③电刷的摩擦系数大 ④不同型号的电刷混用 ⑤电刷安装不当	①降低或调整弹簧压力 ②改善通风或减小电机负荷 ③选用摩擦系数小的电刷 ④换用同一型号的电刷 ⑤正确安装电刷
刷体破损，边缘碎裂	①振动大 ②电刷材质软、脆	①排除振动源，采取加缓冲压板等防振措施 ②选用韧性好的电刷
电机运行中出现噪声	①电刷的摩擦系数大 ②电机极握振动大 ③空气温度低	①选用摩擦系数小的电刷 ②排除振动源 ③调整湿度

续表

故障现象	故障原因	处理方法
电刷表面“镀钢”	①由于电刷与换向器间接触不好而产生电镀作用，在电刷表面黏附铜粒 ②由于产生火花，使铜粒脱落，并聚积在电刷面上 ③局部电流密度过高	①排除换向器偏摆，电刷跳动，弹簧压力低而不均等故障 ②排除产生火花的原因 ③排除电流密度不均的故障

6.1.5 电触点材料

电触点材料是用于开关、继电器、电气连接及电气接插元件的电接触材料，一般分强电（电力工业中的接触器、隔离开关、断路器等）用触点材料和弱电（仪器仪表、电子装置、计算机等）用触点材料两种。

电触点作为中高压开关设备中的核心部件，起着开断、导通的作用，广泛应用于各种高压负荷开关、SF_6 断路器、有载分接开关以及大开断容量隔离开关和接地开关中。

(1) 性能要求

① 触点材料的电导率与热导率要高，以降低触点通过电流时的热损耗，减轻触点表面的氧化。

② 触点材料的熔化温度与沸点高、熔化与蒸发潜热高，以减少在电弧或火花作用下触点的磨损量和不易使触点熔焊。

③ 触点材料对周围环境的化学性能要稳定，触点受环境污染后接触电阻的变化小，接触电阻稳定。

④ 触点材料的硬度与弹性要适当。硬度太大时，接触的面积小，弹性较大的材料在触点闭合时，由于触点间的弹跳使磨损加大。

⑤ 触点材料要易于加工和焊接。

⑥ 触点材料的价格要低。

(2) 电触点材料的种类

① 纯金属　如铜、银、金、铂、钯、镍、钨等。铜是电器中最广泛采用的触点材料之一，它有良好的导电与导热性能，良好的加工工艺性，价格也不高，但铜触点在受热情况下，触点表面易产生氧化。铜的硬度较低，抗电弧能力不强，在电弧作用下较容易熔焊，使触点发生相互焊接。

银有高的导电与导热性能。氧化银的电阻率很低，银触点的容许工作温度较高，但纯银材料抗电弧作用能力不强，硬度和机械强度较低，因此只适用于小容量的触点和不经常通断的触点和连接器。

金、铂等材料属贵重金属，它们有很高的化学稳定性，触点电阻特别稳定，但由于价格很高，因此仅用于弱电的触点材料。

钯的价格比铂低，其电阻率和硬度与铂差不多，它是铂的代用材料。

镍、钨材料有较高的熔点与沸点，有较好的抗电弧作用，它们和它们的合金常用于灭弧触点。

② 合金　采用不同的合金材料可改善纯金属触点材料性能的不足，如银-铜、银-金、银-镍、银-镉、铂-铑、金-钯等等。

③ 金属陶瓷　金属陶瓷是将不同的金属材料粉末混合在一起，压制成形后经烧结而成。

与熔炼而成的合金不同，它保留了原混合材料的各自性能，以充分发挥它们原有的互不相同的性能。例如银-钨制成的金属陶瓷材料，钨的微粒烧结后形成坚硬的骨架，骨架中含有银。当受到电弧作用时，银被熔化但不能流出骨架，因而材料的抗电弧耐磨损性能得到了提高。钨骨架内铸入的银是电的良好通路，材料的电阻率不大。

金属陶瓷材料可以直接压制成所需的触点形状，不再进行机械加工，提高了材料的利用率。常用的金属陶瓷材料有：铜-石墨、铜-钨、银-镍、银-氧化镉、银-氧化钨、银-氧化锡、银-碳化钨-石墨。

用于低电压、弱电流电路的电气接插元件的接触材料，为了保证接触的可靠性，一般在接触表面上镀以银、金或钯等贵重金属的镀层。

(3) 电触点材料的技术参数（见表 6-20）

表 6-20 电触点材料的技术参数

牌号	化学元素/%			气体含量 $\times10^{-6}\leqslant$			密度 /(g/cm^3) $\geqslant$	硬度(HB) /MPa $\geqslant$	电导率 /(MS/m) $\geqslant$
	Cu	W	C	O	N	H			
W-Cu10	10±2	余量	—	50	8	—	16.3	2250	20
Cu-W-WC	30±2	余量	1～2	60	—	—	13.5	1960	20
Cu-WC	40±3	余量	—	60	25	—	11.8	2156	20
Cu-Mo	25	75	—	60	10	—	9.4	1300	21
Ag-WC	40	60	—	70	30	5	12.5	1666	22
CuWTe	30	70	—	50	8	—	14.0	1400	20

6.1.6 其他导电材料

(1) 特殊功能导电材料

特殊功能导电材料是指不以导电为主要功能，而在电热、电磁、电光、电化学效应方面具有良好性能的导体材料。它们广泛应用在电工仪表、热工仪表、电器、电子及自动化装置的技术领域，如高电阻合金、电触点材料、电热材料、测温控温热电材料。重要的有银、镉、钨、铂、钯等元素的合金，铁铬铝合金、碳化硅、石墨等材料。

(2) 复合型高分子导电材料

复合型高分子导电材料由通用的高分子材料与各种导电性物质通过填充复合、表面复合或层积复合等方式而制得，主要品种有导电塑料、导电橡胶、导电纤维织物、导电涂料、导电胶黏剂以及透明导电薄膜等，其性能与导电填料的种类、用量、粒度和状态以及它们在高分子材料中的分散状态有很大的关系。常用的导电填料有炭黑、金属粉、金属箔片、金属纤维、碳纤维等。

导电橡胶具有良好的电磁密封和水汽密封能力，在一定压力下能够提供良好的导电性(抑制频率达到 40GHz)。由于导电橡胶必须受一定的压缩力才能良好导电，所以结构设计必须保证合适的压力而又不过压。

(3) 结构型高分子导电材料

结构型高分子导电材料是指高分子结构本身或经过掺杂之后具有导电功能的高分子材料。

结构型高分子导电材料根据电导率的大小，可分为高分子半导体、高分子金属和高分子超导体。

按照导电机理可分为电子导电高分子材料和离子导电高分子材料。电子导电高分子材料的结构特点是具有线型或面型大共轭体系，在热或光的作用下通过共轭π电子的活化而进行导电，电导率一般在半导体的范围。采用掺杂技术可使这类材料的导电性能大大提高，如在聚乙炔中掺杂少量碘，电导率可提高12个数量级，成为“高分子金属”；经掺杂后的聚氮化硫，在超低温下可转变成高分子超导体。

结构型高分子导电材料用于试制轻质塑料蓄电池、太阳能电池、传感器件、微波吸收材料以及试制半导体元器件等，但目前这类材料由于还存在稳定性差（特别是掺杂后的材料在空气中的氧化稳定性差）以及加工成形性、力学性能方面的问题，尚未进入实用阶段。

(4) 电阻材料和电热材料

① 电阻材料　电阻材料的基本特性是具有高的电阻率和很低的电阻温度系数，稳定性好。电阻材料主要用于调节元件、电工仪器（如电桥、电位差计、标准电阻）、电位器、传感元件等。

常用电阻材料有：康铜、新康铜、镍铬、锰铜、硅锰铜、镍铬铝铁、镍锰铬钼等。

② 电热材料　电热材料是电阻材料之中的一类耐高温材料，例如镍铬铁合金丝制作电炉丝、电热管等。电热材料必须具有高的电阻率，耐高温，抗氧化性好，电阻温度系数小，便于加工成形等优点。

常用的电热材料有：镍铬合金、铁铬铝合金、高熔点纯金属（铂、钼、钽、钨）、石墨等。

6.2 绝缘材料及应用

6.2.1 绝缘材料简介

电气绝缘材料又名电介质，按国家标准规定电气绝缘材料的定义是：用来使器件在电气上绝缘的材料。也就是能够阻止电流通过的材料。

电气绝缘材料的电阻率常大于$10^{-8}\Omega\cdot m$。电气绝缘材料对直流电流有非常大的阻力，在直流电压作用下，除了有极微小的表面泄漏电流外，实际上几乎是不导电的，而对于交流电流则有电容电流通过，但也认为是不导电的。电气绝缘材料的电阻率越大，绝缘性能越好。

(1) 电气绝缘材料的基本性能

电气绝缘材料的作用是在电气设备中把电势不同的带电部分隔离开来，因此电气绝缘材料首先应具有较高的绝缘电阻和耐压强度，并能避免发生漏电、击穿等事故；其次耐热性能要好，避免因长期过热而老化变质；最后，还应有良好的导热性、耐潮防雷性和较高的机械强度以及工艺加工方便等特点。

根据上述要求，常用电气绝缘材料的性能指标有绝缘强度、抗张强度、耐热性等，见表6-21。

表6-21　电气绝缘材料的基本性能

基本性能	说　明
绝缘耐压强度	绝缘体两端所加的电压越高，材料内电荷受到的电场力就越大，越容易发生电离碰撞，造成绝缘体击穿。使绝缘体击穿的最低电压叫做这个绝缘体的击穿电压。使1mm厚的电气绝缘材料击穿时，需要加上的电压千伏数叫做电气绝缘材料的绝缘耐压强度，简称绝缘强度，单位为kV/mm。这时，电气绝缘材料被破坏而失去绝缘性能，这种现象称为电介质击穿 由于电气绝缘材料都有一定的绝缘强度，各种电气设备，各种安全用具（电工钳、验电笔、绝缘手套、绝缘棒等），各种电工材料，制造厂都规定一定的允许使用电压，称为额定电压 使用电气绝缘材料时，承受的电压不得超过它的额定电压值，以免发生事故

续表

基本性能	说　明
耐热性	指电气绝缘材料及其制品承受高温而不致损坏的能力。电气绝缘材料的绝缘性能与温度有密切的关系。温度越高，电气绝缘材料的绝缘性能越差。为保证绝缘强度，每种电气绝缘材料都有一个适当的最高允许工作温度，在此温度以下，可以长期安全地使用，超过这个温度就会迅速老化
抗张强度	电气绝缘材料单位截面积能承受的拉力，例如玻璃每平方厘米截面积能承受 1400N 的拉力

(2) 电气绝缘材料的耐热等级

电工产品绝缘的使用期受到多种因素（如温度、电和机械的应力、振动、有害气体、化学物质、潮湿、灰尘和辐照等）的影响，而温度通常是对电气绝缘材料和绝缘结构老化起支配作用的因素。因此已有一种实用的、被世界公认的耐热性分级方法，也就是将电气绝缘的耐热性划分为若干耐热等级。

按照耐热程度，把电气绝缘材料分为 Y、A、E、B、F、H、C 等级别。各耐热等级及所对应的温度值见表 6-22。例如 A 级电气绝缘材料的最高允许工作温度为 105℃，一般使用的配电变压器、电动机中的电气绝缘材料大多属于 A 级。

表 6-22　电气绝缘材料耐热等级及所对应的温度值

耐热等级	最高允许工作温度/℃	相当于该耐热等级的电气绝缘材料简述
Y	90	用未浸渍过的棉纱、丝及纸等材料或其组合物所组成的绝缘结构
A	105	用浸渍过的或浸在液体电介质（如变压器油）中的棉纱、丝及纸等材料或其组合物所组成的绝缘结构
E	120	用合成有机薄膜、合成有机瓷漆等材料及其组合物所组成的绝缘结构
B	130	用合适的树脂粘合或浸渍、涂覆后的云母、玻璃纤维、石棉等，以及其他无机材料、合适的有机材料或其组合物所组成的绝缘结构
F	155	用合适的树脂粘合或浸渍、涂覆后的云母、玻璃纤维、石棉等，以及其他无机材料、合适的有机材料或其组合物所组成的绝缘结构
H	180	用合适的树脂（如有机硅树脂）黏合或浸渍、涂覆后的云母、玻璃纤维、石棉等材料或其组合物所组成的绝缘结构
C	180 以上	用合适的树脂粘合或浸渍、涂覆后的云母、玻璃纤维以及未经浸渍处理的云母、陶瓷、石英等材料或其组合物所组成的绝缘结构

在电工产品上标明的耐热等级，通常表示该产品在额定负载和规定的其他条件下达到预期使用期时能承受的最高温度。因此，在电工产品中，温度最高处所用绝缘的温度极限应该不低于该产品耐热等级所对应的温度。

(3) 电气绝缘材料的常见性能参数

电气绝缘材料的常见性能参数见表 6-23。

表 6-23　电气绝缘材料的常见性能参数

性能参数		说　明
电流	瞬时充电电流	由介质的几何电容的位移极化产生，随着时间的增加逐渐衰减
	吸收电流	由缓慢极化、导电离子产生的体积电荷等产生，也是随着时间的增加逐渐衰减的
	泄漏电流	泄漏电流的大小与电气绝缘材料本身含的离子量有着密切的关系
电阻	绝缘电阻	加在与绝缘体或试样相接触的两个电极之间的直流电压除以通过两电极的总电流所得的商
	体积电阻	在试样品相对的两表面上放置的两个电极之间施加的直流电压除以这两个电极之间形成的稳态电流所得的商，即电气绝缘材料相对两表面之间的电阻
	体积电阻率	在试样内的直流电场强度除以稳态电流密度所得的商，可看作一个单位立方体积里的体积电阻

续表

性能参数		说　明
电阻	表面电阻	加在绝缘体或试样的同一表面上的两个电极之间的直流电压除以经一定的电化时间后的该两个电极间的电流所得的商
	表面电阻率	在电气绝缘材料表面的直流电场强度除以电流线密度所得的商

影响电气绝缘材料的电阻率的因素有温度、湿度、杂质、电场强度等。

(4) 电气绝缘材料的老化

绝缘材料在运行过程中由于各种因素的作用而发生一系列的不可恢复的物理化学变化，导致材料电气性能与力学性能劣化称为老化。

① 老化的主要表现

a. 表观变化：材料变色、变黏、变形、龟裂、脆化。

b. 物理化学性能变化：相对分子量、相对分子质量分布、熔点、溶解度、耐热性、耐寒性、透气性、透光性等。

c. 力学性能：弹性、硬度、强度、伸长率、附着力、耐磨性等。

d. 电性能：绝缘电阻、介电常数、介电损耗角正切、击穿强度等。

② 老化形式

a. 环境老化：含有酸、碱、盐类成分的污秽尘埃（或与雨、露、霜、雪相结合）对绝缘物的长期作用，会对绝缘材料（特别是有机绝缘材料）产生腐蚀。多数有机绝缘材料在阳光紫外线的作用下会逐渐老化。

b. 热老化：在较高温度下，电介质发生热裂解、氧化分解、交联以及低分子挥发物的逸出，导致电介质失去弹性、变脆、发生龟裂，机械强度降低，也有些介质表现为变软、发黏、失去定形，同时，介质电性能变坏。热老化的程度主要决定于温度及热作用时间。此外，诸如空气中的湿度、压力、氧的含量、空气的流通程度等对热老化的速度也有一定影响。

c. 电老化：绝缘材料在电场的长时间作用下，物理、化学性能发生变化，最终导致介质被击穿，这个过程称为电老化。主要有三种类型：电离性老化（交流电压）；电导性老化（交流电压）；电解性老化（直流电压）。

(5) 电气绝缘材料的击穿

外电场增大到某一临界值，电气绝缘材料的电导突然剧增，材料由绝缘状态变导电状态，称为绝缘击穿。绝缘击穿可分为热击穿和电击穿。

① 热击穿　在电场的作用下，介质内的损耗转化成的热量多于散逸的热量，使介质温度不断上升，最终造成介质本身的破坏，形成导电通道。

电气绝缘材料的热击穿与使用环境相关。

② 电击穿　由于电场的作用使介质中的某些带电质点积聚的数量和运动的速度达到一定程度，使介质失去了绝缘性能，形成导电通道。

(6) 电气绝缘材料的使用期

电工产品的实际使用期取决于运行中的特定条件，这些条件可以随环境、工作周期和产品类型的不同而有很大的变化。此外，预期使用期还取决于产品尺寸、可靠性、有关设备的预期使用期以及经济性等方面的要求。

对某些电工产品，由于其特定的应用目的，要求其绝缘的使用期低于或高于正常值，或由于运行条件特殊，规定其温升高于或低于正常值，而使其绝缘的温度极高于或低于正常值。

绝缘的使用期在很大程度上取决于其对氧气、湿度、灰尘和化学物质的隔绝程度。在给定温度下，受到恰当保护的绝缘的使用期会比自由暴露在大气中的绝缘的使用期长，因而，用化学惰性气体或液体作冷却或保护介质，可延长绝缘的使用期。

6.2.2 绝缘材料的种类及型号

电气绝缘材料可分为气体电气绝缘材料、液体电气绝缘材料和固体电气绝缘材料等类型。

电气绝缘材料按产品大类、小类名称命名，允许在此基础上加上能反映该产品主要组成、工艺特征、特性或特定应用范围的修饰语。

(1) 气体绝缘材料

常用的气体绝缘材料主要有空气、氮气、六氟化硫（SF_6）等。

(2) 液体绝缘材料

液体绝缘材料主要有矿物绝缘油、分解绝缘油两类，例如：变压器油、开关油、电缆油、电力电容器浸渍油、硅油及有机合成油脂。

(3) 固体绝缘材料

固体绝缘材料可分有机、无机两类，例如：塑料（热固性/热塑性）、层压制品（板、管、棒）、云母制品（纸、板、带）、薄膜（柔软复合材料、粘带）、纸制品（纤维素纸、合成纤维纸及无机纸和纸板）、玻纤制品（带、挤拉型材、增强塑料）、预浸料及浸渍织物（带、管）、陶瓷/玻璃、热收缩材料等。

电气绝缘材料的分类及特点见表6-24。

表6-24 电气绝缘材料的分类及特点

序号	类别	主要品种	特点及用途
1	气体绝缘材料	空气、氮、氢、二氧化碳、六氟化硫、氟里昂	常温常压下的干燥空气，环绕导体周围，具有良好的绝缘性和散热性，用于高压电器中的特殊气体具有高的电离场强和击穿场强，击穿后能迅速恢复绝缘性能，不燃，不爆，不老化，无腐蚀性，导热性好
2	液体绝缘材料	矿物油、合成油、精致蓖麻油	电气性能好，闪点高，凝固点低，性能稳定，无腐蚀性，主要用作变压器，油开关，电容器，电缆的绝缘，冷却，浸渍和填充
3	绝缘纤维制品	绝缘纸、纸板、纸管、纤维织物	经浸渍处理后，吸湿性小，耐热，耐腐蚀，柔性强，抗拉强度高，主要用作电缆、电机绕组等的绝缘
4	绝缘漆、胶、熔敷粉末	绝缘漆、环氧树脂、沥青胶、熔敷粉末	以高分子聚合物为基础，能在一定条件下固化成绝缘膜或绝缘整体，起绝缘与保护作用
5	浸渍纤维制品	漆布、漆绸、漆管和绑扎带	以纤维制品为底料，浸绝缘漆，具有一定的机械强度，良好的电气性能，耐潮性，柔软性好，主要用作电机、电器的绝缘衬垫，或线圈、导线的绝缘与固定
6	绝缘云母制品	天然云母、合成云母、粉云母	电器性能，耐热性，防潮性，耐腐蚀性良好，主要用作电机、电器主绝缘和电热电器的绝缘
7	绝缘薄膜、粘带	塑料薄膜、复合制品、绝缘胶带	厚度薄(0.06～0.05mm)，柔软，电气性能好，用于绕组电线绝缘和包扎固定
8	绝缘层压制品	层压板、层压管	采用纸或布作底料，浸或涂以不同的胶黏剂，经热压或卷制成层状结构，电气性能良好，耐热，耐油，便于加工成特殊形状，广泛用作电气绝缘构件

续表

序号	类别	主要品种	特点及用途
9	电工用塑料	酚醛塑料、聚乙烯塑料	由合成树脂、填料和各种添加剂配合后，在一定温度、压力下加工成各种形状，具有良好的电气性能和耐腐蚀性，可用作绝缘构件和电缆护层
10	电工用橡胶	天然橡胶、合成橡胶	电气绝缘性好，柔软，强度较高，主要用作电线、电缆绝缘和绝缘构件

(4) 电气绝缘材料的型号命名

电气绝缘材料的产品型号用4位阿拉伯数字来编制，其中，第一位数字为大类代号；第二位数字为小类代号；第三位数字为温度指数代号；第四位数字为该类产品的品种代号。绝缘材料规格型号的编制形式如图6-7所示。

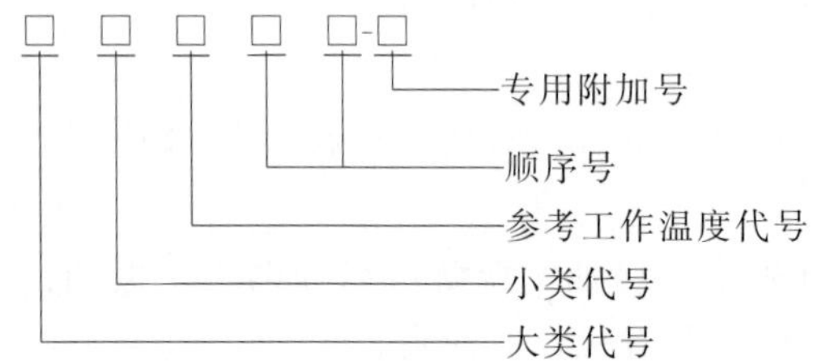

图6-7 绝缘材料规格型号的编制形式

① 大类、小类代号 电气绝缘材料产品形态结构、组成或生产工艺特征划分为8大类，每大类用一位阿拉伯数字来表示。各大类电气绝缘材料产品中按应用范围、应用工艺特征或组成划分小类，每小类用一位阿拉伯数字代表。小类代号在产品型号中为型号的第二位数字。前六大类的小类代号见表6-25，小类空号供今后发展新型材料用。

表6-25 电气绝缘材料的类别代号及名称

大类代号	大类名称	小类代号	小类名称
1	漆、可聚合树脂和胶类	0	有溶剂漆
		1	无溶剂可聚合树脂
		2	覆盖漆、防晕漆、半导电漆
		3	硬质覆盖漆、瓷漆
		4	胶黏漆树脂
		5	熔剂粉末
		6	硅钢片漆
		7	漆包线漆、丝包线漆
		8	灌注胶、包封胶、浇注树脂、胶泥、腻子
		9	—
2	树脂浸渍纤维制品类	0	棉纤维布
		1	—
		2	漆绸
		3	合成纤维漆布、上胶布
		4	玻璃纤维漆布、上胶布
		5	混织纤维漆布、上胶布
		6	防晕漆布、防晕带
		7	漆管
		8	树脂浸渍无纬绑扎带
		9	树脂浸渍适形材料

续表

大类代号	大类名称	小类代号	小类名称
3	层压制品、卷绕制品、真空压力浸胶和引拔制品类	0	有机底材层压板
		1	真空压力浸胶制品
		2	无机底材层压板
		3	防晕板及导磁层压板
		4	—
		5	有机底材层压管
		6	无机底材层压管
		7	有机底材层压棒
		8	无机底材层压棒
		9	引拔制品
4	模塑料类	0	木粉填料为主的模塑料
		1	其他有机填料为主的模塑料
		2	石棉填料为主的模塑料
		3	玻璃纤维填料为主的模塑料
		4	云母填料为主的模塑料
		5	其他有机填料为主的模塑料
		6	无填料塑料
		7	—
		8	—
		9	—
5	云母制品类	0	云母纸
		1	柔软云母板
		2	塑型云母板
		3	—
		4	云母带
		5	换向器云母板
		6	电热设备用云母板
		7	衬垫云母板
		8	云母箔
		9	云母管
6	薄膜、粘带和柔软复合材料类	0	薄膜
		1	薄膜上胶带
		2	薄膜粘带
		3	织物粘带
		4	树脂浸渍柔软复合材料
		5	薄膜绝缘纸柔软复合材料 薄膜漆布柔软复合材料
		6	薄膜合成纤维纸柔软复合材料 薄膜合成纤维非织布柔软复合材料
		7	多种材质柔软复合材料
		8	—
		9	—
7	纤维制品类	—	
8	绝缘液体类	—	

② 温度指数代号　产品型号中的第三位数字为温度指数。第 5 大类中的第 0 小类（云母纸）及第 6 小类（电热设备用云母板）等产品允许不按温度指数进行分类，其余产品应按温度指数分类，分类代号应符合表 6-26 的规定。

表 6-26 温度指数代号

代号	温度指数/℃	代号	温度指数/℃
1	不低于 105	5	不低于 180
2	不低于 120	6	不低于 200
3	不低于 130	7	不低于 220
4	不低于 155		

③ 品种代号 电气绝缘材料的基本分类单元为品种，同一品种产品组成基本相同。电气绝缘材料的品种用一位阿拉伯数字来表示。

根据产品划分品种的需要，可以在型号后附加英文字母或用连字符后接阿拉伯数字来表示不同的品种，其含义应在产品标准中规定。

(5) 选用绝缘材料应考虑的因素（见表 6-27）

表 6-27 选用绝缘材料应考虑的因素

考虑因素	说明
特性和用途	使用者首先要熟悉各种绝缘材料的型号、组成及其特性和用途
使用范围和环境条件	明确绝缘材料的使用范围和环境条件，了解被绝缘物件的性能要求，如绝缘、抗电弧、耐热等级及耐腐蚀性能等，以便正确使用
产品之间的配套性	注意各种相关材料之间的配套性，即各相关材料选用同一绝缘耐热等级的产品，以免因木桶效应而造成浪费
经济效益	可用低档的就不要用高档的，可用一般的就不要用特殊的，但同时要将当前与长远效益相结合
施工条件	充分考虑材料的施工要求和自身的施工条件

6.2.3 绝缘漆和绝缘漆布

(1) 绝缘漆

绝缘漆是以高分子聚合物为基础，能在一定条件下固化成绝缘硬膜或绝缘整体的重要绝缘材料。绝缘漆属于具有绝缘功能的液体树脂体系，包括溶剂、稀释剂、漆基（油、树脂）辅助材料（干燥剂、颜料、增塑剂、乳化剂）。

绝缘漆的基本组成：有溶剂漆、无溶剂漆。

绝缘漆基的主要化学组成：油性漆、树脂清漆、瓷漆。

绝缘漆的干燥方式：气干漆、烘干漆。

绝缘漆按用途分为浸渍漆、漆包线漆、覆盖漆、硅钢片漆和防电晕漆等几种。

常用电工绝缘漆的特性及用途如表 6-28 所示。

表 6-28 常用电工绝缘漆的特性及用途

名称	型号	溶剂	耐热等级	特性及用途
醇酸浸渍漆	1030 1031	200 号溶剂汽油 二甲苯	B （130℃）	具有较好的耐油性，耐电弧性，烘干迅速。可用于浸渍电机、电器线圈，也可作覆盖漆和胶黏剂
三聚氰胺醇酸浸漆（黄至褐色）	1032	200 号溶剂汽油 二甲苯	B （130℃）	具有较好的干透性、耐热性、耐油性和较高的电气性能。供亚热带地区电机、电器线圈做浸渍之用
三聚氰胺环氧树脂浸漆（黄至褐色）	1033	二甲苯 丁醇	B （130℃）	同上，用于浸渍热带电机、变压器、电工仪表线圈以及电器零部件表面覆盖
有机硅浸漆	1053	二甲苯 丁醇	H （180℃）	具有耐高温、耐寒性、抗潮性、耐水性及抗海水、耐电晕，化学稳定性好的特点，供浸渍 H 级电机、电器线圈及绝缘零部件
耐油性清漆（黄至褐色）	1012	200 号溶剂汽油	A （105℃）	具有耐油、耐潮性，干燥迅速，漆膜平滑光泽，宜浸渍线圈电机、电器线圈、黏合绝缘纸等

续表

名称	型号	溶剂	耐热等级	特性及用途
硅有机覆盖漆（红色）	1350	二甲苯 甲苯	H （180℃）	适用于H级电机、电器线圈作表面覆盖层，在180℃下烘干
硅钢片漆	1610 1611	煤油	A （105℃）	高温（450～550℃）快干漆，用于涂覆硅钢片
环氧无溶剂浸渍漆（地蜡）	515-1 515-2		B （130℃）	用于各类变压器、电器线圈浸渍处理，干燥温度为130℃

(2) 绝缘漆布

绝缘漆布是以棉布、纺绸、合成纤维布或者玻璃布为基材，经浸渍合成树脂漆，再经烘焙、干燥而成的柔软绝缘材料。

① 基材

a. 以无碱玻璃布为基材的绝缘漆布，具有良好的物理、力学和介电性能，并具有防潮、防霉、耐酸碱、耐高温等特性。

b. 随着薄膜材料和合成纤维的发展，将在某些场合下部分地取代绝缘漆布和漆绸。由于耐热性要求，玻璃布和合成纤维将取代棉布和丝绸。

② 漆布用漆要求　浸渍性能（最小黏度下含有最大的固体量或较少的溶剂）；干燥（适当干燥，有良好的介电性能）；耐热性能（一定温度下，可长期工作，而不失去介电性能）；漆膜具有弹性；其他（耐油性、耐辐照、防潮、耐电弧）。

③ 漆布的应用　将漆布切割成条状用于电机槽绝缘、相间绝缘和衬垫绝缘；切成带状的用于包绕导线绝缘；与其他材料制成复合制品，作槽绝缘和衬垫绝缘。

6.2.4 绝缘油

(1) 绝缘油的作用

在高压电气设备中，有大量的充油设备（如变压器、互感器、油断路器等），这些设备中的绝缘油主要作用如下。

① 使充油设备有良好的热循环回路，以达到冷却散热的目的。在油浸式变压器中，就是通过油把变压器的热量传给油箱及冷却装置，再由周围空气或冷却水进行冷却的。

② 增加相间、层间以及设备的主绝缘能力，提高设备的绝缘强度，例如油断路器同一导电回路断口之间绝缘。

③ 隔绝设备绝缘与空气接触，防止发生氧化和浸潮，保证绝缘不致降低。特别是变压器、电容器中的绝缘油，防止潮气侵入，同时还填充了固体绝缘材料中的空隙，使得设备的绝缘得到加强。

④ 在油断路器中，绝缘油除作为绝缘介质之外，还作为灭弧介质，防止电弧的扩展，并促使电弧迅速熄灭。

(2) 电器绝缘油

① 分类　电器绝缘油也称电器用油，包括变压器油、油开关油、电容器油和电缆油等四类油品。

a. 变压器油是一种低黏度油，用于变压器等设备中起冷却和绝缘作用。

b. 油开关油是用于油浸开关的一种绝缘油，除具有绝缘和冷却作用外，还可以起消灭电路切断时所产生的电弧（火花）的作用。

c. 电容器油是用于电容器（主要是电力电容器或静电电容器）中，起绝缘浸渍或隔潮作用的油品。

d. 电缆油是用于电缆中起绝缘、浸渍和冷却作用的精制润滑油，或润滑油与其他增稠剂（如软蜡、树脂、聚合物或沥青等）的混合物。

其中，变压器油和油开关油占整个电器用油的80%左右。

② 电气性能指标　电器绝缘油除了根据用途的不同要求具有某些特殊的性能外，低温性能、氧化安定性和介质损失是电器绝缘油的三个主要性能指标，见表6-29。

表6-29　电器绝缘油的主要性能指标

性能指标	指标含义	应用说明
低温性能	是指在低温条件下，油在电气设备中能自动对流，导出热量和瞬间切断电弧电流所必需的流动性。一般均要求电器绝缘油倾点低和低温时黏度较小 国际电工协会对变压器油按倾点（指石油产品在标准管中冷却至失去流动性时的温度）分为－30℃、－45℃、－60℃三个等级 电容器油和电缆油的倾点一般在－30～－50℃范围内	在变压器装油前，必须进行严格的脱水处理，其原因是水分对油品的电气性能与理化性能影响很大。如水分含量增加时，油的击穿电压降低，介质损耗因数增加，此外还会促进有机酸对钢铁、铜等金属的腐蚀作用，使油品的老化速度加快
高温性能	绝缘油的高温安全性是用油品的闪点来表示的，闪点越低，挥发性越大，油品在运行中损耗也越大，越不安全	一般变压器油及电容器油的闪点要求不低于135℃
氧化安定性	电器绝缘油要求油品有较长的使用寿命，在热、电场的长期作用下氧化变质要求较慢，因此要求绝缘油有良好的抗氧化安定性，包括在氧化后油品的酸值与沉淀方面的要求 加入抗氧剂和金属钝化剂的油品，其氧化安定性更好	油温上升使油品的电气性能变坏，因此一定要控制变压器的工作温度
介质损失	是反映油品在交流电场下，其介质损耗的程度，一般以介质损耗角（δ）的正切值（$\tan\delta$）表示。$\tan\delta$是很灵敏的指标，反映油品的精制程度、清净程度以及氧化变质程度，油中含有胶质、多环芳烃，或混进水分、杂质、油品氧化生成物等均会使$\tan\delta$值增大	一般要求变压器油在90℃时测得的介质损失应低于0.5%
击穿电压	击穿电压是评定绝缘油电气性能的一项指标，可用来判断绝缘油被水和其他悬浮物污染的程度，以及对注入设备前油品干燥和过滤程度的检验	应符合相应的电气设备电压等级的要求

变压器油要求具有高的比热容和热传导性，特别是工作时要有较低的黏度及较高的闪点。300kV以下变压器在运行时，油温一般在60～80℃之间，如超负荷运转则油温可达70～90℃，个别热点可达100℃左右。而500kV以上的变压器中运行的变压器油油温会更高。若变压器油黏度大（或抗氧化性差，易产生油泥），油温会更高。这会加剧固体绝缘材料的老化，影响变压器使用寿命。

③ 常用绝缘油性能与用途（见表6-30）

表 6-30 常用绝缘油性能与用途

名称	透明度（+5℃时）	绝缘强度/(kV/cm)	凝固点	主要用途
10 号变压器油(DB-10) 25 号变压器油(DB-25)	透明	160～180 180～210	−10℃ −25℃	用于变压器及油断路器中起绝缘和散热作用
45 号变压器油(DB-45)	透明	—	−45℃	—
45 号开关油(DV-45)	透明	—	−45℃	在低温工作下的油断路器中作为绝缘及排热灭弧用
1 号电容器油 (DD-1) 2 号电容器油 (DD-2)	透明	200	≤−45℃	在电力工业、电容器上作绝缘用；在电信工业、电容器上作绝缘用

6.2.5 电工塑料

电工塑料是由合成树脂、填料和其他添加剂组成的粉状或纤维状的成形材料，在一定的温度和压力下，可用模具加工固化成各种形状和规格的电气绝缘零部件，成为不溶不熔的固化物（现在电工塑料主要是热固性塑料）。

(1) 类型

电工塑料的主要成分树脂，树脂是塑料中最主要的成分，起着胶黏剂的作用，能将塑料的其他成分胶结成一个整体。电工用塑料可分为热固性和热塑性两大类。

① 热固性塑料　热压成形后成为不溶不熔的固化物，如酚醛塑料、聚酯塑料等。

② 热塑性塑料　热塑性塑料在热挤压成形后虽固化，但其物理、化学性质不发生明显变化，仍可溶、可熔，故可反复成形。

(2) ABS 塑料

ABS 塑料具有良好的机电综合性能，在一定的温度范围内尺寸稳定，表面硬度较高，易于机械加工和成形，表面可镀金属，但耐热性、耐寒性较差，接触某些化学药品（如冰醋酸和醇类）和某些植物油时，易产生裂纹。

ABS 适用于制作各种仪表外壳、支架、小型电机外壳、电动工具外壳等，可用注射、挤压或模压法成形，如图 6-8 所示。

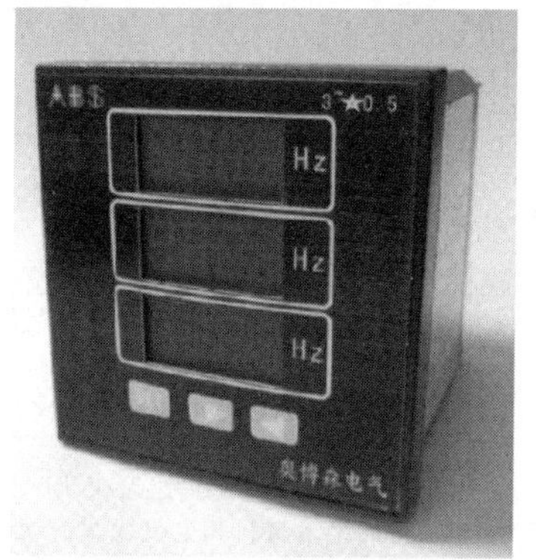

图 6-8　ABS 制作的电气设备外壳

(3) 聚酰胺（尼龙 1010）

尼龙 1010 为白色半透明体，在常温下有较高的机械强度，较好的电气性能、冲击韧性、耐磨性、自润滑性，结构稳定，有较好的耐油、耐有机溶剂性，可用作线圈骨架、插座、接线板、炭刷架等。

在电缆工业中常用作航空电线电缆护层。可用注射、挤出或离心浇铸法成形，也可喷涂使用。

(4) 聚甲基丙烯酸甲酯（有机玻璃）

有机玻璃是透光性优异的无色透明体，耐气候性好，电气性能优良，常态下尺寸稳定，易于成形和机械加工，但可溶于丙酮、三氯甲烷等有机溶剂，性脆，耐磨性、耐热性均较差。

有机玻璃适用于制作仪表的一般结构零件、绝缘零件，以及电器仪表外壳、外罩、盖、接线柱等。

(5) 热塑塑料

电线电缆用热塑性塑料应用最多的是聚乙烯和聚氯乙烯。

聚乙烯（PE）具有优异的电气性能，其相对介电系数和介质损耗几乎与频率无关，且结构稳定，耐潮、耐寒性优良，但软化温度较低，长期工作温度不应高于70℃。

聚氯乙烯（PVC）分绝缘级与护层级两种。其中，绝缘级按耐温条件分别为65℃、80℃、90℃、105℃四种；护层级耐温65℃。

聚氯乙烯力学性能优异，电气性能良好，结构稳定，具有耐潮、耐电晕、不延燃、成本低、加工方便等优点。

6.2.6 其他常用绝缘材料

(1) 绝缘胶带

绝缘胶带专指电工使用的用于防止漏电，起绝缘作用的胶带，具有良好的绝缘耐压、阻燃、耐候等特性，适用于电线接驳、电气绝缘防护等。常用电工绝缘胶带的特性及用途见表6-31。

表 6-31 常用电工绝缘胶带的特性及用途

序号	名称	厚度/mm	组成	耐热等级	特点及用途
1	黑胶布粘带	0.23～0.35	棉布带、沥青橡胶黏剂	Y	击穿电压1000V，成本低，使用方便，适用于380V及以下电线包扎绝缘
2	聚乙烯薄膜粘带	0.22～0.26	聚乙烯薄膜、橡胶型胶黏剂	Y	有一定的电气性能和力学性能，柔软性好，黏结力较强，但耐热性低（低于Y级），可用作一般电线接头包扎的绝缘材料
3	聚乙烯薄膜纸粘带	0.10	聚乙烯薄膜、纸、橡胶型胶黏剂	Y	包扎服帖，使用方便，可代替黑胶布带作电线接头包扎的绝缘材料
4	聚氯乙烯薄膜粘带	0.14～0.19	聚氯乙烯薄膜、橡胶型胶黏剂	Y	有一定的电气性能和力学性能，较柔软，黏结力强，但耐热性低（低于Y级），供电压为500～6000V电线接头包扎绝缘用
5	聚酯薄膜粘带	0.05～0.17	聚酯薄膜、橡胶型胶黏剂或聚丙烯酸酯胶黏剂	B	耐热性好，机械强度高，可用作半导体元件密封的绝缘材料和电机线圈的绝缘材料
6	聚酰亚胺薄膜粘带	0.04～0.07	聚酰亚胺薄膜、聚酰亚胺树脂胶黏剂	C	电气性能和力学性能较高，耐热性优良，但成形温度较高（180～200℃）．适用于H级电机线圈绝缘材料和槽绝缘材料
7	聚酰亚胺薄膜粘带	0.05	聚酰亚胺薄膜、F46树脂胶黏剂	C	同上，但成形温度更高（300℃以上）．可用作H级或C级电机、潜油电机线圈绝缘材料和槽绝缘材料

续表

序号	名称	厚度/mm	组成	耐热等级	特点及用途
8	环氧玻璃粘带	0.17	无碱玻璃布、环氧树脂胶黏剂	C	具有较高的电气性能和力学性能，可作变压器铁芯绑扎材料，属B级绝缘材料
9	有机硅玻璃粘带	0.15	无碱玻璃布，有机硅树脂胶黏剂	C	有较高的耐热性、耐寒性和耐潮性，以及较好的电气性能和力学性能，可用作H级电机、电器线圈绝缘材料和导线连接绝缘材料
10	硅橡胶玻璃粘带		无碱玻璃布，硅橡胶胶黏剂	H	同上，但柔软性较好
11	自黏性硅橡胶三角带		硅橡胶、填料、硫化剂	H	
12	自黏性丁基橡胶带		丁基橡胶、薄膜隔离材料等	H	

(2) 织物粘带

织物粘带是以无碱玻璃布或棉布为底材，涂覆胶黏材料后经过烘焙并制成带状。常用织物粘带的特点与用途见表6-32。

表6-32 常用织物粘带的特点与用途

名称	耐热等级	特点与用途
环氧玻璃粘带	B	电气性能和力学性能均较高。主要用于变压器铁芯及电机线圈绕组的固定包扎等
硅橡胶玻璃粘带	B	电气性能和力学性能均较高，柔软性较好。主要用于变压器铁芯及电机线圈绕组的固定包扎等
有机硅玻璃粘带	H	耐热性、耐寒性和耐潮性都较高，电气性能和力学性能较好。主要用于电机和电器线圈绕组的绝缘、导线的连接绝缘等

(3) 无底材粘带

无底材粘带是由硅橡胶或丁基橡胶加上填料和硫化剂等，经过混炼后挤压成形而制成的。绝缘粘带自身具有黏性，因此使用十分方便，常用于包扎电缆端头、导线接头、电气设备接线连接处，以及电机或变压器等的线圈绕组绝缘。表6-33所示为常用无底材粘带的特点与用途。

表6-33 常用无底材粘带的特点与用途

名称	耐热等级	特点与用途
自黏性硅橡胶三角带	H	耐热、耐潮、耐腐蚀和抗振动特性好，但抗张强度较低。主要用于高压电机线圈绕组的绝缘等
自黏性丁基橡胶带	H	弹性好，伸缩性大，包扎紧密性好。主要用于导线、电缆接头和端头的绝缘包扎

(4) 绝缘胶

绝缘胶是以高分子聚合物为基础，能在一定条件下固化成绝缘硬膜或绝缘整体的重要绝缘材料，是具有良好电绝缘性能的多组分复合胶，一般以沥青、天然树脂或合成树脂为主体材料，常温下具有很高的黏度，使用时加热以提高流动性，使之便于灌注、浸渍、涂覆。冷却后可以固化，也可以不固化。特点是不含挥发性溶剂，具有绝缘、防潮、密封和堵油作用。

电工以环氧胶用得最多。热固型和晾固型绝缘胶可用于各种电动机、电器及高电压大容量发电机绕组的浸渍，或作为复合绝缘的黏合剂；浇注胶、密封胶可作变压器、电容器等电器或无线电装置的密封绝缘。触变性绝缘胶与工件接触后，可立即黏附而形成一层不流动的均匀覆盖层，主要用作小型电器、电工及电子部件的表面护层。光固型绝缘胶主要有不饱和聚酯型和丙烯酸型两类。它们能在光作用下快速固化，能透明粘接和低温粘接。在粘接电工、电子产品、光学部件等方面的应用也日益广泛。

电缆浇注胶的性能和用途见表 6-34。

表 6-34 电缆浇注胶的性能和用途

名称	型号	收缩率(由 150℃降至 20℃)/%	击穿电压/(kV/2.5 mm)	特性和用途
黄电缆胶	1810	≤8	>45	电气性能好，抗冻裂性好，用于浇注 10kV 及以上电缆接线盒和终端盒
沥青电缆胶	1811 1812	≤9	>35	耐潮性好，用于浇注 10kV 以下电缆接线盒和终端盒
环氧电缆胶			>82	密封性好，电气、力学性能高，用于浇注 10kV 以下电缆终端盒
环氧树脂灌封剂				高压线圈的灌封、黏合等

(5) 绝缘套管

绝缘套管又叫绝缘漆管，如图 6-9 所示，主要用于电线端头及变压器、电机、低压电器等电气设备引出线的护套绝缘。绝缘套管成管状，可以直接套在需要绝缘的导线或细长型引线端上，使用很方便。常用绝缘漆管的特性及适用场合见表 6-35。

图 6-9 绝缘套管

表 6-35 常用绝缘套管的特性及适用场合

名称	耐热等级	特点与用途
油性套管	A	具有良好的电气性能和弹性，但耐热性、耐潮性和耐霉性差。主要用于仪器仪表、电机和电器设备的引出线与连接线的绝缘
油性玻璃套管	E	具有良好的电气性能和弹性，但耐热性、耐潮性和耐霉性较差。主要用于仪器仪表、电机和电气设备的引出线与连接线的绝缘
聚氨酯涤纶套管	E	具有优良的弹性，较好的电气性能和力学性能。主要用于仪器仪表、电机和电器设备的引出线与连接线的绝缘
醇酸玻璃套管	B	具有良好的电气与力学性能，耐油性、耐热性好，但弹性稍差。主要用于仪器仪表、电机和电器设备的引出线与连接线的绝缘
聚氯乙烯玻璃套管	B	具有优良的弹性，较好的电气与力学性能和耐化学性。主要用于仪器仪表、电机和电器设备的引出线与连接线的绝缘
有机硅玻璃套管	H	具有较高的耐热性、耐潮性和柔软性，有良好的电气性能。适用于“H”绝缘级电机、电气设备等的引出线与连接线的绝缘
硅橡胶玻璃套管	H	具有优良的弹性、耐热性和耐寒性，有良好的电气性能和力学性能。适用于在严寒或 180℃以下高温等特殊环境下的电气设备的引出线与连接线的绝缘

(6) 绝缘板

图 6-10 绝缘板

绝缘板通常以纸、布或玻璃布作底材，浸以不同的胶黏剂，经加热压制而成，如图 6-10 所示。

绝缘板具有良好的电气性能和力学性能，具有耐热、耐油、耐霉、耐电弧、防电晕等特点，主要用作线圈支架、电机槽楔、各种电器的垫块、垫条等。常用绝缘板的特点与用途见表 6-36。

(7) 云母制品

云母制品是以云母片或粉云母纸与各种黏合剂、补强材料组合而成的制品，如图 6-11 所示。云母具有无毒、无味、耐高温、耐高压、耐老化、耐腐蚀、绝缘强度达 A 级的优点，特别是它的耐高温和再加工性是其他材料所不能代替的。

表 6-36 常用绝缘板的特点与用途

名称	耐热等级	特点与用途
3020 型酚醛层压纸板	E	介电性能高，耐油性好。适用于电气性能要求较高的电气设备中作绝缘结构件，也可在变压器油中使用
3021 型酚醛层压纸板	E	机械强度高、耐油性好。适用于力学性能要求较高的电气设备中作绝缘结构件，也可在变压器油中使用
3022 型酚醛层压纸板	E	有较高的耐潮性，适用于潮湿环境下工作的电气设备中作绝缘结构件
3023 型酚醛层压纸板	E	介电损耗小，适用于无线电、电话及高频电子设备中作绝缘结构件
3025 型酚醛层压布板	E	机械强度高，适用于电气设备中作绝缘结构件，并可在变压器油中使用
3027 型酚醛层压布板	E	吸水性小，介电性能高，适用于高频无线电设备中作绝缘结构件
环氧酚醛层压玻璃布板	B	具有高的力学性能、介电性能和耐水性，适用于电机、电气设备中作绝缘结构零部件，可在变压器油中和潮湿环境下使用
有机硅环氧层压玻璃布板	H	具有较高的耐热性、力学性能和介电性能，适用于热带型电机、电气设备中作绝缘结构件使用
有机硅层压玻璃布板	H	耐热性好，具有一定的机械强度，适用于热带型电机、电气设备中作绝缘结构零部件使用
聚酰亚胺层压玻璃布板	C	具有很好的耐热性和耐辐射性，主要用于“H”绝缘级电机、电气设备的绝缘结构件

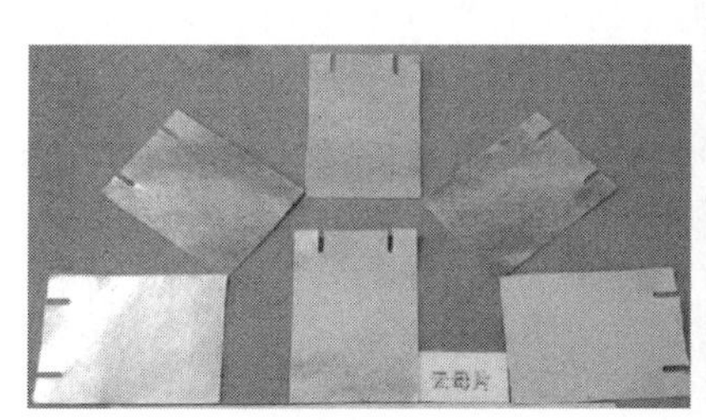

图 6-11 云母制品

云母制品的性能取决于胶黏剂和补强材料的种类及其组合方式。云母制品包括云母带、云母板、云母箔和云母复合材料。

① 云母带 云母带是用胶黏漆将薄片云母（或云母纸）黏合在单面或双面补强材料上，经烘焙而成的带状绝缘材料。

云母带具有良好的介电性能、抗电晕性能、力学性能、耐热性能和室温下良好的柔软性，可以连续包绕电机线圈，经浸渍或模压成形后构成电机线圈的主绝缘。云母带是高压电机线圈理想的主绝缘材料，至今仍无其他材料可以取代它。根据胶黏剂含量可分为多胶、中胶和少胶云母带。

② 柔软云母板　柔软云母板是以剥片云母或云母纸为基材，带有或不带有补强材料，用合适的胶黏剂粘接，再经烘焙或烘焙压制而成的柔软板状绝缘材料。柔软云母板具有优良的柔软性，良好的介电性能、力学性能和防潮性能，常温下可任意弯曲而不破裂。

柔软云母板主要用作电机槽绝缘、匝间绝缘、端部层间绝缘和高压电机的线棒排阀绝缘等。

③ 云母箔　云母箔是由胶黏剂将薄片云母或云母纸粘合在单面、双面或多层补强材料上，经烘焙或热压而成的箔状绝缘材料。云母箔在常温下属于硬质板状材料，在一定温度下具有可塑性，冷却后又能保持成形后的固定形状。

云母箔在电机、电器中用作为卷烘式绝缘和转子铜排绝缘材料。

④ 粉云母复合材料　粉云母复合材料是用胶黏剂粘合粉云母纸，双面分别用玻璃布和聚酯薄膜（或聚酰亚胺薄膜）补强的柔软绝缘材料。

6.3 磁性材料及应用

一切物质都具有磁性，磁性是物质的基本属性之一。磁性材料是古老而用途十分广泛的功能材料，而物质的磁性早在3000年以前就被人们所认识和应用。

常用的电工磁性材料就是指铁磁性物质，它是电工三大材料（导电材料、绝缘材料和磁性材料）之一，是电器产品中的主要材料。

6.3.1 磁性材料简介

磁性材料是具有磁有序的强磁性物质，广义还包括可应用其磁性和磁效应的弱磁性及反铁磁性物质。

物质按照其内部结构及其在外磁场中的性状可分为抗磁性、顺磁性、铁磁性、反铁磁性和亚铁磁性物质。铁磁性和亚铁磁性物质为强磁性物质，抗磁性和顺磁性物质为弱磁性物质。

磁性材料按性质分为金属和非金属两类，前者主要有电工钢、镍基合金和稀土合金等，后者主要是铁氧体材料。

磁性材料按使用又分为软磁材料、硬磁材料和功能磁性材料。功能磁性材料主要有磁致伸缩材料、磁记录材料、磁电阻材料、磁泡材料、磁光材料，旋磁材料以及磁性薄膜材料等。

反映磁性材料基本磁性能的有磁化曲线、磁滞回线和磁损耗等。

6.3.2 软磁材料

一般把矫顽力 $H_c<10^3$ A/m 的磁性材料归类为软磁材料。软磁材料也称导磁材料，其主要特点是磁导率 μ 很高，剩磁 B_r 很小、矫顽力 H_c 很小，磁滞现象不严重，因而它是一种既容易磁化也容易去磁的材料，磁滞损耗小，一般都是在交流磁场中使用，是应用最广泛的一种磁性材料。

(1) **软磁材料的类型**

① 合金薄带或薄片：FeNi（Mo）、FeSi、FeAl 等。

② 非晶态合金薄带：Fe 基、Co 基、FeNi 基或 FeNiCo 基等配以适当的 Si、B、P 和其他掺杂元素，又称磁性玻璃。

③ 磁介质（铁粉芯）：FeNi（Mo）、FeSiAl、羰基铁和铁氧体等粉料，经电绝缘介质包覆和粘合后按要求压制成形。

④ 铁氧体：包括尖晶石型——$MO \cdot Fe_2O_3$（M 代表 NiZn、MnZn、MgZn、Li1/2Fe1/2Zn、CaZn 等），磁铅石型——$Ba_3Me_2Fe_{24}O_{41}$（Me 代表 Co、Ni、Mg、Zn、Cu 及其复合组分）。

(2) **常用软磁材料的主要特点**（见表 6-37）

表 6-37 常用软磁材料的主要特点

品种	主要特点	典型应用
电工纯铁	含碳量在 0.04%以下，饱和磁感应强度高，冷加工性好，但电阻率低，铁损高，有磁时效现象	一般用于直流磁场
硅钢片	铁中加入 0.5%～4.5%的硅，就是硅钢。它和电工纯铁相比，电阻率增高，铁损降低，磁时效基本消除，但热导率降低，硬度提高，脆性增大	电机、变压器、继电器、互感器、开关等电工产品的铁芯
铁镍合金	和其他软磁材料相比，在弱磁场下，磁导率高，矫顽力低，但对应力比较敏感	频率在 1MHz 以下弱磁场中工作的器件（例如电视机、精密仪器用特种变压器）
软磁铁氧体	它是一种烧结体，电阻率非常高，但饱和磁感应强度低，温度稳定性也较差	高频或较高频率范围内的电磁元件（例如磁芯、磁棒、高频变压器等）
铁铝合金	与铁镍合金相比，电阻率高，相对密度小，但磁导率低，随着含铝量的增加，硬度和脆性增大，塑性变差	弱磁场和中等磁场下工作的器件（例如微电机、音频变压器、脉冲变压器、磁放大器）

(3) **软磁材料的应用**

软磁材料的应用很广，主要用于磁性天线、电感器、变压器、磁头、耳机、继电器、振动子、电视偏转轭、电缆、延迟线、传感器、微波吸收材料、电磁铁、加速器高频加速腔、磁场探头、磁性基片、磁场屏蔽、高频淬火聚能、电磁吸盘、磁敏元件（如用磁热材料作开关）等。

6.3.3 硬磁材料

硬磁材料又称永磁材料或恒磁材料。硬磁材料的特点是经强磁场饱和磁化后，具有较高的剩磁和矫顽力，当将磁化磁场去掉以后，在较长时间内仍能保持强而稳定的磁性。因而，硬磁材料适合制造永久磁铁。

(1) **硬磁材料的种类**

永磁材料有合金、铁氧体和金属间化合物三类。

① 合金类 包括铸造、烧结和可加工合金。铸造合金的主要品种有：AlNi（Co）、FeCr（Co）、FeCrMo、FeAlC、FeCo（V）(W)；烧结合金有：Re-Co（Re 代表稀土元素）、Re-Fe 以及 AlNi（Co）、FeCrCo 等；可加工合金有：FeCrCo、PtCo、MnAlC、CuNiFe 和 AlMnAg 等。

② 铁氧体类 主要成分为 $MO \cdot 6Fe_2O_3$，M 代表 Ba、Sr、Pb 或 SrCa、LaCa 等复合组分。

③ 金属间化合物类　主要以 MnBi 为代表。

(2) 硬磁材料的用途（见表 6-38）

表 6-38　硬磁材料的用途

应用方向	典型用途
基于电磁力作用原理的应用	扬声器、话筒、电表、按键、电机、继电器、传感器、开关等
基于磁电作用原理的应用	磁控管和行波管等微波电子管、显像管、钛泵、微波铁氧体器件、磁阻器件、霍尔器件等
基于磁力作用原理的应用	磁轴承、选矿机、磁力分离器、磁性吸盘、磁密封、磁黑板、玩具、标牌、密码锁、复印机、控温计等
其他方面的应用	磁疗、磁化水、磁麻醉等

6.4　电瓷及应用

6.4.1　电瓷简介

(1) 电瓷的功能

电瓷是瓷质的电绝缘材料，具有良好的绝缘性和机械强度。电瓷是应用于电力系统中主要起支持和绝缘作用的部件，有时兼作其他电气部件的容器。

广义而言，电瓷涵盖了各种电工用陶瓷制品，包括绝缘用陶瓷、半导体陶瓷等。本节所述电瓷仅指以铝矾土、高岭土、长石等天然矿物为主要原料经高温烧制而成的一类应用于电力工业系统的瓷绝缘子，包括各种线路绝缘子和电站电器用绝缘子，以及其他带电体隔离或支持用的绝缘部件。

(2) 电瓷的分类

通常根据电瓷的产品形状、电压等级、应用环境来分类。

① 按产品形状可分为：盘形悬式绝缘子、针式绝缘子、棒形绝缘子、空心绝缘子等。

② 按电压等级可分为：低电压（交流 1000V 及以下，直流 1500V 及以下）绝缘子和高电压（交流 1000V 以上，直流 1500V 以上）绝缘子，其中高压绝缘子中又有超高压（交流 330kV 和 500kV，直流 500kV）和特高压（交流 750kV 和 1000kV，直流 800kV）之分。

③ 按使用特点可分为：线路用绝缘子、电站或电器用绝缘子；按使用环境可分为户内绝缘子和户外绝缘子。

(3) 电瓷的应用

电瓷主要应用于电力系统中各种电压等级的输电线路、变电站、电气设备，以及其他的一些特殊行业如轨道交通的电力系统中，将不同电位的导体或部件连接并起绝缘和支持作用。如用于高压线路耐张或悬垂的盘形悬式绝缘子和长棒形绝缘子，用于变电站母线或设备支持的棒形支柱绝缘子，用于变压器套管、开关设备、电容器或互感器的空心绝缘子等。

电瓷还可以用于制作各种绝缘套管、灯座、开关、插座、熔断器底座等的零部件。

6.4.2　低压绝缘子

低压绝缘子由铁帽、钢化玻璃件（瓷件或硅橡胶）和钢脚组成，并用水泥胶合剂胶合为一体。

(1) 低压绝缘子的种类

低压架空线路用绝缘子有针式绝缘子和蝶式绝缘子两种，用于在500V以下电压的交、直流架空线路中固定导线。

① 低压针式绝缘子用于绝缘和固定1kV以下的电气线路，如图6-12（a）所示。

② 低压蝶式绝缘子用于固定1kV及以下线路的终端、耐张、转角等，如图6-12（b）所示。

(2) 瓷管

瓷管用于在导线穿过墙壁、楼板及导线交叉敷设时起保护作用，有直瓷管、弯头瓷管、包头瓷管等，如图6-13所示。

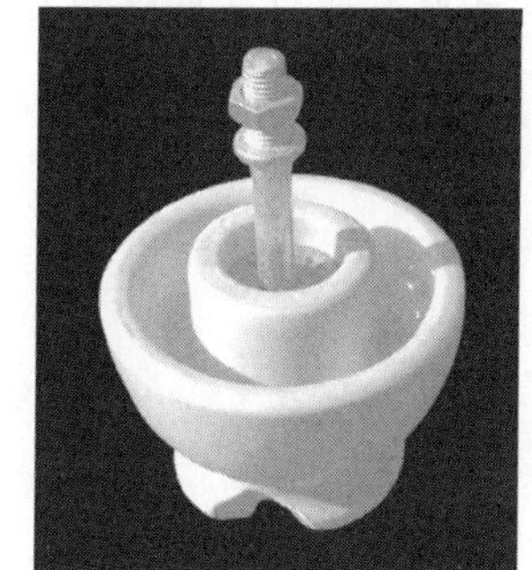

(a) 针式绝缘子

(b) 蝶式绝缘子

图6-12 低压绝缘子

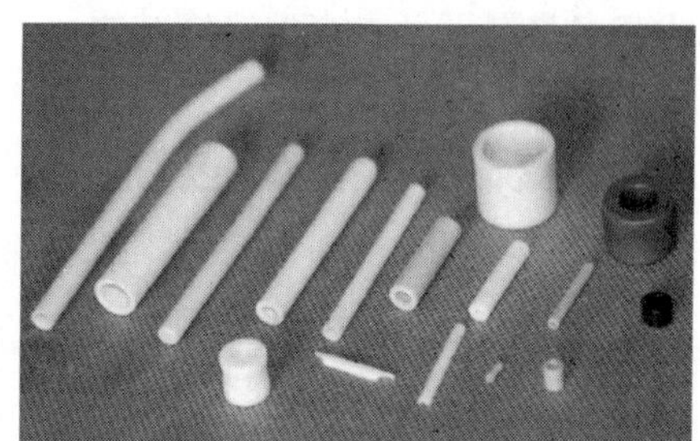

图6-13 瓷管

6.4.3 高压绝缘子

(1) 盘形悬式瓷绝缘子

盘形悬式瓷绝缘子的电瓷是由石英砂、黏土和长石等原料，经球磨、制浆、炼泥、成形、上釉、烧结而成的瓷件，与钢帽、钢脚经高标号水泥胶装成为帽脚式盘形悬式瓷绝缘子。钢帽和钢脚承受机械拉力，瓷件主要承受压力，瓷件的颈部较薄，也是电场强度集中的区域。

当瓷件的颈部存有微气孔等缺陷，或在运行中出现裂纹时，有可能将瓷件击穿，出现零值绝缘子，因此这种类别的绝缘子为可击穿型绝缘子。

(2) 盘形悬式钢化玻璃绝缘子

玻璃件与钢帽、钢脚经高标号水泥胶装成为帽脚式盘形悬式钢化玻璃绝缘子，其结构、外形与瓷绝缘子十分接近，当运行中的玻璃件受到长期的机械力和电场的综合作用而导致玻璃件劣变时，钢化玻璃体的伞盘会破碎，即出现“自爆”。

钢化玻璃绝缘子最显著的特点是，当钢化玻璃绝缘子出现劣质绝缘子时它会自爆，因而免去了绝缘子须逐个检测的繁杂程序。

(3) 棒悬式复合绝缘子

有机复合绝缘子的硅橡胶伞盘为高分子聚合物，芯棒为引拔成形的玻璃纤维增强型环氧树脂棒，制造成形的棒悬式有机复合绝缘子由硅橡胶伞裙附着在芯棒外层与端部金具连接成一体，两端金具与芯棒承受机械拉力。

就目前情况来看，芯棒与端部金具的连接方式主要有外楔式、内楔式、内外楔结合式、芯棒螺纹胶装式和压接式。

复合绝缘子由于硅橡胶伞盘的高分子聚合物所特有的憎水性和憎水迁移性使得复合绝缘子具有优良的防污闪性能。另外，由于其制造装备和制造工艺相对简单，复合绝缘子产品质量较轻，因而颇受使用部门的欢迎。

(4) 长棒形瓷绝缘子

长棒形瓷绝缘子为实心瓷体，采用高铝配方的 C-120 等高强度瓷，因而其机电性能优良。烧制成的瓷材，除了有较高的电气性能之外，力学性能也有了大幅的提高。长棒形瓷绝缘子仅在瓷体两端才有金具，几乎不含有任何内部结应力，因而其机电应力被分离。

长棒形瓷绝缘子的结构特点改变了传统的瓷件受压为抗拉，使得金具数大为减少，输电损耗降低，也降低了对无线电和电视广播的干扰。长棒形瓷绝缘子外形可使自洁性能提高，不仅在单位距离内比盘形绝缘子爬电距离增加 1.1～1.3 倍，同时可有效利用爬电距离，其最大特点是属不可击穿型绝缘结构。

6.5 安装材料及应用

6.5.1 常用电线导管

(1) 电线导管的种类及文字符号

电气工程中，常用的电线导管主要有金属和塑料电线管两种。

工程图纸中对电线导管标注的文字符号见表 6-39。

表 6-39 电线导管标注的文字符号

文字符号	电线导管名称	文字符号	电线导管名称
SC	焊接钢管	KBG	薄壁镀锌铁管
JRC	水煤气钢管	PC/PVC	聚氯乙烯硬质电线管
MT	黑铁电线管	KPC	聚氯乙烯塑料波纹电线管
JDG	套接紧定式镀锌铁管		

注：KBG，JDG 是薄壁电线管的一个变种，属于行业标准标注，不是国标。

(2) 金属电线导管

建筑工程中金属电线导管按管壁厚度可分为厚壁导管和薄壁导管；按钢管成形工艺可分为焊接钢管和无缝钢管。

① 水煤气管：适用于有机械外力或潮湿、直埋地下的场所，明敷或者暗敷。

② 薄壁钢管：又称电线管，管壁较薄，适用于干燥环境敷设。

③ 金属软管：又称蛇皮管，具有相当的机械强度，又有很好的弯曲性，常用于弯曲部位较多的场所及设备的出线口等处，作为电线、电缆、自动化仪表信号的电线电缆保护管，如图 6-14 所示。

厚壁电线导管一般采用螺纹连接，薄壁电线导管一般采用紧定式或压接式连接，在等电位接地方面，除了紧定式不需要做之外，其他方式需要用铜芯软线做跨接接地。

(3) 绝缘电线导管

① PVC 电线管：适用于民用建筑或室内有酸碱腐蚀介质的场所，在经常发生机械冲击、碰撞、摩擦等易受机械损伤和环境温度在 40℃以上的场所不宜使用。

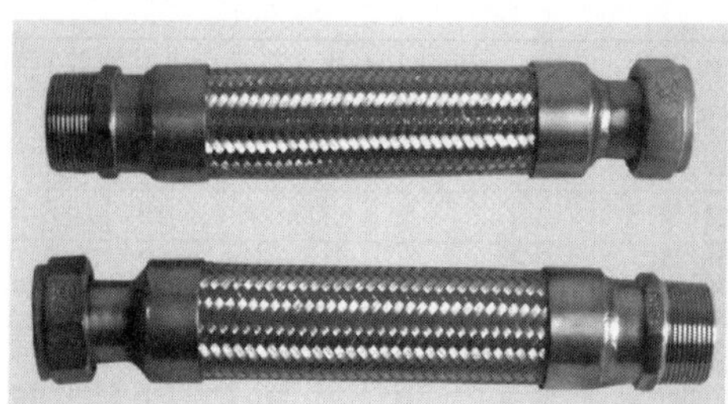
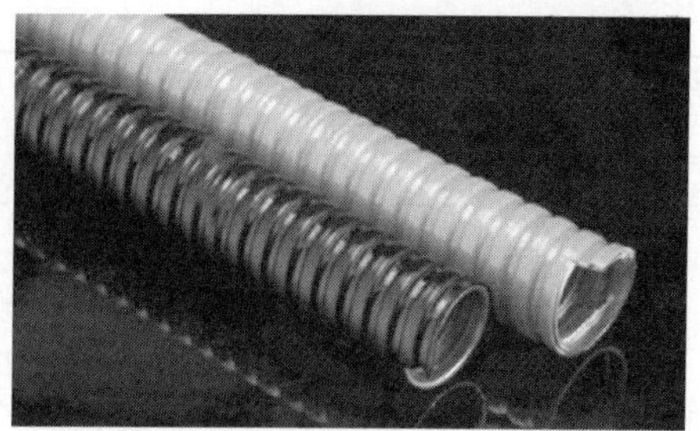

图 6-14 金属软管

PVC 电线管常用的有 ϕ16mm、ϕ20mm、ϕ25mm、ϕ30mm、ϕ40mm、ϕ50mm、ϕ75mm、ϕ90mm、ϕ110mm 等规格。

② 半硬塑料管，多用于一般居住和办公建筑等场所的电气照明工程中。

(4) 常用电线导管的型号及规格（见表 6-40）

表 6-40 常用电线导管的型号及规格

管材种类（图注代号）	公称口径/mm	外径/mm	壁厚/mm	内径/mm	内孔总面积/mm²	内孔占以下比例时的截面面积/mm²		
						33%	27.5%	22%
电线管（KBG）注:KBG 为扣压薄壁镀锌铁管	16	15.70	1.2	13.3	139	46	38	31
	20	19.70	1.2	17.3	235	76	65	52
	25	24.70	1.2	22.3	390	129	107	86
	32	31.60	1.2	29.3	669	221	184	147
	40	39.60	1.2	37.2	1080	356	297	238
电线管（JDG）注:JDG 为套接紧定式镀锌铁管	16	15.70	1.2	13.3	139	46	38	31
	20	19.70	1.2	17.3	235	76	65	52
	25	24.70	1.2	22.3	390	129	107	86
	32	31.60	1.2	29.3	669	221	184	147
	40	39.60	1.2	37.2	1080	356	297	238
	50	49.60	1.2	47.2	1749	577	481	385
	16	15.70	1.6	12.5	123	41	34	27
	20	19.70	1.6	16.5	214	71	59	47
	25	24.70	1.6	21.5	363	120	100	80
	32	31.60	1.6	28.4	633	209	174	140
	40	39.60	1.6	36.4	1040	343	286	229
	50	49.60	1.6	46.4	1690	558	464	371
电线管（MT）注:MT 为黑铁电线管	16	15.87	1.6	12.67	126	42	35	28
	20	19.05	1.6	15.87	197	65	54	43
	25	25.40	1.6	22.20	387	128	106	85
	32	31.75	1.6	28.55	640	211	176	141
	40	38.10	1.6	34.90	957	316	263	211
	50	50.80	1.6	47.60	1780	587	490	392
焊接钢管（SC）	15	20.75	2.5	15.75	194	64	53	43
	20	26.25	2.5	21.25	355	117	97	778
	25	32.00	2.5	27.00	573	189	157	126
	32	40.75	2.5	35.75	1003	331	276	221
	40	46.00	2.5	41.00	1320	436	363	290
	50	58.00	2.5	53.00	2206	728	607	485
	70	74.00	3.0	68.00	3631	1198	998	798
	80	86.50	3.0	80.50	5089	1679	1399	1119
	100	112.00	3.0	106.00	8824	2911	2426	1941

续表

管材种类（图注代号）	公称口径/mm	外径/mm	壁厚/mm	内径/mm	内孔总面积/mm²	内孔占以下比例时的截面面积/mm²		
						33%	27.5%	22%
水煤气管（RC）	15	21.25	2.75	15.75	195	64	54	43
	20	26.75	2.75	21.25	355	117	97	78
	25	33.50	3.25	27.00	573	189	158	126
	32	42.25	3.25	35.75	1003	331	276	221
	40	48.00	3.50	41.00	1320	436	363	290
	50	60.00	3.75	53.00	2206	728	607	485
	70	75.50	4.00	68.00	3631	1198	998	798
	80	88.50	4.00	80.50	5089	1679	1399	1119
	100	114.00	4.00	106.00	8824	2911	2426	1941
	120	140.00	4.50	131.00	13478	4447	3706	2965
	150	165.00	4.50	156.00	19113	6307	5256	4204
聚氯乙烯硬质电线管（PVC中型管）	16	16	1.4	13	133	44	37	29
	20	20	1.5	16.9	224	74	62	49
	25	25	1.7	21.4	360	119	99	79
	32	32	2.0	27.8	607	200	167	134
	40	40	2.0	35.4	984	325	271	216
	50	50	2.3	44.1	1527	504	420	336
聚氯乙烯硬质电线管（PVC重型管）	16	16	1.9	12.2	117	39	32	26
	20	20	2.1	15.8	196	65	54	43
	25	25	2.2	20.6	333	110	92	73
	32	32	2.7	26.6	556	183	153	122
	40	40	2.8	34.4	929	307	256	204
	50	50	3.2	43.6	1493	493	411	328
	63	63	3.4	56.2	2386	787	656	525
聚氯乙烯塑料波纹电线管（KPC）	15	18.7	2.45	13.8	150	50	41	33
	20	21.2	2.60	16.0	201	66	55	44
	25	28.5	2.90	22.7	405	134	111	89
	32	34.5	3.05	28.4	633	209	174	139
	40	42.5	3.15	36.2	995	328	274	219
	50	54.5	3.80	46.9	1728	570	475	360

6.5.2 电工常用型钢

型钢是一种有一定截面形状和尺寸的条型钢材，是钢材四大品种（板、管、型、丝）之一。型钢具有品质均匀、抗拉、抗压、抗冲击等特点，并且具有良好的可焊、可铆、可割、可加工性，因此在电气设备安装工程中得到了广泛的应用。

(1) 扁钢

扁钢可用来制作各种抱箍、撑铁、拉铁和配电设备的零配件、接地母线及引下线等。

(2) 角钢

角钢可作单独构件或组合使用，广泛用于制作输电塔构件、横担、撑铁，接户线中的各种支架及电器安装底座、接地体等。

(3) 工字钢

工字钢由两个翼缘和一个腹板构成，其规格以腹板高度 h(cm)×腹板厚度 d(mm) 表示，型号以腹高数表示。如 10 号工字钢，表示其腹高为 10cm。

工字钢广泛用于各种电气设备的固定底座、变压器台架等。

(4) 圆钢

圆钢主要用来制作各种金具、螺栓、接地引线及钢索等。

(5) 槽钢

槽钢规格的表示方法与工字钢基本相同，槽钢一般用来制作固定底座、支撑、导轨等。常用槽钢的规格有 5 号、8 号、10 号、16 号等。

(6) 钢板

薄钢板分镀锌钢板（白铁皮）和不镀锌钢板（黑铁皮）。钢板可用于制作各种电器及设备的零部件、平台、垫板、防护壳等。

(7) 铝板

铝板常用来制作设备零部件、防护板、防护罩及垫板等。铝板的规格以厚度表示，其常用规格有（mm）：1.0、1.5、2.0、2.5、3.0、4.0、5.0 等，铝板的宽度为 400～2000mm 不等。

6.5.3 常用紧固件

(1) 操作面固定件

在被连接件与地面、墙面、顶板面之间的固定，常采用以下三种方法。

① 塑料胀管：塑料胀管加木螺钉用于固定较轻的构件，常用的有 ϕ6mm、ϕ8mm、ϕ10mm 等规格的塑料胀管，如图 6-15 所示。该方法多用于砖墙或混凝土结构，不需用水泥预埋，具体方法是用冲击钻钻孔，孔的大小及深度应与塑料胀管的规格匹配，在孔中填入塑料胀管，然后靠小螺钉的拧进，使胀管胀开，从而拧紧后使元件固定在操作面上。

图 6-15 塑料胀管

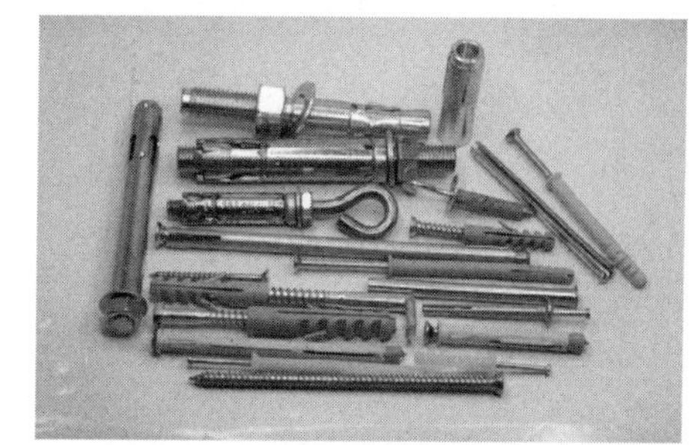

图 6-16 膨胀螺栓

② 膨胀螺栓：膨胀螺栓用于固定较重的构件，如图 6-16 所示。常用规格有 M8、M10、M12、M16 等。该方法与塑料胀管固定方法基本相同。钻孔后将膨胀螺栓填入孔中，通过拧紧膨胀螺栓的螺母使膨胀螺栓胀开，从而拧紧螺母后使元件固定在操作面上。

③ 预埋螺栓：预埋螺栓用于固定较重的构件。预埋螺栓一头为螺扣，一头为圆环或燕尾，可分别预埋在地面内、墙面及吊顶板内，通过螺扣一端拧紧螺母使元件固定，如图 6-17 所示。

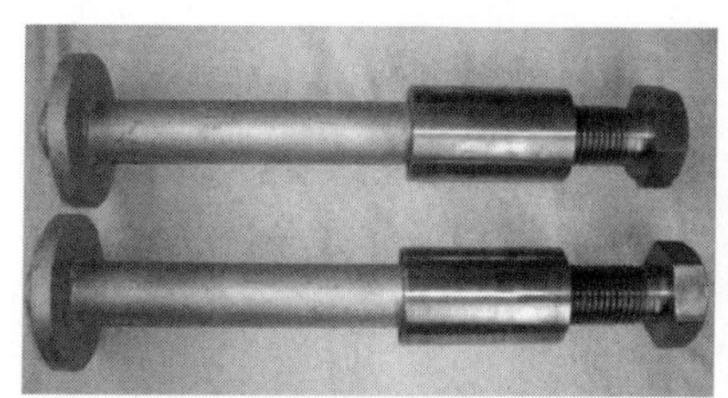

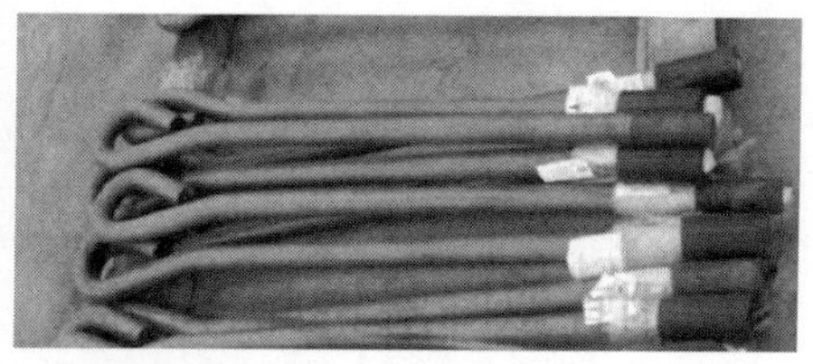

图 6-17 预埋螺栓

(2) 两元件之间的固定件（见表6-41）

表6-41 两元件之间的固定件

固定件名称	使用说明	图示
六角头螺栓	一头为螺母，一头为螺纹螺母，将六角螺栓穿在两元件之间，通过拧紧螺母可以固定两元件	
双头螺栓	两头都为螺纹螺母，将双头螺栓穿在两元件之间，通过拧紧两端螺母固定两元件	
自攻螺钉	用于元件与薄金属板之间的连接	
木螺钉	用于木质件之间及非木质件与木质件之间的连接	
机螺钉	用于受力不大，且不需要经常拆装的场合。特点是一般不用螺母，而把螺钉直接旋入被连接件的螺纹孔中，使被连接件紧密地连接起来	

参 考 文 献

［1］ 杨清德. 电工必备手册. 北京：中国电力出版社，2016.

［2］ 杨清德，林安全. 图表细说常用电工器件及电路. 北京：化学工业出版社，2013.

［3］ 杨清德. 全程图解电工操作技能. 北京：化学工业出版社，2011.

［4］ 孙克军. 袖珍电工技能手册. 北京：化学工业出版社，2016.

化学工业出版社电气类图书推荐

书号	书名	开本	装订	定价/元
19148	电气工程师手册(供配电)	16	平装	198
21527	实用电工速查速算手册	大 32	精装	178
21727	节约用电实用技术手册	大 32	精装	148
20260	实用电子及晶闸管电路速查速算手册	大 32	精装	98
22597	装修电工实用技术手册	大 32	平装	88
18334	实用继电保护及二次回路速查速算手册	大 32	精装	98
25618	实用变频器、软启动器及 PLC 实用技术手册(简装版)	大 32	平装	39
19705	高压电工上岗应试读本	大 32	平装	49
22417	低压电工上岗应试读本	大 32	平装	49
20493	电工手册——基础卷	大 32	平装	58
21160	电工手册——工矿用电卷	大 32	平装	68
20720	电工手册——变压器卷	大 32	平装	58
20984	电工手册——电动机卷	大 32	平装	88
21416	电工手册——高低压电器卷	大 32	平装	88
23123	电气二次回路识图(第二版)	B5	平装	48
22018	电子制作基础与实践	16	平装	46
22213	家电维修快捷入门	16	平装	49
20377	小家电维修快捷入门	16	平装	48
19710	电机修理计算与应用	大 32	平装	68
20628	电气设备故障诊断与维修手册	16	精装	88
21760	电气工程制图与识图	16	平装	49
21875	西门子 S7-300PLC 编程入门及工程实践	16	平装	58
18786	让单片机更好玩:零基础学用 51 单片机	16	平装	88
21529	水电工问答	大 32	平装	38
21544	农村电工问答	大 32	平装	38
22241	装饰装修电工问答	大 32	平装	36
21387	建筑电工问答	大 32	平装	36
21928	电动机修理问答	大 32	平装	39
21921	低压电工问答	大 32	平装	38
21700	维修电工问答	大 32	平装	48
22240	高压电工问答	大 32	平装	48
12313	电厂实用技术读本系列——汽轮机运行及事故处理	16	平装	58
13552	电厂实用技术读本系列——电气运行及事故处理	16	平装	58
13781	电厂实用技术读本系列——化学运行及事故处理	16	平装	58
14428	电厂实用技术读本系列——热工仪表及自动控制系统	16	平装	48
17357	电厂实用技术读本系列——锅炉运行及事故处理	16	平装	59
14807	农村电工速查速算手册	大 32	平装	49
14725	电气设备倒闸操作与事故处理 700 问	大 32	平装	48
15374	柴油发电机组实用技术技能	16	平装	78
15431	中小型变压器使用与维护手册	B5	精装	88
16590	常用电气控制电路 300 例(第二版)	16	平装	48
15985	电力拖动自动控制系统	16	平装	39
15777	高低压电器维修技术手册	大 32	精装	98

续表

书号	书　　名	开本	装订	定价/元
15836	实用输配电速查速算手册	大 32	精装	58
16031	实用电动机速查速算手册	大 32	精装	78
16346	实用高低压电器速查速算手册	大 32	精装	68
16450	实用变压器速查速算手册	大 32	精装	58
16883	实用电工材料速查手册	大 32	精装	78
17228	实用水泵、风机和起重机速查速算手册	大 32	精装	58
18545	图表轻松学电工丛书——电工基本技能	16	平装	49
18200	图表轻松学电工丛书——变压器使用与维修	16	平装	48
18052	图表轻松学电工丛书——电动机使用与维修	16	平装	48
18198	图表轻松学电工丛书——低压电器使用与维护	16	平装	48
18943	电气安全技术及事故案例分析	大 32	平装	58
18450	电动机控制电路识图一看就懂	16	平装	59
16151	实用电工技术问答详解(上册)	大 32	平装	58
16802	实用电工技术问答详解(下册)	大 32	平装	48
17469	学会电工技术就这么容易	大 32	平装	29
17468	学会电工识图就这么容易	大 32	平装	29
15314	维修电工操作技能手册	大 32	平装	49
17706	维修电工技师手册	大 32	平装	58
16804	低压电器与电气控制技术问答	大 32	平装	39
20806	电机与变压器维修技术问答	大 32	平装	39
19801	图解家装电工技能 100 例	16	平装	39
19532	图解维修电工技能 100 例	16	平装	48
20463	图解电工安装技能 100 例	16	平装	48
20970	图解水电工技能 100 例	16	平装	48
20024	电机绕组布线接线彩色图册(第二版)	大 32	平装	68
20239	电气设备选择与计算实例	16	平装	48
21702	变压器维修技术	16	平装	49
21824	太阳能光伏发电系统及其应用(第二版)	16	平装	58
23556	怎样看懂电气图	16	平装	39
23328	电工必备数据大全	16	平装	78
23469	电工控制电路图集(精华本)	16	平装	88
24169	电子电路图集(精华本)	16	平装	88
24306	电工工长手册	16	平装	68
23324	内燃发电机组技术手册	16	平装	188
24795	电机绕组端面模拟彩图总集(第一分册)	大 32	平装	88
24844	电机绕组端面模拟彩图总集(第二分册)	大 32	平装	68
25054	电机绕组端面模拟彩图总集(第三分册)	大 32	平装	68
25053	电机绕组端面模拟彩图总集(第四分册)	大 32	平装	68
25894	袖珍电工技能手册	大 64	精装	48
25650	电工技术 600 问	大 32	平装	68
25674	电子制作 128 例	大 32	平装	48

以上图书由**化学工业出版社　机械电气出版中心**出版。如要以上图书的内容简介和详细目录，或者更多的专业图书信息，请登录 www. cip. com. cn。

地址：北京市东城区青年湖南街 13 号（100011）

购书咨询：010-64518888

如要出版新著，请与编辑联系。

编辑电话：010-64519265

投稿邮箱：gmr9825@163. com